全国电力行业"十四五"规划教材
高等教育新型电力系统系列教材

U0161575

中国电力教育协会高校电气类专业精品教材

电力系统电能质量

编著 肖湘宁 徐永海 陶 顺
主审 姜齐荣

中国电力出版社
CHINA ELECTRIC POWER PRESS

内 容 提 要

本书是根据作者多年来从事电能质量领域教学和科研工作的学识与经验积累策划编写的。

本书全面讲述了现代电能质量知识体系的理论、方法与技术，重点阐述了电能质量领域的电压质量、电流质量和波形质量的基本概念与定义，详细描述了涉及发、供、用电各方的电能质量本质特征与产生的原因和影响，并且结合质量特点介绍了电力系统运行特性、评估方法和指标测量、国内外相关标准和为提高电能质量水平所采取的治理措施等。全书共 8 章，并且按照新形态教材的体系安排，为配合本教材的相关知识，本书还配有可电子阅读的附录性学习材料：附录 A——代表性功率理论体系综述，附录 B——电压暂降与短时中断监测数据分析，附录 C——谐波和间谐波限值，附录 D——电能质量经济性调查案例，读者可通过本书所附二维码查阅、自主学习。

本书可作为高等教育电气工程类专业授课使用，也可供电气工程技术人员知识更新和优质供电领域各类高级培训参考使用。

图书在版编目（CIP）数据

电力系统电能质量 / 肖湘宁等编著 . —北京：中国电力出版社，2022.4（2024.2 重印）
ISBN 978 - 7 - 5198 - 6291 - 6

Ⅰ.①电…　Ⅱ.①肖…　Ⅲ.①电能－质量分析－教材　Ⅳ.①TM60

中国版本图书馆 CIP 数据核字（2021）第 262608 号

出版发行：中国电力出版社
地　　址：北京市东城区北京站西街 19 号（邮政编码 100005）
网　　址：http://www.cepp.sgcc.com.cn
责任编辑：牛梦洁
责任校对：黄　蓓　常燕昆
装帧设计：赵姗杉
责任印制：吴　迪

印　　刷：三河市航远印刷有限公司
版　　次：2022 年 4 月第一版
印　　次：2024 年 2 月北京第二次印刷
开　　本：787 毫米×1092 毫米　16 开本
印　　张：20.5
字　　数：459 千字
定　　价：59.00 元

版 权 专 有　侵 权 必 究

本书如有印装质量问题，我社营销中心负责退换

前　言

随着电力工业高质量转型工作的深入开展，能源电力产品的质量提升越来越受到高度重视，尤其是在国家"双碳"目标下构建以新能源为主体的新型电力系统的能源战略逐步实施，必将引导电力系统结构和电网运行特性发生深刻的重大变化，加之多项具有创新特征的关键技术应用将赋予电力系统电能质量新的内涵和重要意义，也将极大推动电能质量领域的知识更新、体系重构、内容丰富与完善。从高等教育和学科发展的角度看，逐渐形成的电能质量理论与方法、特性分析与质量控制、规范的标准技术体系正在成为电气学科领域的新兴方向和重要组成部分，是面向新型电力系统及其工程应用不可缺少的专业知识基础。

作者曾于 1997 年编写的《供电系统电能质量》讲义试用于研究生和本科生教学，经数年教学实践积累，于 2004 年正式出版了国内第一本电能质量教材《电能质量分析与控制》，该教材先后被评选为北京高等教育精品教材和"十一五"国家级规划教材，在国内许多高校和研究院所广泛使用。2018 年电能质量主题重新被列入出版计划，定名为《电力系统电能质量》。为符合时代发展和科技进步与知识更新，把握好电力系统各学科方向与电能质量领域的紧密关联性，作者根据电力系统电能质量问题覆盖面宽、涉及内容广，各质量状态的表现形式和指标限制约束具有相对独立性，在保持知识体系完整性的前提下，编写该书。教材编写工作始终秉持着重视基础理论、明晰概念和定义、注重结构和层次，并紧密结合电气工程实际的写作理念；遵循着不断进取，勇于探索的学术精神，力求探寻新知识，在准确详实介绍电能质量主要内容的基础上，将部分仍在讨论中的新问题和新见解推荐给读者学习参考，以激励和引导学习者的创新思维和研究热情。这也是本书的特色所在。基于此，本书的主要内容安排如下。

第 1 章为电能质量宏观知识介绍，重点讲述了电能质量概念、表征现象分类，介绍了国内外相关标准的核心内容。通过第 1 章的学习，读者可以清晰地建立起电能质量基本知识体系。第 2 章为电能质量的理论基础，阐述了正弦和非正弦波形下电功率理论的定义、分解方法与物理含义，详细介绍了电气工程界普遍认可的 IEEE 1459—2010 标准。为了完整把握和学习功率理论代表流派的思想与科学方法，附录 A 中按照时间顺序综合介绍了有影响力的频域、时域和时频域的功率理论核心内容与体系构成。第 3 章以稳态运行下的供电电压变动与系统频率变化为主题，按照电压变动持续时间长短和变化快慢介绍了电压变动的典型分类结果，详细分析了引起长时间供电电压变动和频率变化的原因、造成的危害、控制调节手段以及监测考核方法。第 4 章分别介绍了三相交流电力系统三相不平衡的基本概念，正常运行时产生不平衡的原因、影响和危害，不平衡度指标定义与测量方法，并从负荷合理分布、接入电源方式、特殊供电方式、平衡化原理及设备等方面介绍了不平衡的调整改善措施。第5章从电压波动定义和特征描述开始，并从由此引起的灯光闪烁和人眼视觉反应切入，详细讲述了波动性负荷对电压特性的影响、闪变机理与视觉系统模型，介绍了闪变严重度评估方法和测量方法，并且结合典型的电弧炉特性介绍了电压波动抑制技术。第6章对日益关注的电压暂降与短时中断问题进行了系统性分析，并结合用电设备的技术更新，融入了敏感设备电压暂降耐受特性新的研究成果，介绍了供用电双方可采取的抑制电压暂降的治理措施。为便于读者结合电网中实际发生的电压暂降事件深入学习，附录B提供了美国电科院配电网电能质量监测项目（DPQ）、国际大电网会议组织（CIGRE）、国际发配电联合会（UNIPEDE）以及国家发改委下文开展的电压暂降与短时中断现场调查和案例数据统计分析。第7章讲述了电力系统波形畸变、谐波基本概念和谐波源特性，重点阐述了非正弦波形对系统和设备的影响与危害，以及无源和有源谐波抑制技术，特别对近年来迅速增长的间谐波和超高次谐波电能质量问题做了较全面的介绍。与之配合的附录C提供了GB/T 14595—1993与GB/T 24337—2009标准中规定的限制值计算方法和算例，有益于提高读者学习和掌握谐波和间谐波达标的判断能力。第8章系统介绍了电能质量指标评估和经济评估。阐述了指标评估的流程和普遍采用的评估方法，结合电能质量经济成本构成要素和资金的时间价值，讨论了电能质量的经济性损失评估方法和电能质量治理措施的投资评价方法。附录D中提供了国内外电能质量经济性调查项目的部分结果，并采用本章介绍的评估方法进行了用户电压暂降治理投资算例评价。

华北电力大学肖湘宁教授拟订了本书大纲，完成了统稿，撰写第1、2、5章和附录A。徐永海教授撰写了第4、6、7章和附录B、C，陶顺副教授撰写了第3、8章和附录D。

华北电力大学电气工程闫亚楠、宋晓庆、刘云博、马喜欢和沈俊言等硕士生参加了部分插图绘制和文字校对工作，对他们付出的辛劳表示由衷感谢。感谢国家自然科学基金（51777066）、（51207051）项目的支持和资助。本书由清华大学姜齐荣教授详细审阅，提出了许多宝贵意见和建议，在此表示感谢。作者对书中所采用的参考文献的作者顺致深深谢意。

由于作者水平所限，本书不妥之处在所难免，真诚希望读者提出宝贵意见，批评指正。（电子信箱：taoshun@ncepu.edu.cn）

编著者
华北电力大学
北京市昌平区北农路2号
2021年9月

目 录

附录 A　代表性功率理论　　　附录 B　电压暂降与短时　　　附录 C　谐波和间　　　附录 D　电能质量经济性
体系综述　　　　　　　　　中断监测数据分析　　　　谐波限值　　　　调查案例

第 1 章

电 能 质 量 概 论

电能既是一种经济实用、清洁方便且容易传输、控制和转换的能源形式，又是一种由电力部门向电力用户提供，并由供、用电双方共同保证质量的特殊产品。如今，电能作为走进市场的商品，与其他商品一样，无疑也应讲求质量。本章概括地论述了日益引起人们关注的电能质量领域的诸多问题，并且从对电能质量现象的认识和发展历程、电能质量的概念、定义、常用术语及其分类方法等基本知识入手，通过对国际电工委员会（IEC）和国际电气与电子工程师协会（IEEE）以及全国电压电流等级和频率标准化技术委员会（TC1）和全国电磁兼容标准化技术委员会（TC246）有关文件中所介绍的关于电压电流干扰现象的特性分析和描述，使读者对电力系统电能质量问题有一个整体认识。

1.1 引 言

供电电源的电能质量下降而影响电气设备正常工作的问题，早在电力供应一开始就引起了供用电双方的关注。人们首先把电力系统稳态运行中电压和频率偏离标称值的多少作为检验电能质量的主要指标。之后，随着工业规模的扩大和科学技术的发展，国民经济各部门的用电量不断增加，电气化程度越来越高，新工艺、新技术广泛应用于工业生产和人民生活的各个方面，越来越多的用户采用了性能好、效率高但对电源特性变化敏感的高科技设备，用户对传统电能质量指标提出了新的更高要求。与此同时，许多新型设备在其工作过程中会向电力系统注入各种电磁干扰，它们对电网的安全运行和电气设备的正常工作造成的危害与影响日益严重，各种电能质量问题已引起供电部门和广大电力用户的普遍重视。据美国电科院（EPRI）的研究报告介绍，美国每年由于电能质量下降所引起的经济损失高达数百亿美元；欧洲莱昂纳多电能质量工作组（LPQI）2007 年发布的对 25 个欧盟成员国的部分调查统计和推断结果显示，电能质量总体经济损失超过千亿欧元。当代电力系统中由于劣质电能引发电网大面积停电和用户生产力下降，其严重的社会影响和经济损失是触目惊心的。现实情况让我们认识到，电力生产部门只要将电能"如数"地传输给用户，并保证一定的供电连续性即可满足对能源电力需求的想法是很不完善的，电网运行和工业生产过程对优质电力供应的认识正在逐步提高和扩展，提升电产品的质量已经成为保证供用电系统安全可靠、经济高效运行的基本要求。

我们还看到，随着经济的发展和社会的进步，计算机及其网络技术已经渗透到各个领域，现代工业生产和产品的多样性与个性化发展趋势已经逐渐形成，工业管理体制也正在发生重大的变化。近年来随着电力行业深化改革，发电与输配电体制分离、电能按质按量论价、电网逐步实行商业化运营与市场交易已经是大势所趋。可以说，最大限度地满足用户对用电量的需求和对不同电能形态变换的需要已成为工业发达地区电力系统面临的新问题。这些变化大大推动了电能质量标准化的进程和对供电质量的监督与管理。尽管在现代电能质量的一些定义和解释上还有待深入探讨，在电能质量问题的起因上仍存在分歧，但供电部门和电力用户对电能质量的关心程度却与日俱增。二十世纪九十年代中期以来，工业发达国家普遍认为，当代电力系统除了保证电网安全稳定运行的基本要求外，还应把质量监控、技术对标和高效能量管理作为评估电力系统运行水平的重要内容。

如何深入理解现代电能质量问题，如何把提高电能质量与增强竞争意识、电力市场占有率联系起来，如何从技术、经济和运行管理等方面加大力度，保证优质电力供应，以最大程度减少对现代工业企业和重要电力用户的影响，既是电力用户和电网运行给我们提出的新任务，也是新能源电力系统面临的新挑战。可以讲，当代电力系统的发展赋予了电能质量新的内涵和意义。近十多年来，电力科技工作者们根据当代电力系统的特点，对出现的各种各样电能质量现象进行了分类整理和研究，不断地深入分析和探索尚待认识的电磁干扰问题，并且在此基础上不断制定出科学的符合生产实际和可操作的电能质量技术经济考核指标及评估方法，由此推动了电能质量先进控制技术的实施。所有这些工作都为最终构建一个全面电能质量监督管理体系，真正实现电网的安全稳定和优质经济运行，向用户提供合格的电能和满意的服务提供了理论和技术上的保证。

1.1.1　供电运行与电能质量的关系

1.1.1.1　电能质量的基本要求

众所周知，电能是一种具有广泛适用性的能源，它可方便地转换为其他形式的能源，亦可转换成在许多领域和场合所需要的各种电能形态。例如，电能可直接转换为热能、光能和机械能被消耗，亦可转换成非工频、非正弦的电能形态，如直流电等作为现代工业、现代通信、计算机技术和日常生活的基本动力源。

为保证电能安全经济地输送、分配和使用，理想供电运行应具有如下基本特性：

（1）以单一恒定的交流电网标称频率（世界各国多采用 50Hz 或 60Hz）、规定的若干电压等级（如我国配电系统一般为 110、35、10kV，380V/220V）并以正弦函数波形的交流电向用户供电，并且这些运行参数不受用电负荷特性的影响。

（2）始终保持三相交流电压对称和负荷电流平衡。用电设备汲取电能应当保证最大传输效率，即达到单位功率因数，同时各用电负荷之间互不干扰。

（3）电能的供应充足，即向电力用户连续供电不中断，始终保证电气设备的正常工作与运转，并且做到每时每刻系统中的功率供需都是平衡的。

上述理想供电系统的基本特性构成了供电运行对电能质量的基本要求，如果将其概括描述可如图 1-1 所示，图中三个基本集合的交集部分确定了合格电能质量的指标要求，它是我们将要阐述的供电系统电能质量的三个基本要素。图 1-1 示意性地表明，这三项质量指标相互间存在着紧密的依存和制约关系。在以后的各章学习中我们将会知道，由于用电负荷的变化、负荷特性的差异和随机性以及电网故障与保护等多种因素，往往导致实际供电运行偏离理想状态，供电系统的频率和电压幅值不再保持恒定，三相电压出现不平衡，正弦波形发生畸变等。为保证用电设备的正常工作和电力系统的安

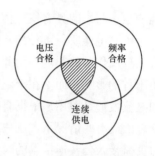

图 1-1 供电系统电能质量的基本要求

全稳定运行，并且考虑到供用电设备的电气设计值和供电电压变动对设备的技术与经济指标的影响等因素，国家标准制定了具体的技术指标。例如在我国，低压配电系统电压偏差一般不得超过额定电压的 $+7\%$、-10%，系统频率偏差正常允许为 $\pm0.2Hz$，低压配电电压谐波总畸变率限值为 5%，各级电压三相不平衡度正常允许 2%。传统上采用供电可靠性统计评价指标——供电可靠率 RS1-1>99.97% 等来考核对用户供电连续性的承诺。

1.1.1.2 电能质量的特征

电能，或称为电产品，除了具有其他工业产品的基本特征（如可以对产品的质量指标分级、检测和预估，可以确定相应的质量标准和实施必要的质量控制）之外，由于其产品形式单一，而且其生产、输送与消耗的全过程独具特色，因此在引起电能质量问题的原因上，在劣质电能的影响与评价等方面与一般产品的质量问题不同，具有以下六个显著特点：

（1）电能质量指标的动态性。电能从发电生产到用户消耗是一个整体，电能的流动始终处于动态平衡之中。并且随着系统运行方式的改变和负荷需求的变化，在不同公共连接点、不同时刻，观测到的电能质量指标和参数往往是不同的，也就是说整个电力系统的电能质量状态始终处在动态变化中。也正因为如此，电能质量的检测评估往往采用概率统计的处理方法。

（2）电能质量作用的互动性。电能不易储存，其生产、输送、分配和转换直至消耗几乎是同时进行的。很显然，在电力系统运行过程中劣质电能是不可能更换的。电气连接将发供用电方构筑成一个整体，不论哪个环节出现电能质量问题，质量指标一旦达不到标准要求，都会对相关网络的连接点和接入的供用电设备造成不同程度的影响，对电网安全运行和用户正常工作构成威胁。许多情况下，电力系统中的某一实体往往表现为既是电能质量的破坏者，同时也是劣质电能的受害者。

（3）电能质量扰动的潜在性和传播性。虽然电产品的基本形式简单，但其质量扰动的现象却是多种多样的，事件的诱发条件也比较复杂，电能质量下降对系统和设备造成的损害有时并不立即显现，其扰动具有潜在危害性。另一方面，由于电力线通道为扰动提供了最好的传导途径，且传播速度快，电能质量污染波及面大，影响域广，其结果可能会大大降低与其相连接的其他系统或设备的电气性能，甚至使设备遭到损坏。劣质电

能的危害与影响具有快速传播性。

（4）电能质量责任的特殊性。当电网传输电力作用于用电设备时，很可能会受到来自用户反作用的影响，因此，在一些质量问题的起因上，电能质量的下降更多的是受到使用者的影响，而不在于电力的生产者或供应者。例如，用户设备汲取的供电电流大小和电流波形是由用户根据自己的生产设备需要决定的，而他们往往就是畸变电流的发生源。因此有些情况下，用户是保证电能质量的主体部分。在当多种类型和不同需求的电力负荷接入公共连接点的时候，为保证该节点的电压和电流质量达标，常常需要根据用户的用电量和接入的设备性能进行质量责任分配和评定。

（5）电能质量综合评估的复杂性。一般而言，电力系统在运行过程中电能质量的各项指标接近系统规定值，就可以认为电能是达到标准要求的。但是当电能质量的多个指标作用在同一系统中时，其不同的组合结果造成的电力系统安全隐患和对电气设备性能的影响与损坏是一个十分复杂的问题，加之不同电气设备在不同电能质量扰动条件下的敏感度与免疫能力不同，因此开展综合技术经济的评价仍然非常困难。除了以上电能质量指标的多样性综合评估复杂之外，还由于电力系统电能质量监测点广泛分布，评定单一公共连接点和由许多连接点共同构成的区域（或系统）电能质量指标以及质量等级划分同样是复杂的。针对上述问题开展定量评估计算方法的研究与实践是一项重要课题。

（6）电能质量控制的整体性。电力系统电能质量的控制和管理是一项系统工程，保证优质电力生产和用户安全使用要靠多方共同努力。因此要求设备制造厂商、电力供应方、电力使用方、标准制定方、监督管理方等协同合作，达成共识，制定统一和可操作的适度质量标准或单独的供电质量协议，按照电力用户对电能质量的不同要求实行分级控制和质量达标。只有这样才能实现技术与经济的综合优化，做到电能质量的责任与义务清晰，保护共享的电气环境，共同获得最大的生产效率和经济利益。

1.1.2 电力系统对电能质量的要求

1.1.2.1 当代电力系统的特点

随着时代进步与科技的飞速发展，新能源发电、灵活输配电网与用电负荷构成出现了新的变化趋势，主要表现在：

（1）电力系统扩张与联网、规模化和分布式新能源发电多端接入及微电网逐渐形成，系统运行的安全稳定性和供电可靠性要求不断提高。

（2）在电网具有的自然垄断特性条件下，引进竞争机制，实施电力市场化营运，强化环境保护和能源危机意识、提高物联网信息开放与管理水平已经势在必行。

（3）智能电网建设与计算机技术和通信技术的结合更加紧密，采用数字化、信息化和电力电子化的高新技术与装备，以提高可再生能源发电比例、电力传输能力和实现电网智慧可控的趋势方兴未艾。

（4）电力用户为满足其对产品的个性化、多样性生产的需求，从最大经济利益出发，更大规模地采用科技含量高的器件、设备以及计算机技术、电力电子技术、人工智能和自动化生产过程等，大批新兴产业迅速崛起。

1.1.2.2　对电能质量的新要求

当代电力系统发展带来的电能质量新问题越来越引起电力部门和电力用户的高度重视。通过对以下几个焦点问题的分析讨论，我们可以看到，强化电能质量概念和认知，深化对电能质量科学性和复杂性的研究已经成为当代电力系统的重要需求。

长期以来，人们习惯把电能质量与供电可靠性几乎等同看待，这是因为以往的电力负荷多为线性的和对电磁干扰低敏感的负荷，如白炽灯照明、电阻加热和电动机驱动等，而数量和功率有限的电子设备可以忽略不计。传统负荷设备对短时间的电压变化基本没有反应，只在供电电压中断时才不能正常工作，而且各设备之间、各工业生产过程之间又很少相互关联。因此，以往在涉及供电质量水平问题时，一般多用供电连续性和每户年均停电时间和次数等主要指标来评价即可满足要求。

近年来，电力科技工作者通过对电网中各种电力干扰现象的实时监测与识别，对引起用电设备异常运行、故障或停电以至于造成生产过程紊乱的起因分析认为，社会与科技的进步已经赋予了电能质量领域更多更新的内容。在当代电力系统中，电能质量与供电可靠性之间既有联系又有区别，传统定义上的供电可靠性仅限于计及长时间（一般只考虑持续时间 5min 以上，有的国家规定为 1min 以上）电源中断和平均故障时间的概率问题，虽然供电的连续性是供电质量的重要标志之一，但以往在电能质量问题的认识上和管理上不够全面，在供电中断的程度与起因等方面没有同现代电能质量概念和用户需求联系起来，传统的 $N-1$ 可靠性原则已不能满足新兴企业对供电质量的要求。有专家指出，电力供应可靠与否应当以电力系统和电力用户的生产过程保持连续正常工作而不会受到干扰为准则，因此它包括许多相关内容，需要提供包含电能质量这一重要组成部分在内的广泛意义上的供电可靠性评价报告。人们对电能质量和供电可靠性的认识正在不断深入。

当代电力负荷构成也发生了很大的变化，用电设备和生产工艺对电能质量的要求比传统设备高。许多新设备和装置都带有基于微处理机的数字控制器或功率电子器件，它们对小时间尺度电磁干扰都极为敏感。本微不足道和不甚关心的瞬态电压扰动或特性变化可能影响到其电子控制系统的正常工作，甚至导致掉闸或生产停顿。

如今常提到的负荷敏感度是指负荷设备或生产过程对电能质量问题的敏感反应程度或抵御扰动仍能正常工作的能力，即所谓免疫能力越低，其敏感度就越高。根据负荷敏感度和其在经济上的损失大小、社会和政治上的影响等因素，一般可将负荷分为三类：普通负荷（Common Load）、敏感负荷（Sensitive Load）和重要（要求严格）负荷（Critical Load）。

因此面对当代用电负荷的特点，要保证其正常工作仅靠传统定义上的稳态电压和频率以及供电可靠性指标是不够的。例如某半导体制造厂，从来没有发生过停电事故，供电可靠性计算指标很高。但一次持续时间极短（几十毫秒）不易觉察的电压突然跌落就造成了其生产线工作紊乱，产品报废，使该厂蒙受了数千万元的损失。这些敏感设备相互连接在一个大电网中，或一系列自动化过程中，意味着整个系统与最敏感设备对电能质量异常有相同的敏感度。另一方面，为了提高电力运营总效率，供电系统接入了许多新型的用电设备，如交流电机变速驱动装置、大容量并联电容补偿器，以及大比例非线性、功率冲击性和波动性负荷等。这类设备的一个突出问题是使电网中电能质量扰动发生源大量增加，造成电能质量污染日益严重，给电力系统安全运行带来直接或潜在的危害。

电能作为商品进入市场后，电能质量问题会更加突出，一方面电力企业之间的市场竞争理念得到加强，另一方面也极大促进了电力用户更加关注和解决电能质量问题。越来越多的电力用户根据自身需要向电力部门提出了高质量供电的要求，甚至有选择地通过签订供电合同和质量协议加以保证。供用电双方在达成电力买卖协议后，用电方受到任何电力干扰而影响其正常生产都可以通过经济或者法律的手段来解决。电力用户的需求正在由原来仅有的电量需求向高可靠性优质电力和合理电价的高质量发展需求转变。

电力系统的各个部分都是相互联系的，供用电双方的相互影响越来越紧密。因此，综合协调处理电能质量问题至关重要。任何一个局部的故障或事件都有可能造成大面积的影响，甚至是重大损失。这就迫使供电部门在保证向用户提供充足和优质电能的同时，还需极力避免遭受来自用电设备的电力干扰，维护全电网的安全运行。

还需要注意到，由于看问题的角度不同，在导致电能质量下降的原因与责任分担上，供用电双方往往存在很大的分歧。例如，在配电系统经常遇到的电容器投切操作，有可能引起暂态过电压而损坏用户设备，也可能由此造成用户设备停电，此时用电方会简单地抱怨供电质量太差，以至于投诉。又如，当电网某处发生短路故障，很可能在一些负荷公共连接点出现不同程度的短时电压跌落，其结果造成某工厂的变频驱动装置停运。由于电力部门缺少对类似现象的监测记录与管理，他们可能会错误地认为对该工厂的电力供应原本是正常的。再如，由于用户电气设备的硬件老化、软件不成熟或者控制系统不可预知的错误动作等，可能最终引起故障而使电能质量受到影响。有文献报道，美国乔治动力公司曾组织和实施了一项对电力部门和供电用户关于电能质量问题起因的调查，其结果如图 1-2 所示。据资料分析，虽然对电力市场的质量调查存在分类方法上的不同，但是调查报告清楚地表明，电力公司和电力用户对电能质量问题起因的看法存在很大的分歧，甚至相互推诿。尽管双方都把三分之二的事件起因归咎于自然因素（如雷电等），但用户仍然认为电力公司在这方面的责任要比自我测评结果大得多。通过上面例子我们也可以看到，引起电能质量问题的原因有时是来自电网内部的，有时是来自外部连接设备的，甚至是共同作用的结果。

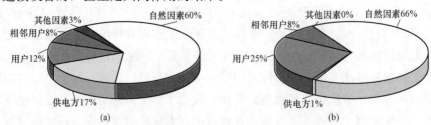

图 1-2　关于电能质量起因的电力市场调查结果

(a) 对用户的调查结果；(b) 对供电方的调查结果

　　综上所述，现代电网结构与电力负荷构成的变化是工业生产不断发展的必然结果，这有利于电力用户提高生产率和获得更大的经济效益，同时通过采用高效的电力负荷设备，可大量节约电能和延缓用电的需求，从而节省电力建设所需的巨额投资。因此增强质量意识、满足生产发展的需求已经成为供用双方共同的愿望。另外我们也可以看到，引起电能质量问题的原因有时是多方面的，因此我们不能简单地把某一事件只同一种特殊的起因联系起来。深入分析和研究电能质量问题，探寻在同一个系统环境中发生电磁干扰的因果关系和相互兼容的条件，明确责任和义务，是电力工业适应市场竞争和可持续发展所必需的。

1.1.3　提高电能质量的意义

　　电能作为人们广泛使用的能源，其应用程度是一个国家发展水平和综合国力的主要标志之一。在满足工业生产、社会和人民生活对电能数量的需求同时，提高电能质量水平是一个国家工业生产和信息化发展的需要，是增强用电效率和节能降损、提高国民经济总体效益的技术保证，是国家科技水平和社会文明进步的表现。从供电方而言，电力工业面向市场经济，引进竞争机制，以求最小成本与最大效益，电能质量的优劣已经成为电力系统运行与管理水平高低的重要标志，控制和改善电能质量也是保证电力系统自身健康有序发展的必要条件。

　　虽然电能质量问题在电能输送分配和使用一开始就已经提出，但面对制造工艺的严格要求和高科技设备的精准操作，要具备坚强的生产能力和产品竞争力，现代工业越来越依赖于高质量电力能源的供应。电能质量并未停留在供电电压和频率等的基本技术问题上，将逐步提升为关系到电力系统的安全稳定和经济可靠运行、电网污染与电气环境防护，乃至整个国民经济的总体效益和发展战略的高度来认识了。人们越来越深刻感受到，当代电力系统已经赋予了它新的概念和内容。

　　可以看到，随着一系列电能质量标准的制定和实施，电能质量的监督管理法规体系在逐步建立，这必将大大促进设备制造厂家提高其设备与电源系统的兼容性，并促使电力用户在提高产品生产率、使用高性能设备的同时，严格限制自身对电源系统和其他设备的电磁干扰，保障各行各业的正常用电秩序。进一步促进供电部门加强电能质量的技术监督与电网的运行管理，推动电能质量先进控制技术的研发和应用，提高控制和驾驭的能力，保证配电系统安全经济运行和向用户提供合格的电能和优质的服务，为千家万户提供信得过的产品。

　　总之，面对当代电力系统的发展，深入了解和认识电能质量，高度重视不合格电能质量对供用电系统安全运行造成的危害和对社会经济带来的不利影响，提高电能质量水平，实现全面电能质量管理具有极其重要的经济价值和社会意义。

1.2　电能质量概念、定义及分类

1.2.1　电能质量术语

　　在现代电力系统中，电能质量这一技术名词涵盖着多种电磁干扰现象。但是由于工业领域的各个部门在对电能质量认识上的不同和使用名词上的不统一，长期以来，人们在描述各种各样电压和电流干扰电力供应及电气设备正常工作的现象时，所给出的专业术语在定义上很不准确，文字上缺乏统一表达，严重时影响了电能质量的技术交流与工作开展。例如就"电力产品的质量水平"如何清晰反映其本质特征和规范化用词就有一番周折。有人使用"Electric Power Systems Quality"英文名词（曾直译为电力质量），也有人使用"Quality of Power Supply"（被译为供电质量）等，对其含义也各有解释。直到1968年，一篇关于美国海军电子设备电源规范要求的研究论文最先建议统一使用"Power Quality"（电能质量）这一专业术语。同一时期，苏联等国家也开始使用"Voltage Quality"（电压质量），用来反映稳态电压幅值的变动和交流电源的实际频率与理想频率的偏差程度。此后，越来越多的研究者开始表现出对电能质量或电压质量含义及问题的关心，并就"Power Quality"一词的出现曾引起过讨论。有专家认为，这是一个普适性术语，是对电力系统诸多不同类型的电力扰动及其影响的统称和总概念，具体讲它主要是指系统的电压质量。也有专家觉得这是一个易产生歧义的用词，因为仅从构词上讲，"power"可以指功率，定义为电能量传递的速率，它只包含大小和方向的量度，将"quality"和它组合起来其词义不好理解。在我国采用"电能质量"名词时也曾有过类似的讨论，如果单从"电能"和"质量"两个名词各自的含义解释成是对做功能力的质量评价是讲不通的。然而如今，在电能质量领域采用标准化规范名词的认识上逐渐趋向一致，国际电气电子工程师协会（IEEE）标准化协调委员会已正式推荐采用"Power Quality"术语。随后，我国国家标准也正式移植并采用和国际通用名词相对应的中文译名，并将"电能质量"定义为一个单义性专业名词来使用。

除上所述，在国家标准中对应国际标准术语同义翻译词上也存在不规范、不统一的问题。例如，"Voltage change"翻译为电压变动，并特指是有附加技术参数限定的一个名词，以区别习惯使用的电压变化的一般性概念。再如，"Voltage fluctuation"，在国家标准中翻译为电压波动，它是另有技术含义的电压起伏不定现象，并不是指所有的电压不稳定。诸如此类，读者在阅读时需要注意识别。

总之，使用有规范定义的技术名词，科学准确地描述电能质量领域的各种电磁干扰现象和技术特征是十分必要的，这有利于人们开展电能质量问题的分析与研究，有利于科技成果的推广与交流，有利于电产品和电气设备的指标规范与技术保障。目前在我国已先后颁布了电力行业标准DL/T 1194—2012《电能质量术语》和国家标准GB/T 32507—2016《电能质量 术语》，可参照学习。

1.2.2 基本概念与定义

什么是电能质量？从整体概念和工程意义上讲，电能质量是指优质供电的水平。而关于电能质量定义的一种普遍说法是：电能泛指由电力部门（转换）生产，由电力用户消耗的电形式能源产品，电产品的质量优劣可以用定义的指标参数来衡量。但需注意到，由于电产品的特殊性和人们看问题的角度不同，迄今为止，对电能质量的技术含义仍存在着不同的认识，还不能给出一个单义的概念和解释。例如，欧洲能源监管委员会（CEER）供电质量工作组对电能质量给出的定义包括三个核心内容：①用户服务质量

（也称为商务质量，是对运营管理的量化考核）；②供电连续性（多称为供电可靠性）；③电压质量（可量化和应保证的基本指标）。不难理解，长期以来电力系统多使用供电质量概念，它几乎是和供电可靠性等同的，因此电力供应方把电能质量定义为电压与频率的合格率以及连续供电的年小时数，并且用统计数字（"9s"表示，如99.99％等）来考量，以此表示电网安全可靠和满足电力需求的水平。对于用户而言，又很容易把电能质量定义为提供的电压是否稳定，供应的电力是否满足需求。而在供电中断的持续时间等问题上供需双方意见很难达成一致，对故障引起的停电应当归属于输配电工程问题还是电能质量问题说法不一。而对设备制造方来说，电能质量就是指电源特性应当完全满足电气设备的正常工作需要，而实际上，不同的厂家和不同的设备对电源特性的要求可能相去甚远。

国际和国家标准中关于电能质量的定义概括起来主要有以下四种：

定义1：合格电能质量是指提供给敏感设备的电力和为其设置的接地系统均适合于该设备正常工作。

定义2：造成用电设备故障或误动作的任何电力问题都是电能质量问题，其表现为电压、电流或频率的偏差。

定义3：电能质量就是电压质量，合格的电能质量应当是恒定频率和恒定幅值的正弦波形电压及连续供电。

定义4*：电能质量是电力系统指定点处的电特性，关系到供用电设备正常工作（或运行）的电压、电流的各种指标偏离基准技术参数的程度。

* 基准技术参数一般是指理想供电状态下的指标值，这些参数可能涉及供电与负荷之间的兼容性。该定义取自 GB/T 32507—2016。

一直以来，如何阐明供电方与用电方（系统与负荷、电源与设备）之间在电能质量方面的相互作用和影响，并且科学地给出技术和责任的界定与担当仍然是人们不断探索和完善的课题。目前一种普遍可接受的处理方法和技术定义是从工程实用角度出发，从解决实际问题入手，将电能质量概念进一步细化分解并给出符合实际的解释，其内容如下：

（1）电压质量。考核实际电压与标称电压间的偏离程度，对标供电部门向用户承诺的电力是否合格。电压质量通常包括电压偏差、电压频率偏差、三相电压不对称、电压瞬时变化、电压快速变化、电压波动与闪变、电压暂降（暂升）与短时中断、电压谐波、电压陷波、欠电压和过电压等。

（2）电流质量。电流质量与电压质量密切相关。为了提高电能的传输效率，除了要求用户汲取的电流是单一频率正弦波形外，还应尽量保持电流与供电电压同相位。电流质量通常包括：电流相位超前与滞后、电流谐波、次同步间谐波与超高次谐波、传导噪声等。

（3）供电质量。它包括技术含义和非技术含义两部分。技术含义有电压质量和供电可靠性；非技术含义是指用户服务质量，即供电部门对用户投诉与抱怨的反应速度、用户满意度、计量仪表和电费账单的准确度以及电力价目的透明度等。

（4）用电质量。它也包括技术和非技术含义两部分。技术含义有电流质量和保证注入电网的谐波电流不超过分配允许值；非技术含义是指用户应按时、如数缴纳电费等。

以上对电能质量采用分解定义的方法考虑了供用电双方的相互作用与影响以及责任和义务的特殊性，虽然其含义很工程化，也还存在着缺陷，但对我们理解和认识电能质量、实现电能质量标准化和全面电能质量评估是很有实用价值的。

需要提及的是，国际电工委员会（IEC）提出并使用了电磁兼容（EMC）概念来定义和描述电能质量现象与问题（见表1-1），给出了干扰允许值、抗扰阈值、规划水平和兼容水平等相关概念和参数，为量化（电能质量）电磁扰动制定了一系列技术指标和标准，配合发布了有关电力扰动的电磁环境分类、电磁兼容水平、运行环境条件、发射限值与耐受能力、扰动测量方法和测量仪器的技术及设计规范等。一般认为，电磁兼容着眼于共享运行条件的设备与设备之间以及电源与设备之间的电磁作用和影响，并且期望运行在一个没有干扰的环境中。实际上，在电磁兼容体系中自然也包括了电网运行过程中的电能质量问题，也越来越充分反映出与电能质量领域的紧密关联性。例如，EMC标准采用发射（Emission）来表示由设备产生的电磁污染，在电能质量领域它反映出谐波注入电网的电流质量问题。再如，EMC标准采用抗扰和免疫（Immunity）来表示设备抵御电压暂降的电磁干扰能力；由冲击负荷造成的电压波动可能引起灯光闪烁并对人的生理产生影响等，而这些在电能质量领域都归结为快速电压变动和电压质量问题。总之，电磁兼容术语与电能质量术语有很大的相容性，在它们中间有许多同义词起到了互补作用。比较一致的看法认为，虽然电能质量和电磁兼容是两种不同的概念和属于不同范畴的标准体系，但两者既有区别也有联系，并且互有侧重，相得益彰。

表1-1　　　　　　　　　　　IEC电磁环境和电磁扰动现象的分类

现象类型	电磁环境	属性特征
低频传导型（≤9kHz）	供电网	谐波/间谐波 电压波动 电压暂降 电压中断 电压不平衡 频率变化
	供电网	共模电压 信息传输电压（0.1~3kHz） 低频感应电压 交流网中的直流分量
	信号和控制电缆	低频感应电压 （正常运行、故障状态）

现象类型	电磁环境	属性特征
低频辐射型	低频磁场	直流驱动 电气机车牵引 电力系统 谐波发射 与主电网无关的其他发射源
	低频电场	直流线路 电气机车牵引（16.7Hz） 电力系统（50Hz、60Hz）
高频传导型 （＞9kHz）	＊信息传输电压/（PLT - 电力线通信）	中国 40～500kHz 美国 50～450kHz 欧洲 1.6～30MHz
	直接传导连续波（CW）/PLT/其他	1.6065～87.5MHz（故意发射） 9～150kHz（非故意发射）
	感应传导连续波	10～150kHz
	单方向瞬变	纳秒级、毫秒级
	振荡瞬变	高频、中频、低频
高频辐射型	辐射调制	—
	辐射脉冲	—
静电放电（ESD）	—	—

＊ 根据国内外关于载波通信技术的规范标准，表中选取了几组有代表性的频率带宽作对比。

1.2.3 电能质量的分类

为了系统地分析和研究电能质量现象，并能够对其测量结果进行分选识别，从中找出引起电能质量问题的原因和采取针对性的解决办法，将电能质量进行分类和给出相应的定义是十分必要的。

1.2.3.1 电能质量的基本分类

电能质量现象可以根据不同基础来分类。其中，负责有关电气工程和电子工程领域标准化工作的国际电工委员会（IEC）从电磁兼容理论体系出发，以电磁环境的描述与分类为主题，在阐述了电磁环境和电磁兼容的基本概念基础上，把扰动频率和传播来源与途径作为主要影响因素，描述了特定条件下电磁扰动现象的属性特征和分类（详见 IEC 61000 - 2 - 5），其中与电能质量领域相对应的高低频扰动现象及其电磁特性经整理如表 1 - 1 所示。

表 1 - 2 给出了 IEEE 制定的电力系统电能质量扰动现象的特征参数及分类（参见 IEEE 1159 - 2009）。对于表中列出的各种现象，我们可进一步用其属性和特征加以描述。对于稳态现象可利用以下属性：幅值、频率、频谱、调制、电源阻抗、下降深度、

跌落面积；对于非稳态现象还可能需要一些其他特征来描述：如上升率、幅值、相位移、持续时间、频率（频谱）、发生率、能量强度、电源阻抗等。可以说，表 1-2 为我们提供了一个可清晰查阅电能质量及电磁扰动现象的实用工具。

表 1-2　　　　　　　　　　IEEE 电能质量现象的分类和典型特征参数

类别			典型频谱	典型持续时间	典型电压幅值
瞬时变动	冲击脉冲	纳秒级	5ns 上升	<50ns	—
		微秒级	1μs 上升	50ns~1ms	—
		毫秒级	0.1ms 上升	>1ms	—
	振荡	低频	<5kHz	0.3~50ms	0p. u. ~4p. u.
		中频	5~500kHz	20μs	0p. u. ~8p. u.
		高频	0.5~5MHz	5μs	0p. u. ~4p. u.
短时间变动（方均根值）	瞬时	暂降	—	0.5~30 周波	0.1p. u. ~0.9p. u.
		暂升	—	0.5~30 周波	1.1p. u. ~1.8p. u.
	暂时	中断	—	0.5 周波~3s	<0.1p. u.
		暂降	—	30 周波~3s	0.1p. u. ~0.9p. u.
		暂升	—	30 周波~3s	1.1p. u. ~1.4p. u.
	短时	中断	—	3s~1min	<0.1p. u.
		暂降	—	3s~1min	0.1p. u. ~0.9p. u.
		暂升	—	3s~1min	1.1p. u. ~1.2p. u.
长时间变动（方均根值）	持续中断		—	>1min	0.0p. u.
	欠电压		—	>1min	0.8p. u. ~0.9p. u.
	过电压		—	>1min	1.1p. u. ~1.2p. u.
波形畸变	直流偏置		—	稳态	0~0.1%
	谐波		0~9kHz	稳态	0~20%
	间谐波		0~9kHz	稳态	0~2%
	陷波		—	稳态	—
	噪声		宽带	稳态	0~1%
电压不平衡			—	稳态	0.5%~2%
电压波动			<25Hz	间歇	0.1%~7% 短时闪变值 0.2~2
工频变化			—	<10s	—

1.2.3.2　连续型和事件型分类

电能质量问题还有一种分类方法，即按照电能质量扰动现象的两个重要表现特征——变化的连续性和事件的突发性为基础宽泛地将其分成两类。由于这种分类比较实用和便于掌握，工程实际中经常被采用。

所谓连续型是指变化连续出现的电能质量扰动现象，其重要的特征表现为电压或电流的幅值、频率、相位差等在时间轴上的任一时刻总是在发生着小的变化。例如，系统频率不可能一成不变地等于 50Hz（或 60Hz），系统电压也不可能每时每刻恒等于其额定值，或者说实际值与理想值的偏差始终存在。这一类现象包括前述的电压幅值变化、频率变化、电压与电流间相位变化、三相不平衡、电压波动、谐波电压和谐波电流、电压陷波、主网载波信号干扰等。由于电力系统中的电能质量问题多为随机发生和变化，在对连续型电压和电流进行质量评估时，往往采用概率统计方法来处理，即采用概率密度函数给出相应变量在某一确定点的概率值，并且用概率分布函数反映该变量处在某一确定范围内的可能性有多大。图 1-3、图 1-4 所示为供电电压日变化概率密度函数曲线和概率分布函数曲线。根据连续型电能质量的特征，当测量连续变化的电压和电流时要求不间断地记录它们的变化值。

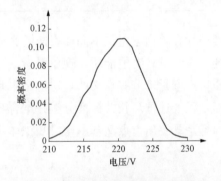

图 1-3　电压幅值的概率密度函数　　图 1-4　电压幅值的概率分布函数

所谓事件型是指随机突然发生的电能质量扰动现象，其重要的特征表现为实际电压或电流短时严重偏离其额定值或理想波形。这一类现象包括电压暂降和电压短时间中断、欠电压、瞬态过电压、阶梯形电压变化、相位跳变等。在事件型电压和电流评估时，通常采用其特征量，如用幅值偏离量的多少、事件持续时间长短以及发生的频次等来描述，并且用概率和数理统计方法以及可靠性计算来处理。监测事件型电压和电流时，要求有一个事件启动信号，如电压方均根值低于某一预定的阈值便开始记录，待事件结束时停止记录。

1.2.3.3　欧洲标准——供电电压特性及分类

欧洲能源监管委员会（CEER）在协调各成员国所制定的国家电能质量标准管理规范时认为，电力供应方有责任对供应给用户的电力做出保证，其量化内容主要包括，用户服务质量、供电连续性和电压质量，其中由共同欧洲标准化组织主管电工技术的机构——CENELEC 专门颁布的电压质量标准为 EN 50160—2010《公共电网供电电压特性》。该标准将电压质量现象分为连续型和事件型两类，从电压的频率、幅值、波形和对称性来衡量供电电压质量特征，并规定了正常运行状态下，公共低、中、高压交流电网对用户供电终端电压的期望和应维持的限定水平，见表 1-3。

表1-3   CENELEC/EN 电压质量的分类与特性描述

分类	特性描述	
连续型电压质量特性	工作频率	
	供电电压变动	
	快速电压变动	单一快速电压变动
		闪变严重性
	供电电压不平衡	
	谐波电压	
	间谐波电压	
	电力线载波信号电压	
事件型电压质量特性	供电电压中断	
	供电电压暂降/暂升	
	瞬态过电压或暂时过电压	

综上所述，迄今为止对电能质量的分类仍存在着由于定义不同而引起的区分界线不清和依据的理论体系不同而产生的名词不统一等问题。对电能质量现象科学、完整的分类对我们更加深入地了解和认识各种电能质量现象是十分有意义的，这也是未来电能质量标准化尚待深入开展的重要工作。本书参考了上述国际相关标准分类并结合我国电能质量国家标准，统筹安排了各章节主题和内容，既突出重点又基本构成知识体系，以便于阅读学习。

1.3 电能质量现象描述

本节中我们将重点对表1-2中IEEE给出的七类现象做进一步描述，以便读者对电能质量涵盖的内容有一个整体的了解，初步建立起电能质量指标体系概念。

1.3.1 瞬变冲击与振荡

在电力系统运行分析中早已使用了"瞬变"这一名词。它表示电力系统运行中一种并不希望而事实上又会瞬时出现的事件。由于RLC电路的存在，在大多数电力工程技术人员的概念里瞬变现象自然是指阻尼振荡现象。关于瞬变现象，IEEE Std 100-1992《电气与电子标准术语词典》有一个含义更宽、描述也更简单的定义：变量的部分变化，且从一种稳定状态过渡到另一种稳定状态的过程中该变化逐渐消失的现象。

由于这样的定义几乎可以用来描述电力系统发生的所有异常现象，所以在电能质量领域里采用这一术语会存在许多潜在的分歧。例如，电力用户常常不加选择地使用瞬变现象来描述和表现供电过程中出现的电压暂降、暂升和中断等问题。因此除非专门定义某一瞬变现象的具体内容，通常我们将避免直接使用这一名词。以下我们对具有瞬变特性的两种普遍类型——冲击型和振荡型作一简要介绍。

（1）冲击型瞬变现象。冲击型瞬变是一种在稳态条件下，电压、电流的非工频、单极性（即主要为正极性或负极性）的突然变化现象。通常用上升和衰减时间来表现冲击性瞬变的特性，也可以通过其频谱成分表示。例如，某一表示为 1.2/50μs、2000V 的冲击脉冲，是指其电压经过 1.2μs 后上升到 2000V 峰值，然后经 50μs 衰减为峰值的二分之一。最常见的引发冲击脉冲瞬变现象的原因是雷电，图 1-5 展示了一种典型的雷电引起的冲击电流变化特性。

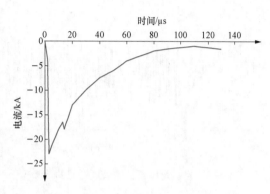

图 1-5　雷电引起的冲击电流变化特性

由于冲击脉冲含有高频成分，它的波形会因电路元件特性影响而快速衰减，并且由于系统的观测点不同而呈现不同的特征。虽然有些情况下，雷电冲击波可能沿输电线传导相当长的距离，但一般来说其影响主要在于进入系统的冲击源头。冲击脉冲可能在电网的自然频率点发生激励而出现振荡瞬变现象。

（2）振荡型瞬变现象。振荡瞬变是一种在稳态条件下，电压、电流的非工频、有正负极性的突然变化现象。对于迅速改变瞬时值极性的电压和电流振荡问题，常用其频谱成分（主频率）、持续时间和幅值大小来描述。其频谱又可分级定义为高频、中频和低频，见表 1-2。这种对频谱的划分是同电力系统通常的振荡类型相一致的。

在瞬变振荡现象中，主频率大于 500kHz，以数微秒来度量其持续时间的暂态现象，称为高频振荡现象。它往往是由事发当地系统的响应冲击脉冲造成的。主频率在 5～500kHz 范围，以数十微秒来度量其持续时间的暂态现象，称为中频振荡现象。例如，图 1-6 所示为背靠背电容器充电引起的几十千赫兹电流振荡波形。电缆的投切会导致同样频率的瞬变电压振荡。另外，系统对冲击脉冲响应也会引起中频振荡。主频低于 5kHz，持续时间在 0.3～50ms 的暂态现象，称为低频振荡。这种现象常出现在辅助输配电系统，并且可能由多种事件引发，最常见的是电容器组充电。电压振荡频率为 300～900Hz，峰值可达到 2.0p.u.。一般而言，其典型值为 1.3p.u.～1.5p.u.，持续时间在 0.5～3 周波，具体情况要根据系统的阻尼大小来确定（见图 1-7）。

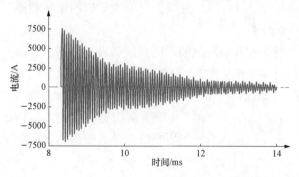

图 1-6　背靠背电容投切引起的瞬变振荡电流

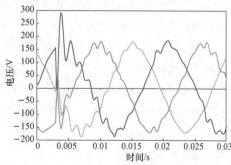

图 1-7　电容器组充能引起的低频瞬变振荡

主频低于300Hz的振荡在配电系统中也时有发生，通常是由铁磁谐振和变压器励磁引起的（如图1-8所示）。当系统谐振造成变压器冲击电流中的低频分量（2、3次谐波）放大，或当异常条件导致铁磁谐振时，涉及串联电容器的瞬态现象也应当归于这种类型。

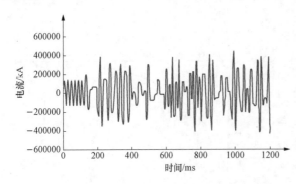

图1-8　空载变压器铁磁谐振引起的低频振荡

此外，我们也可以对瞬态现象按其模式分类。对于带有单独接地线的三相系统发生的瞬态现象，可按其是否出现在线对地或中性线对地之间，以及线对中性线之间，分为共模谐振和简正谐振模式。

1.3.2　短时间电压变动

这一类型包括电压中断和电压暂降（暂升）等现象。若按持续时间长短来划分，进一步还可将其分成瞬时、暂时和短时三种类型，如表1-2所示。顺便指出，这一细化分类的结果更多是用于电能质量监测中对电压干扰分类统计的需要。

造成短时间电压变动的主要原因是系统故障、大容量（大电流）负荷启动或与电网松散连接的间歇性负荷运作。根据所在系统条件和故障位置的不同，可能引起暂时过电压或电压突然跌落，甚至使电压完全损失。无论故障发生在远离关心点还是靠近关心点，在保护装置动作清除故障之前，都会对电压产生短时冲击影响，在工程技术中也常将其称为暂态电压质量问题。以下对典型的短时间电压变动现象作一介绍。

（1）电压中断。当供电电压降低到0.1p.u.以下，且持续时间不超过1min时，我们认为出现了电压中断现象。造成电压中断的原因可能是系统故障、用电设备故障或控制失灵等。

电压中断往往是以其幅值总是低于额定值百分数的持续时间来度量的。一般来讲，由系统故障造成中断的持续时间是由保护装置的动作时间决定的。通常对于非永久性故障，瞬时重合闸将会使电压间断时间限定在工频下的30周波以内。带有延时的重合闸可能导致暂时或短时的电压中断（中断时间见表1-2）。由设备故障等造成的电压中断持续时间一般是无规律的。

对于有些由于系统故障造成的电压中断，在其出现之前，即在故障发生至保护动作期间，可能先出现电压暂降，之后进入短时间中断，如图1-9（a）所示。在此变化过程中，电压降低到额定值的50%，再经约2周波后下降为0。从图1-9（b）还可看到，中断持续时间为4.5s左右。该图中突出的部分表示，第一次重合闸失败，直到第二次重合闸才重新恢复供电。从中还可看出，这一电压跌落波形所反映的是典型的电弧故障现象。

（2）电压暂降。"暂降"是指工频条件下电压方均根值减小到0.1p.u.～0.9p.u.之间，持续时间为0.5周波至1min的短时电压变动现象。

电能质量领域使用暂降（sags）一词来描述短时电压跌落已有多年了。虽然这一名词一直没有规范的定义，但在电力部门、电器制造业以及用户中的使用频率和接受程度不断增加。IEC 把这一现象称为"骤降"（dips）。这两个术语是可以互相替换的，目前在国外电力行业把它们看成是同义词。

在使用电压幅值暂降时常出现量化方面的混淆。例如"20％暂降"可能是指结果电压为 0.8p.u.，抑或为 0.2p.u.。为了规范定义，当没有特别规定和说明时，"20％暂降"的含义是指"下降值为 20％"，即在此期间电压有效值损失了 20％，实际的残留电压为 0.8p.u.。

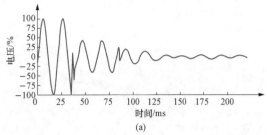

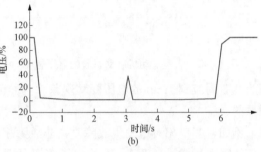

图 1-9　由于故障和重合闸动作引起的短时中断
(a) 电压短时中断的瞬时值波形；
(b) 电压短时中断的方均根值变化

除了由于重负荷或大型电机启动时汲取大电流造成电压突然跌落外，多数情况下电压暂降是同系统故障相联系的。图 1-10 所示为短路故障造成的单相电压暂降波形。在断路器切断故障电流之前，电压已下降了 80％（残留率为 20％），并持续了 2 周波后断路器动作，故障切除。典型的故障切除时间为 3～30 周波，这取决于故障电流的大小和过流保护的类型。

图 1-11 所示为大型电动机启动引起的电压暂降。在启动期间，感应电动机将汲取 6～10 倍的额定电流。如果该电流幅值大于系统在此点的故障电流，那么由启动造成的电压暂降可能更严重。此时，电源电压迅速下降到 20％，然后约需 3s 后才逐渐恢复到正常水平。

迄今为止，关于电压暂降持续时间仍然没有明确的解释。在一些出版物上定义典型持续时间为 2ms～2min 范围内。其实从概念上讲，电压凹陷的持续时间小于 1/2 周波时，不能用基波有效值的变动来描述，因此应当将这类事件看成是瞬变现象。如果电压暂降持续时间大于 1min，可通过典型的电压调节器加以校正。另外，这种现象还有可能是其他原因造成的，

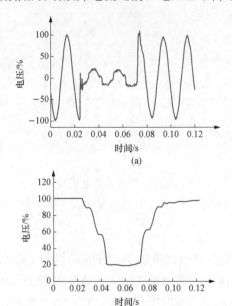

图 1-10　短路故障造成的单相电压暂降波形
(a) 电压暂降的瞬时值波形；
(b) 电压暂降的方均根值波形

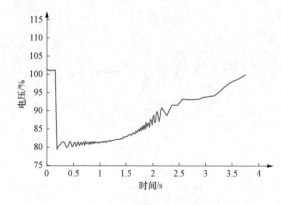

图 1-11 大型电动机启动引起的电压暂降

而不是系统故障的原因，应当将其归为长时间电压变动类型。

同样按照变化持续时间可以把暂降再细分为三类，即瞬时、暂时和短时（见表 1-2）。这样分类与电力系统保护装置的动作时间和国际技术组织推荐的时间划分导则相一致。

（3）电压暂升。"暂升"的含义是指在工频条件下，电压方均根值骤然上升到 1.1p.u. ～1.8p.u. 之间，持续时间为 0.5 周波到 1min 的电压变动现象。与暂降的起因一样，暂升现象是同系统故障相联系的。

例如，当单相对地发生故障时，非故障相的电压可能会短时上升。但电压暂升不像电压暂降那样常见。图 1-12 给出了该情况下引起的电压凸起的波形。另外当大容量甩负荷或大型电容器组投入时也会引起电压暂升。

我们可以利用电压暂升的幅度大小和持续时间来表征这一现象。当电压暂升是在故障情况下出现时，电压上升的强度将随故障发生点、系统阻抗和接地状况而变化。在不接地系统中，零序阻抗为无穷大，当发生单相对地故障时，非接地相对地电压将达到 1.73p.u. 。反之，在靠近接地系统变电站周围，由于给故障相电流提供了一个低阻抗零序通道，则非故障相的电压上升幅度很小，甚至没有变化。应注意到，由于分类方法不同，在许多资料中也使用"瞬态过电压"作为"电压暂升"的同义词。

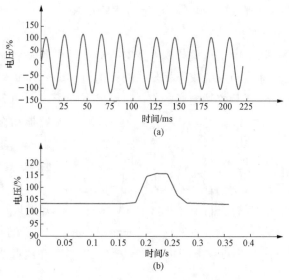

图 1-12 单相接地故障造成的电压暂升
（a）电压暂升的瞬时值波形；（b）电压暂升的方均根值波形

1.3.3 长时间电压变动

长时间电压变动是指在工频条件下电压方均根值偏离额定值，并且持续时间超过 1min 的电压变动现象。在表 1-2 中给出了美国国家标准 ANSI C84.1 技术规范关于电力系统期望的稳态电压容限值，并且当超过容限值且持续 1min 以上，则认为是长时间电压变动。在工程技术中也常将其称之为稳态电压质量问题。

长时间电压变动可能是过电压也可能是欠电压。通常过电压或欠电压并非系统故障造成，而是由于负荷变动或系统的开关操作引起的。一般取电压方均根值对时间的变化曲线作为长时间电压变动的典型波形。此外，不归类于短时间电压中断的其他任何电压中断现象也都划分在长时间电压变动范围。

（1）过电压。过电压是指工频下交流电压方均根值升高，大于额定值的 10％，并且持续时间超过 1min 的电压变动现象。过电压的出现通常是负荷投切的结果（例如，切除某一大容量负荷或向电容器组充电时）。由于系统的电压调节能力比较弱，或者难以进行电压控制，系统的正常运行操作就可能造成过电压问题，变压器分接头的不正确调整也会导致系统过电压。

（2）欠电压。欠电压是指工频下交流电压方均根值降低，小于额定值的 90％，并且持续时间超过 1min 的电压变动现象。可以说引起欠电压的事件与过电压时正好相反。某一负荷的投入或某一电容器组的断开都可能引起欠电压，直到系统电压调节装置再把电压拉回到容限范围之内。过负荷时也会出现欠电压现象。

需注意到，在电力系统中还有一种特殊运行方式，称为节电降压（Brownout）。它是指由电力部门进行的为减小电力需求而采取的特有的迅速调度策略，由此也出现持续欠电压。但是它不像电能质量所说的欠电压那样概念清楚，至今没有规范定义，因此应避免在词义和概念上的混淆。

（3）持续中断。当供电电压迅速下降为 0，并且持续时间超过 1min，这种长时间电压丢失现象称为持续中断，它往往是永久性的。当系统事故发生后，需要人工介入应急处理以恢复正常供电。这一过程通常需要数分钟或者数小时，它不同于预知的电气设备计划检修或更换而停电的情况。因此，持续中断是一种特有的电力系统运行问题。有分析认为，如果是由于电气设备计划检修或线路更改等出现的可预知计划停电，或由于工程设计不当或电力供应不足而造成的不得已停电，则不属于电能质量问题，应当归为传统供电可靠性范畴或工程质量问题。

1.3.4　电压不平衡

电压不平衡（其实习惯上多使用电压不对称、电流不平衡），被定义为三相电压（或电流）的平均值的最大偏差，并且用该偏差与平均值的百分比表示。电压不平衡也可利用对称分量法来定义，即用负序或零序分量与正序分量的百分比加以衡量。图 1-13 给出了采用上述两种比值表示的某一民用馈电网一周内电压不平衡变化趋势。

电压不平衡（小于 2％）的起因主要是负荷不平衡（如单相运行）所致，或者是三相电容器组的某一相熔断器熔断造成的。电压严重不平衡（大于 5％）很有可能是由于单相负荷过重引起的。

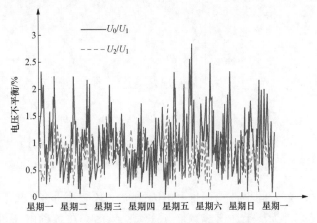

图 1-13　某一民用馈电网一周内电压不平衡趋势
U_0—零序电压；U_1—正序电压；U_2—负序电压

1.3.5 波形畸变

波形畸变是指电压或电流波形偏离稳态工频正弦波形的现象，可以用偏移频谱描述其特征。波形畸变有五种主要类型，即直流偏置、谐波、间谐波、陷波、噪声。

（1）直流偏置。在交流系统中出现直流电压或电流称为直流偏置。这可能是由于地磁干扰或半波整流产生的。例如，为延长灯管的寿命在照明系统中采用的半波整流器电流，会使交流变压器偏磁，以至于发生磁饱和，引起变压器铁芯附加发热，缩短使用寿命。直流分量还会引起接地极和其他电气连接设备的电解腐蚀。

（2）谐波。把含有电力系统运行工作频率（简称工频，通常为50Hz或60Hz）整数倍频率的电压或电流定义为谐波，依据傅里叶变换可以把周期性的非正弦畸变波形分解成基频正弦分量与各谐波频率正弦分量的总和。电力系统中的非线性负荷是造成波形畸变的源头。

周期性波形畸变特征通常用具有各次谐波分量的幅值和相位角的离散频谱表示。在实际评价电压畸变水平时，常用单项计算结果来表示，即用总谐波畸变率（THD）作为考核指标。图1-14给出了典型变速驱动输入电流波形及其频谱图。但是使用总谐波畸变率来反映电流波形的畸变水平，在实践中往往容易引起误导。例如，当变速驱动装置轻负荷运行时，其测算的输入电流THD很大，但实际上，谐波电流的幅度可能很小。为了处理好用同一方式表征谐波电流的问题，IEEE 519-1992标准给出了另一术语定义，即总需量畸变率（TDD）。与THD略有不同的是，它采用谐波电流与额定电流之比，而不是与基频电流之比。该标准为供电系统正确反映和检验电压和电流波形畸变水平提供了指南和准则。

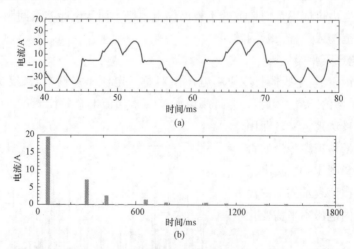

图1-14 典型变速驱动输入电流波形及频谱图
(a) 输入电流波形；(b) 电流频谱

（3）间谐波。把含有电力系统工频频率非整数倍频率的电压或电流定义为间谐波。其表现为离散频谱或宽带（连续）频谱。在各种电压等级供电网中都可能出现间谐波。间谐波源主要有静止频率变换器、循环换流器、风力发电、感应电机和电弧设备等。电力线载波信号也可视为间谐波。

目前对于间谐波及其影响的认识还在不断深入，为此引出的几个新术语与定义，如次同步间谐波、超高次谐波等，本书只作部分介绍。实际上间谐波对汽轮发电机组、风光一体化发电系统和电力载波信号等的影响已经越来越多，并且对显示设备如 CRT 等有感应视觉闪变干扰。

（4）陷波。陷波❶是电力电子换流器在正常工作情况下，交流输入电流从一相切换到另一相时产生的周期性电压扰动。

由于陷波连续出现，可以通过受影响电压的波形频谱来表征。但由于陷波的相关频率相当高，很难用谐波分析中习惯采用的测量手段来反映它的特征量，通常把它作为特殊问题处理。例如，一种评价指标规定，对出现的陷波以其下陷深度和宽度来衡量，即缺口平均深度不能超出 $0.2U_m$（U_m 为工频峰值电压），缺口处出现振荡时，振荡幅值最大不超过 $\pm 0.2U_m$。图 1-15 给出了三相交/直整流器的电压陷波例子。可以看到，当电流换相时造成电压波形畸变。究其原因，换相时发生了短时的两相短路，使电压瞬时跌落而出现缺口，其下陷深度随系统等值阻抗不同而变化。

（5）噪声。噪声是指低于 200kHz 宽带频谱混叠在电力系统的相线、中性线或信号线中的有害干扰信号。

电力系统中的电力电子装置、控制器、电弧设备、整流负荷以及供电电源投切等都可能产生噪声。由于接地线配置不当，未能把噪声传导至远离电力系统，常常会加重对系统的噪声干扰和影响。噪声可以对电子设备

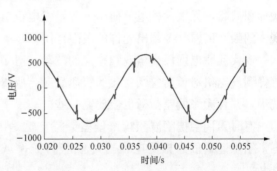

图 1-15　三相换流器的电压陷波

如微机、可编程控制器等的正常安全工作造成危害。采用滤波器、隔离变压器和电力线调节器等措施能够减缓噪声的影响。

1.3.6　电压波动

在电能质量定义中，电压波动特指电压瞬时值的包络线有规则的变化或发生一系列快速随机变动的现象，在工程中也称为动态电压质量问题。通常，电压幅值并未超过 ANSI C 84.1-2016《电力系统与设备电压等级》规定的 $0.9p.u.\sim 1.1p.u.$ 范围。IEC 1000-3-3-1994《低压供电系统电压波动和闪变限值（额定电流≤16A/相的设备）》定义了多种形式的电压波动。本书中我们把讨论要点限制在其中的 d 类型波动上，即以一系列随机或连续的电压波动现象为题进行介绍（详见第 5 章内容）。

负荷电流的大小呈现快速变化时，可能引起电压相对快速的变动，也简称为"闪变"。闪变术语来自电压波动对照明的视觉影响。从严格的技术角度讲，电压波动是一种电磁现象，而闪变是电压波动对某些用电负荷造成的有害结果，如造成白炽灯等照明

---

❶　与国家标准中推荐的"缺口"名词是同义词。

灯光闪烁。但是，在技术标准中常把这两个术语结合在一起讨论。因此我们也将使用"电压闪变"术语来说明电压波动问题。

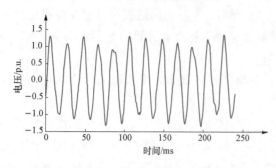

图 1-16 电弧炉引起的电压波动

由电压波动产生的闪变现象例子示于图 1-16，它是因电弧炉运行造成的。这也是输配电系统电压波动最常见的起因之一。电压波动是用方均根值大小定义的，并且用其相对值的百分数表示。可通过人眼对电压波动引起的灯光闪烁的视感反应来定义和测量闪变强度。

1.3.7 频率变化

把电力系统基波频率偏离规定的标称值的现象定义为工频频率变化。工频频率是与向系统供应电能的发电机的转子速度直接相关的，当负荷与发电机间出现动态平衡变化时，系统频率就会有小的变动。频率偏差及其持续时间取决于负荷特性和发电控制系统对负荷变化的响应时间。输配电系统的大面积故障，如大面积甩负荷、大容量发电设备脱网等，可能使正常稳态运行的系统出现大的频率偏差甚至超出允许的极限范围。

现代互联电网极少出现频率大的波动。对于没有入网的发供电小系统来说，由于很难做到发电机对负荷急剧变化的快速反应，所以频率波动更多发生在这样的中小容量系统中，并且频率偏差指标也会放宽一些。

有时人们会把陷波和频率偏差弄错，这是因为陷波可能造成瞬时电压跌落接近于零，结果造成依靠检测电压过零点获得频率或工频周期的仪器和控制系统做出错误判断。

1.4 电能质量标准简介

电能质量标准是保证电力系统安全可靠、优质高效运行，保障用户科学用电和正常生产，保护共享电气环境的基本技术依据，是实施电能质量监督管理，推广电能质量控制技术，维护供用电双方合法权益的法律依据。从二十世纪六十年代开始，世界各国都制定了有关供电频率和电压偏差允许值的计划指标，部分国家还制定了限制谐波电压和谐波电流等推荐导则。进入二十一世纪，许多工业发达国家制定和颁布实施了更加完备的电能质量系列标准，世界各国制定的电能质量标准也正在与国际权威专业委员会相关标准［如 IEC 电磁兼容—电能质量专题标准组颁布的 IEC/TC 8（电能供应系统特征）标准、IEC 与电能质量紧密关联的电磁兼容参考标准组颁布的 IEC/TC 77（电磁兼容）标准等］及相应的试验条件等一系列规定相结合，逐步实现标准的完备性和科学性。

迄今为止，我国已经在分类和术语、限值与评估、控制及治理等方面制定并颁布了一系列电能质量国家标准，其中包括 GB/T 32507—2016 基础标准和 7 项限值指标标准：GB/T 12325—2008《电能质量 供电电压偏差》、GB/T 15945—2008《电能质量 电力系统频率偏差》、GB/T 14549—1993《电能质量 公用电网谐波》、GB/T 15543—2008《电能质量 三相电压不平衡》、GB/T 12326—2008《电能质量 电压波动和闪变》、GB/T 18481—2001《电能质量 暂时过电压和瞬态过电压》和 GB/T 30137—2013《电能质量 电压暂降和短时中断》等。

以下将分别概括性介绍电能质量标准化工作要点和我国电能质量国家标准的内容摘要。

1.4.1　电能质量标准化

为了保证向用户提供质量合格和连续可靠的电力供应，必须对电能质量给出科学和可操作的基本指标规定，这一项工作称之为电能质量标准化。开展电能质量标准化工作概括起来主要包括以下四个要点内容：

（1）规定标称环境。由于生产和运行的实际状况与条件不同，因此在规定电能质量指标时须考虑可能的环境（自然条件和设备条件）约束，在可能接受的运行基础上制定出允许的指标变化范围。例如，对于电力系统除了设计制定理想的基准频率外（国家标称频率为 50Hz），还需要对允许的频率偏差范围做出规定（规定允许偏差为 ±0.2Hz，较小容量系统为 ±0.5Hz；欧洲规定为 ±0.02Hz 等）。再如，根据我国工业发展的实际情况规定，交流电压分为若干标称等级［220/380V，10、35、110、220、500kV，西北地区为 330、750kV，1000kV 等］，并且根据不同电压等级制定允许的偏差范围（一般低压电网为 −10%，+7%；高压电网为 ±7%，或 ±5% 等）。

（2）定义专业术语。在制订某项电能质量标准时，首先给出欲阐述的电能质量现象的准确定义和描述，尽可能地统一使用词语是十分必要的。因为只有这样，当电力供应方、电力使用方和设备制造方之间进行技术与信息交流时才会有可接受的通用规范"语言"，并且在技术要求上才会有兼顾各方的统一规范约束，在电能质量测评结果上才会有可比性和对标意义。

（3）量化电能质量指标。指标量化是制订电能质量标准工作的核心内容，它涉及对电能质量问题的发生原因和干扰传播机理的认识、对用电设备干扰耐受能力的分析和测试条件的限制，以及对抑制治理和质量达标等方面的技术措施的掌握。在制定电能质量技术指标时要注意到，不是质量标准定得越高越好，电能质量指标量化要将电力系统安全保障、技术经济比较和用电的基本需求联系起来进行综合优化，以制定出适度和可操作的技术指标。考虑到电能质量的特殊性，它不同于一般工业产品的质量指标，还需注意到：

1）电能质量问题并非供电部门单方面的责任，实际上全面的电能质量管理是由供用电双方共同来完成和保证的。因此在制订电能质量标准时，往往除了给出供电电压质量的扰动限制值外，还要给出用户设备注入电网的电能质量扰动允许值，如用电设备的准入考核和谐波电流的分配计算等。与此同时，兼顾到电力供应方和电力使用方的技术经济效益，在量化标准中时常采用兼容值和规划值概念来处理。

2）不同的供用电连接点和供用电时间区段，检测到的电能质量指标结果往往是不同的。由于电能质量在时空尺度上处于动态变化中，存在着诸多不确定性和随机性，因此在考核电能质量指标时往往需要采用概率统计的结果,在国家标准中最典型的例子是取 95% 或 99% 概率大值作为衡量依据。

3)在考核电能质量是否达标时,其结果往往受到测量手段不规范的影响。因此应按照推荐的统一测量评估方法,尽量使用与之匹配的测量仪器与设备十分必要。统一测量技术规范目的在于,使实际检测到的电能质量指标数据真实可信,要求各仪器制造厂家制作的电能质量测量仪器科学合理,测量结果具有可比性,测试功能具有灵活可操作性。

顺便指出,随着科技水平的提高和工业生产的发展,供电、用电和制造业三方对电能质量的认识和要求在不断深化,修改和制定出有法规约束、共同遵守和综合优化的适度指标,并根据不同生产过程和用户的不同质量要求(例如,按照质量等级划分、按照电能形式如直流系统质量指标,以及按照生产过程免疫能力评价等)制定质量标准体系仍是一项长期和不断探索的研究工作。

1.4.2 电能质量国家标准简介

从二十世纪八十年代开始至今,国家技术监督局通过全国电压电流等级和频率标准化技术委员会先后组织修订和制定并颁布了一批电能质量系列国家标准。有关电能质量国家标准的详细介绍与说明可参见《电能质量国家标准应用指南》,这里不再赘述。表 1-4 所示为其中的电能质量标准指标内容摘要。

表 1-4　　　　　　　　　电能质量国家标准指标内容摘要

标准编号	标准名称	允许限值	说明
GB/T 12325—2008	电能质量 供电电压偏差	35kV 及以上为正负偏差绝对值之和不超过 10%。 20kV 及以下三相供电为 ±7%。 220V 单相供电为 +7%,-10%	衡量点为供电产权分界处或电能计量点
GB/T 14549—1993	电能质量 公用电网谐波	各级电网谐波电压限值(%) | 电压(kV)	THD	奇次	偶次
0.38	5	4.0	2.0
6.10	4	3.2	1.6
35.66	3	2.4	1.2
110	2	1.6	0.8	 注:220kV 电网参照 110kV 执行,表中 THD 为总谐波畸变率	衡量点为 PCC,取实测 95% 概率值。 对用户允许产生的谐波电流,提供计算方法。 对测量方法和测量仪器作出规定。 对同次谐波随机性合成提供算法
GB/T 15543—2008	电能质量 三相电压不平衡	正常允许 2%,短时不超过 4%。 每个用户一般不得超过 1.3%,短时不超过 2.6%	各级电压要求一样。 对测量方法和测量仪器作出基本规定。 提供不平衡度算法

续表

标准编号	标准名称	允许限值	说明
GB/T 15945—2008	电能质量 电力系统频率偏差	正常允许±0.2Hz，根据系统容量可以放宽到±0.5Hz。 用户冲击引起的频率变动一般不得超过±0.2Hz	对测量仪器提出了基本要求
GB/T 12326—2008	电能质量 电压波动和闪变	电压变动 d 的限值与变动频度 r 有关：当 $r \leqslant 1000h-1$ 时，对于低压（LV）和中压（MV），$d=1.25\% \sim 4\%$；对于高压（HV），$d=1.0\% \sim 3\%$；对于随机不规则的变动，$d=3\%$（LV、MV）和 $d=2.5\%$（HV） 闪变限值 | 系统电压	≤110kV	>110kV
---	---	---
P_{lt}	1	0.8 | 注：P_{lt} 为长时间闪变值，基本记录周期为 2h	衡量点为公共连接点 PCC。 在系统正常运行的较小方式下，以一周（168h）为测量周期，所有 P_{lt} 不得超过限值。 对波动负荷采用三级处理原则。 提供预测计算方法，规定测量仪器并给出典型分析实例
GB/T 18481—2001	电能质量 暂时过电压和瞬态过电压	系统工频过电压限值： | 电压等级（kV）	过电压限值（p.u.）
---	---
$U_m > 252$（Ⅰ）	1.3
$U_m > 252$（Ⅱ）	1.4
110 及 220	1.3
35～66	$\sqrt{3}$
3～10	$1.1\sqrt{3}$	 注：U_m 是指工频峰值电压。 $U_m > 252$kV（Ⅰ）和 $U_m > 252$kV（Ⅱ）分别指线路断路器两侧变电站的线路。 操作过电压限值有空载线路合闸、单相重合闸、成功的三相重合闸、非对称故障分闸及振荡解列过电压限值 	电压等级（kV）	过电压限值（p.u.）
---	---
500	2.0*
330	2.2*
110～252	3.0	 * 表示该过电压为相对地统计操作过电压	暂时过电压包括工频过电压和谐振过电压。瞬态过电压包括操作过电压和雷击过电压。 工频过电压 1.0p.u.＝$U_m/\sqrt{3}$。谐振过电压和操作过电压 1.0p.u.＝$\sqrt{2}U_m/\sqrt{3}$。 除统计过电压（不小于该值的概率为 0.02）外，凡未说明的操作过电压限值均为最大操作过电压（不小于该值的概率为 0.0014）。 瞬态过电压还对空载线路分闸过电压、断路器开断并联补偿装置及变压器等过电压限值作出了规定

第 2 章

正弦和非正弦条件下的功率理论基础

2.1 概　　述

电功率是电气工程领域中的基本概念，也是电气技术中表征电特性的重要参数之一。在电力系统中，功率理论是以电磁场能量平衡及电路工作原理为理论基础，通过对电气物理现象的观察与实验、工频（50/60Hz）电磁场能量传送和在电路中功率流的内在规律认知与物理解释，并依据数学方法的描述与演绎推理，给出严谨的定义和相应的计算公式。基于该理论可掌握功率（电压和电流）和能量流的重要参数，用于反映电能的传输性能及功率转换特性，在电能传送的贡献与作用、电能利用率和设备做功能力评级等方面发挥着重要的作用。

交流电功率理论本质上是对有功功率和视在功率之间存在的差异性做出科学解释。在正弦波形及三相平衡条件下，这一差异被定义为基波无功功率。经过几代科学家和工程师们的不断探索与努力求证，迄今比较一致的结论认为，正弦条件下单相和三相系统的功率特性成熟且已很完备，虽然在对三相无功功率的物理解释上仍有讨论尚需统一说法，但不管怎样已可很好地适用于解决实际问题。然而，随着科技的进步和发展，时至今日，电力系统已经很难保证纯净正弦交流供电，电流波形畸变和电能质量扰动已给电能计量、功率因数校正、设备定容、电压稳定与无功功率补偿、生产线正常运转等许多方面带来极大困扰。换言之，非正弦波形和三相不平衡情况使传统功率理论的一些定义逐渐失去其有用性，尤其在不同时间尺度下的电参数测量方面出现了相当大的误差，在有些情况下会导致对有功功率和视在功率之间差异性的错误理解。纵观功率理论的发展历程，一直以来不断有研究者对具有代表性的功率理论提出质疑和挑战，尤其在非正弦条件下对视在功率的分解和对功率流的数学描述与物理特性解释尚未达成共识，在功率理论的严谨性和实用价值上学术辩论已持续有一个多世纪了。

我们已经看到，现代电力系统正面临着高比例电力电子技术与装置的广泛应用，多种电源类型经电力变换接入、设备与生产过程对电能扰动越来越敏感、输配电网络结构和用电负荷构成正在发生着深刻变化。其中一个突出的科学问题是强化了系统的非线性特性，引起正弦波形严重畸变、宽频率范围扰动事件频发，致使电力系统电能质量保障与电磁兼容条件进一步恶化。另一个很实际的问题是，与传统周期平均值概念相比较，电力电子化系统电气量的观测分析与控制在时间尺度上已从秒级进入到毫秒级和微秒级。面对这些难题与挑战，在传承经典理论的基础上，以崭新的视角和思路推进功率理论体系的修正与完善刻不容缓，提出快速实用的功率测算方法成为当务之急。因此，开展功率理论基础与应用研究具有重要的现实意义。

在电能质量领域，功率理论是其重要的基础理论之一，功率定义及其分解计算方法在电能质量测量评估和实时控制中是必不可少的核心技术要素。无论是从电能质量技术经济指标评价的准确性与科学性、限制指标体系的规范性，还是电能质量扰动的责任分担与评定，以及采取有效的控制和治理措施来扭转劣质电能造成的损失和低效运行等各个方面都与建立功率理论基础密不可分。

本章从正弦条件下三相交流系统无功功率的物理解释和不同学派之间的讨论要点分析入手，阐释了从电路到系统不同条件下的功率理论的核心问题与物理本质。考虑到电能质量领域对基础理论和实用方法的需求，基于目前被工程界接受和得到多数专家认可并推荐采用的"正弦和非正弦、平衡和非平衡条件下电功率测量的标准定义"（IEEE Std. 1459 - 2010），分别介绍了：①三相系统无功功率的物理含义解释与讨论要点、正弦不平衡条件下三相系统的算术视在功率、矢量视在功率、有效视在功率的定义和它们之间的差异；②非正弦波形下的有功功率、无功功率、畸变功率和非有功功率的新概念及其功率特性、功率流的可视化图像描述与观察方法；③非正弦不平衡系统的功率定义和视在功率的数学分解方法。需要指出，IEEE Std. 1459 - 2010 标准是建立在稳态下频域有效值概念基础上的，其主要目的是解决电路系统功率计算、电能计量和电气设备容量设计规范化问题，亦可扩展用于系统运行水平和电能质量优劣的基本评价等，并不涉及电力动态调节与补偿的瞬时功率检测算法等。有学者指出，面对当前日益复杂的非正弦不平衡系统，在不断追求功率理论体系科学性和完整性的同时，基于新的功率理论提出一种实用的快速补偿检测算法，以实现最优功率传送是符合现代电力系统发展趋势和实际需求的。本书旨在为教学所用，倡导启发式创新思维，为有助于读者对功率理论科学问题有一个全面的认识，在附录 A 中综合介绍具有代表性的创新功率理论及其所发挥的作用，并以较多篇幅分析了功率理论的实用方法，供参考学习。

2.2　正弦波形下三相交流系统的功率理论

目前，世界各国的供电系统普遍采用标称频率为 50、60Hz 的三相三线制或四线制正弦交流电路标准结构。在电源侧，交流发电机产生的电力为三相对称正弦波形电压；在电网侧，输电线和配电线的各相阻抗在配置上也基本相等，而且输配电设备（如变压器、换流装置等）也基本构成三相平衡系统；在负载侧，三相电源线上的载荷（如电动机、家用电器等）设计也为均衡分配。因此对供用电的一般要求是，在同一电压等级下的三相交流系统要尽量保持各相电压幅值相同、大小恒定和相位互差 120°的平衡系统，并且尽可能保证电压与电流同相位、基本为正弦函数波形的状态下运行。

2.2.1　三相平衡系统无功功率的物理解释与讨论

假设供电电压三相对称，接入的负载三相平衡，通常其瞬时相电压和线电流表达式为

$$u_a = \sqrt{2}U\sin(\omega t)$$

$$u_b = \sqrt{2}U\sin\left(\omega t - \frac{2\pi}{3}\right) \qquad (2-1)$$

$$u_c = \sqrt{2}U\sin\left(\omega t + \frac{2\pi}{3}\right)$$

$$i_a = \sqrt{2}I\sin(\omega t - \varphi)$$

$$i_b = \sqrt{2}I\sin\left(\omega t - \frac{2\pi}{3} - \varphi\right) \qquad (2-2)$$

$$i_c = \sqrt{2}I\sin\left(\omega t + \frac{2\pi}{3} - \varphi\right)$$

式中：φ 为阻抗角，$\varphi = \tan\dfrac{X}{R}$。

在建立三相电路瞬时功率数学公式时自然会想到，用三个单相瞬时功率之和来表示，或者也可用有功分量与无功分量之和表示，有

$$p_{3\phi} = u_a i_a + u_b i_b + u_c i_c = p_a + p_b + p_c = p_p + p_q \qquad (2-3)$$

式中：p_p 为三相瞬时有功分量；p_q 为三相瞬时无功分量。

将式（2-1）、式（2-2）代入（2-3）式求解，可以得到三相瞬时有功分量为

$$p_p = UI\cos\varphi\left\{[1 - \cos(2\omega t)] + \left[1 - \cos\left(2\omega t - \frac{2\pi}{3}\right)\right] + \left[1 - \cos\left(2\omega t + \frac{2\pi}{3}\right)\right]\right\}$$

$$= 3UI\cos\varphi = P$$

$$(2-4)$$

三相瞬时无功分量为

$$p_q = -UI\sin\varphi\left[\sin(2\omega t) + \sin\left(2\omega t - \frac{2\pi}{3}\right) + \sin\left(2\omega t + \frac{2\pi}{3}\right)\right] = 0 \qquad (2-5)$$

由于三相瞬时功率计算的结果 $p_q = 0$，$p_{3\phi} = p_p$，所以也习惯把三相瞬时功率称为三相瞬时有功功率。

需要看到，当把三相系统看成一个关联整体时，三相电路与单相电路的能量流情形完全不同，三相系统表现出独有的功率特性：

（1）有功功率波形与特性。从式（2-4）可知，在三相电压正弦对称系统中，总瞬时有功功率是单一恒定的，这表示在任一瞬间能量传递速率保持不变，即与时间无关，这与单相系统明显不同。在单相系统中，瞬时功率波形含有一个 2 倍基波频率的固有功率振荡分量 $[UI\cos\varphi\cos(2\omega t)]$，它将参与有功传送，而三相系统中各相的固有振荡功率对有功输送并没有作用，在理论上是可以相互抵消的。因此在稳态条件下，三相交流发电机产生的电功率也是恒定不变的，驱动发电机的原动机出力为无振荡的恒定转矩或恒功率。同理，由三相对称电压供电的感应电动机和同步电动机负载也将以恒定转矩旋转。三相对称平衡系统中的能量流计算也很简单，传送的电能量为功率与时间的乘积，$W = Pt$，即电源提供给负载的转换能量随时间呈线性增长。概括而言，在关于三相系统有功功率流为单一方向且由电源到各相负载做恒定能量传递的物理解释上研究者和工程技术人员的认识是一致的，对于有功功率的标准计算公式与测量方法也很容易统一，并

无争议。

为了与传统单相系统的定义保持一致，在稳态平衡条件下仍然设定三相的总有功功率等于每一相的有功功率之和，且等于 3 倍的单相平均有功功率 [见式（2-6）]。人们熟悉的把三相简化为单相的等效分析计算方法仍然是可用的。

$$P_a = P_b = P_c = UI\cos\varphi$$
$$P = P_a + P_b + P_c \tag{2-6}$$
$$P = 3P_a = 3UI\cos\varphi = \sqrt{3}U_1 I\cos\varphi$$

式中：U_1 为线电压。

（2）无功功率波形与特性。从式（2-5）看到，当由三相对称电源向平衡负载供电时，三相瞬时无功的功率总和等于 0，或者说，从三相总瞬时功率表达式中并没有分解出从电源到负载来回交换的振荡分量。为此有专家将其解释为，从三相传输导线的任一断面看，每一相的无功功率流向不同，并且总会保持每时每刻流入与流出的无功分量大小相等，方向相反，其总和始终为零。有学者针对这一功率现象给出了"在三相之间构成了电能量循环"的新说法，如图 2-1 所示。依据这一概念，1972 年日本深尾（Fukao）教授在其发表的论文中首次提出了"可通过将一个无功发生器并联在一个负载上，并且控制该发生源使其向负载提供无功功率，而电网只需要提供有功功率"的结论。1983 年，赤木泰文（Akagi）

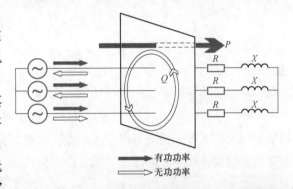

图 2-1　三相系统有功功率流和无功功率流的示意图

教授在其发表的关于瞬时功率理论的论文中进一步提出了在三相系统中没有储能元件也能对瞬时无功功率进行补偿的论述。随后将这一想法应用到实际中，实现了基于直流恒压的三相桥式开关换流器瞬时检测控制，为负载所需的无功功率流动提供了一个循环通路（如图 2-2 所示）。

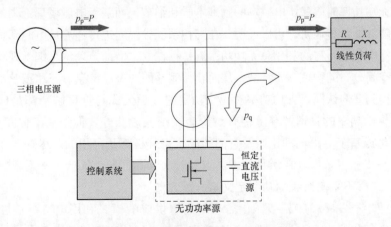

图 2-2　瞬时无功功率发生器补偿原理

　　然而有文献指出，若将数学表达式中瞬时无功功率相互抵消笼统地解释为不存在总无功功率，或者说在三相电源与感性和容性负载之间不存在振荡功率是令人费解的。因为不难发现，三相无功分量对在各线路上的发热和涡流损耗是有作用的，线路电阻 R_s 上的部分功率损耗为 $\left(\Delta P_q = R_s \dfrac{Q^2}{3U^2}\right)$，它与总无功功率的平方呈线性相关，由此也证明，三相总无功功率的物理表象是真实存在的。在此情况下从电源侧看进去的三相系统的功率因数并不等于单位 1，与三相线路荷载能力的实际情况并不相符。因此，仅从宏观角度和以上数学结论来定义和解释无功功率的物理过程是不完备和令人难以接受的。

　　越来越多的学者认为，关于三相系统的总无功功率确实仅是数学意义上的推导计算，缺少原本具有的物理含义解释。实际上，从式（2-5）也不难看出，电源与负载之间每一相的功率振荡是实际存在的，并且可以计算和测量得到。三相无功功率的数学定义的存在性和可用性是肯定的。因此在经典功率理论和教科书中的传统定义：三相平衡系统中各单相无功功率的大小相等，且等于其正弦振荡波形的振幅，即

$$Q_a = Q_b = Q_c = UI\sin\varphi \tag{2-7a}$$

三相总无功功率的数学定义为

$$Q = 3Q_a = 3UI\sin\varphi = \sqrt{3}U_1 I\sin\varphi \tag{2-7b}$$

同理，三相对称平衡系统的视在功率定义为

$$S = 3S_a = 3UI = \sqrt{3}U_1 I \tag{2-8}$$

用来表示三相电源和系统可以产生或提供的最大有功功率。

有功功率与视在功率之间的差异满足以下关系式

$$S = \sqrt{P^2 + Q^2} \tag{2-9}$$

在单位功率因数下 $S=P$。

　　综上所述，三相系统与单相系统在功率波形和特性上确有区别。在稳态平衡条件下，三相系统的瞬时有功为恒定量，而单相系统中有功功率呈现为不为负值的周期波动量，三相系统存在着单相系统观察不到的特性，这在具体电路分析时应区别对待。瞬时无功功率之所以出现以上有争议的观察结果和解释，从理论上讲，是因为基于电路理论的计算方法求取三相总无功功率时隐藏了电磁场的物理本质和细节。而基于电磁场理论中的坡印亭矢量和时谐电磁波能量传输机理可以证明，在三相系统导线周边传递着从电源到负载的振荡功率，为建立电磁场所需的三相总无功功率流是存在的。借助该理论可细微观察功率随时间变化和在空间分布的物理本质特征，从而获得完整的功率流信息。三相正弦平衡系统的功率定义已得到普遍认同，有功功率和无功功率的数学公式与物理解释都是成立的。虽然在对三相无功功率的物理解释上仍有讨论尚需统一说法外，但是从工程实用角度讲，基于电路理论或基于电磁场理论以及它们的结合来分析都是可用的。尽管三相瞬时功率理论还需进一步完善，但其在满足技术需求和解决实际问题上已产生深远影响。

2.2.2　三相不平衡系统的功率定义与分解方法

　　随着工业生产发展和产品多样化需求，电力供应的模式和用电负荷特性发生了变化。例如，电气化机车牵引站、电动汽车充电设施、民用空调机等设备大量接入电网产

生的负序和零序分量会造成三相严重不平衡。但在低压系统中，负序电压与正序电压之比 $U^-/U^+ < 0.4\%$ 的情况很少见到，更多是因为负载电流幅值不相等和/或相位不对称所致。电流不平衡反过来也会导致三相电压不对称，影响到同一母线上其他配置均衡的负载出现电流不平衡问题也应有所考虑。

为此做如下分析，设三相系统相电压为

$$
\begin{bmatrix} u_a \\ u_b \\ u_c \end{bmatrix} = \begin{bmatrix} \sqrt{2}U_a\sin(\omega t + \alpha_a) \\ \sqrt{2}U_b\sin\left(\omega t + \alpha_b - \dfrac{2\pi}{3}\right) \\ \sqrt{2}U_c\sin\left(\omega t + \alpha_c + \dfrac{2\pi}{3}\right) \end{bmatrix} \tag{2-10a}
$$

式中：$\sqrt{2}U_a$、$\sqrt{2}U_b$、$\sqrt{2}U_c$ 为各相对中性点的电压幅值；α_a、α_b、α_c 为各相的相位角。若至少有一个电压幅值与其他两个不同，或者三相中如果有一个相位角不同于其他两相相位角，则认为该系统失去对称性，是不平衡系统。同理，若三相电流失去平衡，也会有幅值不等和/或相位不对称。线电流也有类似的表达式

$$
\begin{bmatrix} i_a \\ i_b \\ i_c \end{bmatrix} = \begin{bmatrix} \sqrt{2}I_a\sin(\omega t + \beta_a) \\ \sqrt{2}I_b\sin\left(\omega t + \beta_b - \dfrac{2\pi}{3}\right) \\ \sqrt{2}I_c\sin\left(\omega t + \beta_c + \dfrac{2\pi}{3}\right) \end{bmatrix} \tag{2-10b}
$$

（1）瞬时功率定义与对称分量表示。

在三相三线制不平衡系统中，$i_a + i_b + i_c = 0$，瞬时功率可表示为

$$
p = u_{ab}i_a + u_{cb}i_c = u_{ac}i_a + u_{bc}i_b = u_{ba}i_b + u_{ca}i_c = P \tag{2-11}
$$

式中：u_{ab}、u_{bc}、u_{ca} 为线电压瞬时值。

在三相四线制不平衡系统中，$i_a + i_b + i_c = i_0$，且 $i_0 \neq 0$，瞬时功率可表示为

$$
p = u_a i_a + u_b i_b + u_c i_c \tag{2-12a}
$$

如果选取相对于任意参考点 r 的电压，则瞬时功率又可表示为

$$
p = u_{ar}i_a + u_{br}i_b + u_{cr}i_c \tag{2-12b}
$$

式中：u_{ar}、u_{br}、u_{cr} 为每一相对任意设定参考点的电压。

利用对称分量法可对三相四线制不平衡系统中各相量进行变换和对称等效替换，将其应用在功率的物理解释和计算上。可得到相电压正序、负序和零序对称分量（$u_{a,b,c}^+$、$u_{a,b,c}^-$、$u_{a,b,c}^0$），线电流正序、负序和零序对称分量（$i_{a,b,c}^+$、$i_{a,b,c}^-$、$i_{a,b,c}^0$），以及各自的相位差（θ^+、θ^-、θ^0），代入式（2-12a），可获得用对称分量表示的三相瞬时功率数学式

$$
p = (p^+ + p^- + p^0) + (p^{+-} + p^{-+} + p^{+0} + p^{-0} + p^{0+} + p^{0-}) \tag{2-13}
$$

对式（2-13）等效三相瞬时功率分解展开推导与分析观察，可产生如下结论：

1）式（2-13）右侧第一个括号中的各瞬时功率为同相序电压和电流的乘积，是具有有功性质的基本功率，可将其分解成各自的有功分量 p_p^+、p_p^-、p_p^0（也表示为 $p_p^{+,-,0}$）和无功分量 p_q^+、p_q^-、p_q^0（也表示为 $p_q^{+,-,0}$）。三相中瞬时正序有功 p_p^+ 对电能的传递都保持着单向流动特征。瞬时负序有功 p_p^- 和瞬时零序有功 p_p^0 转化为电路的功率损耗或经连接负载

转换为机械旋转等其他能源形式。无功分量 $p_q^{+,-,0}$ 表现为每一相中都存在着各自的功率振荡。展开后的瞬时正序无功 p_q^+ 在电源和线路电感以及负载之间振荡，瞬时负序无功 p_q^- 和瞬时零序无功 p_q^0 在负载和线路电感之间振荡。其中，瞬时正序和负序无功在三相之间连续往返交换，任何时刻其三相总和均为零。而瞬时零序无功在每一相和中性线之间同相位振荡流动，一个周期内每一相的平均值为零。在计算各相序三相总无功功率时定义为 3 倍的单相无功功率。

2）式（2-13）右侧第二个括号中的六项瞬时功率为不同相序电压和电流的乘积（例如，p^{+-} 为正序分量电压与负序分量电流的乘积，以此类推不一一列举），为非有功性质的基本功率，在任何瞬间三相功率总和均为零，对输出的功率流没有贡献。但需注意，非有功功率可能会在线路电阻上造成能量损耗。

3）如果将式（2-13）进一步分项展开后还可看到瞬时非有功功率独有的特点，即每一相中都存在着单向流动的平均功率，但三相的功率方向不同，因此每一时刻三相之和均为零。利用坡印亭矢量观察不平衡系统的能量流分布会得到同样的结果。读者亦可自己练习对其做详细推导，参见附录 A.4。

为了克服对称分量法缺乏对能量流传递物理机制的解释，有学者对各序能量引入了能量转换链的概念，即在正常运行情况下，发电机输出端的电压和电流是纯正弦的正序形态，所产生的电功率只有正序能量。而当三相不平衡时，不平衡负载把正序能量转换成为负序能量和零序能量，并返回给电网，这对有效能量传递是不利的。可以看到这与2.3节介绍的非线性负载把电源工频能量转换成高频谐波能量回馈系统是一样的能量流动机制。采用对称分量表示的非有功能量流可借助正序电场和负序磁场相互作用产生的坡印亭矢量通量来阐释，即沿着一相线路，坡印亭矢量功率向负载泵送能量，从另外两相线路返回，而坡印亭矢量穿过三相负载周围封闭曲面的通量为零。因此这也对不平衡条件下导致的各相功率损耗值并不相同给予了证明。

（2）有功功率定义是对负载汲取电能多少的一种度量，其数学表达式为瞬时功率在 k 个周期内的平均值，即

$$P = \frac{1}{kT} \int_{\tau}^{\tau+kT} p \, dt \tag{2-14}$$

式中：T 为工频周期；τ 为周期函数表达式中相位角；k 为周期个数，为正整数。

每一相的有功功率为

$$P_a = \frac{1}{kT} \int_{\tau}^{\tau+kT} u_a i_a dt = U_a I_a \cos\theta_a \qquad \theta_a = \alpha_a - \beta_a$$

$$P_b = \frac{1}{kT} \int_{\tau}^{\tau+kT} u_b i_b dt = U_b I_b \cos\theta_b \qquad \theta_b = \alpha_b - \beta_b \tag{2-15}$$

$$P_c = \frac{1}{kT} \int_{\tau}^{\tau+kT} u_c i_c dt = U_c I_c \cos\theta_c \qquad \theta_c = \alpha_c - \beta_c$$

三相有功功率的表达式可取各相有功功率之和，有

$$P = P_a + P_b + P_c \tag{2-16}$$

基于式（2-13）对称分量表示的三相瞬时功率，可以分别把含有有功性质的基本功率

展开式代入式（2-15）和式（2-16），于是获得正序、负序、零序有功功率和总有功功率，分别定义为

正序有功功率　　　　　　　　　　　$P^+ = 3U^+ I^+ \cos\theta^+$　　　　　　　　　　　（2-17）

负序有功功率　　　　　　　　　　　$P^- = 3U^- I^- \cos\theta^-$　　　　　　　　　　　（2-18）

零序有功功率　　　　　　　　　　　$P^0 = 3U^0 I^0 \cos\theta^0$　　　　　　　　　　　（2-19）

总有功功率　　　　　　　　　　　　$P = P^+ + P^- + P^0$　　　　　　　　　　　　（2-20）

　　在电力系统中，基波正序有功功率处于重要的占优地位，而工频正序功率因数 $\cos\theta^+$ [见式（2-17）]是一个关键参数，使用它有助于我们判断和调整基波无功功率流的大小。

　　（3）无功功率定义是对电源与负载之间能量交换多少的一种度量。每一相的无功功率数学表达式为

$$Q_a = \frac{\omega}{kT} \int_{\tau}^{\tau+kT} i_a \left[\int u_a \mathrm{d}t \right] \mathrm{d}t = U_a I_a \sin\theta_a$$

$$Q_b = \frac{\omega}{kT} \int_{\tau}^{\tau+kT} i_b \left[\int u_b \mathrm{d}t \right] \mathrm{d}t = U_b I_b \sin\theta_b \qquad (2-21)$$

$$Q_c = \frac{\omega}{kT} \int_{\tau}^{\tau+kT} i_c \left[\int u_c \mathrm{d}t \right] \mathrm{d}t = U_c I_c \sin\theta_c$$

三相无功功率的表达式可取各相无功功率之和，有

$$Q = Q_a + Q_b + Q_c \qquad (2-22)$$

采用对称分量表示的三相无功功率定义为

正序无功功率　　　　　　　　　　　$Q^+ = 3U^+ I^+ \sin\theta^+$　　　　　　　　　　　（2-23）

负序无功功率　　　　　　　　　　　$Q^- = 3U^- I^- \sin\theta^-$　　　　　　　　　　　（2-24）

零序无功功率　　　　　　　　　　　$Q^0 = 3U^0 I^0 \sin\theta^0$　　　　　　　　　　　（2-25）

总无功功率　　　　　　　　　　　　$Q = Q^+ + Q^- + Q^0$　　　　　　　　　　　　（2-26）

　　基波正序无功功率在电力系统中也极具重要性，它控制着电压幅值和无功馈入的分布，并且影响着机电稳定性和功率损失。

　　（4）分相视在功率定义。分相的视在功率定义为

$$S_a = U_a I_a; \quad S_b = U_b I_b; \quad S_c = U_c I_c \qquad (2-27a)$$

$$S_a^2 = P_a^2 + Q_a^2; \quad S_b^2 = P_b^2 + Q_b^2; \quad S_c^2 = P_c^2 + Q_c^2 \qquad (2-27b)$$

将以上单相传统视在功率定义扩展到三相系统，可给出三个单相视在功率的算术和或者矢量和的计算公式，由此得到以下两种视在功率定义。

　　（5）三相算术视在功率定义。三相算术视在功率 S_A 定义为三个单相视在功率的算术和，即

$$S_A = S_a + S_b + S_c \qquad (2-28)$$

式中满足 $P = P_a + P_b + P_c$，$Q = Q_a + Q_b + Q_c$。但视在功率不满足功率守恒定律，即 $S_A \neq \sqrt{P^2 + Q^2}$。

　　（6）三相矢量视在功率定义。设三相复功率为

$$\boldsymbol{S}_V = \dot{U}_a \dot{I}_a^* + \dot{U}_b \dot{I}_b^* + \dot{U}_c \dot{I}_c^* = P + \mathrm{j}Q \qquad (2-29)$$

则三相矢量视在功率 S_V 定义为

$$S_V = \sqrt{P^2 + Q^2}$$
$$= |P_a + P_b + P_c + j(Q_a + Q_b + Q_c)| = |P + jQ| \quad (2-30)$$
$$= |P^+ + P^- + P^0 + j(Q^+ + Q^- + Q^0)|$$

由于三相算术视在功率与矢量视在功率定义不同，在三相不对称系统中，两者计算结果不等，示例如图 2-3 所示。

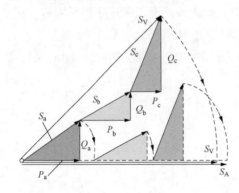

图 2-3　算术视在功率与矢量视在功率的
几何图示（$S_A \geqslant S_V$）

（7）序分量视在功率定义。由矢量视在功率的定义和计算方法，可以引申出序分量视在功率的定义

$$S^+ = |\boldsymbol{S}^+| = |P^+ + jQ^+|$$
$$S^- = |\boldsymbol{S}^-| = |P^- + jQ^-| \quad (2-31)$$
$$S^0 = |\boldsymbol{S}^0| = |P^0 + jQ^0|$$

则有

$$S_V = |\boldsymbol{S}^+ + \boldsymbol{S}^- + \boldsymbol{S}^0|$$
$$S_A \neq S^+ + S^- + S^0 \quad (2-32)$$

（8）功率因数定义。配合以上三相系统的算术视在功率和矢量视在功率，可给出算术功率因数和矢量功率因数的计算公式

$$PF_A = \frac{P}{S_A} \quad (2-33)$$

$$PF_V = \frac{P}{S_V} \quad (2-34)$$

由式（2-33）、式（2-34）计算出的三相功率因数反映了三相系统的线路利用率。

需要注意，由于在不平衡系统中三相功率流的分布存在着不确定性，IEEE Std. 1459—2010 建议放弃使用算术视在功率和矢量视在功率的定义，取而代之的是采用以下介绍的有效视在功率，可让功率因数计算正确合理。为了说明这个问题，可先通过以下算例进一步深入理解。

假设在一个三相四线制系统中，只在 a 相和 b 相之间连接有负载电阻 R ［见图 2-4 (a)］，于是在该电阻上的有功消耗为

$$P_R = 3\frac{U^2}{R}$$

并且线电流 $I_a = -I_b = \dfrac{\sqrt{3}U}{R}$。假定线路电阻相等为 r，当 $r \ll R$ 时，总的功率损失为

$$\Delta P \approx 6r\left(\frac{U}{R}\right)^2$$

现在，假设有另外一个三相负载完全平衡的系统来等效替代以上相间不平衡系统，负载电阻为 R_B，以 Y 形连接，如图 2-4 (b) 所示。并且假定两个系统负载消耗的有功功率相等，则有

$$P_{RB} = 3\frac{U^2}{R_B}$$

于是有，$R_B = R$，流过三相的线电流为 $I = \dfrac{U}{R}$。

该系统的线路功率损失为 $\Delta P_B = 3r\left(\dfrac{U}{R}\right)^2 = 0.5\Delta P$。

可见，不平衡系统线路的功率损失是平衡系统损失的 2 倍。由此产生一个结论：不平衡系统的功率因数 $PF < 1$（功率因数也可用 λ 表示），而平衡系统在给定的电压和有功功率条件下线路可能的功率损失最小，其功率因数可以达到单位功率因数 1。

对于本算例中的相间不平衡系统，其算术视在功率和矢量视在功率可分别计算如下，相量图参见图 2 - 4（c）。

$$P_a = U_a I_a \cos(-30°) = \frac{3}{2}UI \ ; \quad Q_a = U_a I_a \sin(-30°) = -\frac{1}{2}UI \ ; \quad S_a = U_a I_a = UI$$

$$P_b = U_b I_b \cos 30° = \frac{\sqrt{3}}{2}UI \ ; \quad Q_b = U_b I_b \sin 30° = \frac{1}{2}UI \ ; \quad S_b = U_b I_b = UI$$

$$P_c = Q_c = S_c = 0$$

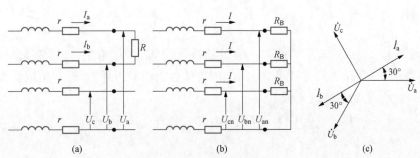

图 2 - 4　三相不平衡负载接线
（a）相间不平衡负载；（b）四线制平衡负载；（c）不平衡负载相量图

则总有功功率为　　　　　　$P = P_a + P_b = \sqrt{3}UI = 3\dfrac{U^2}{R}$

总无功功率为　　　　　　　$Q = Q_a + Q_b + Q_c = 0$

矢量视在功率为　　　　　　$S_V = P$

算术视在功率为　　　　$S_A = S_a + S_b + S_c = 2UI = 2\sqrt{3}\dfrac{U^2}{R}$

利用矢量视在功率 S_V 计算相间不平衡负载系统的功率因数得到 $PF_V = P/S_V = 1.0$。而用算术视在功率计算得到功率因数为 $PF_A = P/S_A = \sqrt{3}/2 = 0.866$，$PF_A < PF_V$。如果是两个相等负载电阻分别接在两相对中性线间的不平衡系统中，有 $S_a = S_b = P_a = P_b$，则功率因数 $PF_A = PF_V = 1.0$。而对一个负载电阻连接在单相对中性线间的不平衡系统也有 $PF_A = PF_V = 1.0$。

上述算例计算结果表明，对于不平衡负载系统而言，算术视在功率和矢量视在功率都不能正确测量和计算出功率因数。通常，对于平衡系统有 $S_A = S_V$，$PF_A = PF_V$；而对于不平衡系统则有 $S_A \geqslant S_V$，$PF_A \leqslant PF_V$。为解决以上存在的不确定性问题，引入了有效视在功率概念及其分解方法。

（9）有效视在功率定义。

1）等效电流。有效视在功率是在假设了一个虚拟的平衡电路后得出的，条件是该电路与实际的不平衡电路具有相同的线路损耗。这种等值替代需要先定义等效线电流，根据等效前后线路损耗不变即可导出。对于三相四线制系统，线路功率损失平衡式可表示为

$$r(I_a^2 + I_b^2 + I_c^2 + \rho I_n^2) = 3rI_e^2 \tag{2-35}$$

式中：r 为线路电阻；I_n 为中性线电流的方均根值；r_n 为中性线（或者等效中性线回流线路）电阻；ρ 为 r_n 与 r 的比值，$\rho = \dfrac{r_n}{r}$。

根据式（2-35），定义三相四线制等效线电流 I_e 为

$$I_e = \sqrt{\frac{I_a^2 + I_b^2 + I_c^2 + \rho I_n^2}{3}} = \sqrt{(I^+)^2 + (I^-)^2 + (1+3\rho)(I^0)^2} \tag{2-36}$$

如果比值 ρ 并不清楚（受接地电阻等未知因素影响），推荐采用 $\rho = 1.0$。

对于三相三线制系统，$I^0 = 0$，则等效线电流 I_e 为

$$I_e = \sqrt{\frac{I_a^2 + I_b^2 + I_c^2}{3}} = \sqrt{(I^+)^2 + (I^-)^2} \tag{2-37}$$

2）等效电压。假设有功负载由一组 Y 形接线的等效电阻 R_Y（三相四线制供电，有功功率消耗为 P_Y）和 Δ 形接线的等效电阻 R_Δ（有功功率消耗为 P_Δ）组成。实际系统和等效系统之间的功率等值关系式为

$$\frac{U_a^2 + U_b^2 + U_c^2}{R_Y} + \frac{U_{ab}^2 + U_{bc}^2 + U_{ca}^2}{R_\Delta} = 3\frac{U_e^2}{R_Y} + 9\frac{U_e^2}{R_\Delta} \tag{2-38}$$

令 $\xi = \dfrac{P_\Delta}{P_Y} = \dfrac{9U_e^2}{R_\Delta}\dfrac{R_Y}{3U_e^2} = \dfrac{3R_Y}{R_\Delta}$，可定义等效相电压（线对中性点电压）$U_e$ 为

$$U_e = \sqrt{\frac{3(U_a^2 + U_b^2 + U_c^2) + \xi(U_{ab}^2 + U_{bc}^2 + U_{ca}^2)}{9(1+\xi)}} = \sqrt{(U^+)^2 + (U^-)^2 + \frac{(U^0)^2}{1+\xi}} \tag{2-39}$$

若比值 ξ 未知，推荐采用 $\xi = 1.0$，则有

$$U_e = \sqrt{\frac{3(U_a^2 + U_b^2 + U_c^2) + (U_{ab}^2 + U_{bc}^2 + U_{ca}^2)}{18}} = \sqrt{(U^+)^2 + (U^-)^2 + \frac{(U^0)^2}{2}} \tag{2-40}$$

在大多数实际系统中，$U^0/U^+ < 0.04$，可忽略零序分量，并且各相相位角差和幅值差都不会超过 $\pm 10\%$，则有以下简化表达式

$$U_e = \sqrt{\frac{U_{ab}^2 + U_{bc}^2 + U_{ca}^2}{9}} = \sqrt{(U^+)^2 + (U^-)^2} \tag{2-41}$$

在以上条件下，该简化表达式产生的误差小于 0.2%，一般而言，对于三相系统可给出准确计算结果。

3）有效视在功率。在上述等效线电流和等效相电压的基础上，可以定义有效视在

功率 S_e 为

$$S_e = 3U_e I_e \qquad (2-42)$$

4）功率因数。

有效功率因数定义为

$$PF_e = \frac{P}{S_e} \qquad (2-43)$$

正序功率因数定义为

$$PF^+ = \frac{P^+}{S^+} \qquad (2-44)$$

5）不平衡功率。

不平衡功率定义为

$$S_U = \sqrt{S_e^2 - (S^+)^2} \qquad (2-45)$$

其中，S^+ 为正序视在功率，$S^+ = 3U^+ I^+$，有 $(S^+)^2 = (P^+)^2 + (Q^+)^2$。

不平衡功率参数用来评估不平衡系统引起的伏安数，与其他参数共同反映了负载的不平衡度和电压的不对称性，不应与单一电压不平衡度指标相混淆。

仍以图 2-4（a）相间负载不平衡系统为应用例，计算其等效电压、等效电流和有效视在功率，结果如下

$$U_e = U, \ I_e = \sqrt{\frac{I_a^2 + I_b^2}{3}} = \sqrt{2}\,\frac{U}{R}, \ P = 3\frac{U^2}{R}, \ S_e = 3\sqrt{2}\,\frac{U^2}{R}$$

可获得有效功率因数为 $PF_e = \frac{P}{S_e} = \frac{1}{\sqrt{2}} = 0.707$，有 $PF_e < PF_A < PF_V$。

通过上述计算分析可知，当为三相平衡系统时，$U_a = U_b = U_c = U = U_e$，$I_a = I_b = I_c = I$，$I_n = 0$。并且有 $S_V = S_A = S_e$，$PF_e = PF_A = PF_V$。当为不平衡系统时，有 $S_V \leqslant S_A \leqslant S_e$，$PF_e \leqslant PF_A \leqslant PF_V$。

需注意到，上述的算术视在功率和矢量视在功率都不满足线路功率损耗与视在功率平方之间符合线性相关这一基本定律。虽然，三种功率定义在正弦平衡条件下其计算结果是相同的，但在不平衡情况下，由前两种视在功率给出的功率因数都是不正确的。究其原因，算术视在功率 S_A 和矢量视在功率 S_V 的定义是把三相系统看成三个单相系统，而有效视在功率 S_e 则把三相系统当作一个整体，被认为是单相定义的推广。因此，统一采用有效功率因数能够明显反映出平衡或不平衡系统的电能利用率，在能量流评估和电网运行水平上是很有用的。

总之，长期以来将三相系统（进而扩展到多相系统）看成一个独立完备的整体，给出统一定义和描述，并提出一种符合物理意义并具有创新性的有效算法一直是研究者所追求的目标。二十世纪二十年代，德国科学家 F.Buchhoiz 以实际功率损耗与假想等效系统的功率损耗相等为依据，提出了三相系统电压和电流的集总参数（或集总瞬时值）概念，在其应对不平衡系统功率因数准确计算的优势基础上，后续研究进一步修正和完善了该理论（称为 FBD 方法），并给出了三相系统集总参数统一算法。目前该方法被引入到德国工业标准 DIN 40110-2-2002《交流电理论中使用的参量 第 2 部分：多相电路》功率定义标准中。应用计算结果表明，由 IEEE Std.1459-2010 提供的上述方法和 DIN 40110-2-2002 方法在求取功率因数上非常接近。两者的主要区别是，IEEE 方法进一步分解出正序基波功率，给出了由非正弦电压引起电流畸变产生的非有功功率及其

分量计算结果，目的是考核并构建一个只有正序电压和电流、无谐波污染的理想电网。而 DIN 方法并不将基波分量从集总参数中分解出来，其理由建立在假设三相电压的变化并不很大，以各相电流的波形与虚拟电压的波形必须保持一致为目的。就功率因数计算而言，后者要简约得多。目前这两种方法都是可取的，对其进一步的对比分析可参考有关文献。

2.3 非正弦波形下电路系统的功率理论

非正弦条件下的电功率理论是一个令人困扰的复杂问题，为了便于理解，我们可以分别从两个视角来观察分析和理解。一种常见的情况是向负载供电的电源由于受到其他畸变电流的影响，使得在负载受电端的供电电压不再保持正弦波形；另一种情况是，供电电压基本保持正弦波形不变，负载中含有非线性元件，例如非线性电阻；或经由半导体开关器件作为接口电路连接的负载，例如配置了变频器的异步电动机等。此时，电压和电流的伏安特性不再保持线性关系，如图 2-5（b）波形所示。可以看到，尽管电源电压为正弦波形，但流过非线性负载的电流波形发生了畸变，传递的部分基波能量变换成高频正弦周期电流回馈注入系统。

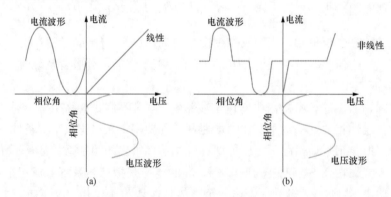

图 2-5　正弦电压源向线性和非线性负载供电时电流波形的变化
（a）线性负载；（b）非线性负载

本节首先以单相非正弦电源电压向线性负载供电，然后以正弦电源电压向非线性负载供电为例，介绍两种情况下电压电流波形的变化特点以及基于坡印亭矢量的瞬时电磁能量流的物理机制和功率流的可视化表达，并以相控阻性负载调光灯为案例讨论仿真分析结果。

2.3.1　单相非正弦电压电路

2.3.1.1　线性电阻负载

假设，负载为理想线性电阻 R（无寄生电感和电容），当电源电压以周期性非正弦波形供电时，根据傅里叶级数分解可知，施加在电阻两端的电压可表示为基波电压和谐波电压之和，有

$$u = \sum_h \sqrt{2}U\sin(h\omega t + \alpha_h) = u_1 + u_H \tag{2-46}$$

式中：α_h 为各个频率下的相位角。

其中基波电压为

$$u_1 = \sqrt{2}U_1\sin(\omega t + \alpha_1) \tag{2-47}$$

谐波电压为

$$u_H = \sum_{h \neq 1} u_h = \sum_{h \neq 1} \sqrt{2}U_h\sin(h\omega t + \alpha_h) \tag{2-48}$$

负载电流为

$$i = \frac{u}{R} = \sum_h i_h = i_1 + i_H \tag{2-49}$$

同样，基波电流和谐波电流分别为

$$i_1 = \sqrt{2}I_1\sin(\omega t + \alpha_1) \tag{2-50a}$$

$$i_H = \sum_{h \neq 1} i_h = \sum_{h \neq 1} \sqrt{2}I_h\sin(h\omega t + \alpha_h) \tag{2-50b}$$

负载的瞬时功率为

$$p_p = ui = (u_1 + u_H)(i_1 + i_H) = u_1 i_1 + u_H i_H + u_1 i_H + u_H i_1 \tag{2-51}$$

逐项分解式（2-51）后，第一项为瞬时基波功率，有

$$p_{p1} = u_1 i_1 = \frac{u_1^2}{R} = P_1 + p_{i1} \tag{2-52}$$

式中：P_1 为基波有功功率；p_{i1} 为基波固有振荡功率。

基波有功功率为

$$P_1 = \frac{U_1^2}{R} \tag{2-53}$$

基波固有振荡功率为

$$p_{i1} = -P_1\cos(2\omega t + 2\alpha_1) \tag{2-54}$$

式（2-51）中第二项只与谐波有关，展开后其构成如下

$$u_H i_H = \sum_{h \neq 1} u_h i_h + \sum_{\substack{m \neq n \\ m,n \neq 1}} u_m i_n = p_{pH} + \sum_{\substack{m \neq n \\ m,n \neq 1}} u_m i_n \tag{2-55}$$

其中，同频次的谐波电压电流乘积之和 p_{pH} 又可表示成为

$$p_{pH} = P_H + p_{iH} \tag{2-56}$$

式中常数项 P_H 为总谐波有功功率，有

$$P_H = \sum_{h \neq 1} P_h$$

$$P_h = U_h I_h = \frac{U_h^2}{R} = R I_h^2 \tag{2-57}$$

其中，P_h 为 h 次谐波的有功功率。

式（2-56）的后一个分量为依附于谐波有功功率的谐波固有振荡功率，有

$$p_{iH} = -\sum_{h \neq 1} P_h\cos(2h\omega t + 2\alpha_h) = \sum_{h \neq 1} p_{ih} \tag{2-58}$$

$$p_{ih} = -P_h\cos(2h\omega t + 2\alpha_h)$$

式中：p_{ih} 为 h 次谐波固有振荡功率。

将式（2-52）和式（2-58）代入式（2-51），整理后可以得到负载瞬时功率的完整表达式为

$$p_p = ui = P_1 + p_{i1} + P_H + p_{iH} + p_{iiH} \tag{2-59}$$

其中，p_{iiH} 为总二阶固有振荡功率。

$$
\begin{aligned}
p_{iiH} &= u_1 i_H + u_H i_1 + \sum_{\substack{m \neq n \\ m, n \neq 1}} u_m i_n \\
&= u_1 \sum_{h \neq 1} i_h + i_1 \sum_{h \neq 1} u_h + \sum_{\substack{m \neq n \\ m, n \neq 1}} u_m i_n \\
&= \frac{u_1}{R} \sum_{h \neq 1} u_h + \frac{u_1}{R} \sum_{h \neq 1} u_h + \frac{1}{R} \sum_{\substack{m \neq n \\ m, n \neq 1}} u_m u_n = \frac{2}{R} \sum_{\substack{m, n = 1 \\ m \neq n}} u_m u_n \\
&= \frac{2}{R} \sum_{\substack{m, n = 1 \\ m \neq n}} U_m U_n \sin(m\omega t + \alpha_m) \sin(n\omega t + \alpha_n)
\end{aligned}
\tag{2-60}
$$

需注意到，在以上数学表达式中，谐波次数 h 可取值为 0，表示直流分量，尽管在交流电力系统中很少有较大幅值的直流分量出现，但是微量的成分还是常见的。

下面对于功率流进行分析。对于非正弦周期性电源，根据叠加原理和基尔霍夫电压定律，见式（2-46）可以采用两个电压源串联的等效电路来表示，如图 2-6 所示。图中 $u_1 = Ri_1$，$u_H = Ri_H$，因此可以分别讨论。

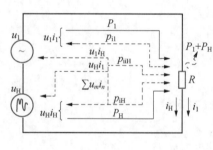

符号	含义	数学表达式
P_1	基波有功功率	$P_1 = U_1^2 / R$
p_{i1}	基波固有振荡功率	$p_{i1} = -P_1 \cos(2\omega t + 2\alpha_1)$
P_H	总谐波有功功率	$P_H = \sum_{h \neq 1} P_h = \sum_{h \neq 1} U_h I_h = \sum_{h \neq 1} U_h^2 / R$
p_{iH}	谐波固有振荡功率	$p_{iH} = -\sum_{h \neq 1} P_h \cos(2h\omega t + 2\alpha_h) = \sum_{h \neq 1} p_{ih}$
p_{iiH}	总二阶固有振荡功率	$p_{iiH} = u_1 i_H + u_H i_1 + \sum_{\substack{m \neq n \\ m, n \neq 1}} u_m i_n$

图 2-6 非正弦电压供电线性电阻负载功率流的可视化表示

由基波电压提供给负载的瞬时功率为

$$u_1(i_1 + i_H) = Ri_1^2 + Ri_1 i_H = P_1 + p_{i1} + u_1 i_H \tag{2-61}$$

可以看到，基波电压提供给负载电阻 R 的电能包含转换成热能的基波有功功率 P_1、来回交换的基波固有振荡功率 P_{i1} 和总二阶固有振荡功率 p_{iiH} 中的第一项［见式（2-60）］。

由谐波电压提供给负载的瞬时功率为

$$u_H(i_1 + i_H) = u_H i_1 + P_H + p_{iH} + \sum_{\substack{m \neq n \\ m, n \neq 1}} u_m i_n \tag{2-62}$$

又可看到，谐波电压提供给负载电阻 R 的电能包含转换成热能的谐波有功功率 P_H、来回交换的谐波固有振荡功率 p_{iH} 和总二阶固有振荡功率 p_{iiH} 中的后两项［见式（2-60）］。

如前所述，除了以上利用基尔霍夫定律等电路理论进行功率特性分析之外，还可

结合电磁场理论中的坡印亭矢量对瞬时功率和电路功率流的物理机制做出细微观察，并且通过对功率流的流动路径及时空分布的直观物理图像可进一步加深对功率定义和功率特性的准确理解，便于对各种复杂条件下的功率分解以及在电能质量指标等的量化应用。图 2-6 即为非正弦电压供电线性电阻负载功率流的可视化表示，图中单方向实线箭头表示基波有功功率和谐波有功功率的流向，双向虚线表示固有振荡功率的来回流动。

可以证明，虽然固有功率是依附于有功功率而存在，但它对在供电线路上的功率损耗和传递给负载的消耗功率都没有贡献。为简化起见，在图 2-6 中可忽略或去除这些固有功率成分，而不会丢失重要信息。

2.3.1.2　线性电感负载

假设，负载为理想的无损电感 L，当供电电压为非正弦周期性波形时，稳态条件下流过负载的电流为

$$i = \sum_h \sqrt{2} I_h \sin(h\omega t + \beta_h) \tag{2-63}$$

感性负载两端的电压可以表示为

$$u = L \frac{\mathrm{d}i}{\mathrm{d}t} = \sum_h \sqrt{2} U_h \cos(h\omega t + \beta_h)$$
$$U_h = hXI_h$$
$$X = \omega L \tag{2-64}$$

电源向负载提供的瞬时功率为

$$p_q = ui = Li \frac{\mathrm{d}i}{\mathrm{d}t}$$
$$= \omega L \left\{ \sum_h h I_h^2 \sin(2h\omega t + 2\beta_h) + 2 \sum_{m \neq n} n I_m I_n \sin(m\omega t + \beta_m) \cos(n\omega t + \beta_n) \right\} \tag{2-65}$$

可以证明，若计及线路电阻，式（2-65）中电流平方项 I_h^2 和两个电流的乘积项 $I_m I_n$ 对于供电线路功率损耗是有贡献的，但由于其平均值为 0，仍然定义为非有功功率范畴。

根据电压叠加原理，可以写出电压等式，有

$$u_1 = L \frac{\mathrm{d}i_1}{\mathrm{d}t}, \ u_H = L \frac{\mathrm{d}i_H}{\mathrm{d}t} \tag{2-66}$$

瞬时功率又可以表示为由基波电压源提供的瞬时功率和由谐波电压源提供的瞬时功率。由基波电压源提供的瞬时功率表达式为

$$u_1(i_1 + i_H) = Li_1 \frac{\mathrm{d}i_1}{\mathrm{d}t} + Li_H \frac{\mathrm{d}i_1}{\mathrm{d}t} \tag{2-67}$$

由谐波电压源提供的瞬时功率表达式为

$$u_H(i_1 + i_H) = Li_1 \frac{\mathrm{d}i_H}{\mathrm{d}t} + Li_H \frac{\mathrm{d}i_H}{\mathrm{d}t} \tag{2-68}$$

利用以上功率平衡方程并采用可视化图像描绘，可给出等效电压源和负载之间的功率交换流向，如图 2-7 所示。

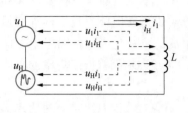

符号	含义	数学表达式
$u_1 i_1$	基波瞬时无功功率	$u_1 i_1 = L i_1 \dfrac{\mathrm{d} i_1}{\mathrm{d} t}$
$u_1 i_H$	电流畸变瞬时功率	$u_1 i_H = L i_H \dfrac{\mathrm{d} i_1}{\mathrm{d} t}$
$u_H i_1$	电压畸变瞬时功率	$u_H i_1 = L i_1 \dfrac{\mathrm{d} i_H}{\mathrm{d} t}$
$u_H i_H$	谐波瞬时无功功率	$u_H i_H = L i_H \dfrac{\mathrm{d} i_H}{\mathrm{d} t}$

图 2-7　非正弦电压供电的线性电感瞬时功率流

2.3.1.3　线性电容负载

用无感和无损耗电阻的电容替换上述线性电感电路，并且设电压为

$$u = \sum_h \sqrt{2} U_h \cos(h\omega t + \beta_h) \tag{2-69}$$

则流过电容元件的电流为

$$i = C \frac{\mathrm{d} u}{\mathrm{d} t} = -\sum_h \sqrt{2} I_h \sin(h\omega t + \beta_h)$$

$$I_h = hC\omega U_h \tag{2-70}$$

由非正弦电压源提供给负载的瞬时功率为

$$p_q = ui = -\sum_h U_h I_h \sin(2h\omega t + 2\beta_h) + 2\sum_{m \neq n} U_m I_n \cos(m\omega t + \beta_m)\sin(n\omega t + \beta_n)$$

$$\tag{2-71}$$

类似于电感电路分析，若计及线路电阻，流入和流出电容的电流会引起供电线路的功率损耗，但式（2-71）的平均值为 0，这些振荡功率定义为非有功功率范畴。

2.3.1.4　线性 RLC 串联电路

设供电电压为非正弦周期波形，有

$$u = \sum_{h=1} \sqrt{2} U_h \sin(h\omega t + \alpha_h) \tag{2-72}$$

为了对 RLC 串联电路的功率流有进一步了解，供电电压可以表示成两个分量之和

$$u = u_p + u_q = \sum_h u_{ph} + \sum_h u_{qh} \tag{2-73}$$

式中：$\sum\limits_h u_{ph}$ 为与基波电流同相位的基波电压和所有与谐波电流同相位的谐波电压；$\sum\limits_h u_{qh}$ 为与基波电流正交的基波电压和所有与各自谐波电流正交的谐波电压。

为了清晰描述功率流，可将式（2-73）中基波分量单独提取出来，谐波分量取其总和，于是非正弦供电电压可以用四个电压分量表示

$$u = u_{p1} + u_{pH} + u_{q1} + u_{qH} \tag{2-74}$$

式中：u_{p1}、u_{q1} 为基波电压；u_{pH} 为同相位谐波电压；u_{qH} 为正交谐波电压。

由此将非线性电路转化成可采用叠加原理的线性电路，非正弦供电的等效电路参数和功率流如图 2-8 所示。

符号	含义	数学表达式
P_1	基波有功功率	$P_1 = I_1^2 R$
P_H	总谐波有功功率	$P_H = \sum_{h \neq 1} I_h^2 R$
$u_{q1} i_1$	u_{q1} 提供的基波瞬时无功功率	$p_{q1} = u_{q1} i_1 = Q_1 \sin(2\omega t + 2\alpha_1 - 2\theta_1)$
$u_{q1} i_H$	u_{q1} 提供的畸变瞬时功率	$u_{q1} i_H = 2 \sum_{h \neq 1} U_{q1} I_h \cos(\omega t + \alpha_1 - \theta_1) \sin(h\omega t + \alpha_h - \theta_h)$
$u_{qH} i_1$	u_{qH} 提供的畸变瞬时功率	$u_{qH} i_1 = 2 \sum_{h \neq 1} U_{qh} I_1 \cos(h\omega t + \alpha_h - \theta_h) \sin(\omega t + \alpha_1 - \theta_1)$
$u_{qH} i_H$	u_{qH} 提供的谐波瞬时无功功率	$u_{qH} i_H = \sum_{h \neq 1} U_{qh} I_h \sin(2h\omega t + 2\alpha_1 - 2\theta_1)$ $+ 2 \sum_{\substack{m \neq n \\ m,n \neq 1}} U_{qn} I_n \cos(m\omega t + \alpha_m - \theta_m) \sin(n\omega t + \alpha_n - \theta_n)$

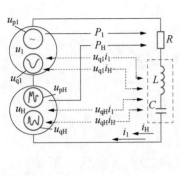

图 2-8　非正弦电压供电的线性 RLC 负载的功率流（省略了固有振荡功率）

进一步将式（2-74）细化分解，可以得到四个电压对应的方程式。其中基波电压为

$$u_{p1} = R i_1 \tag{2-75a}$$

$$u_{q1} = L \frac{\mathrm{d} i_1}{\mathrm{d} t} + \frac{1}{C} \int i_1 \mathrm{d} t \tag{2-75b}$$

同相位谐波电压为

$$u_{pH} = R \sum_{h \neq 1} i_h \tag{2-76}$$

正交谐波电压为

$$u_{qH} = L \sum_{h \neq 1} \frac{\mathrm{d} i_h}{\mathrm{d} t} + \frac{1}{C} \sum_{h \neq 1} \int i_h \mathrm{d} t \tag{2-77}$$

该电路中的瞬时电流不难写出，如式（2-49）所示。

于是得到 RLC 串联电路的瞬时功率表达式

$$p = ui = (u_{p1} + u_{pH} + u_{q1} + u_{qH})(i_1 + i_H)$$
$$= (u_{p1} i_1) + (u_{pH} i_1 + u_{p1} i_H + u_{pH} i_H) + (u_{q1} i_1) + (u_{q1} i_H + u_{qH} i_1 + u_{qH} i_H) \tag{2-78}$$

对式（2-78）进行分组讨论，知道第一括号的构成为

$$p_{p1} = u_{p1} i_1 = R i_1^2 = R I_1^2 [1 - \cos(2\omega t + 2\alpha_1 - 2\theta_1)] = P_1 + p_{i1} \tag{2-79}$$

该分量为基波瞬时功率，它包含基波有功功率 P_1 和基波固有振荡功率 P_{i1}。

式（2-78）的第二括号包含了同相位电压 u_p 所承担的功率分量，分别表示如下

$$u_{pH} i_1 = R i_H i_1 = R \sum_{h \neq 1} i_h i_1$$

$$u_{p1} i_H = R i_1 i_H = R \sum_{h \neq 1} i_1 i_h$$

$$u_{pH} i_H = R \sum_{h \neq 1} i_h^2 + R \sum_{\substack{m \neq n \\ m,n \neq 1}} i_m i_n$$

$$= R \sum_{h \neq 1} I_h^2 [1 - \cos(2h\omega t + 2\alpha_h - 2\theta_h)] + R \sum_{\substack{m \neq n \\ m,n \neq 1}} i_m i_n$$

$$= P_H + p_{iH} + R \sum_{\substack{m \neq n \\ m,n \neq 1}} i_m i_n$$

以上三个分量之和可用一项瞬时功率表达式给出

$$p_{pH} = u_{pH}i_1 + u_{p1}i_H + u_{pH}i_H = P_H + p_{iH} + p_{iiH} \tag{2-80}$$

式中：p_{iiH} 为二阶固有振荡功率，$p_{iiH} = R\sum\limits_{m \neq n} i_m i_n$。

式（2-78）的第三括号定义为基波瞬时无功功率，数学表达式为

$$
\begin{aligned}
p_{q1} &= u_{q1}i_1 = Li_1\frac{di_1}{dt} + \frac{1}{C}i_1\int i_1 dt \\
&= U_{q1}I_1\sin(2\omega t + 2\alpha_1 - 2\theta_1) = Q_1\sin(2\omega t + 2\alpha_1 - 2\theta_1)
\end{aligned} \tag{2-81}
$$

式中：Q_1 为基波瞬时无功功率的幅值，$Q_1 = U_1 I_1 \sin\theta_1$。

式（2-78）中的第四括号包含了在非正弦电源和 LC 元件之间来回振荡的其余非有功功率，它由电压 u_q 所承担的各项功率分量组成

$$
\begin{aligned}
u_{q1}i_H &= Li_H\frac{di_1}{dt} + \frac{i_H}{C}\int i_1 dt \\
&= 2\sum_{h \neq 1} U_{q1}I_h\cos(\omega t + \alpha_1 - \theta_1)\sin(h\omega t + \alpha_h - \theta_h)
\end{aligned}
$$

$$
\begin{aligned}
u_{qH}i_1 &= Li_1\frac{di_H}{dt} + \frac{i_1}{C}\int i_H dt \\
&= 2\sum_{h \neq 1} U_{qh}I_1\cos(h\omega t + \alpha_h - \theta_h)\sin(\omega t + \alpha_1 - \theta_1)
\end{aligned}
$$

$$
\begin{aligned}
u_{qH}i_H &= Li_H\frac{di_H}{dt} + \frac{i_H}{C}\int i_H dt \\
&= \sum_{h \neq 1} U_{qh}I_h\sin(2h\omega t + 2\alpha_1 - 2\theta_1) \\
&\quad + 2\sum_{\substack{m \neq n \\ m,n \neq 1}} U_{qm}I_n\cos(m\omega t + \alpha_m - \theta_m)\sin(n\omega t + \alpha_n - \theta_n)
\end{aligned}
$$

同样，以上三个分量之和也可用一项瞬时功率表达式给出

$$
\begin{aligned}
p_{qH} &= u_{q1}i_H + u_{qH}i_1 + u_{qH}i_H \\
&= \sum_{h \neq 1} Q_h\sin(2h\omega t + 2\alpha_h - 2\theta_h) \\
&\quad + 2\sum_{m \neq n} u_{qm}I_n\cos(m\omega t + \alpha_m - \theta_m)\sin(n\omega t + \alpha_n - \theta_n)
\end{aligned} \tag{2-82}
$$

式中：$Q_h = U_{qh}I_h = U_h I_h\sin\theta_h$，为角频率为 $2h\omega$ 的振荡幅值；$U_{qm}I_n = U_m I_n\sin\theta_m$，是角频率为 $(m\pm n)\omega$ 的一对振荡幅值。

式（2-82）中各个振荡分量都是由电感 L 和电容 C 的充放电引起的，它们的性质与基波瞬时无功功率 p_{q1} 没有区别。

以上分组讨论，给出了各个分量的细分表达式，可以更加清晰地描绘出该电路的功率流路径和功率特性，如图 2-8 所示。

需注意到，以往把 Q_h 看作总无功功率的组成部分，有 $Q = \sum\limits_h Q_h$。但是 IEEE Std. 1459-2010 标准中强调，应当把 Q_1 看作一个主要分量并单独表示出来，因为它提供了负载性能的重要信息。

2.3.2　单相非线性负载电路

2.3.2.1　非线性电阻负载功率流分析

简单常见的非线性负载电路是线性电阻 R 和半导体二极管 VD 串联构成的单相半波整流电路，如图 2-9。考虑了线路电阻 R_s 后，其接线如图 2-9（a）所示。假设二极管为理想开关，即无器件电压降及功率损耗，电压正向过零点即可导通，反向过零点自然关断，伏安特性如图 2-9（b）所示。

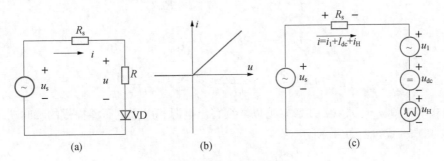

图 2-9　非线性负载电路

（a）接线图；（b）理想伏安曲线；（c）等效电路

假设电源电压用正弦函数表示

$$u_s = \sqrt{2}U_s\sin(\omega t) \tag{2-83}$$

由于半导体二极管的单向导电特性，其伏安特性呈现非线性。换言之，即使供电电压为正弦波形，而流过该回路的电流如式（2-84）所示，为周期性非连续正弦波形。

$$i = \begin{cases} 0 & u_s \leqslant 0 \\ \dfrac{\sqrt{2}U_s}{R_T}\sin(\omega t) & u_s > 0 \end{cases} \tag{2-84}$$

式中：$R_T = R_s + R$。

这意味着非线性负载将会转换并产生与电源不同频率的电能进行传递。经傅里叶级数分解，它将包含三个电流分量

$$i = i_1 + I_{dc} + i_H \tag{2-85}$$

其中，基波电流为

$$i_1 = \frac{\sqrt{2}U_s}{2R_T}\sin(\omega t) \tag{2-86}$$

直流电流为

$$I_{dc} = \frac{\sqrt{2}U_s}{\pi R_T} \tag{2-87}$$

总谐波电流为

$$i_H = -\frac{2\sqrt{2}}{\pi}\frac{U_s}{R_T}\sum_{h=2,4,6\cdots}\frac{\cos(h\omega t)}{h^2-1} \tag{2-88}$$

在正弦电源电压作用下，流过非线性负载电阻的电流不再保持周期正弦波形，并且当该畸变电流流过线路电阻 R_s 时，会形成非正弦电压降。因此，非线性负载电阻两端的电压 u 将含有与谐波电流次数相同的非正弦电压。于是，可以将负载电压 u 同样分解

为三个分量之和，有

$$u = u_1 + U_{dc} + u_H \qquad (2-89)$$

通过上述分析，我们可以假设用式（2-89）中给出的三个虚拟电压源来代替非线性负载，如图 2-9（c）所示的等效电路。根据基尔霍夫定律，三个虚拟电压源的电压可以分别表示为

$$u_1 = u_s - R_s i_1 = \frac{U_s}{\sqrt{2}}\left(2 - \frac{R_s}{R_T}\right)\sin\omega t \qquad (2-90)$$

$$U_{dc} = -R_s I_{dc} = \frac{-\sqrt{2}R_s}{\pi R_T}U_s \qquad (2-91)$$

$$u_H = -R_s i_H = \frac{2\sqrt{2}R_s}{\pi R_T}U_s \sum_{h=2,4,6\cdots} \frac{\cos(h\omega t)}{h^2-1} \qquad (2-92)$$

由式（2-90）～式（2-92），可以继续写出电源和虚拟电压源提供的瞬时功率，如式（2-93）～式（2-95）所示。

$$u_s i_1 = u_1 i_1 + R_s i_1^2 \qquad (2-93)$$

$$U_{dc} I_{dc} = -R_s I_{dc}^2 \qquad (2-94)$$

$$u_H i_H = -R_s i_H^2 \qquad (2-95)$$

对式（2-93）～式（2-95）进一步分析有：①电源提供的纯正弦电能，一部分转换成电阻 R_s 发热消耗掉，一部分被基波电压源所汲取［如式（2-93）］；②对式（2-94）和式（2-95）观察发现，由直流电压和谐波电压产生的电能传递并完全消耗在线路电阻 R_s 上；③原本设定的主电源是正弦波形，它所产生的电能应当是由工作频率为 50Hz 或者 60Hz 的电磁场所承载，而系统中所呈现的非工频电压、电流所形成的功率流又是怎么产生的令人费解。对于这一问题，我们可以从以下功率守恒定律中寻求答案。

观察等效电路，基于上述 u_s 和 i_1 的表达式，计算由电源 u_s 提供的有功功率为

$$P_s = \frac{1}{T}\int_0^T u_s i_1 dt = U_s \frac{U_s}{2R_T} = \frac{U_s^2}{2R_T} \qquad (2-96)$$

不难看出，由于二极管为理想开关，在正弦供电电压的正半周提供的电能消耗，则为单相线路电阻和线性负载电阻上全周期消耗功率的 1/2，如上式所给结果。

基波电流 i_1 在线路电阻 R_s 上的功率损耗为

$$\Delta P_1 = R_s I_1^2 = R_s\left(\frac{U_s}{2R_T}\right)^2 = \frac{R_s}{4R_T^2}U_s^2 \qquad (2-97)$$

虚拟基波电压源 u_1 汲取的有功功率为

$$P_1 = \frac{1}{T}\int_0^T u_1 i_1 dt = \frac{U_s}{2}\left(2 - \frac{R_s}{R_T}\right)\frac{U_s}{2R_T} = \frac{1}{2R_T}\left(1 - \frac{R_s}{2R_T}\right)U_s^2 \qquad (2-98)$$

由式（2-96）～式（2-98）可以发现

$$P_s = \Delta P_1 + P_1 \qquad (2-99)$$

即电源提供的有功功率一部分在电阻 R_s 上消耗，其余部分提供给了非线性负载电阻。

虚拟直流电压源发出的有功功率为

$$P_{dc} = U_{dc} I_{dc} = \frac{\sqrt{2}}{\pi} \frac{R_s}{R_T} U_s \frac{\sqrt{2} U_s}{\pi R_T} = \frac{2R_s}{\pi^2 R_T^2} U_s^2 \tag{2-100}$$

虚拟谐波电压源 u_H 发出的有功功率为

$$P_H = \frac{1}{T} \int_0^T u_H i_H \mathrm{d}t = \frac{2\sqrt{2}}{\pi} \frac{R_s}{R_T} \frac{U_s}{\sqrt{2}} \frac{2\sqrt{2}}{\pi R_T} \frac{U_s}{\sqrt{2}} \sum_{h=2,4,6\cdots} \frac{1}{(h^2-1)^2}$$

$$= \frac{4R_s}{\pi^2 R_T^2} U_s^2 \sum_{h=2,4,6\cdots} \frac{1}{(h^2-1)^2} = \frac{4R_s}{\pi^2 R_T^2} U_s^2 \left(\frac{\pi^2}{16} - \frac{1}{2} \right) = \left(\frac{1}{4} - \frac{2}{\pi^2} \right) \frac{R_s}{R_T^2} U_s^2 \tag{2-101}$$

为了便于验证有功功率守恒，对式（2-84）的电流求出有效值的平方项，为

$$I^2 = \frac{1}{2\pi} \int_0^\pi i^2 \mathrm{d}(\omega t) = \left(\frac{U_s}{\sqrt{2} R_T} \right)^2 \tag{2-102}$$

继而可计算出消耗在线路电阻 R_s 上的总功率为

$$\Delta P = R_s I^2 = \frac{R_s}{2R_T^2} U_s^2 \tag{2-103}$$

通过计算并观察式（2-97）、式（2-100）、式（2-101）的有功功率之和等于式（2-103），有

$$P_{dc} + P_H + \Delta P_1 = \Delta P \tag{2-104}$$

由式（2-104）可进一步证明，虚拟直流电压源和虚拟谐波电压源所产生的电能都消耗在电阻 R_s 上。

同时，我们可以计算出负载电阻 R 上的有功消耗，即主电源输出给非线性负载并在其电阻 R 上转化成热能的功率为

$$P_{out} = R I^2 = (R_T - R_s) \left(\frac{U_s}{\sqrt{2} R_T} \right)^2 = \left(1 - \frac{R_s}{R_T} \right) \frac{U_s^2}{2R_T} \tag{2-105}$$

继续观察虚拟基波电压源功率表达式（2-98）和非基波电压源功率表达式（2-100）、式（2-101），并结合式（2-105）可以得到

$$P_1 = P_{dc} + P_H + P_{out} \tag{2-106}$$

式（2-106）表明，主电源给非线性负载所提供的基波有功功率，其中一部分 P_{out} 转化成热散布在介质周围，其余部分传送到虚拟直流电压源 U_{dc} 和虚拟谐波电压源 u_H 中。结合式（2-104）可进一步知道，这部分有功功率被非线性负载以 P_{dc} 和 P_H 的形式回馈出来在线路电阻 R_s 消耗掉。上述线性等效电路的设定及其推证结果是满足能量守恒定律的。

将以上分析结果做可视化处理，如图 2-10 所示，可以清晰地看到电源与非线性负载之间有功功率的流动路径和功率特性的数学描述。

需要注意，尽管该非线性负载电路中并不包含电磁惯性元件（即电抗器、电容器和电机设备的旋转质量块），但是在电压源和非线性负载之间，除了有瞬时有功功率和固有振荡功率之外，还存在着平均值为零的非有功功率。这在供电电源 u_s 提供的瞬时功率表达式中也得到了验证，有

$$p_s = u_s i = u_s i_1 + u_s I_{dc} + u_s i_H \tag{2-107}$$

由式（2-83）和式（2-86）可知 u_s 和 i_1 是同相位的，因此式（2-107）右边中第

一项 $u_s i_1$ 已在公式（2-96）中做出解释，它是含有内在固有振荡的瞬时有功功率。该有功功率的一部分在线路电阻 R_s 上消耗了，其余部分提供给了非线性电阻负载。

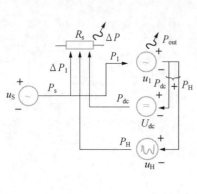

符号	含义	数学表达式
P_s	电压源 u_s 提供的有功功率	$P_s = \Delta P_1 + P_1$
P_1	虚拟电压源 u_1 汲取的有功功率	$P_1 = \dfrac{1}{T}\displaystyle\int_0^T u_1 i_1 \mathrm{d}t = \left(1 - \dfrac{R_s}{2R_T}\right)\dfrac{U_s^2}{2R_T}$
ΔP	R_s 上损耗的有功功率	$\Delta P = R_s I^2 = \Delta P_1 + P_{dc} + P_H$
ΔP_1	R_s 上损耗的基波有功功率	$\Delta P_1 = R_s I_1^2 = \dfrac{R_s}{4R_T^2}U_s^2$
P_{dc}	转化的直流功率消耗在 R_s 上	$P_{dc} = U_{dc} I_{dc} = \dfrac{2R_s}{\pi^2 R_T^2}U_s^2$
P_H	转化的谐波有功功率消耗在 R_s 上	$P_H = \dfrac{1}{T}\displaystyle\int_0^T u_H i_H \mathrm{d}t = \left(\dfrac{1}{4} - \dfrac{2}{\pi^2}\right)\dfrac{R_s}{R_T^2}U_s^2$
P_{out}	电阻 R 上的功率消耗	$P_{out} = R I^2 = \left(1 - \dfrac{R_s}{R_T}\right)\dfrac{U_s^2}{2R_T}$

图 2-10　非线性电阻负载的有功功率流（忽略固有振荡功率后）

式（2-107）中其他项为非有功功率，它们是平均值为零的振荡功率。其中，$u_s I_{dc}$ 如式（2-108）所示

$$u_s I_{dc} = R_s i_1 I_{dc} + u_1 I_{dc} \tag{2-108}$$

由式（2-91）可以得到

$$-R_s i_1 I_{dc} = U_{dc} i_1 \tag{2-109}$$

代入式（2-108），得到

$$u_s I_{dc} = -U_{dc} i_1 + u_1 I_{dc} \tag{2-110}$$

该关系式表明，非有功功率 $u_s I_{dc}$ 是与等式右边的非有功功率 $U_{dc} i_1$ 和 $u_1 I_{dc}$ 相平衡的，其平均值为零，不形成功率的单方向流动。这组振荡分量发生在 u_s 到 u_1 和 U_{dc} 之间，如图 2-11 功率流所示。

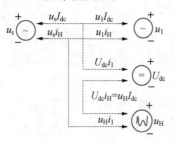

含义	数学表达式
电源 u_s 到虚拟电压源 u_1 和 U_{dc} 之间的功率振荡	$u_s I_{dc} = -U_{dc} i_1 + u_1 I_{dc}$
电源 u_s 到虚拟电压源 u_1 和 u_H 之间的功率振荡	$u_s i_H = -u_H i_1 + u_1 i_H$
虚拟电压源 u_H 和 U_{dc} 之间的功率振荡	$U_{dc} i_H = u_H I_{dc} = -R_s I_{dc} i_H$

图 2-11　非线性电阻负载的非有功功率流

同样，通过式（2-90）我们可以获得 $u_s i_H$ 的推导结果，有

$$u_s i_H = R_s i_H i_1 + u_1 i_H \tag{2-111}$$

由式（2-92），可以得到

$$u_H i_1 = -R_s i_H i_1 \tag{2-112}$$

代入式（2-111），可以给出

$$u_s i_H = -u_H i_1 + u_1 i_H \tag{2-113}$$

上式表明，非有功功率 $u_s i_H$ 与等式右边的非有功功率 $u_H i_1$ 和 $u_1 i_H$ 是时刻平衡的，也不支持功率的单方向流动。这组振荡分量发生在 u_s 到 u_1 和 u_H 之间，如图 2-11 功率流所示。

让人感兴趣的最后一种振荡类型发生在虚拟的直流电压 U_{dc} 和谐波电压 u_H 之间。这可以利用式（2-91）和式（2-92）得到

$$U_{dc} i_H = u_H I_{dc} = -R_s I_{dc} i_H \tag{2-114}$$

由此看来，在正弦电源与建立的非线性负载群"空间"里发生了振荡的功率流，出现了从工频（50Hz 或 60Hz）到直流和谐波频率的转换。这些特定的功率振荡是确保瞬时功率守恒这一复杂链中重要的一环（见图 2-11）。

已知，坡印亭矢量的通量与瞬时功率（有功分量＋非有功分量）成正比，即每一个瞬时功率对应着一个能量密度流所表示的电磁波分量。因此，对于功率理论中的瞬时功率流概念，亦可基于电磁场理论的功率流物理机制，得到充分和准确的数理描述。

2.3.2.2　相控阻性负载实例分析

生活中常见的采用相控技术的调光灯是典型的非线性电阻负载。它是在灯具电路中串联接入双向可控晶闸管，通过对晶闸管导通相位角 α 的控制，可以改变输出电压大小，从而实现光照强度调整。电路接线如图 2-12 所示，其中设定灯具功率为 60W 白炽灯，折算电阻为 806Ω。

设供电电源为纯正弦波形电压，表达式为

$$u_s = \sqrt{2} U_s \sin(\omega t) \tag{2-115}$$

并假设双向晶闸管为理想开关（无管压降，开关无延时瞬时导通或关断），当相位控制角 $\alpha=0$ 时，该电路遵守欧姆定律，电源电压与电流之比为常数，表达式亦很简单，瞬时功率变化为正弦交流电阻负载典型分析，功率始终为正值。

当相位控制角 $\alpha>0$ 时，开关延迟导通，此后负

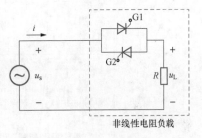

图 2-12　带有相控电路的电阻负载电路

载侧电阻两端电压和电流仍然成正比，但都不再为周期正弦波形了，如图 2-13 为相控阻性负载电路波形图。对该畸变周期波形进行傅里叶分解可以知道，负载电阻两端的基波电压方均根值为

$$U_{rms} = U_s \sqrt{\frac{1}{\pi}\left(\pi - \alpha + \frac{\sin 2\alpha}{2}\right)} \tag{2-116}$$

电源侧基波电流瞬时值表示为

$$i_1 = \frac{U_{1rms}}{R}\sin(\omega t + \beta) \tag{2-117}$$

式中：β 为基波电压和基波电流的相位角差。因此，对于非线性电阻负载而言，从供电电源侧看进去，电源和负载之间仍然存在着基波无功功率振荡，它对于传递电能并由负载电阻发热消耗没有贡献。在此案例中仿真计算得到，当触发角设定为 $\alpha=90°$ 时，基波相移功率因数仅为 0.83。

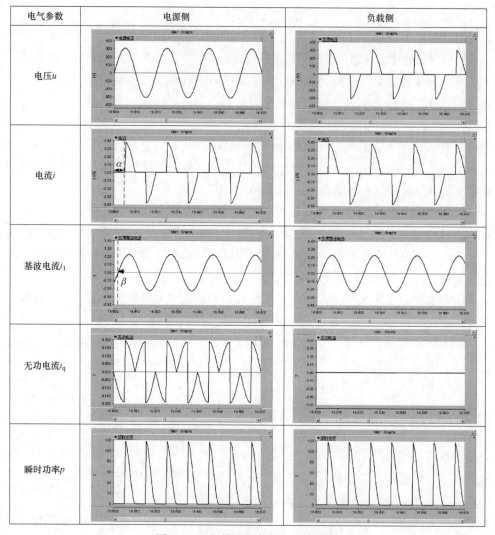

图 2-13　相控阻性负载电路波形图

面对相控阻性负载中存在的无功功率现象，在电气工程领域一直引起讨论。有一种观点认为：这类具有调光器的白炽灯的负载并不产生基波无功功率，因为在一个完整的波形周期内，没有哪个时间段电压和电流的极性是相反的。而另外的观点对此提出异议：在对这类相角控制电流的傅里叶分解中，确实存在基波电流相对于基波电压的相位滞后角（见表 2-1，基波相位差 $\beta=33.6°$），显然，可计算出基波无功功率。从供电部门的角度看，对电源带来的电能传输附加影响确实存在；而一些专家则认为，无功功率存在的前提条件，即等幅能量振荡并没有发生，缺乏对无功功率的物理支撑和解释。两种观点听起来都合乎逻辑，但哪个是正确的呢？

对图 2-13 所示的波形和由表 2-1 给出的计算参数可做出如下解释。①从负载侧观察可以看到，尽管电流与电压为周期性非正弦波形，但其同形、同频、同相位，因此功率因数为单位 1。更何况该等效电路为纯阻性元件，并没有储能单元与电源之间的电能吞吐交换，计算出的所谓无功存在是一种虚构现象。②比较一致的观点认为，对于由电源向负载提供电能的系统来说，电能的利用率应从对电源输送电力的影响来观察和考量。虽然供电电压为正弦波形，但由于等效电阻负载附加的功率开关的非线性特性作用，在开关指令控制下，对电阻负载上的工作电压施加了滞后的相位移，导致该电路基波电流滞后于供电电源的基波电压，因此相移功率因数＜1。对它的物理解释为当电源和负载间的电流不再保持正弦波形时，电源传送的部分电能转换成基波无功在电源和负载之间往复交换，转换的谐波畸变功率回馈到线路电阻上消耗了，电能的利用率下降。如同表 2-1 中计算，该电源的总功率因数仅为 0.70（当电压近似为正弦波形时，本算例中采用的功率因数简化计算公式 $\lambda = \dfrac{P}{S} = \dfrac{UI_1\cos\varphi_1}{UI} = \dfrac{I_1}{I}\cos\varphi_1 = \dfrac{1}{\sqrt{1+THD_i^2}}\cos\varphi_1$）。并且随着触发角的延迟，功率因数还会进一步降低。

表 2-1　　　　　　　相控阻性负载电路仿真分析计算例（触发角 $\alpha=90°$ 时）

电气参数		电源侧（U_s）				负载侧（U_L）			
电压有效值（V）		220				152.21			
电流有效值（A）		0.19				0.19			
分解参数		基波	3rd	5th	7th	基波	3rd	5th	7th
电压的傅里叶分解	有效值（V）	220	0	0	0	129.51	70.12	23.72	21.36
	含有率（%）	100	0	0	0	100	54.14	18.31	16.49
	相位角（°）	0	0	0	0	−33.60	86.39	−95.77	89.39
电流的傅里叶分解	有效值（A）	0.16	0.087	0.029	0.027	0.16	0.087	0.029	0.027
	含有率（%）	100	54.37	18.13	16.88	100	54.37	18.13	16.88
	相位角（°）	−33.60	86.39	−95.77	89.39	−33.60	86.39	−95.77	89.39
相角差（°）		33.60	−86.39	95.77	−89.39	0	0	0	0
相移功率因数 $\cos\varphi_1$		0.83	—	—	—	1	—	—	—
有功功率（W） $P_h = U_h I_h \cos\varphi_h$		29.22	0	0	0	20.72	6.10	0.69	0.58
基波无功功率（var） $Q_1 = U_1 I_1 \sin\varphi_1$		19.60							
视在功率 $S^2 = (UI)^2$		1747.24				836.36			
功率因数（P/S）		0.70				≈1			

　　以上典型电路和实例的分析阐述了常见的非线性负载的工作原理，重点介绍了非正弦波形条件下功率的定义与计算、虚拟电压源的设定与功率分解。利用图形可视化和对功率特性的数学描述，建立了对功率流物理机制的认知。以下内容将介绍单相和三相非正弦、不平衡系统在稳态条件下的通用功率定义、分解方法以及计算案例。

2.3.3　单相非正弦系统功率定义与分解方法

2.3.3.1　功率定义与分解方法

　　基于上述单相非正弦电压电路和单相非线性负载电路的理论分析，可综合给出稳态条件下各功率分量的定义和一般表现形式。设周期性非正弦电压和电流分别表示为两个特定的分量，即电力系统工频频率分量 u_1，i_1 和其余频率分量 u_H、i_H。其表达式如下

$$u = u_1 + u_H$$

$$u_1 = \sqrt{2}U_1\sin(\omega t - \alpha_1)$$

$$u_H = U_0 + \sqrt{2}\sum_{h \neq 1}U_h\sin(h\omega t - \alpha_h) \tag{2-118}$$

$$i = i_1 + i_H$$

$$i_1 = \sqrt{2}I_1\sin(\omega t - \beta_1)$$

$$i_H = I_0 + \sqrt{2}\sum_{h \neq 1}I_h\sin(h\omega t - \beta_h) \tag{2-119}$$

对应的方均根值的平方项为

$$U^2 = \frac{1}{kT}\int_\tau^{\tau+kT}u^2\mathrm{d}t = U_1^2 + U_H^2 \tag{2-120}$$

$$I^2 = \frac{1}{kT}\int_\tau^{\tau+kT}i^2\mathrm{d}t = I_1^2 + I_H^2 \tag{2-121}$$

其中，$U_H^2 = U_0^2 + \sum_{h \neq 1}U_h^2 = U^2 - U_1^2$，$I_H^2 = I_0^2 + \sum_{h \neq 1}I_h^2 = I^2 - I_1^2$

从严格意义上讲，上述电压和电流的频域数学表达式中应包含所有可检测到的频率分量。为清晰反映电力系统中的波形畸变程度和避免过于复杂，实用公式中的 h 取值除了强调整数倍特征频次（$h = 1$，3，5，$\cdots$）之外，还包括 $h = 0$ 和 $h < 1$，即除了定义的谐波外，也将直流分量和次同步间谐波分量（简称为间谐波）包含在内。顺便指出，在谐波功率测量时，间谐波频率的设定和采样周期的取值紧密关联，它会直接影响到谐波方均根值的测量误差。而实际上间谐波频率的不确定性要格外引起注意。

为了计算非正弦条件下的功率参数，并反映与波形畸变程度有关的量，需要采用以下定义指标：

（1）总谐波畸变率。总谐波畸变率反映畸变波形相对基频正弦波形的总体偏离程度，分别有：

电流总谐波畸变率
$$THD_I = \frac{I_H}{I_1} = \sqrt{\left(\frac{I}{I_1}\right)^2 - 1} \tag{2-122}$$

电压总谐波畸变率
$$THD_U = \frac{U_H}{U_1} = \sqrt{\left(\frac{U}{U_1}\right)^2 - 1} \tag{2-123}$$

（2）根据瞬时功率定义，有

$$p = ui$$

$$p = p_a + p_q \tag{2-124}$$

式中：p_a 为包含谐波有功功率在内的总有功功率；p_q 为非有功分量。有

$$p_a = U_0I_0 + \sum_h U_hI_h\cos\theta_h[1 - \cos(2h\omega t - 2\alpha_h)] \tag{2-125a}$$

$$p_q = -\sum_h U_hI_h\sin\theta_h\sin(2h\omega t - 2\alpha_h) + 2\sum_n\sum_{\substack{m \\ m \neq n}}U_mI_n\sin(m\omega t - \alpha_m)\sin(n\omega t - \beta_n)$$

$$+ \sqrt{2}U_0\sum_h I_h\sin(h\omega t - \beta_h) + \sqrt{2}I_0\sum_h U_h\sin(h\omega t - \alpha_h)$$

$$\tag{2-125b}$$

式中，θ_h 为同频率电压和电流相位夹角，$\theta_h = \alpha_h - \beta_h$。

由式（2-124）和式（2-125）可知，h 次谐波的有功功率是 h 次谐波电压和与其同相位的谐波电流乘积的结果，它由两部分构成，一是 $P_h = U_h I_h \cos\theta_h$，即谐波有功功率或称为谐波实功率，二是 $-P_h \cos(2h\omega t - 2\alpha_h)$，即为固有谐波振荡功率。亦如前述，固有谐波功率对在供电线路中的净能量传递或附加功率损耗没有贡献。非有功分量 p_q 在净能量传递中没有作用，然而与非有功分量关联的电流却会引起导线中的附加功率损耗。

（3）有功功率和无功功率定义。非正弦波形下有功功率的定义与数学表达式不变，因此可推导出

$$P = \frac{1}{kT}\int_{\tau}^{\tau+kT} p\,\mathrm{d}t = \frac{1}{kT}\int_{\tau}^{\tau+kT} p_a\mathrm{d}t \tag{2-126a}$$

$$P = P_1 + P_H \tag{2-126b}$$

与正弦波形情况不同的是，它包含基波（基波频率可能是 50Hz 或 60Hz）有功功率和谐波有功功率（数学通用表达式中，直流功率可含在谐波有功功率之内。实际上电力系统中电压的直流分量很少存在，但时常被关注到）。

其中，基波有功功率为

$$P_1 = \frac{1}{kT}\int_{\tau}^{\tau+kT} u_1 i_1\,\mathrm{d}t = U_1 I_1 \cos\theta_1 \tag{2-127}$$

谐波有功功率为

$$P_H = U_0 I_0 + \sum_{h\neq 1} U_h I_h \cos\theta_h = P - P_1 \tag{2-128}$$

一般而言，对于绝大多数负载，例如电机等，谐波有功功率是没有正面作用的，即对正序扭矩并没有贡献。因此在实际应用中，将基波有功功率和谐波有功功率分离是有意义的。亦可将谐波有功功率称为非基波（如非 50Hz）有功功率。

非正弦波形下无功功率的定义与正弦波形相同，根据定义可给出基波无功功率为

$$Q_1 = \frac{\omega}{kT}\int_{\tau}^{\tau+kT} i_1\Big[\int u_1\,\mathrm{d}t\Big]\mathrm{d}t = U_1 I_1 \sin\theta_1 \tag{2-129}$$

（4）视在功率定义。

1）定义。视在功率表示在可视的理想条件下能够传输给负载的有功功率总量。这里假设的理想条件为提供给负载的电压和电流均为正弦波形。此外，负载通过有源或无源设备加以补偿，使得供电线路电流与电压保持同相位。在非正弦波形下，视在功率的定义仍然如同经典功率定义一样，不同之处是根据应用需要将其分解表示。

$$S = UI \tag{2-130}$$

需要强调，它仍然保留着视在功率一个重要的有实用意义的性质：即馈电线路功率损耗 ΔP 是与其所具备的视在功率的平方成正比。

$$\Delta P = \frac{r_e}{U^2}S^2 + \frac{U^2}{R} \tag{2-131}$$

式中：R 为等效并联电阻，代表变压器铁芯损耗和电缆的电介质损耗；r_e 为等效戴维南电阻。

理论上讲，等效戴维南电阻可以通过以下等效损耗计算获得

$$r_e I^2 = r_{dc} \sum_h K_{sh} I_h^2 \qquad (2-132)$$

式中：$I = S/U$；r_{dc} 为戴维南直流电阻。K_{sh} 为计及集肤效应和临近效应的系数，$K_{sh} >$ 1，与谐波频率、导线的材料以及几何结构相关联。

r_e 的阻值会受到谐波频谱的影响。

2）基波视在功率 S_1。掌握工程实际中的基波视在功率 S_1 及其构成要素 P_1 和 Q_1，有助于我们理解与基波主导电能相关联的电磁场能量流的传递速率。

$$S_1 = U_1 I_1$$
$$S_1^2 = P_1^2 + Q_1^2 \qquad (2-133)$$

3）非基波视在功率 S_N。已知非正弦波形下，可将电流和电压分离为基波项和谐波项，代入推导后视在功率可表示为以下形式

$$S^2 = (UI)^2 = (U_1^2 + U_H^2)(I_1^2 + I_H^2)$$
$$= (U_1 I_1)^2 + (U_1 I_H)^2 + (U_H I_1)^2 + (U_H I_H)^2 = S_1^2 + S_N^2 \qquad (2-134)$$

由此定义非基波视在功率为

$$S_N = \sqrt{S^2 - S_1^2} \qquad (2-135)$$

提出非基波视在功率的概念，是为了定量给出负载传递或吸收的污染总量占比 S_N/S_1。利用这个功率参数也可量化计算出动态补偿器或有源滤波器需要的总容量。

为了分析和理解非线性影响，可进一步作出如下定义、推导和验证。

非基波视在功率可以用三种特定项表示

$$S_N^2 = D_I^2 + D_U^2 + S_H^2 \qquad (2-136)$$

其中，电流畸变功率 $\qquad D_I = U_1 I_H = S_1(THD_I) \qquad (2-137)$

电压畸变功率 $\qquad D_U = U_H I_1 = S_1(THD_U) \qquad (2-138)$

谐波视在功率 $\qquad S_H = U_H I_H = S_1(THD_I)(THD_U) = \sqrt{P_H^2 + D_H^2} \qquad (2-139)$

引入以上功率参数的意义在于：①电流畸变功率 D_I 可用于识别和确定由于电流畸变引起的非有功功率分量，它通常为非基波视在功率 S_N 的主要成分。②电压畸变功率 D_U 可用于分离由于电压畸变引起的非有功功率分量。③定义谐波视在功率 S_H 是为了标示由于谐波电压和谐波电流引起的视在功率水平。

从式（2-139）推导可得谐波畸变功率为

$$D_H = \sqrt{S_H^2 - P_H^2} \qquad (2-140)$$

在实际系统中，$THD_U < THD_I$，非基波视在功率 S_N 可以用以下公式近似计算

$$S_N \approx S_1 \sqrt{(THD_I)^2 + (THD_U)^2} \qquad (2-141)$$

当 $THD_U \leqslant 5\%$ 时，这一计算式对于任一 THD_I 值，产生的误差损失小于 0.15%。当 $THD_U < 5\%$，$THD_I > 40\%$，利用以下近似表达式（2-142）产生的误差损失小于 1%。简化计算式为

$$S_N \approx S_1(THD_I) \qquad (2-142)$$

（5）总非有功功率定义。非有功功率一词的出现是根据部分专家对非正弦下的视在功率分解和对无功表计的测量偏差有深层认识提出来的。其基本定义和概念是：凡不传

递由电源到负载转换为其他形式的能量，或者说是对电能供应与传输没有贡献的各种功率的总和。它改变了以往简单把除了有功功率之外的部分都称为无功功率（$Q=\sqrt{S^2-P^2}$）的说法。而是把基波无功功率、谐波无功功率（Q_1，Q_h）和畸变功率（D_I，D_U，D_H）都归属为非有功功率定义范畴。

记录于认可标准中的非有功功率 N 是一种功率统称，计算公式如下

$$N=\sqrt{S^2-P^2} \tag{2-143}$$

该定义把基波和非基波（即谐波和间谐波）中的非有功分量归并在一起。同时又强调，为了突出已得到验证的基波无功功率的实际应用意义和重要性，非有功功率 N 和无功功率 Q 不应混淆，从数学意义讲，只有当电压和电流为纯正弦波形时，非有功功率才等于基波无功功率或总无功功率，$N=Q_1=Q$。

将式（2-134）和以上各项功率代入式（2-143），也可将非有功功率表示为多项功率分量的组合，见式（2-144）。

$$N=\sqrt{Q_1^2+D_I^2+D_U^2+D_H^2-2P_1P_H} \tag{2-144}$$

但这仅仅是数学计算结果，实际上非有功功率（non-active power）定义缺乏物理基础支撑和实际应用验证。

（6）功率因数 PF。为了定义和给出非正弦条件下的功率因数，我们重温基波功率因数的表达式为

$$PF_1=\cos\theta_1=\frac{P_1}{S_1} \tag{2-145}$$

采用这一指标有利于单独评价基波功率流条件。在非正弦波形下功率因数的定义不变，但为了与纯正弦波形有所区别，原有的基波功率因数也被称为基波相移功率因数。因此非正弦条件下的功率因数定义为

$$\begin{aligned}PF&=\frac{P}{S}=\frac{P_1+P_H}{\sqrt{S_1^2+S_N^2}}=\frac{(P_1/S_1)[1+(P_H/P_1)]}{\sqrt{1+(S_N/S_1)^2}}\\&=\frac{[1+(P_H/P_1)]PF_1}{\sqrt{1+THD_I^2+THD_U^2+(THD_ITHD_U)}}\end{aligned} \tag{2-146}$$

功率因数是一个十分有用的电参数。一般而言，对于给定的 S 和 U，当 $P=S$ 时，表示为最大线路利用率。因此，功率因数可以称为利用率大小的指示器。另外，对于一台大型非线性负载，或者说一个负载群（或称为用户）产生的谐波注入等级也可以用 S_N/S_1 来估算。滤波器有效性也可以用这一种测量计算手段来评估。对于 S_1、P_1、PF_1 和 Q_1 的测量有助于建立基波功率流特性。

当 $THD_U<5\%$，$THD_I>40\%$，利用以下表达式计算会更为方便

$$PF\approx\frac{1}{\sqrt{1+THD_I^2}}PF_1 \tag{2-147}$$

典型非正弦波形下有，$D_I>D_U>S_H>P_H$。

综上所述，单相非正弦系统视在功率的细化分解如图 2-14 所示，各项参数的汇总见表 2-2。

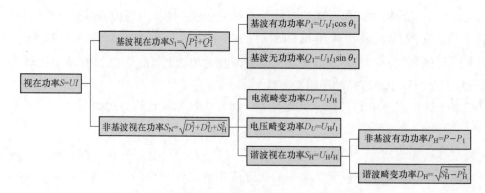

图 2-14 单相非正弦系统视在功率的细化分解

表 2-2   单相非正弦系统中各参数的分类与总结

参数或指标	组合参数	基波功率	非基波功率
视在功率	$S(\text{VA})$	$S_1(\text{VA})$	S_N，$S_H(\text{VA})$
有功功率	$P(\text{W})$	$P_1(\text{W})$	$P_H(\text{W})$
非有功功率	$N(\text{var})$	$Q_1(\text{var})$	D_I，D_U，$D_H(\text{var})$
传输线利用率	$PF=P/S$	$PF_1=P_1/S_1$	—
谐波污染程度	—	—	S_N/S_1

2.3.3.2 含有谐波的单相供电计算案例

为了加深对单相非正弦系统下功率定义和分解方法以及计算公式的理解，给出以下具体计算例。

设单相负载输入端电压和电流均含有 3、5 和 7 次谐波，其表达式为

$$u = u_1 + u_3 + u_5 + u_7 = \sqrt{2} \sum_{h=1,3,5,7} U_h \sin(h\omega t - \alpha_h)$$

$$i = i_1 + i_3 + i_5 + i_7 = \sqrt{2} \sum_{h=1,3,5,7} I_h \sin(h\omega t - \beta_h)$$

瞬时功率可表示成同频率的和交叉频率的两项功率之和，有

$$p = ui = p_{hh} + p_{mn}$$

其中 $$p_{hh} = u_1 i_1 + u_3 i_3 + u_5 i_5 + u_7 i_7$$

$$p_{mn} = u_1(i_3 + i_5 + i_7) + u_3(i_1 + i_5 + i_7) + u_5(i_1 + i_3 + i_7) + u_7(i_1 + i_3 + i_5)$$

p_{hh} 仅包含直接乘积的瞬时功率，即同频率电压和电流分量交互作用的结果。

p_{mn} 仅包含交叉乘积的瞬时功率，即不同频率电压和电流分量交互作用的结果。

同频率电压和电流直接乘积项的数学表达式为

$$u_h i_h = \sqrt{2} U_h \sin(h\omega t - \alpha_h) \sqrt{2} I_h \sin(h\omega t - \beta_h)$$

$$= P_h[1 - \cos(2h\omega t - 2\alpha_h)] + Q_h \sin(2h\omega t - 2\alpha_h)$$

式中：P_h、Q_h 为 h 次谐波的有功功率和无功功率；θ_h 为电压和电流相量之间的相位角。

$$P_h = U_h I_h \cos(\theta_h)$$
$$Q_h = U_h I_h \sin(\theta_h)$$
$$\theta_h = \alpha_h - \beta_h$$

总有功功率为

$$P = \sum_{h=1,3,5,7} P_h = P_1 + P_\mathrm{H}$$

式中：P_1 为基波有功功率；P_H 为总谐波有功功率。

$$P_1 = U_1 I_1 \cos\theta_1$$
$$P_\mathrm{H} = P_3 + P_5 + P_7 = \sum_{h \neq 1} P_h$$

对于每一次谐波都有一个 h 次谐波视在功率为

$$S_h = \sqrt{P_h^2 + Q_h^2}$$

瞬时功率的交叉频率乘积项表示如下

$$u_m i_n = \sqrt{2} U_m \sin(m\omega t - \alpha_m) \sqrt{2} I_n \sin(n\omega t - \beta_n)$$
$$= D_{mn} \{\cos[(m-n)\omega t - \alpha_m + \beta_n] + \cos[(m+n)\omega t - \alpha_m - \beta_n]\}$$

式中：$D_{mn} = U_m I_n$，$m \neq n$。

　　总视在功率的平方表达式为

$$S^2 = U^2 I^2 = (U_1^2 + U_3^2 + U_5^2 + U_7^2)(I_1^2 + I_3^2 + I_5^2 + I_7^2)$$

和瞬时功率的分解方法一样，可以将其展开表示为直接乘积项和交叉乘积项结果，有

$$S^2 = U_1^2 I_1^2 + U_3^2 I_3^2 + U_5^2 I_5^2 + U_7^2 I_7^2 + U_1^2(I_3^2 + I_5^2 + I_7^2) + I_1^2(U_3^2 + U_5^2 + U_7^2)$$
$$+ U_3^2 I_5^2 + U_3^2 I_7^2 + U_5^2 I_3^2 + U_5^2 I_7^2 + U_7^2 I_3^2 + U_7^2 I_5^2$$

或者表示为

$$S^2 = S_1^2 + S_3^2 + S_5^2 + S_7^2 + D_I^2 + D_U^2 + D_{35}^2 + D_{37}^2 + D_{53}^2 + D_{57}^2 + D_{73}^2 + D_{75}^2 = S_1^2 + S_\mathrm{N}^2$$

式中：S_1^2 为包括基波视在功率、基波有功功率和基波无功功率平方项的关系式；S_N^2 为包括非基波视在功率、电流畸变功率、电压畸变功率和谐波视在功率平方项的关系式有

$$S_1^2 = P_1^2 + Q_1^2$$
$$S_\mathrm{N}^2 = D_I^2 + D_U^2 + S_\mathrm{H}^2$$

式中各项又可分别表示为

$$D_I^2 = U_1^2(I_3^2 + I_5^2 + I_7^2)$$
$$D_U^2 = I_1^2(U_3^2 + U_5^2 + U_7^2)$$
$$S_\mathrm{H}^2 = S_3^2 + S_5^2 + S_7^2 + D_{35}^2 + D_{37}^2 + D_{53}^2 + D_{57}^2 + D_{73}^2 + D_{75}^2$$
$$= P_3^2 + P_5^2 + P_7^2 + Q_3^2 + Q_5^2 + Q_7^2 + D_{35}^2 + D_{37}^2 + D_{53}^2 + D_{57}^2 + D_{73}^2 + D_{75}^2$$

如果向负载供电的线路电阻为 r，则线路损耗为

$$\Delta P = r I^2 = \frac{r}{U^2} S^2 = \frac{r}{U^2}(S_1^2 + S_\mathrm{N}^2) = \frac{r}{U^2}(P_1^2 + Q_1^2 + D_I^2 + D_U^2 + S_\mathrm{H}^2)$$

从这个表达式中得知，视在功率 S 的每一项都对供电系统的总功率损失有贡献。也就是说，不仅是基波有功功率和无功功率会引起功率损失，而且电压和电流畸变功率，

以及谐波视在功率也会造成功率损失。

下面的数值计算实例更便于我们学习。已知电压和电流的瞬时值表达式为

$$u_1 = \sqrt{2} \times 100\sin(\omega t - 0°) \qquad i_1 = \sqrt{2} \times 100\sin(\omega t - 30°)$$

$$u_3 = \sqrt{2} \times 8\sin(3\omega t - 70°) \qquad i_3 = \sqrt{2} \times 20\sin(3\omega t - 165°)$$

$$u_5 = \sqrt{2} \times 15\sin(5\omega t + 140°) \qquad i_5 = \sqrt{2} \times 15\sin(5\omega t + 234°)$$

$$u_7 = \sqrt{2} \times 5\sin(7\omega t + 20°) \qquad i_7 = \sqrt{2} \times 10\sin(7\omega t + 234°)$$

将上述设定数据代入各公式进行功率计算，可以得到以下结果，见表 2-3～表 2-6。

表 2-3　　　　　　　　　　　有功功率（含基波有功功率）

P_1（W）	P_3（W）	P_5（W）	P_7（W）	P（W）	P_H（W）
8660.00	−13.94	−15.70	−41.45	8588.9	−71.1

从表 2-3 看到，总谐波有功功率为负值表明是由负载提供向系统注入的功率，该算例为典型的非线性负载。提供给负载的总有功功率中基波有功功率为主导能量。

对于表 2-4，我们感兴趣的是 Q_5 为负值，而其他为正值。常用惯例中，容性负载的无功功率赋予负值，感性负载的无功功率赋予正值。

表 2-4　　　　　　　　　　　无功功率（含基波无功功率）

Q_1（var）	Q_3（var）	Q_5（var）	Q_7（var）
5000.00	159.39	−224.45	27.96

表 2-5　　　　交叉乘积项功率分量、电流畸变功率和电压畸变功率

D_{13}（var）	D_{15}（var）	D_{17}（var）	D_I（var）
2000.00	1500.00	1000.00	2692.58
D_{31}（var）	D_{51}（var）	D_{71}（var）	D_U（var）
800.00	1500.00	500.00	1772.00

表 2-6　　　　　　　谐波畸变功率和谐波视在功率

D_{35}（var）	D_{37}（var）	D_{53}（var）	D_{57}（var）	D_{73}（var）	D_{75}（var）	S_3（VA）	S_5（VA）	S_7（VA）	S_H（VA）
120.00	80.00	300.00	150.00	100.00	75.00	160	225	50	477.13

如果我们按照 Budeanu 的无功功率定义计算（见附录 A），错误地用四个无功功率求和给出总无功功率，就会有

$$Q_B = Q_1 + Q_3 + Q_5 + Q_7 = 4962.9\text{（var）}$$

并且当我们假设供电线路电阻 $r = 1.0\Omega$，负载供电电压 $U = 240\text{V}$，计算与以上总无功功率相关的线路功率损失为

$$\Delta P_{B} = \frac{r}{U^{2}}Q_{B}^{2} = \frac{1}{240^{2}} \times 4962.9^{2} = 427.61(\mathrm{W})$$

根据前面对谐波视在功率的分解和对线路损耗的计算分析可知，求取与以上总无功功率分量相关的功率损失正确的方法是

$$\Delta P = \frac{r}{U^{2}}(Q_{1}^{2} + Q_{3}^{2} + Q_{5}^{2} + Q_{7}^{2}) = 435.36(\mathrm{W}) > \Delta P_{B}$$

可以看到，采用标准给出的正确方法计算，功率损失大于 Budeanu 无功功率算术求和的结果。虽然，无功功率 Q_{5} 其为负值，但在线路上的功率损失是和无功功率为正值是一样的。通过这一实例计算分析，增强了对于不同频次振荡的谐波无功功率不应采用算术求和结论的认识。

基于上述计算结果，可以得到视在功率及其分量的树状图，见图 2 - 15。

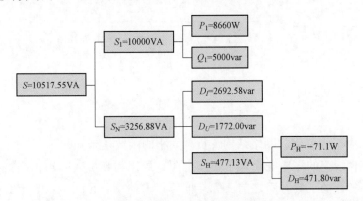

图 2 - 15　视在功率及其分量的树状图

进一步分析计算可知，总畸变因数 $THD_{U} = 0.177$，$THD_{I} = 0.269$。基波（相移）功率因数 $PF_{1} = P_{1}/S_{1} = 0.866$，总功率因数为 $PF = P/S = 0.817$。可见，谐波的产生降低了用电质量和设备的利用效率。主导功率成分是 P_{1} 和 Q_{1}。由于波形畸变相对严重，非基波视在功率 S_{N} 成为系统视在功率 S 的重要组成部分，而电流畸变功率 D_{I} 成为非基波视在功率 S_{N} 的主要分量。

2.3.4　三相不平衡系统的功率定义与分解方法

非正弦波形下三相不平衡系统是现代电力系统功率理论中最复杂的问题之一，多年来，这方面的分析和研究持续不断，但至今所提出的代表性功率理论都存在着各自的局限性。本节仍基于 2.2 节所阐述的三相正弦不平衡系统有效视在功率的概念和方法进行扩展应用，介绍非正弦不平衡条件下三相功率定义和实用化分解计算方法。同理，为计算三相系统的有效视在功率 S_{e}，需先求出等效电流 I_{e} 和等效电压 U_{e}。

（1）等效电流 I_{e}。

1）对于三相四线制系统，虚拟系统和实际系统的功率损耗平衡关系式为

$$3r_{e}I_{e}^{2} = r_{dc}\sum_{h}K_{sh}(I_{ah}^{2} + I_{bh}^{2} + I_{ch}^{2}) + r_{ndc}\sum_{h}K_{snh}I_{nh}^{2} \qquad (2 - 148)$$

式中：r_{e} 为等效电阻（基频下的线路测量电阻），$r_{e} = K_{s1}r_{dc}$，K_{s1} 为基频下的集肤效应系数；r_{dc} 为直流电阻；r_{ndc} 为中性线通道电阻；K_{sh}、K_{snh} 分别为供电线路导体和中性线

通道集肤效应系数；h 为谐波次数，或者为实际电流频谱中的任一频率分量，n 为中性线。

等效电流表达式为

$$I_e = \sqrt{\frac{1}{3}\left\{\sum_h\left[\frac{K_{sh}}{K_{s1}}(I_{ah}^2 + I_{bh}^2 + I_{ch}^2) + \frac{K_{snh}}{K_{s1}}\frac{r_{ndc}}{r_{dc}}I_{nh}^2\right]\right\}} \tag{2-149}$$

三相系统等效电流 I_e 包括基波分量 I_{e1} 和非基波分量 I_{eH} 两部分，并且有

$$I_e = \sqrt{I_{e1}^2 + I_{eH}^2} \tag{2-150}$$

$$I_{e1} = \sqrt{\frac{1}{3}\left[(I_{a1}^2 + I_{b1}^2 + I_{c1}^2) + \rho_1 I_{n1}^2\right]}$$

$$\rho_1 = \frac{K_{sn1}}{K_{s1}}\frac{r_{ndc}}{r_{dc}} \tag{2-151}$$

$$I_{eH} = \sqrt{\frac{1}{3}\left\{\sum_{h\neq 1}\left[K_h(I_{ah}^2 + I_{bh}^2 + I_{ch}^2) + \rho_h I_{nh}^2\right]\right\}}$$

$$K_h = \frac{K_{sh}}{K_{s1}}$$

$$\rho_h = \frac{K_{snh}}{K_{s1}}\frac{r_{ndc}}{r_{dc}} \tag{2-152}$$

式中：ρ_1、ρ_h、K_h 为温度、网络结构、负载大小的函数是未知的。

还由于三相线路的零序电阻大于正序电阻，可以得出 $\rho > 1.0$ 的结论。所以，在有准确确定这些参数的工具可用之前，标准推荐可取值为：$K_h = \rho_h = \rho_1 = 1.0$。这一处理方法可使表达式简化，其结果可能使等效电流计算值比准确表达式所得略小一些，并不对使用者带来不利。

三相四线制等效电流实用表达式为

$$I_e = \sqrt{\frac{I_a^2 + I_b^2 + I_c^2 + I_n^2}{3}} \tag{2-153}$$

$$I_{e1} = \sqrt{\frac{I_{a1}^2 + I_{b1}^2 + I_{c1}^2 + I_{n1}^2}{3}} \tag{2-154}$$

$$I_{eH} = \sqrt{\frac{I_{aH}^2 + I_{bH}^2 + I_{cH}^2 + I_{nH}^2}{3}} = \sqrt{I_e^2 - I_{e1}^2} \tag{2-155}$$

2）对于三相三线制系统，由于 $I_{n1} = I_{nH} = 0$，等效电流表达式为

$$I_e = \sqrt{\frac{I_a^2 + I_b^2 + I_c^2}{3}} \tag{2-156}$$

$$I_{e1} = \sqrt{\frac{I_{a1}^2 + I_{b1}^2 + I_{c1}^2}{3}} \tag{2-157}$$

$$I_{eH} = \sqrt{\frac{I_{aH}^2 + I_{bH}^2 + I_{cH}^2}{3}} = \sqrt{I_e^2 - I_{e1}^2} \tag{2-158}$$

（2）等效电压 U_e。定义的三相系统等效电压 U_e 包括基波电压分量 U_{e1} 和非基波电压分量 U_{eH} 两部分，有

$$U_{\mathrm{e}} = \sqrt{U_{\mathrm{e1}}^2 + U_{\mathrm{eH}}^2} \tag{2-159}$$

1) 对于三相四线制系统，等效电压表达式为

$$U_{\mathrm{e}} = \sqrt{\frac{3(U_{\mathrm{a}}^2 + U_{\mathrm{b}}^2 + U_{\mathrm{c}}^2) + (U_{\mathrm{ab}}^2 + U_{\mathrm{bc}}^2 + U_{\mathrm{ca}}^2)}{18}} \tag{2-160}$$

$$U_{\mathrm{e1}} = \sqrt{\frac{3(U_{\mathrm{a1}}^2 + U_{\mathrm{b1}}^2 + U_{\mathrm{c1}}^2) + (U_{\mathrm{ab1}}^2 + U_{\mathrm{bc1}}^2 + U_{\mathrm{ca1}}^2)}{18}} \tag{2-161}$$

$$U_{\mathrm{eH}} = \sqrt{\frac{3(U_{\mathrm{aH}}^2 + U_{\mathrm{bH}}^2 + U_{\mathrm{cH}}^2) + (U_{\mathrm{abH}}^2 + U_{\mathrm{bcH}}^2 + U_{\mathrm{caH}}^2)}{18}} \tag{2-162}$$
$$= \sqrt{U_{\mathrm{e}}^2 - U_{\mathrm{e1}}^2}$$

2) 对于三相三线制系统，表达式可化简为

$$U_{\mathrm{e}} = \sqrt{\frac{U_{\mathrm{ab}}^2 + U_{\mathrm{bc}}^2 + U_{\mathrm{ca}}^2}{9}} \tag{2-163}$$

$$U_{\mathrm{e1}} = \sqrt{\frac{U_{\mathrm{ab1}}^2 + U_{\mathrm{bc1}}^2 + U_{\mathrm{ca1}}^2}{9}} \tag{2-164}$$

$$U_{\mathrm{eH}} = \sqrt{\frac{U_{\mathrm{abH}}^2 + U_{\mathrm{bcH}}^2 + U_{\mathrm{caH}}^2}{9}} = \sqrt{U_{\mathrm{e}}^2 - U_{\mathrm{e1}}^2} \tag{2-165}$$

（3）有效视在功率 S_{e}。有效视在功率包括基波有效视在功率 S_{e1} 和非基波有效视在功率 S_{eN}，有

$$S_{\mathrm{e}}^2 = S_{\mathrm{e1}}^2 + S_{\mathrm{eN}}^2 \tag{2-166}$$

基波有效视在功率为

$$S_{\mathrm{e1}} = 3U_{\mathrm{e1}} I_{\mathrm{e1}} \tag{2-167}$$

非基波有效视在功率可由式（2-166）得到

$$S_{\mathrm{eN}}^2 = S_{\mathrm{e}}^2 - S_{\mathrm{e1}}^2 = D_{\mathrm{e}I}^2 + D_{\mathrm{e}U}^2 + S_{\mathrm{eH}}^2 \tag{2-168}$$

非基波有效视在功率可分别定义为三相畸变功率和谐波视在功率：

电流畸变功率 $\qquad D_{\mathrm{e}I} = 3U_{\mathrm{e1}} I_{\mathrm{eH}} \tag{2-169}$

电压畸变功率 $\qquad D_{\mathrm{e}U} = 3U_{\mathrm{eH}} I_{\mathrm{e1}} \tag{2-170}$

谐波视在功率 $\qquad S_{\mathrm{eH}} = 3U_{\mathrm{eH}} I_{\mathrm{eH}} \tag{2-171}$

谐波畸变功率 $\qquad D_{\mathrm{eH}} = \sqrt{S_{\mathrm{eH}}^2 - P_{\mathrm{eH}}^2} \tag{2-172a}$

式中：P_{eH} 为三相总谐波有功功率。

$$P_{\mathrm{eH}} = \sum_{h=1} \{ U_{ah} I_{ah} \cos(\theta_{ah}) + U_{bh} I_{bh} \cos(\theta_{bh}) + U_{ch} I_{ch} \cos(\theta_{ch}) \} \tag{2-172b}$$

引入等效总谐波畸变率，有

$$THD_{\mathrm{e}I} = \frac{I_{\mathrm{eH}}}{I_{\mathrm{e1}}}$$

$$THD_{\mathrm{e}U} = \frac{U_{\mathrm{eH}}}{U_{\mathrm{e1}}}$$

借助以上定义可将式（2-168）展开整理，不难获得实用的非基波有效视在功率与总谐波畸变率的函数关系式

$$S_{\text{eN}} = S_{\text{e1}} \sqrt{THD_{eU}^2 + THD_{eI}^2 + THD_{eU}^2 THD_{eI}^2} \qquad (2\text{-}173)$$

式中等号右边展开后整理，各分量表达式为

$$D_{eU} = S_{\text{e1}}(THD_{eU})$$

$$D_{eI} = S_{\text{e1}}(THD_{eI})$$

$$S_{\text{eH}} = S_{\text{e1}}(THD_{eI})(THD_{eU})$$

这三项指标可用于对谐波污染的定量测量和评价。一般而言，系统中总谐波电流畸变率测量值占优，对于 $THD_{eU} \leqslant 5\%$，$THD_{eI} \geqslant 40\%$ 的污染情况，推荐采用以下近似估计

$$S_{\text{eN}} = S_{\text{e1}}(THD_{eI}) \qquad (2\text{-}174)$$

（4）基波不平衡视在功率。基波不平衡视在功率的计算式为

$$S_{U1} = \sqrt{S_{\text{e1}}^2 - (S_1^+)^2} \qquad (2\text{-}175)$$

式中：S_{e1} 为基波有效视在功率；S_1^+ 为基波正序视在功率，它包含基波正序有功功率（$P_1^+ = 3U_1^+ I_1^+ \cos\theta_1^+$）和基波正序无功功率（$Q_1^+ = 3U_1^+ I_1^+ \sin\theta_1^+$），并且有 $S_1^+ = \sqrt{(P_1^+)^2 + (Q_1^+)^2}$。这是一个重要的视在功率定义。

式（2-175）可用于电压不对称和负载不平衡的测量。由此可给出量化指标：S_{U1}/S_1^+，可综合评估供电电压不对称度和负载的不平衡度水平。

（5）基波正序功率因数定义为

$$PF_1^+ = \frac{P_1^+}{S_1^+} \qquad (2\text{-}176)$$

（6）有效功率因数定义

$$PF = \frac{P}{S_{\text{e}}} \qquad (2\text{-}177)$$

综上所述，三相系统的视在功率分解如图 2-16 所示，重要参数见表 2-7。如同单相非正弦电路中的基波功率因数一样，三相系统功率因数定义及其计算参数在工程技术中也发挥着重要作用。

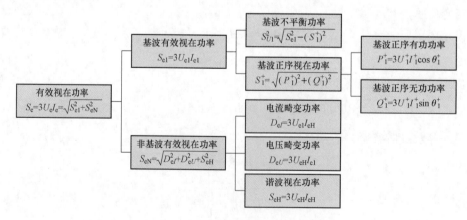

图 2-16　三相系统的视在功率分解

表 2 - 7　　　　　　　　　　　三相系统中各重要参数

参数或指标	组合参数	基波功率	非基波功率
视在功率	$S_e(\text{VA})$	S_{e1}，S_1^+，$S_{U1}(\text{VA})$	S_{En}，$S_{eH}(\text{VA})$
有功功率	$P(\text{W})$	$P_1^+(\text{W})$	P_H，$P_{eH}(\text{W})$
非有功功率	$N(\text{var})$	$Q_1^+(\text{var})$	D_{eI}，D_{eU}，$D_{eH}(\text{var})$
传输线利用率	$PF = P/S_e$	$PF_1^+ = P_1^+/S_1^+$	—
谐波污染水平	—	—	S_{eN}/S_{e1}
综合不平衡度	—	S_{U1}/S_1^+	—

第 3 章

供电电压变动与系统频率变化

3.1 概　　述

在交流电力系统建立伊始，电压和频率是衡量供电电压质量特征的两个重要参数。

交流电力系统一般规定了若干标称电压水平。理论上若要实现正常运行状态下各供电点电压大小恒定不变，不仅要求电力用户以恒定功率汲取电能，还要求供电母线的短路容量无穷大，系统的等值电抗为零。而实际上，这些条件是不可能满足的，供电系统各母线电压随系统内电流（功率）分布的变动而时刻发生着变化。因此，在系统正常运行状态下，凡不能保持电压大小恒定不变的，或者说，实际电压偏离系统标称水平的现象统称为电压变动。电压的大小及其变动程度一般用电压方均根值（RMS）来衡量。

根据电工学理论，正弦量在单位时间内交变的次数称为频率，用 f 表示，单位为 Hz（赫兹）。交变（含正负半波的变化）一次所需要的时间称为周期，用 T 表示，单位为 s（秒）。频率和周期互为倒数，即 $f = 1/T$。一般而言，交流电力系统是以单一恒定的标称频率正弦交流电向用户供电的。现有电力系统的标称频率分为 50Hz 和 60Hz 两种，我国采用的是 50Hz。不同标称频率的系统要实现互联（即非同步互联），只能通过换流设备才能实现。系统工作频率（简称工频）由同步发电机转速决定。若要使一个供电系统在稳定状态下的频率大小恒定，系统中所有互连发电机都必须是同步的，且转子上原动机功率与发出的电功率始终保持平衡。但实际上，供电系统的负荷是时刻变化的，这必然造成转子上的动能发生变化，转速发生变化，系统的工作频率也因此时刻变化。

本章主要讨论了供电电压变化特征及变动现象的分类，然后介绍了传统的长时间供电电压变动现象，即电压偏差和长时间电压中断问题。最后简要讨论了电力系统频率偏差问题。

3.2 供电电压变动特征

3.2.1 电压的方均根值计算

众所周知，交流电压（或电流）是随时间变化的正弦函数，并且供电系统母线上的电压还会随着负荷变动而变化，为了方便计算和测量，通常采用固定数值，即电压有效值来表示。考虑到对交流电做功的表现，根据热等效原理，有效值的概念是从正弦交流电和直流电分别作用在同一个阻性元件上发热能量相等来定义的。

假设交流电源电压为 $u_1(t) = U_{1m} \sin(\omega_1 t + \varphi_1)$，其中 U_{1m} 为电源电压的振幅，ω_1 为工作角频率，φ_1 为初始相位角；设直流电源电压为 U_1，当两者在一个工频周期 $T = 1/\omega_1$ 内，消耗在电阻 R 上的发热量 W 相等，则数学表达式为

$$W = \int_0^T \frac{u_1(t)^2}{R} \mathrm{d}t = \frac{U_1^2}{R} T \tag{3-1}$$

式（3-1）可进一步推导出平均功率 P 和电压的关系，如式（3-2）和式（3-3）所示。

$$P = \frac{1}{T} \int_0^T \frac{u_1(t)^2}{R} \mathrm{d}t = \frac{1}{R} \frac{1}{T} \int_0^T u_1(t)^2 \mathrm{d}t = \frac{1}{R} U_1^2 \tag{3-2}$$

$$U_1 = \sqrt{\frac{1}{T} \int_0^T u_1(t)^2 \mathrm{d}t} \tag{3-3}$$

由此给出交流电压有效值的计算公式，并且电压有效值与振幅满足 $U_{1m} = \sqrt{2} U_1$ 的关系。从式（3-3）可以看出，电压有效值等于其瞬时值的平方在一个周期内积分的平均值取平方根，在此情况下，有效值又称方均根值，它们是相等的。

对于任意周期性交变电压 $u(t)$，当采用瞬时电压的离散采样数据来计算时，其有效值或方均根值计算方法仍然成立，例如等间隔采样时间长度取一个周期时，电压方均根值的离散计算式如下

$$U_{\mathrm{RMS}} = \sqrt{\frac{1}{N} \sum_{k=0}^{N-1} u_k^2} \tag{3-4}$$

式中：N 为一个周期内的采样点数；u_k 为 $u(t)$ 在第 k 点的电压瞬时值。

负荷汲取的供电电流方均根值也可以类似计算。

从数学定义讲，方均根值是指在设定时间间隔内一个变化量（或函数）的各瞬时值的平方求平均值再开方的结果。数学表达式同式（3-4），只是将其中的参量 N 改变为"一个时间间隔内的采样点数"即可。例如照此对有效值不变的正弦电压进行计算，所设定时间间隔为一个周期或 200ms（即 50Hz 系统的 10 个整周期），电压方均根值计算结果仍然等同于电压有效值。当式（3-4）应用于非周期量或周期量的采样数据计算，而设定时间间隔不等于整周期（例如取半个周期等）时，方均根值计算与有效值含义不再关联。需要指出，方均根值可以用来指示被分析信号传送功率的能力，不管是周期性波形或非周期性波形，在设定的时间间隔内若有相同方均根值时，则被分析信号传送到阻性元件上的功率流是相同的。

从数理统计的角度讲，在估计和衡量观测值与真实值之间的偏差时常采用方均根误差评价，由于采用了平方项，消除了数据统计中求平均值所产生的符号影响，它可以更好地反映和减小实验结果出现的误差离散性。因此在现代电气系统和电路分析中，在快速变化的小时间尺度下越来越多地采用方均根计算，在进行供电电压变动分析和给出电压特性曲线时，也特别强调是方均根值电压变动特性。

还需注意到，在供电系统中包含非正弦周期性信号，基于傅里叶级数，它可以被分解为整数倍基波频率的谐波分量线性组合。设周期性电压为

$$u(t) = \sqrt{2}U_1 \sin(\omega t + \varphi_1) + \sum_{h=2}^{n} \sqrt{2}U_h \sin(h\omega t + \varphi_h)$$

式中：U_1 为基波电压；U_h 为 h 次谐波电压；φ_h 为 h 次谐波电压的初始相位角。

电压的方均根值等于基波电压和各次谐波电压的方和根值，计算式如下

$$U = \sqrt{U_1^2 + \sum_{h=2}^{n} U_h^2} = U_{\text{RMS}} \tag{3-5}$$

取整周期计算时，也称为真有效值或全波有效值。

式（3-5）反映出在正弦基波的一个周期内，频谱能量之和与时域能量相等，即非正弦条件下电压方均根值体现了基波及各次谐波在电阻上的发热效应的累积。

从物理意义看，电压方均根值的定义计算表征了电压在设备上的发热效应或平均功率。因此，准确观测和评估供电系统的电压方均根值变动是电能质量指标中一个重要参数。

3.2.2 典型电压变动特征

第 1 章表 1-1～表 1-3 分别给出了 IEC、IEEE 和 EN 基于不同视角对电能质量现象的分类。从中可以看出，电能质量的很多内容是围绕供电电压变动的特征来定义和描述的。综合起来分析，供电电压的变动属性中时间长短和变动快慢是两个主要特征。

（1）短时间电压变动，包括电压暂降、电压暂升和短时中断，它们都是因系统暂态事件扰动造成电压方均根值短时严重偏离标称电压，属于事件型电能质量问题。为了展示供电电压在短时间内的暂态变动事件，一般以每半周波更新的整周电压方均根值 $U_{\text{rms}(1/2)}$ 或每周波更新的整周电压方均根值 $U_{\text{rms}(1)}$ 是否超过设定阈值来判断。

（2）长时间电压变动，包括长时间中断、过电压和欠电压。其中长时间电压中断的说法是从电压质量的角度来描述的，电压方均根值变为零。如果从实际供电连续性角度讲，它为电力中断，也泛称为断电。

从电压变动的特征参数来理解，表 1-2 描述的过电压和欠电压与表 1-3 中的"供电电压变动"现象是一致的，只是表 1-2 中给出的典型方均根值范围是较严重的供电电压变动。这类现象主要是系统内负荷所需无功功率与系统所提供的无功功率不平衡而引起的，表现为电压方均根值相对缓慢且较长时间（大于 1min）的变化，是缓慢电压变动，属于稳态的连续型电能质量问题。一般以多周波（例如 50Hz 系统 10 周波，60Hz 系统 12 周波）方均根值作为基础测量参数，再集合为秒级（例如 3s）或分钟级（例如 10min）的方均根值。这种因负荷变化引起的供电电压方均根值长时间变动，对某具体供电点来说，在时间上是随机的；对某一时刻来说，系统内各供电点电压在空间上是随机的。因此，在一个监测周期内，对某供电点的电压偏差程度往往采用概率统计值进行衡量；而对某系统而言，需要选择代表性监测点进行多节点测量，一般采用合格率进行统计。

（3）快速电压变动。表 1-3 给出的快速电压变动是指公共连接点在两个相邻稳态条件之间的电压方均根值快速变化，且电压偏离值不超过暂降或暂升阈值。快速电压变动主要是由大容量、具有冲击性功率的负荷（如变频调速装置、炼钢电弧炉、电气化铁

路和大型轧钢机等）引起的电压起伏变化，即为电压波动，其电压值虽在短时间里急剧变动并偏离标称值，但一般不会超过系统标称电压的 0.95p.u.～1.05p.u.。这类电压波动及其引起的闪变现象将在第 5 章讨论。快速电压变动还包括因电动机启动、较远处或低电压等级侧短路故障引起的电压短时间内不超过 0.9p.u.～1.1p.u. 的快速变化。因此，快速电压变动是在传统电压波动含义上进行了延伸。快速电压变动通常会引起电工设备不能正常工作，如影响电视画面质量、使电机转速脉动、使电子仪器工作失常等。十多年来，随着新能源发电的大规模输电网接入和分布分散式配电网接入的发展，其发电功率的间歇性和随机性引起的快速电压变动已引起了电工界的关注。

为了表征这种快速性或动态性的电压变动，往往计算和观察工频连续过零点间的半周波电压方均根值 $U_{hp}(t)$ 在时间轴上的前后变化程度。图 3-1（a）中 $U_{hp}(t)$ 描述了电动机一次启动过程引起的电压变化特征，图中 U_1、U_2、…、U_k 为等半周波间隔记录的电压方均根值。该曲线也可以用相对电压变动量曲线 $d_{hp}(t)$ 来描述，如图 3-1（b）所示，其中以 U_n 为标称电压，纵坐标 $d_{hp}(t)=\dfrac{U_{hp}(t)}{U_n}\times100\%$。

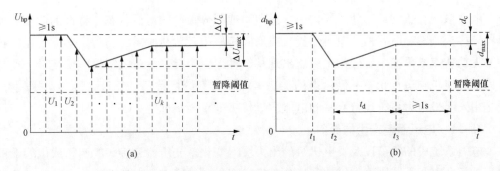

图 3-1　电动机启动引起的典型电压方均根值变化
（a）电压方均根值变动曲线；（b）电压变动量曲线

快速电压变动的大小常用相对稳态电压变动量和相对最大电压变动量来描述。

相对稳态电压变动值

$$d_c = \frac{\Delta U_c}{U_n}\times100\% \tag{3-6}$$

相对最大电压变动值

$$d_{max} = \frac{\Delta U_{max}}{U_n}\times100\% \tag{3-7}$$

式中：ΔU_c 为连续两个稳态条件下前一个稳态电压值减去后一个稳态电压值的差值；ΔU_{max} 为一个快速电压变动过程中相对于前一个稳态电压值的最大电压变动量，如图 3-1 所示。

在统计快速电压变动事件时，一般采用变动频率和相对电压变动量来描述。IEC 61000-2-2 和 IEC 61000-2-12 在定义低压和中压公用电网兼容水平时指出：在正常情况下，快速电压变动幅值应该被限制在 ±3%U_n 的范围内，但也允许阶跃电压偶尔超过 3%U_n 的情况。IEC 61000-3-7 对中压（MW）、高压（HV）以及超高压（EHV）系统结合变动次数与相对稳态电压变动量给出了快速电压变动规划水平，见表 3-1。针对低压电网设备引起的快速电压变动，IEC 61000-3-3 从相对稳态电压变动量小于等于 3.3%、相对电压变动量超过 3.3% 的持续时间小于等于 500ms 以及相对最大电压变动量进行了约束。

表 3-1　　　　　　　　　IEC 61000-3-7 给出的快速电压变动规划水平

变动次数 n	$\Delta U_C/U_N$（%）	
	MV	HV/EHV
$n \leqslant 4$ 次/天	5~6	3~5
4 次/天$<n \leqslant 2$ 次/小时	4	3
$2<n \leqslant 10$ 次/小时	3	2.5

3.3　供电电压偏差

电力系统在正常运行状态下，由于总负荷或部分负荷的运行状态与特性的改变，变压器分接头调整和电容器、电抗器投入或切除等原因，负荷所需无功功率与配电系统提供的无功功率不平衡，导致供电电压出现持续性地偏离标称电压的缓慢电压变动。衡量电力系统在正常运行状态下供电点的稳态电压偏离系统标称值的程度，称为电压偏差，它是用来衡量电力系统运行水平和电能质量优劣的重要指标之一。

3.3.1　电压偏差产生的原因

电力系统中的负荷以及发电机组的出力缓慢变化，变压器分接头的调整或电容器的投切，都会引起系统内电流（功率）分布发生变化和沿线电压损失的变化，从而造成系统内节点电压出现偏离。

为了说明功率分布与电压损失的关系，以供电线路为例，如图 3-2 所示，当不计线路分布电容影响时，设 $\dot{U}_2 = U_2 \angle 0°$，负载的复功率为

$$\widetilde{S} = P + jQ = \dot{U}_2 \times \overset{*}{\dot{I}} \tag{3-8}$$

则

$$\dot{I} = \frac{\overset{*}{\widetilde{S}}}{\overset{*}{\dot{U}}_2} = \frac{P - jQ}{U_2} \tag{3-9}$$

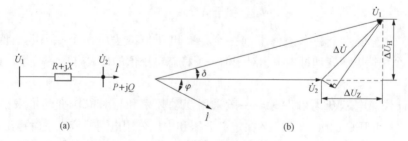

图 3-2　供电线路的电压损失

(a) 等值电路；(b) 相量图

线路首末端电压的相量差,即线路的电压降 $\Delta \dot{U}$ 为

$$\Delta \dot{U} = \dot{U}_1 - \dot{U}_2 = \dot{I} \times (R + jX) \tag{3-10}$$

将式(3-9)代入上式,得

$$\Delta \dot{U} = \frac{PR + QX}{U_2} + j\frac{PX - QR}{U_2} \tag{3-11}$$

可记为

$$\Delta \dot{U} = \Delta U_Z + j\Delta U_H \tag{3-12}$$

式中:ΔU_Z 和 ΔU_H 分别为电压降 $\Delta \dot{U}$ 的纵分量和横分量。

其表达式分别为

$$\Delta U_Z = \frac{PR + QX}{U_2} \tag{3-13}$$

$$\Delta U_H = \frac{PX - QR}{U_2} \tag{3-14}$$

通常,定义电压损失为线路首末端电压的方均根值之差,即电压损失 ΔU 为

$$\Delta U = U_1 - U_2 \tag{3-15}$$

一般,线路两端电压的相角差 δ 较小,电压降横分量对电压损失的影响可以忽略不计,故常把电压降纵分量近似看作电压损失,即

$$\Delta U \approx \frac{PR + QX}{U_2} \tag{3-16}$$

在110kV及以上电压等级的输电线路中 $X \gg R$,由式(3-16)可知,无功功率 Q 对电压损失的影响远大于有功功率 P 对电压损失的影响。设图3-2中母线1的电压为标称电压,在图示参考方向下,当无功功率 $Q > 0$,则意味着母线2的无功功率不足,需要从系统吸收无功功率 Q。由式(3-16)可知,电压损失 $\Delta U \approx \frac{QX}{U_2} > 0$,$U_2 = U_1 - \Delta U < U_1$,也就是说母线2的电压低于标称电压,电压偏差为负;反之,当无功功率 $Q < 0$ 时,意味着母线2的无功功率过剩,需要向系统输出无功功率 Q,由式(3-16)可知,$\Delta U \approx \frac{QX}{U_2} < 0$,$U_2 = U_1 - \Delta U > U_1$,也就是说母线2的电压高于标称电压,电压偏差为正。由此可见,母线2的无功功率只要不平衡,无论出现无功功率不足($Q > 0$)还是过剩($Q < 0$),均会导致母线2的电压偏离标称电压。就地无功功率不平衡越严重,节点电压偏差越大。因此,对于110kV及以上系统,系统无功功率就地不平衡意味着将有大量的无功功率流经供电线路和变压器,由于线路和变压器均存在阻抗,会造成电压损失,从而出现母线电压偏差问题。无功功率就地不平衡是引起系统电压偏离标称值的根本原因。

值得注意的是,在110kV电压等级以下的配电馈线上,系统 R/X 比值增大,由式(3-16)可知,即使无功功率就地平衡,功率因数较高,有功功率传送对电压偏差的影响也应引起关注。而电网是需要将电能量传送并分配给供电终端用户使用的,因此,对于中、低压配电网,应设计和选择合适的供电半径,以保证供电电压水平。另外,分布

式电源（DG）逐步接入配电网，其发出功率会改变系统的功率分布，尤其是有功功率潮流，原有沿线电压的分布和节点电压偏差的大小也因此改变。此类问题还正在研究过程中，读者可以参考相关文献。

式（3-16）中传输线路上的功率包括负荷功率和电网元器件损耗的功率。其中实际运行中的负荷功率一般用负荷模型来描述，经常用综合负荷模型近似表示，其指数形式为

$$
\begin{cases}
P = P_{\mathrm{n}}\left(\dfrac{U}{U_{\mathrm{n}}}\right)^{\alpha_{\mathrm{P}}}\left(\dfrac{f}{f_{\mathrm{n}}}\right)^{\beta_{\mathrm{P}}} \\
Q = Q_{\mathrm{n}}\left(\dfrac{U}{U_{\mathrm{n}}}\right)^{\alpha_{\mathrm{Q}}}\left(\dfrac{f}{f_{\mathrm{n}}}\right)^{\beta_{\mathrm{Q}}}
\end{cases}
\tag{3-17}
$$

式中：U_{n} 为额定电压；P_{n} 为额定有功功率；Q_{n} 为额定无功功率；f_{n} 为额定频率；U 和 f 分别为运行电压和运行频率；α_{P}、α_{Q}、β_{P} 和 β_{Q} 分别为对应的指数，由负荷类型决定。

由负荷模型可知，电压和频率都会影响到负荷功率的大小。一般在电力系统正常运行范围内计算潮流、电压损失和评估电压偏差时，可认为系统频率在允许范围内，可以忽略频率变化的影响。但在暂态或动态稳定分析中，频率变化较大，其对负荷功率及电压的影响不容忽略。

3.3.2 电压偏差过大的危害

电压偏差过大超过允许限值时，对用电设备以及电网的安全稳定和经济运行都会产生极大的危害。

3.3.2.1 对用电设备的危害

所有用户的用电设备都是按照额定电压进行设计和制造的。当电压偏离额定电压较大时，用电设备的运行性能恶化，使用寿命缩短，还可能由于过电压或过电流问题而损坏。

（1）对照明设备的危害。照明用的白炽灯、荧光灯等设备的发光效率、光通量以及使用寿命均与电压有关。白炽灯和荧光灯的光通量、发光效率和使用寿命与灯端电压的关系如图 3-3 所示。以白炽灯为例，见图 3-3（a），当电压较额定电压降低 5％时，白炽灯的光通量减少 18％；当电压降低 10％时，发光效率减少 30％，使照明亮度显著降低。当电压比额定电压升高 5％时，白炽灯的寿命减少 30％；当电压升高 10％时，寿命减少一半，这将加剧白炽灯的损坏。对于荧光灯而言，见图 3-3（b），灯管的寿命与通过的工作电流有关。电压增大，电流增加，则寿命降低。反之，电压降低，由于灯丝预热温度过低，灯丝发射物质发生飞溅也会降低灯

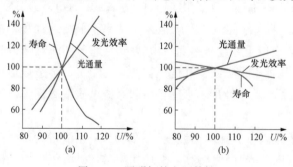

图 3-3　照明灯的电压特性
（a）白炽灯；（b）荧光灯

管的使用寿命。

（2）对电动机的危害。用电负荷中异步电动机占比较大，其电磁转矩 T、效率和电流与端电压关系十分密切，典型计算式为

$$T = K \frac{sR_2U_1^2}{R_2^2 + (sX_{20})^2} \tag{3-18}$$

式中：U_1 为定子每相绕组端电压；K 为常系数；s 为转差率；R_2 和 X_{20} 分别为转子每相绕组的电阻和启动时的感抗（详见图 3-4 等值电路所示）。

由式（3-18）可知，异步电动机电磁转矩与端电压的平方成正比。当电动机端电压较额定电压下降 10% 时，其转矩仅为额定转矩的 81%，即较额定转矩减少 19%。如果电压降低过多，电动机可能停止运行或无法启动。此外，电压降低时，电动机滑差加大，电

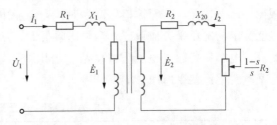

图 3-4　异步电动机单相等值电路图

动机电流显著增加，导致绕组温度升高，从而加速绝缘老化，缩短电动机寿命，严重时可能烧毁电动机；电压过高时，可能损坏电动机绝缘或由于励磁电流过大而过电流，同样也会缩短电动机寿命。当以额定运行条件下的参数为基准值时，异步电动机的电流、效率和功率因数与电压的关系如图 3-5 所示。

同步电动机的启动转矩、最大转矩均与端电压成正比。如果其励磁电流由与同步电动机共电源的晶闸管整流器供给，则其最大转矩将与端电压的平方成正比。因此，电压偏差对同步电动机的影响和异步电动机相似，只是电压变化不会引起同步电动机的转速发生改变。

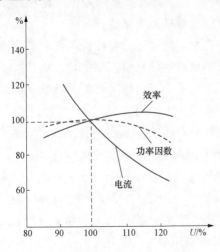

图 3-5　异步电动机的电压特性

（3）对带铁芯设备的危害。变压器、互感器等带铁芯的电气设备在高电压下的危害体现在两方面：一是励磁电流增加，使铁芯中磁感应强度增大，导致铁损耗增加、铁芯温升加大；铁芯饱和，产生低频次谐波电流，导致涡流损耗增大；二是油中和绕组表面电场强度增加，促使这些元件加速老化，严重时将使其绝缘损坏。当电压降低时，在传输同样功率条件下，绕组电流增加，绕组损耗与电流平方成比例地增加。

（4）对并联电容器的危害。电容器输出的无功功率与电压平方成正比，电压降低使其输出无功功率大大降低。电压上升虽然其无功功率提高，但由于电场增强，使局部放电加强，绝缘寿命下降。若长期在 1.1 倍额定电压下工作，电容器寿命约降至额定寿命的 44%。电容器的爆炸及外壳鼓肚等，就是由于局部放电及绝缘老化积累效应引起的。

（5）对家用电器的危害。电压降低使电视机色彩变差，亮度变暗，屏幕显示不稳定，图像模糊。家用空调、冰箱等各类电动机，以单相异步电动机为主，类似于三相异步电动机，电压过低影响电机启动，使转速增大，电流增大，甚至烧毁电机绕组；电压过高，损坏绝缘或因励磁过大而出现过电流。电压偏移过大时，家用电子计算机和自动控制设备出现错误结果，甚至导致死机。

（6）对其他用电设备的危害。所有用电设备的输出功率、效率和使用寿命都不同程度地受电压的影响。过大的电压偏差会使其电能损耗增加，产品质量下降或报废，产量减少，设备损坏，甚至被迫停产，对工业企业生产影响很大。例如电阻炉等电热设备的热能输出与电压平方成正比，当电压降低时，熔化和加热时间显著延长，严重降低生产效率；电解设备通过整流装置供给直流电流，电压降低使其电损耗显著加大。表3-2为某电解铝设备受电压影响统计表。

表 3 - 2 　　　　　　　　　　电解铝设备受电压影响统计表

交流电压偏差（%）	0	−0.8	−1.7	−2.8	−4.0	−4.7	−5.7	−6.7	−7.6	−8.6
电能损耗（kWh/t）	17200	17300	17300	17500	17600	17900	18100	18250	18400	18600
电解槽生产率（%）	100	99.4	99.0	97.5	96.0	93.9	91.9	90.0	88.7	87.0

3.3.2.2 对电力系统运行的危害

电压过低或过高都会对电力系统的安全稳定运行以及经济运行产生危害，主要表现为以下四个方面：

（1）对系统静态稳定的危害。输电线路的输送功率受功率稳定极限的限制，而输电线路输送功率的静态稳定功率极限近似与系统电压平方成正比，与线路等效电抗成反比。系统电压越低，稳定功率极限越低，功率极限与线路输送功率的差值（即功率储备）越低，越容易发生不稳定现象，甚至会造成系统瓦解的重大事故。

（2）对系统电压稳定的危害。当电网缺乏无功功率，电网运行电压低时，可能因电压不稳定造成系统电压崩溃，也可能造成大量用户停电或系统瓦解。根据单发电机—单电动机系统的分析，当电压偏低时，系统发出的无功功率小于负荷吸收的无功功率导致电压下降，电压下降使得无功缺额更大，恶性循环而导致电压崩溃。

（3）对系统电气设备的危害。电压升高导致系统中各种电气设备的绝缘受损，使带铁芯的设备饱和，产生谐波，并可能引发铁磁谐振，同样威胁电力系统的安全和稳定运行。

（4）对系统损耗的影响。输电线路和变压器在输送相同功率的条件下，其电流大小与运行电压成反比。电网低电压运行，会使线路和变压器电流增大。线路和变压器绕组的有功损耗与电流平方成正比。低电压运行会使电力系统有功功率损耗和无功功率损耗大大增加，从而加大线损率；超高压系统因电压升高使电晕损耗增加，供电成本也因此增加。

3.3.3 调压方式与调整措施

3.3.3.1 电压调节方式和调整措施分类

如前所述，电压偏差产生的主要原因是无功功率就地不平衡。保证电力系统各节点电压在正常水平的充分必要条件是系统具备充足的无功功率电源，同时采取必要的调压手段。电力系统电压和无功控制的主要目标有：

1）保证供电点的电压偏差和系统内所有设备的端电压不超过允许值。

2）确保输配电系统主要用于有功功率传输，降低线损，提高运行效率。

3）保证电力系统安全稳定运行。

现以图 3-6 为例，说明调压措施所依据的基本原理及分类。图中为单机－单负荷两级变压的电力系统。为简化起见，忽略系统各元件的对地电容，网络阻抗已归算至高压侧。

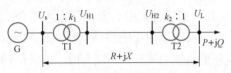

图 3-6　说明电压调整基本原理的简单电力系统

负荷接入节点电压可表示为

$$U_L = (U_s k_1 - \Delta U)\frac{1}{k_2} \approx \left(U_s k_1 - \frac{PR+QX}{U_N}\right)\frac{1}{k_2} \tag{3-19}$$

式中：ΔU 为归算至高压侧网络的电压损失，kV；U_N 为高压侧网络标称电压，kV。

式（3-19）表明，实现负荷接入点电压 U_L 的调整措施见表 3-3。

表 3-3　　　　　　　　　　供电电压的调整措施

序号	原理分类	电压校正与调整措施	电压调整与控制	
			独立调节与控制	联合调节与控制
1	配置充足的无功功率源	发电机励磁系统安装自动电压调节器	自动控制励磁电流，实现无功电源分配或自动端电压水平维持	
2		加装同步调相机	跟踪电压水平可连续调节容性或感性无功功率输出	
3		加装并联电抗器，补偿 220kV 以上输电线路充电容性功率	根据输电线路负荷的轻重，投退并联电抗器	
4		加装静止无功补偿装置	自动跟踪电压水平，连续或不连续调节，输出容性或感性无功功率	固定无功容量与动态无功容量的优化配置运行
5		加装并联电容器（及其自动投切装置）	并联电容器自动或手动按电压水平投切	变电站变压器分接头调压与并联电容器的"九区图"无功电压控制
6	调整变压器变比	更换为带分接头的有载或无载变压器	变压器分接头的调整	—
7	改变线路电抗参数	若负荷太重可增设双回或多回输电线路	根据负荷情况确定输电运行线路回数	
8		输电线路串联带旁路开关的电容器	根据负荷和静态稳定需求投切旁路开关	
9		采用分裂导线形式或更换输电导线截面	—	

表 3 - 3 中电压的调整措施与调整控制方式均适合于电力系统的调压，而电力用户适合选择的方式主要有：

1）用户接入时根据容量选择高电压等级供电或多回线路供电。

2）用户的配电变压器采用带分接头的有载或无载变压器。

3）安装固定电容器、静止无功补偿装置或调相机补偿功率因数和调压。

其实，电力系统是一个庞大的动力系统，其中的负荷难以计数，针对每一个节点进行电压的监视和调整是不现实的。通常的做法是选择系统内部分关键母线作为电压监视点，如果将这些母线的电压偏差控制在允许范围内，系统中其他节点的电压及用户负荷侧电压就能基本满足要求。这些电压监视点称为电压中枢点。对电力系统电压偏差的监视与调整就是监视与调整系统的中枢点电压。一般选择系统内装机容量较大的发电厂高压母线，容量较大的变电站低压母线，以及有大量地方负荷的发电机母线作为电压中枢点。

中枢点的调压方式有逆调压、顺调压和恒调压三种。逆调压是指在最大负荷时，提高中枢点电压以补偿线路上增加的电压损失，最小负荷时降低中枢点电压以防止受端电压过高的电压调整方式。进行逆调压时，一般中枢点电压在最大负荷时较系统标称电压升高 5%，在最小负荷时下降为系统标称电压。顺调压是指在最大负荷时适当降低中枢点电压，最小负荷时适当加大中枢点电压的电压调整方式。进行顺调压时，一般要求最大负荷时中枢点电压不低于系统标称电压的 102.5%，最小负荷时中枢点电压不高于系统标称电压的 107.5%。恒调压，又称常调压，是指无论负荷如何变动，中枢点电压基本保持不变的电压调整方式。进行常调压时，一般保持中枢点电压在 102%～105% 的系统标称电压。三种电压调整方式中，逆调压适合出线线路较长，负荷变化规律大致相同，且负荷波动较大的中枢点；顺调压适合出线线路不长，负荷变化不大的中枢点；恒调压的适用范围介于逆调压和顺调压之间。目前中枢点常用的调压方式是逆调压。

按表 3 - 3 中调压原理分类简要介绍电压调整措施。

3.3.3.2　配置无功功率源调压

在无功功率电源中，同步发电机不仅能发出有功功率，也能发出无功功率，有些发电机还可能吸收无功功率，是一种可主动控制的无功源。调相机和静止无功补偿器 SVC 也是主动无功功率调节，能够自动控制无功功率的吸收和发出，从而调节所连接节点的电压。并联电容器和电抗器都是被动无功功率补偿，其中并联电容器往往用于供电变电站或配电侧和用户侧，补偿配电系统或用户的感性无功功率；而并联电抗器往往用于输电系统，补偿输电线路在轻载时的线路容性无功功率。

（1）同步发电机。同步发电机对励磁电流的调节是电压控制的基本手段，安装自动电压调节器后可以保证机端电压在给定的电压水平或实现无功功率在发电机间的分配。如图 3 - 7 所示的单机稳态等值电路图及电压相量图，当发电机处于迟相运行（电流滞后机端电压）时，发出无功功率；当发电机处于进相运行时，吸收无功功率。但同步发电机是电力系统中最主导的有功功率电源。为了充分利用发电机的有功发电能力，在正常运行情况下发电机选择较高功率因数运行。一般功率因数在 0.95（进相运行）～0.8（迟相运行）。

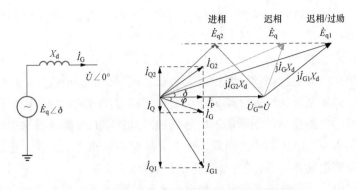

图 3-7　单机稳态等值电路图及电压相量图

按规定，发电机可以在额定电压 95%～105% 范围内保持额定功率运行。对于发电机直供负荷，供电线路不长，发电机调压可以满足负荷电压要求。但当发电机经过多级变压供电时，仅发电机调压往往不能满足配电侧供电电压的要求，需要如变压器分接头调节或负荷侧无功补偿等其他调压措施来解决。

（2）同步调相机。同步调相机实质上是不带机械负载的同步电动机。改变同步调相机的励磁，可以使同步调相机工作在过励磁或欠励磁状态，从而发出或吸收无功功率。它是最早采用的无功调节设备之一。同步调相机的优点是当系统故障引起电压下降时，同步调相机可以快速动作，输出大量感性无功功率，起到电压支撑的作用。同步调相机还可以短时间内进行强行励磁，迅速提供系统急需的无功功率，这一点对提高电力系统的电压稳定性十分有利。超高压系统轻载运行时电压偏高，同步调相机欠励磁运行可吸收系统多余的无功功率，使系统电压恢复正常。同步调相机的主要缺点是其本身及附属设备的有功功率损耗大，为额定容量的 2%～3%。此外，它是旋转机械，运行维护复杂，投资也大。所以，电力系统中有很长一段时间几乎不再使用同步调相机进行无功补偿。但值得注意的是，随着我国特高压交、直流输电工程的规模化推广应用，新能源的快速发展，新型大容量调相机（300Mvar 及以上）的快速动态无功支撑和提高电网安全稳定运行能力重新受到电力行业技术人员的高度重视。从 2018 年开始，大容量调相机陆续在高压直流受端逆变站和输送新能源电力的高压直流送端换流站投入使用，截至 2019 年年底，已投运 19 台。

（3）并联电容器。作为无功功率补偿用的电容器以并联的方式接入供电系统，其产生无功功率的大小与电压的平方成正比，表示为

$$Q_C = \omega C U^2 \tag{3-20}$$

式中：ω 为电力系统工作角频率；C 为电容器的电容值。

电力电容器具有有功功率损耗小（约为额定容量的 0.3%～0.5%）、设计简单、容量组合灵活、安全可靠、运行维护方便、投资省等优点。长期以来并联电容器一直是电力系统优先采用的无功功率补偿设备。

对 35kV 及以上变电站，一般要求按主变压器 10%～30% 容量来配置并联电容器，以补偿变压器的无功损耗，并满足主变压器最大负荷时高压侧功率因数不低于 0.95。在配电系统，由于绝大多数负荷是吸收无功功率的，并联电容器广泛用于就近提供无功

功率，降低电压损失和线损，从而实现功率因数校正和供电电压控制。沿中压馈线上安装的并联电容器往往是固定接入的，而在变电站或配电开闭站的中压电容器和中大型用户配电站的低压电容器，一般采用分组自动投切方式。投切方式有：依据低电压或过电压水平切换或根据负荷运行规律定时投切。每投入或切出一组电容器，可分别使供电电压升高或降低，调压是不连续的。如果单组电容器的容量过大，电压跳变的幅度随之增大，对系统电压的冲击越强；如果单组电容器的容量过小，则需要投切多次才能使电压满足要求，不利于系统电压的快速恢复。因此，应综合考虑系统容量、电压等级、负荷大小等因素，合理地选择电容器的分组数及每组容量。

在输电系统中，为了维持重负荷下的电压水平，会适当安装并联电容器直接接到高压母线上或主变压器的第三绕组上，通过监测电压水平是否越线实现自动投切，以补偿系统电抗上的电压损失。

由式（3-20）可知，当系统故障或其他原因使电压下降时，电容器输出的无功功率按接入节点电压的平方关系减少，导致系统电压进一步降低；而当系统电压偏高时，电容器输出的无功功率按接入节点电压的平方关系增加，致使系统电压进一步升高。以电容器接入节点电压下降5%为例，此时电容器输出无功功率减少约10%，线路上的电压损失将增加约15%，从而导致系统电压进一步下降。并联电容器这种正反馈的电压调节特性不利于系统电压的稳定，这也是其调压的缺点。

（4）并联电抗器。并联电抗器一般用于补偿220kV以上电压等级输电线路中的电容作用，特别是因输电线路空载或轻载时引起的电压水平升高。

图3-8是线路Ⅱ形等值电路，其中电容为线路的分布电容，每个电容的电纳为整个线路等效电纳 B 的 $1/2$，即为 $\dfrac{B}{2}=\dfrac{\omega C}{2}$。每个电容产生的充电功率为供电线路总充电功

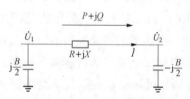

图3-8　线路Ⅱ形等值电路

率 ΔQ_C 的 $1/2$，即等于 $\dfrac{\Delta Q_\mathrm{C}}{2}=\dfrac{B}{2}U^2=\dfrac{\omega CU^2}{2}$。由此可见，输电线路上分布电容所产生的无功功率，与电压的平方成正比，同时也与线路的长度成正比。当线路轻载或空载运行时，由于线路电抗 X 中残剩的无功损耗（$\Delta Q_x=3I^2X$）很小，其数值可能远远小于线路的充电功率，因此，为了防止输电线路在空载与轻载时容性充电电流造成线路送端和受端运行电压水平超过最高标准，对于长于200km的超高压输电架空线路，通常需要安装并联电抗器；连接弱系统短于200km的架空线路时，也可能需要安装并联电抗器。

并联电抗器可分为直接接入式和间接接入式两种。直接接入式并联电抗器轻载时吸收线路充电功率，有限制线路过电压的作用。间接接入式并联电抗器不仅可以限制线路过电压，当它与中性点小电抗配合时，还有利于超高压长距离输电线路单相重合闸中故障相的消弧过程，从而保证单相重合闸的成功。

（5）静止无功补偿器。基于电力电子半控器件的静止无功补偿装置（Static Var Compensator，SVC）与同步调相机一样，它既可向系统输出无功功率，也可吸收系统的无功功率。这类设备动态特性好，调压速度快，调压平滑，可实现分相无功补偿，并

且它们是由静止元件构成的，所以运行维护方便、可靠性较高。

通常，SVC 可以按结构分为：带固定电容器的晶闸管控制电抗器（FC＋TCR）、晶闸管投切电容器（TSC）和具有饱和电抗器的静止无功补偿器。其中，FC＋TCR 组成的静止无功补偿器电路结构图如图 3-9 所示，固定电容器分组投切实现对基波的不连续容性无功功率补偿，同时也实现对某次谐波的滤波作用，而晶闸管控制的电抗器可以提供连续的感性无功功率。TSC 的典型结构图如图 3-10 所示，电容器被分为多组，每组由电容器、两个反并联晶闸管和阻抗较小的限流电抗器组成，通过控制晶闸管的开通或关断实现容性无功功率级差式补偿。具有饱和电抗器的静止无功补偿器的典型结构如图 3-11 所示，由一台饱和电抗器 L_S 和一组并联电容器 C 组装而成。电抗器的饱和电压高于正常运行电压区域。当电压负偏差时，运行电压低于电抗器饱和电压值，由并联电容器 C 输出无功功率；当运行电压偏高，大于电抗器饱和电压时，电抗器吸收无功功率；运行电压越高，电抗器越饱和，它所吸收的无功功率越大。

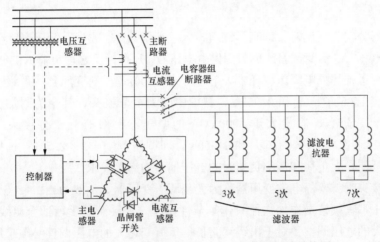

图 3-9 FC＋TCR 组成的静止无功补偿器电路结构图

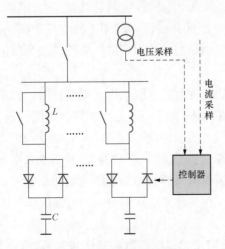

图 3-10 TSC 的典型结构图

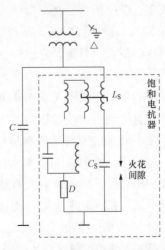

图 3-11 具有饱和电抗器的静止
无功补偿器的典型结构图

3.3.3.3 变压器可调分接头调压

变压器的变比是变压器两侧绕组间匝数之比，近似等于变压器两侧电压之比。为了实现调压，一般从双绕组变压器的高压绕组或三绕组变压器的高、中压绕组中引出若干抽头，即分接头，并用分接开关实现分接头位置的切换。改变分接头位置，即改变接入运行的绕组匝数，也就改变了各绕组间的匝数比，从而调节一侧的电压大小。如图 3-6 中，升压变压器 T1 和降压变压器 T2 在调节分接头时的调压方式是不同的。

设 N_1、N_2 分别为变压器高、低压绕组的匝数时，对于升压变压器，变比为

$$k_1 = \frac{N_1}{N_2} \approx \frac{U_{H1}}{U_s} \qquad (3-21)$$

当升压变压器分接头下调，即高压绕组投入运行匝数 N_1 减少，低压绕组 N_2 不变时，发电机侧电压 U_s 不变，因此电网侧电压 U_{H1} 降低；反之电网侧电压升高。

对于降压变压器，变化为

$$k_2 = \frac{N_1}{N_2} \approx \frac{U_{H2}}{U_L} \qquad (3-22)$$

当降压变压器分接头下调时，即高压绕组投入运行匝数 N_1 减少，低压侧绕组 N_2 不变，此时电网侧电压 U_{H2} 不变，因此负荷侧供电电压 U_L 升高；反之，负荷侧供电电压降低。

对于中压系统的配电降压变压器，容量小于 6300kVA 的变压器一般设有三个分接头，分别对应 $1.05U_N$、U_N 和 $0.95U_N$，其中中间为主分接头，其余为附加分接头，即调压范围为 $\pm 1 \times 5\%$。容量大于 8000kVA 的变压器一般有五个分接头，分别对应 $1.05U_N$、$1.025U_N$、U_N、$0.975U_N$ 和 $0.95U_N$，即调压范围 $\pm 2 \times 2.5\%$。选择一个合适的分接头，可使最大负荷和最小负荷时的电压偏差均满足要求。

改变分接头时需要停电的变压器称为无载调压变压器，一般为 $\pm 2 \times 2.5\%$。无载调压变压器调压不宜频繁操作，往往只作季节性操作。这种调压手段适合出线线路不长、负荷变化不大的电压调整。对于出线线路长、负荷变化大的电压调整必须采用有载调压变压器。它可以在带负荷情况下，根据负荷大小随时更改分接头。有载调压变压器的分接头数比较多，调压精度更高。对于 66kV 及以上电压等级的有载调压变压器，一般为 17 档，即 $\pm 8 \times (1.25 \sim 1.5)\%$，甚至更多。因此，装设有载调压的变压器调压范围大，容易满足调压的要求。目前，它已经在系统中的变电站得到广泛应用，成为保证电压质量的主要手段。

需要注意的是，当系统无功功率电源缺额较大、系统电压水平偏低时，如果使用有载调压变压器进行调压，使变压器二次侧的电压抬高，则无功缺额会全部转到主网上，主网电压严重下降。这种情况极有可能引发电压崩溃事故。1978 年 12 月 19 日法国大停电事故、1983 年 12 月 23 日瑞典大停电事故以及 1987 年 7 月 23 日日本东京大停电事故都与有载调压有关。因此，装设有载调压变压器的前提是系统无功功率电源充足；事故后的整改措施包括并联电容器自动投切，在系统无功缺额时闭锁有载调压等。

对直接向 10kV 配电网供电的降压变压器，要求选用有载调压型变压器，如图 3-12 所示，并配置电压无功控制（VQC）自动装置，实现变压器有载调压和并联电容器投切联合控制，调节电压和功率因数。一般以母线电压 U_2 和从系统（例如电源进线处或变

压器一次侧）吸收无功功率 Q（或者功率因数 PF）作为状态变量，将变电站运行的状态分为九个区域，称为电压无功调节九区图，如图 3-13 所示。在九个区域中，只有阴影部分的电压和功率因数是合格的，而其余 1～8 区域为不合格区，需要进行控制和调节，调节策略见表 3-4。

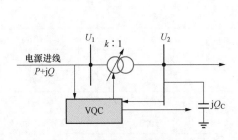

图 3-12　有载调压变压器与并联电容
补偿配合示意图

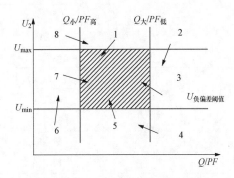

图 3-13　电压无功调节九区图

表 3-4　　　　　　　　　电压无功调节九区图的控制调节策略

区域	状态	调节和控制方式
1	电压正偏差越限	调变压器分接头降压
2	电压正偏差越限且功率因数低越限	先调变压器分接头降压，再投入并联电容器提高功率因数
3	功率因数低越限	投入并联电容器提高功率因数
4	电压负偏差越限且功率因数低越限	先投入并联电容器提高功率因数；若功率因数恢复但电压仍低时，再调变压器分接头升压；若功率因数没有恢复，且电压仍低时，闭锁有载调压动作
5	电压负偏差越限	调变压器分接头升压
6	电压负偏差越限且功率因数高越限	先调变压器分接头升压，再切除并联电容器
7	功率因数高越限	切除并联电容器
8	电压正偏差越限且功率因数高越限	先切除并联电容器；若电压仍越限，再调变压器分接头降压

3.3.3.4　改变线路电抗参数调压

由式（3-16）可以看出，供配电线路输送距离过长，输送容量过大，导线截面过小等因素都会加大线路的电压损失，从而产生电压偏差；减小线路的电阻或电抗均可降低线路的电压损失，从而提高线路受端电压，达到调压的目的。

我国规定了不同电压等级供配电线路的输送距离和输送容量，见表 3-5。在电网规划设计时，首先需要选择合适的线路参数。

表 3-5　　　　　　　　不同电压等级供配电线路的输送距离和输送容量

额定电压（kV）	传输方式	输送容量（kW）	输送距离（km）
0.22	架空线	＜50	0.15
	电缆线	＜100	0.2

续表

额定电压（kV）	传输方式	输送容量（kW）	输送距离（km）
0.38	架空线	100	0.25
	电缆线	175	0.35
3	架空线	100～1000	3～1
6	架空线	2000	10～3
	电缆线	3000	＜8
10	架空线	3000	15～5
	电缆线	5000	＜10
35	架空线	2000～10000	50～20
66	架空线	3500～30000	100～30
110	架空线	10000～50000	150～50
220	架空线	100000～500000	200～300

对于中低压配电线路，更换截面积更大的导线可以减小线路电阻，该方法普遍用于电阻大于电抗的低压电网。对于大容量中压电力用户，可提高供电电压等级，或采用双回、多回配电线路供电，以达到降低电压损失的目的。然而这些方法都会增加投资费用。

对于电抗远大于电阻的 220kV 及以上电压等级输电线路，普遍采用减小线路电抗的方法来改变输电线路的参数。减小线路电抗的方法有如下两种：

1）采用分裂导线。在相同导线有效截面积下，导线分裂数越多，线路的电抗越小；导线分裂数越少，线路的电抗越大。由表 3 - 6 看出，二分裂导线和四分裂导线的单位电抗约为无分裂导线（单分裂导线）的 64％和 45％。因此，采用分裂导线可显著降低线路电抗。采用分裂导线还可以减少输电线路的电晕损耗，减少输电线路对周边环境的电磁污染，有利于提高电力系统的稳定性和线路的输电能力。该方法适合于 220kV 及以上电压等级输电线路的新建和改建。

表 3 - 6　常用导线单位电抗（对应相导线水平排列，相间距 20m，分裂线间隔 5m 情况）

导线型号及单位电抗		单分裂	二分裂	三分裂	四分裂
LGJQ - 300	电抗（Ω/km）	0.5460	0.3492	0.2836	0.2453
	变化率（％）	1.0	0.640	0.519	0.449
LGJQ - 400	电抗（Ω/km）	0.5368	0.3446	0.2806	0.2431
	变化率（％）	1.0	0.642	0.523	0.453
LGJQ - 500	电抗（Ω/km）	0.5302	0.3414	0.2784	0.2415
	变化率（％）	1.0	0.644	0.525	0.455

2）串联电容器。在线路上串联电容器又称为串联电容补偿，接线图如图 3 - 14 所示。根据式（3 - 16），线路的电压损失为

$$\Delta U \approx \frac{PR + Q(X_L - X_C)}{U_2} < \frac{PR + QX_L}{U_2} \qquad (3 - 23)$$

式（3-23）表明串联电容补偿使线路的等值电抗减小，从而降低线路的电压损失，提高了线路末端的电压。串联电容器容抗所补偿的电压，与通过线路的电流成正

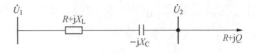

图 3-14 串联电容补偿接线图

比。负荷电流的增大，使线路感抗的压降增大，与此同时，电容器上的电压补偿量也相应增大，所以串联电容具有随负荷电流自行调整补偿电压的功能。

串联电容补偿线路电抗的程度可用补偿度 K_C 来表示

$$K_C = \frac{X_C}{X_L} \tag{3-24}$$

式中：X_L 为线路电抗，$X_L = \omega L$，Ω；X_C 为线路串联电容容抗，$X_C = \dfrac{1}{\omega C}$，$\Omega$。

$K_C > 1$ 为过补偿，指串联电容完全补偿了线路电抗，而且还部分补偿线路变压器电抗（线路接在变压器低压侧）或者高压线路的电抗，整个线路的等值阻抗呈现容性。$K_C < 1$ 为欠补偿，指串联电容不能完全补偿本线路电抗，整个线路的等值阻抗仍然呈现感性。$K_C = 1$ 为完全补偿，指串联电容完全补偿本线路电抗，整个线路等值阻抗呈现电阻性。

与装设并联电容器相比，串联电容补偿的调压效果显著，特别适合电压波动频繁、负荷功率因数低的场合。以调压为目的时，串联电容器一般装在单端电源供电的 110kV 及以下电压等级的分支线上。在低压配电线路中，为了提高线路末端的电压，有时采用过补偿。超高压线路上串联电容器的目的是提高输电线路的输送能力和系统的静态稳定性，这时通常采用欠补偿方式。在超高压线路上，作为调压手段而装设串联电容器的应用并不广泛。

串联电容补偿也会带来一些新问题。例如在配电线路中，采用高补偿度的串联电容后，串联电容与一些容量较大的感应电动机或同步电动机有可能发生共振。这种现象称为电机的自激。电机发生自激时必须采取措施加以处理。串联电容与变压器也可能发生共振，即变压器的铁磁谐振。无论是电机的自激还是变压器的铁磁谐振都可能对用电设备造成危害。在超高压输电线路中，采用串联电容补偿有可能与发电机组产生谐振频率低于工频的频率振荡，即次同步谐振（Sub-Synchronous Resonance，SSR），危及发电机组的安全。二十世纪七十年代初期，次同步振荡引发了汽轮机轴扭振，使美国加利福尼亚州爱迪生公司的一台汽轮发电机组的大轴遭到破坏，损失十分惨重。

3.3.3.5 系统静态电压稳定控制

当电力系统节点电压负偏差较大，而负荷仍持续试图通过加大电流以获得更大的有功或无功功率时，容易发生电压失稳现象，是否失稳依赖于负荷需求与系统向负荷提供功率平衡的能力。也就是说，当系统向负荷提供的功率随着电流的增加而增加时，系统处于电压稳定，反之则处于电压不稳定。电压稳定可分为小扰动稳定（也称为静态电压稳定）和大扰动电压稳定。静态电压稳定是指电力系统受到诸如负荷增加等小扰动后，系统所有母线维持稳定电压的能力。为了维持系统在正常运行或事故后运行方式下的电压质量，需要保证系统的静态电压稳定储备。传统的静态电压稳定分析方法是基于系统

稳态潮流计算得到的 P-V 曲线，如图 3-15 所示。通常认为 P-V 曲线的鼻点就是系统的电压失稳点，其对应的是系统负荷功率极限，在曲线的上半支是电压稳定的。

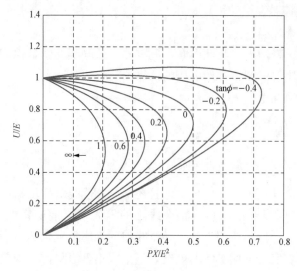

图 3-15 标准化的 P-V 曲线

由此可见，保证系统正常运行，不因负荷造成电压失稳，需要关注电网节点电压，尤其是中枢母线的电压水平。当系统内动态无功备用充足时，可以通过无功电源设备的投入切除或系统调节的方式，控制电压在合理的运行区间，以保证电压质量。反之，应注意在无功备用不足且重负荷水平下，中枢节点或其他部分节点的电压水平出现不可控的状态，这是电压稳定性变差的重要特征，此时需要减少负荷来维持和提高电力系统的电压稳定性。

3.3.4 电压偏差的监测与考核

电压偏差测量的是电压方均根值，其基本测量时间窗口一般选择较长时间值，国际电能质量测量方法标准推荐的是 50Hz 系统为 10 周波，60Hz 系统为 12 周波，并且每个测量时间窗口应该与紧邻的测量时间窗口接近而不重叠，连续测量并计算电压方均根值的平均值❶，最终根据式（3-25）计算供电电压的偏差值。

$$电压偏差 = \frac{电压测量值 - 系统标称电压}{系统标称电压} \times 100\% \qquad (3-25)$$

GB/T 12325—2008 对电压偏差允许限值做出了规定。在电力系统正常运行状态下，每个供电部门配电系统与用户电气系统的连接节点的电压偏差必须满足这些限值要求。

由于电压偏差往往是由于系统的负荷或新能源功率发生变化引起的电压方均根值连续性随机变化，因此，当监测和考核公用交流电网在正常运行状态下某具体供电终端（点）的电压偏差时，对测量结果一般采取概率统计的方式进行评估。例如某标称电压 U_n 的供电点，对其一周监测的 10min 电压方均根值进行统计，99% 概率大值不能超过 $U_n + 10\%$，1% 概率大值不能低于 $U_n - 10\%$。由此可见，在小概率场景下的供电点是可能出现超过给定电压偏差限值范围的。

为了实现对系统供电电压偏差的考核，《国家电网公司电力系统电压质量和无功电力管理规定》和《中国南方电网电压质量和无功电力管理标准》定义了综合供电电压合格率指标。

首先在系统内规定 A、B、C、D 四类监测点，分别为：

---

❶ 在 IEC 61000—4—30 国际标准中采用的是在电压幅值或电压偏差的计算时间长度内（例如 3s、10min 或 2h）对测量窗的 10 周波方均根值再次求方均根值。

1) A 类是指带有地区供电负荷的变电站和发电厂的 10(6)kV 母线电压。

2) B 类是指 35(66)kV 专线供电和 110kV 及以上供电的用户端电压。

3) C 类是指 35(66)kV 非专线供电的和 10(6)kV 供电的用户端电压，每 10MW 负荷至少设一个电压质量监测点。

4) D 类是指 380/220V 低压电网和用户端的电压，每百台配电变压器至少设 2 个监测点，要求监测点设在有代表性的低压配电网首末两端和部分重要用户。

每个监测点电压合格率计算公式为

$$电压合格率(\%) = \left(1 - \frac{电压超限时间}{电压监测总时间}\right) \times 100\% \tag{3-26}$$

综合供电电压合格率指标计算公式为

$$V_综(\%) = 0.5V_A + 0.5\left(\frac{V_B + V_C + V_D}{3}\right) \tag{3-27}$$

式中：$V_综$ 为综合电压合格率，%；V_A、V_B、V_C、V_D 分别为 A、B、C 和 D 类电压合格率。

例如，我国《配电网建设改造行动计划（2015—2020 年)》中对综合电压合格率目标要求为 2020 年中心城市综合电压合格率达到 99.97%，乡村综合电压合格率达到 97%。

3.4 长时间电压中断

通常当电力系统电源点与受电端之间出现了物理断开点，例如断路器分闸或跳闸，会导致供电点电压长时间（≥1min）中断现象；此时负荷不能从电网汲取电能，也就是用户停电或断电的不连续供电现象。长期以来，供电系统对用户持续供电的能力称为系统供电可靠性。在电力供给紧张时期，供电连续性问题突出，人们普遍认为，只要保证电力供给长时间不中断，供电系统就是可靠的，并且规定供电连续性问题是电力可靠性管理的一项重要内容，用供电可靠率或供电质量来表示。

如今，关于长时间电压中断是归属于电能质量问题还是电力可靠性范畴，仍存在不同认识的讨论，世界各国说法不一。例如欧洲能源监管委员会（CEER）相关供电质量工作组的研究认为供电质量包括以下三个方面：

1) 供电电压质量（在美国一般称为电能质量）。

2) 供电连续性（在美国一般称为供电可靠性）。

3) 用户服务质量。

由于现有供电可靠性指标用来衡量停电问题已相对成熟，因此，我国长时间电压中断在工程实际中仍使用用户供电可靠性指标来评价。提高供电可靠性，减少供电中断是电力系统运行的基本任务，且已在系统的规划、设计、基建、施工、设备选型和生产运行等方面取得很大进展。

3.4.1 长时间电压中断的分类

按照电能传输被迫中断的性质划分，供电中断可以分为预安排供电中断和故障供电中断两大类，如图 3-16 所示。预安排供电中断是指所有预先安排的停电，可细分为计划供电中断、临时供电中断和限电。在有正式计划安排的供电中断中，检修供电中断是指按检修计划要求安排的停电；施工供电中断是指供电系统扩建、改造及迁移等施工引起的有计划安排的停电；用户申请供电中断是指由于用户自身的要求得到批准且影响其他用户而有计划安排的停电。临时供电中断是指事先无正式计划安排，但在规定的时间前按规定程序经过批准的停电。临时检修供电中断是指供电系统在运行中出现危及系统安全运行，必须处理的缺陷而临时安排的供电中断。临时施工供电中断是指事先未安排计划而又必须尽早安排的施工供电中断。用户临时申请供电中断是指由于用户自身的特殊要求得到批准且影响其他用户的供电中断。限电是指在供电系统计划的运行方式下，根据电力的供求关系，对于求大于供的部分进行限量供应。系统电源不足限电是指由于供电系统电源容量不足，根据调度命令对用户进行的拉闸限电或不拉闸限电。供电系统限电是指由于供电系统本身设备容量不足，或系统异常，不能完成预定的供电计划而对用户的拉闸限电，或不拉闸限电。

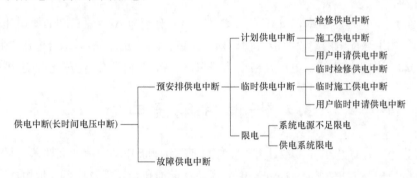

图 3-16　供电中断（长时间电压中断）分类

供电企业为维护供电系统正常工作，对电气设施进行定期或不定期的维护、检修，或为满足系统改、扩建的需要而有计划实施的供电中断是不可避免的，它与供电系统的网架结构、电气设备运行状态、系统运行方式和调度管理水平有很大关系。随着我国配电网网架结构的改进、在线监测设施的增加、自动化水平的提高和带电作业技术的普及，预安排供电中断的次数明显下降。在实施预安排供电中断之前，大部分负荷已经被事先切换到由其他线路或变压器供电，所以由于供电中断而导致用户停产或减产的现象并不严重，由此造成的经济损失不大。

故障供电中断是指故障或故障后保护和自动装置动作引起的突然供电中断。由于故障发生的时间、地点及严重程度具有很大的偶然性，所以故障供电中断对用户和供电系统的影响很大，造成的经济损失也较大。本节所指的供电中断以及产生的原因和改善措施主要针对故障供电中断而言。

3.4.2　供电可靠性指标

供电可靠性是评估和反映供电系统对用户连续性供电的能力。当电力系统突然出现供电中断时，各用电行业会因此受到重大影响，如导致生产停顿、生活混乱，甚至危及人身和设备安全，从而给国民经济带来严重损失。再如，供电中断时间超过 15min，电解铝炉就会报废；炼铁高炉停电时间超过 30min，铁水就要凝固；矿井停电时间过长，空气中瓦斯含量就会升高，使井下矿工窒息，甚至引发瓦斯爆炸等事故；电气化铁路一且供电中断，电气机车将无法运行，严重影响游客及货物运输；交通信号供电中断，会造成交通堵塞甚至交通瘫痪等。

时至今日，电力行业已规定用户供电可靠性的一系列指标，用以统计和考核用户长时间（一般只考虑持续时间 1、3min 或 5min 以上）电源中断的程度，即反映电力用户平均长时间电压中断情况。指标的考核实现了各电网公司间的横向对标，提升了全社会整体供电可靠性水平，减少了因停电给国民经济造成的损失。

这些供电可靠性指标按不同电压等级分别计算，并分为主要指标和参考指标两大类。

3.4.2.1　供电可靠性主要指标

（1）供电可靠率：在统计期间内，对用户有效供电时间总小时数与统计期间小时数的比值，记作 RS-1，计算式为

$$供电可靠率 = \left(1 - \frac{用户平均停电时间}{统计期间时间}\right) \times 100\% \tag{3-28}$$

（2）用户平均停电时间：供电用户在统计期间内的平均停电小时数，记作 AIHC-1，计算式为

$$用户平均停电时间 = \frac{\sum(每次停电持续时间 \times 每次停电用户数)}{总供电户数}(h/户) \tag{3-29}$$

（3）用户平均停电次数：供电用户在统计期间内的平均停电次数，记作 AITC-1，计算式为

$$用户平均停电次数 = \frac{\sum 每次停电用户数}{总用户数}(次/户) \tag{3-30}$$

（4）用户平均故障停电次数：供电用户在统计期间内的平均故障停电次数，记作 AFTC，计算式为

$$用户平均故障停电次数 = \frac{\sum 每次故障停电用户数}{总用户数}(次/户) \tag{3-31}$$

3.4.2.2　供电可靠性参考指标

（1）用户平均故障停电时间：在统计期间内，每一用户的平均故障停电小时数，计算式为

$$用户平均故障停电时间 = \frac{\sum(每次故障停电时间 \times 每次故障停电用户数)}{总用户数}(h/户) \tag{3-32}$$

（2）故障停电平均持续时间：在统计期间内，故障停电的每次平均停电小时数，计算式为

$$故障停电平均持续时间 = \frac{\sum 故障停电时间}{故障停电次数}(h/次) \tag{3-33}$$

（3）平均停电用户数：在统计期间内，平均每次停电的用户数，计算式为

$$平均停电用户数 = \frac{\sum 每次停电用户数}{停电次数}(户/次) \tag{3-34}$$

（4）故障停电平均用户数：在统计期间内，平均每次故障停电的用户数，计算式为

$$故障停电平均用户数 = \frac{\sum 每次故障停电用户数}{故障停电次数}（次／户）\qquad (3-35)$$

由式（3-28）所表示的供电可靠率与用户平均停电时间的对应关系见表3-7。

表3-7　　　　　　　　　供电可靠率和平均停电时间的关系

供电可靠率（%）	年均停电时间	供电可靠率（%）	年均停电时间
99（称为2个9）	87.6h	99.9999	31.54s
99.9（称为3个9，以下类推）	8.76h	99.99999	3.15s
99.99	52.56min	99.999999	0.32s
99.999	5.26min	—	—

观察国内外供电可靠性水平的发展历程，一般大体可分为三个阶段，即低可靠性水平阶段、迅速发展阶段和高可靠性水平阶段。其中低可靠性水平阶段是发展的初级阶段，供电可靠率一般在2个"9"以下，对应的用户平均停电时间一般在87.6h以上，每年的供电可靠率指标波动很大；迅速发展阶段的供电可靠率一般在2～3个"9"之间，总体发展趋势呈螺旋式上升，每年的供电可靠率指标有一定的波动，但其波动范围要比低可靠性水平阶段小；高可靠性水平阶段的供电可靠率指标已经达到4个"9"，每年的供电可靠率指标较稳定，只有较小波动。

我国城市供电可靠率在1992年达到了99%以上，即突破了低可靠性水平阶段，进入迅速发展阶段。表3-8给出了全国及两电网公司2012—2018年的供电可靠率结果，可以看出供电可靠率都在2～3个"9"水平，用户平均停电时间在5～23h范围内波动。

表3-8　　　　　　　　　　2012—2018年供电可靠率情况

年份	全国		国家电网		南方电网	
	可靠率（%）	平均停电时间（h/户）	可靠率（%）	平均停电时间（h/户）	可靠率（%）	平均停电时间（h/户）
2012	99.858	12.5	99.882	10.33	99.733	23.48
2013	99.915	7.47	99.924	6.64	99.878	10.68
2014	99.940	5.22	99.942	5.10	99.947	4.69
2015	99.884	10.14	99.885	10.11	99.893	9.37
2016	99.805	17.11	99.825	15.35	99.761	20.98
2017	99.814	16.27	99.827	15.17	99.817	16.06
2018	99.820	15.75	99.830	14.91	99.825	15.36

注：数据来源于中国电力企业联合会电力可靠性中心。

2018年我国北京和上海市的城市用户年平均停电时间分别是37min和47min，供电可靠率达到了4个"9"以上，进入了国际高可靠性水平阶段，但相比国外经济发达国家来说，还存在一定差距。发达国家部分重要城市的供电可靠率达到4个"9"水平时间较早，例如日本东京在1986年就进入了高可靠性水平阶段，且可靠性水平在持续上

升；有的国家用户平均停电时间甚至只有几十秒钟至几分钟，例如新加坡 2013 年平均供电可靠率 5 个"9"以上，用户年平均停电时间 0.74min。

图 3-17 描绘了 2018 年全国特大型及以上城市供电企业城市用户平均停电时间和用户平均停电频率。由图可知，各大城市的电网发展水平不同，供电可靠性存在较大差异，其中西部大城市的用户平均停电时间大于 3h。表 3-9 列举了 2018 年 4 个省会地市按不同用户类型统计的供电可靠性数据。由表可见，城市用户供电可靠性水平比较高，在 3 个"9"的偏上水平，年平均停电时间小于 2h；而农村用户供电可靠性水平偏低，接近 3 个"9"的水平。对比于表 3-8，这 4 个省会地市的供电可靠率都高于全国平均水平。

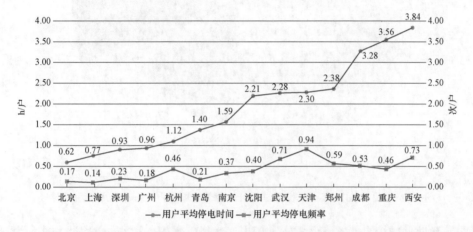

图 3-17　2018 年全国特大型及以上城市供电企业城市用户平均停电时间和用户平均停电频率图

表 3-9　　　　　2018 年 4 个省会地市按不同用户类型统计的供电可靠性数据

地市	全部用户	城市用户			乡村用户		
	供电可靠率（%）	供电可靠率（%）	平均停电时间（h/户）	平均停电频次（次/户）	供电可靠率（%）	平均停电时间（h/户）	平均停电频次（次/户）
杭州市	99.931	99.984	1.37	0.51	99.905	8.34	2.63
南昌市	99.914	99.979	1.86	0.52	99.863	12	2.98
济南市	99.930	99.978	1.89	0.28	99.906	8.22	1.20
南京市	99.950	99.977	1.98	0.43	99.931	6.01	1.27

3.4.3　提高供电可靠性的措施

随着电力系统的软、硬件坚强智能发展，电力系统故障是产生供电中断的最主要原因之一。造成系统故障的原因有很多，包括雷害等自然因素，电气设备绝缘介质老化及缺陷，交通或施工等外力因素，以及运行管理水平低等其他因素。图 3-18 是国家能源局发布的 2017 年全国电力可靠性年度报告中故障停电原因的统计结果，其中自然因素引起的中断占比最大，为 30%；设备原因引起的中断占比 21.02%，其中设备老化占比17.67%；外力因素占比 20.85%，电力用户影响占比 12.8%，运行管理水平低引起的中断占 8.01%。因此，减少电力系统故障、提高供电可靠性也应从多方面入手。

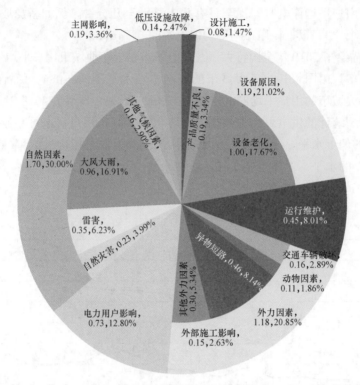

图 3-18　我国 2017 年可靠性数据统计故障停电原因占比分布（单位小时/户）

（1）预防并减少自然灾害。雷击、闪电、大风、暴雨、大雾、冰雹、酷热、严寒以及山洪、泥石流等自然灾害恶化了系统中电气设备的运行条件，可能导致设备保护动作，引起系统事故。对此应提高天气预报的准确性，提前做好电气设备的检修维护工作，制定周密的事故应急措施，把事故导致的损失减少到最小。

（2）减少设备质量缺陷。加强厂站设备智能巡视，应用设备在线状态检测技术加强运行可靠性监测，及时维修或更换老化、缺陷类设备。当系统运行环境恶化时，如出现大风、雷雨或大雾天气，很容易出现由于瓷套管和绝缘子闪络放电而导致断路器跳闸的事故。因此应加强线路的运行维护，提前安排重点线路和重点设备的清扫及缺陷的处理，并加强对重点线路的巡视。

（3）预防并杜绝外力因素影响。外部施工、交通行驶或动物侵入带电设备等会造成短路故障，因此，应结合城市规划等做好供电线路的廊道规划与设计，加强廊道的警示性标识，巡视所有标识的完整性，同时做好发电厂、变电站高压室或配电变电箱等防小动物入侵措施等。

（4）提高运行维护管理水平。电气设备因检修而退出运行，必将导致系统可靠性的下降，因此要注重检修计划的合理性和科学性，积极推广输配电带电作业工作，提高系统运行管理水平。随着系统网架结构的加强，二次设备对系统可靠性影响越来越大，因此需要加大对二次设计及接线的审核力度，加强对保护定值的校验与核准，防止继电保护误动作。人员误操作或事故处理不当也会降低供电可靠性，对此应加强对运行人员的岗前培训及业务技能培训，强化安全生产教育，不断提高运行人员的技术水平和迅速、正确处理事故的能力。

除针对上述原因而采取的提高供电可靠性的措施以外，以下措施也有利于改善系统的供电可靠性。

（1）加强系统的网架结构，合理分布电源及无功功率补偿设备，提高系统的抗扰动能力。

（2）采用自动化程度很高的系统，装设分散协调控制装置等重要的技术措施。

（3）增装配电网智能终端，缩短保护动作时间和动作次数，提高配电网自愈能力。

（4）选择负荷的供电方式，应根据负荷对供电可靠性的要求和地区供电条件确定。

按照供电可靠性要求，用电负荷分为三级：①一级负荷，是指突然停电将造成人身伤亡，或在经济上造成重大损失，或在政治上造成重大不良影响的负荷，如重要交通和通信枢纽用电负荷，重点企业中的重大设备和连续生产线，政治和外事活动中心等。②二级负荷，指突然停电将在经济上造成较大损失，或在政治上造成不良影响的负荷，如突然停电将造成主要设备损坏或大量产品报废或大量减产的工厂用电负荷，交通和通信枢纽用电负荷，大量人员集中的公共场所等。③三级负荷，不属于一级负荷和二级负荷的都为三级负荷。

各级用电负荷的供电方式按下列原则确定：

（1）一级负荷应由两个独立电源供电。有特殊要求的一级负荷时，两个独立电源应来自两个不同的地点。

两个独立电源是指其中任一电源故障时，不影响另一电源继续供电。当两电源具备下列条件时，可视为两个独立电源：①两个电源来自不同的发电机。②两个电源间无联系，或虽有联系但能在其中任一电源故障时另一电源自动断开两者之间的联系。

（2）二级负荷应由两回线路供电。当负荷较小或取两回线路有困难时，可由一回专用线路供电。

（3）三级负荷对供电方式无要求。

3.5　电力系统频率偏差

频率是交流电力系统运行特性评估中最重要的参数之一，且系统频率是同步互联电网的唯一公共参数。设定系统标称频率的目的是使电力传输设备和制造等用电设备的生产能力和需求达到最优。要保证用户和发电厂的正常运行就必须严格控制系统频率，使系统的频率偏差控制在电能质量国家标准允许范围之内。允许频率偏差的大小不仅体现了电力系统运行管理水平的高低，同时反映了一个国家工业发达的程度。

3.5.1　频率变化与频率偏差

交流电的频率由同步发电机转速决定，关系为

$$f = \frac{pn}{60} \qquad\qquad (3-36)$$

式中：p 为发电机极对数；n 为机组每分钟的转数。

根据牛顿第二定律，同步发电机转子运动方程可以用式（3-37）表示

$$M \frac{\mathrm{d}^2 \delta}{\mathrm{d}t^2} + D \frac{\mathrm{d}\delta}{\mathrm{d}t} = P_\mathrm{m} - P_\mathrm{e}$$

$$\Delta \omega = \frac{\mathrm{d}\delta}{\mathrm{d}t}$$

(3-37)

式中：M 为惯性系数；D 为阻尼因子；P_m 为汽轮机传递的机械功率；P_e 为发电机电磁功率；δ 为相对于同步旋转坐标系的旋转角度，$\Delta \omega$ 为相对于同步转速 ω_s 的转子角速度差，$\Delta \omega = (\omega - \omega_\mathrm{s})$。

如果电力系统功率保持平衡，即 $P_\mathrm{m} = P_\mathrm{e}$，则 $\Delta \omega = (\omega - \omega_\mathrm{s}) = 0$，这意味着系统频率恒定，即在稳定状态下，系统中所有互联发电机都是同步的，旋转速度和方向都相同。

若系统出现功率不平衡，会使得系统内同步发电机调速系统重新分配负荷，甚至紧接着事先安排的调频机组改变出力来求得系统功率平衡。在整个过程中将导致系统内各发电机转子动能变化，转速增大或减小，即频率出现变化。频率的变化率取决于系统功率的不平衡程度和系统等值发电机转子的旋转惯性系数。在不失去系统稳定的前提下，最终各电源机组频率与系统等值惯性中心频率趋于一致，使系统正常运行频率在允许的频率偏差范围内。

在上述能量试图平衡的动态过程中，在不破坏整个系统稳定运行的前提下，系统内不同节点的实际频率存在差异，但不易察觉，即从概率统计的意义上各节点的频率是相等的，系统做同步频率变化，均为系统频率。

若动态过程中系统处于稳定运行的临界状态，或已失步及失步后再同步过程，系统各节点的频率值不等，其中能维持同步的局部区域内的节点频率仍相同。

当某些周期性或非周期性变化的冲击负荷从电力系统快速变动地取用大额功率时，也会引起系统频率不同程度的波动性变化，变化的大小与冲击负荷在系统总负荷中所占份额的大小相关，比重大，频率变化大。随着电力系统容量的增加和互联电力系统发展，冲击负荷对系统频率影响很小。但孤网系统或互联系统中与主系统电气联系薄弱的局部系统，冲击负荷带来的频率影响不容忽视。

综上所述，频率直接与系统发电功率和消耗功率的平衡相关，频率变化是系统有功功率平衡的敏感指示器。在电力系统稳定运行条件下，有功功率不平衡是产生频率偏差的根本原因。只有系统负荷功率总需求（包括电能传输环节的损耗）与系统电源的总供给相平衡时，才能维持所有发电机组转速的恒定。但是，电力系统中的负荷以及发电机组的出力随时都在发生变化。当发电机与负荷间出现有功功率不平衡时，系统频率就会产生变动，出现频率相对标称值的偏离。电力系统这种基波频率偏离规定标称值的现象称为频率变化。

电力系统在正常运行条件下，一般采用频率偏差指标来量化，即系统频率的实际值与标称值之差，为

$$\delta f = f_\mathrm{re} - f_\mathrm{N}$$

(3-38)

式中：δf 为频率偏差，Hz；f_re 为实际频率，Hz；f_N 为系统标称频率，Hz。

频率偏差属于频率变化的范畴。频率偏差的大小及其持续时间取决于负荷特性和发电机控制系统对负荷变化的响应能力。在任意时刻，如果系统中所有发电机的总输出有功功率大于系统负荷对有功功率的总需求（包括电能传输环节的全部有功损耗），系统频率上升，频率偏差为正；反之，如果系统中所有发电机的总输出有功功率小于系统负荷对有功功率的总需求，系统频率则下降，频率偏差为负。只有在发电机的总输出有功功率等于系统负荷对有功功率总需求的时候，系统的实际频率才是标称频率，频率偏差才为零。

我国电能质量国家标准《电能质量 电力系统频率偏差》中规定：电力系统正常运行条件下频率偏差限值为±0.2Hz。当系统容量较小时，频率偏差限值可以放宽到±0.5Hz。

除了频率偏差指标外，在电力系统正常运行工况下，有时还使用以下指标：

（1）相对频率偏差 $\varepsilon_f(\%)$ 为

$$\varepsilon_f(\%) = \frac{f_{re} - f_N}{f_N} \times 100\% \tag{3-39}$$

即频率偏差相对于标称频率的百分数。

（2）电钟日累积时间偏差 I_f 为

$$I_f = \int_0^{24} \Delta f \, dt \tag{3-40}$$

电钟日累积时间偏差是对一日 24 小时内的频率偏差的积分，反映了在一定时间段内同步电钟时间对标准时间的偏差。

电力系统要求电网频率和时钟同步运行，对装机容量在 3000MW 及以上的系统，频率允许偏差为（50±0.2）Hz，电钟指示与标准时间偏差不大于 30s，电钟日累积时间偏差不宜超过±5s；装机容量在 3000MW 以下的系统，电钟指示与标准时间偏差不大于 1min。

需要注意的是，当电力系统出现大事故时，如大面积甩负荷、大容量发电设备退出运行等，会加剧电力系统有功功率的不平衡，使系统频率偏差超出允许的极限范围。

3.5.2 频率偏差过大的危害

频率偏差过大对广大用电负荷以及电网的安全稳定和经济运行都会造成很大的危害。

（1）系统频率偏差过大对用电负荷的危害。

1）产品质量没有保障。工业企业所使用的用电设备大多数是异步电动机，其转速与系统频率有关。系统频率变化将引起电动机转速改变，从而影响产品的质量。如纺织、造纸等工业将因频率的下降而出现残次品。

2）降低劳动生产率。电动机的输出功率与系统频率有关。系统频率下降使电动机的输出功率降低，从而影响所传动机械的出力（如机械工业中大量的机床设备），导致劳动生产率降低。

3）电子设备不能正常工作，甚至停止运行。现代工业大量采用的电子设备如电子计算机、电子通信设施、银行安全防护系统和采用自动控制设备的工业生产流水线等，对系统频率非常敏感。系统频率的不稳定会影响这些电子设备的工作特性，降低准确度，造成误差。例如，频率过低时，雷达、电子计算机等设备将不能运行。

（2）系统频率偏差大对电力系统的危害。

1）降低发电机组效率，严重时可能引发系统频率崩溃或电压崩溃。火力发电厂的主要设备是水泵和风机，它们由异步电动机拖动。如果系统频率降低，电动机输出功率将以与频率成三次方的比例减少，则它们所供应的水量和风量就会迅速减少，从而影响锅炉和发电机的正常运行。当频率降至临界运行频率 45Hz 以下时，发电机输出的功率明显降低。一旦发电机输出功率减少，系统频率会进一步下降，从而形成恶性循环，系统最终因频率崩溃而瓦解。此外，频率下降，即发电机的转速下降时，发电机的电动势将减少，无功功率出力降低，电力系统内部并联电容器补偿的出力也随之下降，而用于用户电气设备励磁的无功功率却增加，促使系统电压随频率的下降而降低，威胁系统的安全稳定。当频率低至 43～45Hz 时，极易引起电压崩溃。

2）汽轮机在低频下运行时容易产生叶片共振，造成叶片疲劳损伤和断裂。

3）处于低频率电力系统中的异步电动机和变压器的主磁通会增加，励磁电流随之增大，系统所需无功功率大幅增加，导致系统电压水平降低，给系统电压调整带来困难。

4）无功补偿用电容器的补偿容量与频率成正比。当系统频率下降时，电容器的无功出力成比例降低。此时电容器对电压的支撑作用受到削弱，不利于系统电压的调整。大部分情况下，在频率变化允许的范围内，无功出力受到的影响并不重要。但当电容器作为谐波滤波器的一部分时，频率变化造成的影响就非常明显。在正常工况下（频率等于标称值），谐振电路的参数 L_h 和 C_h 按照 h 次谐波调谐，从而使滤波电路在该频率下的阻抗为 0，即满足 $\omega_h L_h = 1/(\omega_h C_h)$，达到低阻滤波的作用。但当系统频率发生偏差时，使滤波器在新的基准频率下存在失谐现象。

5）频率偏差大使感应式电能表的计量误差加大。研究表明：频率改变 1%，感应式电能表的计量误差约增大 0.1%。频率加大，感应式电能表将少计电量。

3.5.3 系统频率与电压的关系

频率和电压是电力系统实现发、输、配和用电的两项基础质量指标，它们的电气参数存在紧密的依存和制约关系。3.3.1 节已经介绍了在电力系统正常运行范围下，分析电压偏差时可以忽略频率变化的影响。同样，当电力系统正常运行时，可认为电压在允许范围内，可以忽略电压偏差对频率的影响。也就是说电压和频率在各自允许的偏差范围内，才可假定彼此的影响可以忽略。但如果其中之一出现快速大幅度变化或超过正常允许偏差时，就必须考虑另一个参数的影响，详细分析可以参考电力系统稳定性分析相关文献。

3.5.4 频率控制

由于电网中所有的节点共享同一频率，故需要对频率进行集中控制，或在区域电力系统间进行控制。频率控制是保证在任一时刻电能消耗与电能供给之间平衡，确保频率稳定在规定值范围内。在电力系统中，电能以接近电磁波的速度传送，且电能很难较经济地大量存储，因此它的产生、分配和消耗必须同时进行。为了保持功率平衡，电力系统有功功率的产生应紧随消耗需求的变化而改变。因此，频率变化是系统控制的信号，基于有功和频率关系的控制系统是电力系统的基本控制。

3.5.4.1　综合负荷调频特性

电力系统中，相当数量的静止负荷（大约为总数的 40%，如整流装置、电阻加热炉、电弧炉等）与频率无关，但如切削机床、球磨机等负荷与频率变化成正比，还有一些占比较小的负荷消耗功率与频率成二次方、三次方或更高次方的关系。故系统频率变化时，会引起综合负荷有功消耗发生改变，此变化一般用功率—频率静态特性来表示，

即负荷端电压不变时，负荷有功功率 P_L 与频率 f 的关系，$P_L = P(f)$。在额定频率附近（例如 48～52Hz），综合负荷的静态有功—频率特性可以表示为线性关系，如图 3-19 所示。

当频率下降时，负荷功率减小；当频率上升时，负荷功率增加。也就是说，当系统中由于有功功率失去平衡而导致频率变化时，负荷也参与对频率的调整，这种现象称为负荷频率调节效应。

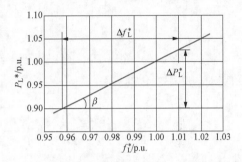

图 3-19　综合负荷的静态有功—频率特性

负荷频率调节效应 K_L，定义为功率相对偏差 ΔP_L 与频率相对偏差 Δf 之比

$$K_L = \frac{\Delta P_L}{\Delta f} \tag{3-41}$$

用标幺值表示为

$$K_{L*} = \frac{\Delta P_{L*}}{\Delta f_*} = K_L \frac{f_N}{P_{LN}} \tag{3-42}$$

式中：f_N 为系统额定频率；P_{LN} 为系统的额定负荷。

通常情况，负荷频率调节效应是通过测量典型负荷组的 $P_L = P(f)$ 特性得到的。

在实际计算中，往往采用百分数表示的频率调节效应系数 c_f，即每赫兹频率变化，有功功率的变化量为额定负荷功率的百分比，对式（3-41）进行变换，可得

$$\Delta P\% = \frac{\Delta P}{P_{LN}} \times 100 = K_{L*} \frac{100}{f_N} \Delta f = c_f \Delta f \tag{3-43}$$

对于一个含有工业负荷、商业负荷和民用负荷的典型综合负荷而言，频率调节效应系数 c_f 通常为 1%～6%/Hz。在设定频率控制时，若缺少负荷的详细信息，一般认为负荷的频率调节特性为 1%/Hz；也就是说，如果频率下降 1Hz，则负荷减小 1%。

3.5.4.2　发电机调速器调频特性

在电力系统中，发电机的转速与系统频率成正比。发电机的转速调整是由原动机的调速系统来实现的。配有调速系统的发电机组的功率—频率特性一般为下垂式有差调节。单个发电单元的调节特性可通过特性曲线的斜率表示，有

$$\frac{\Delta f}{f_{\mathrm{N}}} = -R_i \frac{\Delta P_{mi}}{P_{Ni}} \text{ 或} \frac{\Delta P_{mi}}{P_{Ni}} = -K_i \frac{\Delta f}{f_{\mathrm{N}}} \text{ 或 } \Delta P_{mi} = -K_i P_{Ni} \frac{\Delta f}{f_{\mathrm{N}}} \qquad (3-44)$$

式中：R_i 为第 i 个发电单元的功率—频率调节特性斜率；K_i 为 R_i 的倒数，是调速器的单位功率调节系数；ΔP_{mi} 为第 i 个发电单元机械功率的变化量；P_{Ni} 为第 i 个发电单元的额定功率。

N 台投运的发电机组所发功率总变化量为

$$\Delta P_{\mathrm{G}} = \sum_{i=1}^{N} \Delta P_{mi} = -\frac{\Delta f}{f_{\mathrm{N}}} \sum_{i=1}^{N} K_i P_{Ni} \qquad (3-45)$$

在系统稳定时，机组所发功率 P_{G} 与系统负荷功率 P_{L}（即全部功率消耗，包括系统损失）是平衡的，即

$$P_{\mathrm{G}} = \sum_{i=1}^{N} P_{mi} = P_{\mathrm{L}} \qquad (3-46)$$

将式（3-45）除以 P_{L}，可以得到系统静态特性，它表示 N 台运行机组所发出功率的变动与频率变化的关系

$$\frac{\Delta P_{\mathrm{G}}}{P_{\mathrm{L}}} = -\frac{\sum\limits_{i=1}^{N} K_i P_{Ni}}{P_{\mathrm{L}}} \frac{\Delta f}{f} = -K_{\mathrm{G}} \frac{\Delta f}{f} \text{ 或者} \frac{\Delta f}{f} = -R_{\mathrm{G}} \frac{\Delta P_{\mathrm{G}}}{P_{\mathrm{L}}} \qquad (3-47)$$

其中，$R_{\mathrm{G}} = 1/K_{\mathrm{G}}$ 为系统下垂斜率。

3.5.4.3 系统特性与控制原理

合成发电特性、负荷需求特性与系统频率 f 的关系共同决定了频率特性。通过对系统行为的整体分析可以得出频率控制的本质。

图 3-20 给出了系统发电特性 P_{G}、负荷有功功率变化特性 P_{L} 和系统频率的关系。系统功率平衡点为系统发电特性曲线与负荷有功功率变化特性曲线的交点，即 $P_{\mathrm{G}} = P_{\mathrm{L}}$。

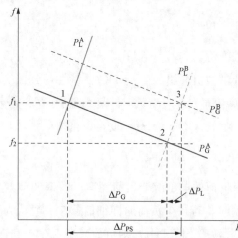

对应某一固定负荷 $P_{\mathrm{L}}^{\mathrm{A}}$，点 1 是曲线 $P_{\mathrm{L}}^{\mathrm{A}}$ 和 $P_{\mathrm{G}}^{\mathrm{A}}$ 的交点，即功率平衡点。此时系统工作频率为 f_1。当负荷有功需求增大时，负荷特性曲线从 $P_{\mathrm{L}}^{\mathrm{A}}$ 平移到 $P_{\mathrm{L}}^{\mathrm{B}}$，因此曲线 $P_{\mathrm{G}}^{\mathrm{A}}$ 和 $P_{\mathrm{L}}^{\mathrm{B}}$ 的交点 2 将是新的功率平衡点，此时系统运行于频率 f_2，低于频率 f_1，如图 3-20 所示。

从图 3-20 可知，由于负荷有功需求的增加，系统频率降低了 $\Delta f = f_1 - f_2$。根据发电特性可知，系统发出的功率也增加了 ΔP_{G}。由于系统频率的降低，负荷因有功—频率调节效应实际有

图 3-20 两个不同的功率需求量下系统的平衡点

功的需求也降低了 ΔP_{L}。对应图中点 1 和点 3 之间的功率变化总量可由以下关系式求得

$$\Delta P_{\mathrm{Ps}} = \Delta P_{\mathrm{G}} - \Delta P_{\mathrm{L}} = -(K_{\mathrm{G}} + K_{\mathrm{L}}) P_{\mathrm{L}} \frac{\Delta f}{f_{\mathrm{n}}} = -K_{\mathrm{Ps}} P_{\mathrm{L}} \frac{\Delta f}{f_{\mathrm{n}}} \qquad (3-48)$$

或

$$\frac{\Delta P_{\mathrm{Ps}}}{P_{\mathrm{L}}} = -K_{\mathrm{Ps}}\frac{\Delta f}{f_{\mathrm{n}}} \tag{3 - 49}$$

式中：K_{Ps} 为系统的单位调节系数，它决定着由系统功率需求变化引起的合成频率变化。

　　随着负荷增加，系统频率会降低。若汽轮机只安装了调速器，则系统频率无法自动恢复至初始频率 f_1。当改变发电机组调速器的整定时，可以实现发电特性曲线的平移。如图 3 - 20 所示，将发电特性曲线 $P_{\mathrm{G}}^{\mathrm{A}}$ 平移到虚线所示 $P_{\mathrm{G}}^{\mathrm{B}}$ 位置时，频率则可恢复至 f_1，新的平衡点将是点 3。

　　每个汽轮机调速系统都有远方控制功能，可通过手动操作或依靠自动装置实现对参考转速 n_{ref} 和参考有功功率 P_{ref} 的整定，从而实现平移发电机组的发电特性曲线。

3.5.4.4　频率调整

　　（1）一次调频。一次调频是指利用发电机组的调速器，对变动幅度小（0.1%～0.5%）、变动周期短（10s 以内）的频率偏差所做的调整。所有发电机组均装配调速器，所以电力系统中投运的所有发电机组都自动参与频率的一次调整。一次调频的目标是当频率偏离标称值且发电机仍在同步运行时，建立新的有功功率平衡。完成这一过程是以消耗发电机组和连接电机的旋转质量块的动能为代价，因此，一次调频称为有差调节。一次调频的动作时间是在功率平衡受扰后的 30s 之内。

　　以系统的功率—频率特性为基础的频率一次调整的作用是有限的，对于变化幅度较大，变化周期较长的负荷，一次调频不一定能保证频率偏差在允许的范围内。此时，需要进行频率的二次调整。

　　（2）二次调频。频率的二次调整是指利用发电机组的调频器，对于变动幅度较大（0.5%～1.5%）、变动周期较长（10s～30min）的频率偏差所做的调整。担任二次调整任务的发电厂称为调频厂，担任二次调整任务的发电机组称为调频机组。二次调频是手动或自动操作调频器，实现有功功率整定，使发电机的静态频率特性平移，进而恢复与相邻控制区域间的功率交换至预定值，同时将系统频率恢复至整定值。

　　手动调频是指在调频厂由值班人员根据系统频率偏差的大小改变调频机组调速器的整定值，从而改变调频机组的出力，使系统频率维持在规定的范围。手动调频的缺点是调频速度慢，当调整幅度较大时，往往不能满足频率质量的要求；同时值班人员操作频繁，劳动强度大。自动调频是现代电力系统常用的调频方式。自动调频是通过装在调频厂和调度所的自动发电控制（Automatic Generation Control，AGC）装置实现的。自动发电控制装置随系统频率的变化自动增减调频机组的出力，一般可使系统频率偏差保持在 ±0.1Hz 之内。自动调频是电力系统调度自动化的组成部分，具有调频、经济调度和系统间联络线交换功率控制等综合功能。

　　自动发电控制装置的调频方式主要分为三类：

　　1）恒定频率控制（Flat Frequency Control，FFC）是对系统频率偏差进行无差调节的控制。

　　2）恒交换功率控制（Flat Tie Line Control，FTC）是通过调整调频机组出力以保持系统间联络线交换功率恒定的控制。

3）联络线功率频率偏差控制（Tie Line Load frequency Bias Control，TBC）是既按照频率偏差，又按照联络线交换功率进行调节，以维持各地区电力系统负荷波动的就地平衡。

TBC 是上述 FFC 和 FTC 两种频率控制方式的集合，常用于大型及联合电力系统。它需要有中央调节器、联络线交换功率测量、系统频率检测以及由中央调节器到相关机组的信号传输系统。

中央调节器将系统控制误差 G 实时最小化，如下所示

$$G = P_{measure} - P_{program} + K(f_{measure} - f_N) \tag{3-50}$$

式中：$P_{measure}$ 为即时检测到的联络线传输有功功率之和；$P_{program}$ 为与相邻控制区域计划交换的功率；K 为系统频率调节系数，MW/Hz，可在调频器中设置；$f_{measure}$ 为即时检测到的系统频率；f_N 为标称频率。

若希望二次调频达到预期效果，中央调节器需具备比例积分特性（PI），如下所示

$$\Delta P_d = -BG - \frac{1}{T}\int G \mathrm{d}t \tag{3-51}$$

式中：ΔP_d 为中央调节器的校正信号，用来修正功率整定值；B 为中央调节器的增益（比例环节）；T 为中央调节器的积分时间常数；G 为系统控制误差，可以由式（3-50）得到。

在同步系统中，破坏功率平衡的扰动不论发生在何处，整个系统都可以看到由此引起的频率变化。为了重新建立功率平衡，互联系统中所有一次调频的机组都将联动响应。其结果是系统频率与设定值相差 Δf，联络线交换功率将偏离预定值。此时，该系统的控制器依据式（3-50）和式（3-51）进行适当的二次调频，从而将频率恢复至标称值，功率交换恢复至预定值。

为了发挥二次调频的有效作用，参与二次调频的机组必须具备足够的容量裕度，以能够对中央调节的调频信号，满足对功率变化及其变化速率的控制要求。

发电机端输出功率的变化率主要取决于发电技术。通常，燃油或燃气电厂的变化速率为 8%/min；使用可燃褐煤或无烟煤的电厂，机组的变化速率分别为 2%/min 和 5%/min；核电站机组的变化速率为 5%/min；而在水电站，每秒的变化速率可达电厂额定输出功率的 2.5%。

（3）三次调频。三次调频是指通过手动或自动发电控制系统按给定负荷曲线调整发电机组，以恢复二次调频裕度，并引入经济调度计算，实现按机组等耗量微增率分配负荷。

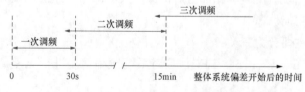

电力系统中一次、二次、三次调频范围时间安排如图 3-21 所示。如果采用自动发电控制系统，二次调频响应时间可以缩短，约为 1min；三次调频的周期

图 3-21 电力系统中一次、二次、三次调频范围时间安排

也可以缩短，但一般在 5min 以上。

本节所讨论的频率控制系统，包括一次、二次和三次调频，可以将频率控制在电力系统正常运行工况范围下，因而频率保持在可接受的变化范围内。

当系统中发电容量或负载出现严重缺额时，频率变化会超过可接受的范围，此时的系统工况被认为是已受损（紧急）状态。在此状况下，需要辅助工作以重建有功平衡，这包括：

1）频率严重降低时，负荷紧急跳闸（低周减载装置动作）。

2）频率大幅增长时，紧急切机。

3.5.4.5 孤岛电网的频率控制

当一个系统与其他系统没有电气连接并且没有电能经联络线交换时，可以称为孤岛系统。随着分布式电源的配电网接入，为了提高供电可靠性，充分利用分布式电源尤其是可控的分布式电源的作用，当主系统出现故障时，可以采用主动孤岛的方式，实现局部配电网的孤岛微网运行。

对于稍大型的孤岛系统而言，整个系统的频率也是相同的，其频率控制相对简单。汽轮机的调速器应该安装一套辅助元件，以便根据频率的变化来改变设定值。当负荷发生变化后，系统频率达到一个与初始值不同的新的稳定状态。频率（或转速）差经过辅助元件积分环节产生指令信号，由这个信号修正发电机组的功率设定值。由于大多数发电机组配备有这种类型的控制系统，因此系统在发电功率改变的作用下，频率仍可以恢复至初始值。这种频率控制方式可以称为分散式控制，因为频率调节是依靠系统中分布在各处的发电机组共同完成的。而前述的互联电力系统不同，其频率控制的目标是提供包括联络线在内的功率控制，这种频率与功率交换的控制只有通过集中式控制才能实现。

对于由分布式电源供电的孤岛微网系统，往往由一次能源可控的微源或储能系统通过电力电子逆变器接口实现定频率控制或整定有功—频率的下垂工作特性曲线控制。但电力电子逆变器接口低惯性、无阻尼等特点将对孤岛微网系统的频率稳定造成不利影响，有学者提出了借助储能系统实现同步发电机惯性模拟的虚拟同步发电机（VSG）的概念，将同步发电机的数学模型嵌入逆变器的控制算法中，从而使静止电力电子装置模拟旋转电机的运行特性，并通过模拟同步发电机一次调频、调压使其具有阻尼频率和电压快速波动、自动功率分配、同步电网运行的功能；通过调整 VSG 的有功功率整定值，可以平移有功功率—频率调节特性曲线，实现二次调频。

随着分布式电源接入和综合能源微网系统发展，孤岛电网的频率控制问题仍是研究的热点，读者可以关注相关文献。

3.5.5 频率偏差的监测与考核

根据电能质量测量国际标准，频率的测量间隔一般为 10s。当系统频率变化，不是 50Hz 时，10s 内电压波形的整周期数可能不是标称频率的整数倍。因此，基波频率在测量上定义为：10s 内完整周期个数除以该完整周期的时间。即

$$f = \frac{n}{T} \tag{3-52}$$

GB/T 15945—2008 规定：电力系统正常运行条件下频率偏差限值为±0.2Hz。当系统容量较小时，频率偏差限值可以放宽到±0.5Hz。用户冲击负荷引起的系统频率变动一般不得超过±0.2Hz。

为了统计考核频率偏差，我国电网公司往往通过监测，直接或者间接地统计频率超限时间，以获得表征电网频率在限值以内的运行时间百分比，即频率合格率。其统计时间以秒为单位，计算式如下

$$频率合格率 = \left(1 - \frac{频率超限时间}{总运行统计时间}\right) \times 100\% \qquad (3-53)$$

我国电力系统的频率控制效果显著，以南方电网为例，2018 年，其主网 50±0.2Hz 频率合格率连续第九年达到 100%，50±0.1Hz 频率合格率首次达到 100%，跻身世界一流水平。

第 4 章

电压和电流三相不平衡

4.1 概　　述

理想的三相交流电力系统中，三相电压应幅值相等、频率相同，相位按 A、B、C 三相顺序互差120°。然而，由于存在种种不平衡因素，实际电力系统的不平衡是必然存在的。

电力系统三相不平衡可以分为事故性不平衡和正常性不平衡两大类。事故性不平衡由系统中各种非对称性故障引起，例如单相接地短路、两相接地短路或两相相间短路等。事故性不平衡一般需要保护装置切除故障元件，经故障处理后重新恢复系统正常运行。正常性不平衡则是系统三相元件或负荷不平衡所致。通常所说的不平衡是指电力系统正常运行时产生的不平衡即正常性不平衡，本章仅讨论正常性不平衡的相关问题。

4.2　三相对称与三相不平衡的基本概念

设三相系统的电流和电压分别为

$$\left. \begin{array}{l} i_A = \sqrt{2} I_A \cos(\omega t + \theta_{iA}) \\ i_B = \sqrt{2} I_B \cos(\omega t + \theta_{iB}) \\ i_C = \sqrt{2} I_C \cos(\omega t + \theta_{iC}) \end{array} \right\} \tag{4-1}$$

$$\left. \begin{array}{l} u_A = \sqrt{2} U_A \cos(\omega t + \theta_{uA}) \\ u_B = \sqrt{2} U_B \cos(\omega t + \theta_{uB}) \\ u_C = \sqrt{2} U_C \cos(\omega t + \theta_{uC}) \end{array} \right\} \tag{4-2}$$

式中：i_A、i_B、i_C 和 u_A、u_B、u_C 分别为 A、B、C 三相的瞬时电流和瞬时电压；I_A、I_B、I_C 和 U_A、U_B、U_C 分别为三相电流方均根值和电压方均根值；θ_{iA}、θ_{iB}、θ_{iC} 和 θ_{uA}、θ_{uB}、θ_{uC} 分别为三相电流和电压的初相位；ω 为系统角频率。

三相系统可分为对称三相系统和不对称三相系统。对称三相系统是指三相电量（电动势、电压或电流）数值相等、频率相同、相位互差120°（即 $\frac{2\pi}{3}$ rad）的系统。不同时满足这三个条件的三相系统是不对称三相系统。

换言之，式（4-1）和式（4-2）所表示的系统如果同时满足以下条件

$$\left.\begin{aligned} I_A = I_B = I_C = I \\ \theta_{iB} = \theta_{iA} - \frac{2\pi}{3} \\ \theta_{iC} = \theta_{iA} + \frac{2\pi}{3} \end{aligned}\right\} \quad (4-3)$$

$$\left.\begin{aligned} U_A = U_B = U_C = U \\ \theta_{uB} = \theta_{uA} - \frac{2\pi}{3} \\ \theta_{uC} = \theta_{uA} + \frac{2\pi}{3} \end{aligned}\right\} \quad (4-4)$$

那么该系统是对称的，反之则是不对称的。

将式（4-3）、式（4-4）代入式（4-1）和式（4-2），同时选取 A 相电流为参考量，计及 A 相电压超前于电流 φ 电角度，即令 $\theta_{iA}=0$，$\theta_{uA}-\theta_{iA}=\varphi$，则对称三相系统可表示为

$$\left.\begin{aligned} i_A = \sqrt{2}I\cos(\omega t) \\ i_B = \sqrt{2}I\cos\left(\omega t - \frac{2\pi}{3}\right) \\ i_C = \sqrt{2}I\cos\left(\omega t + \frac{2\pi}{3}\right) \end{aligned}\right\} \quad (4-5)$$

$$\left.\begin{aligned} u_A = \sqrt{2}U\cos(\omega t + \varphi) \\ u_B = \sqrt{2}U\cos\left(\omega t + \varphi - \frac{2\pi}{3}\right) \\ u_C = \sqrt{2}U\cos\left(\omega t + \varphi + \frac{2\pi}{3}\right) \end{aligned}\right\} \quad (4-6)$$

三相系统的对称性还表现为在任意时刻，三相电量的瞬时值之和为零，用数学公式表示为

$$i_A + i_B + i_C = 0 \quad (4-7)$$

或
$$u_A + u_B + u_C = 0 \quad (4-8)$$

三相系统又可分为平衡三相系统和不平衡三相系统。在任意时刻，三相瞬时总功率与时间无关，这样的系统称为平衡三相系统；在任意时刻，三相瞬时总功率是时间的函数，这样的系统称为不平衡三相系统。

根据电工理论，系统在某一时刻吸收的总瞬时功率为三相瞬时功率之和，每一相的瞬时功率为同一时刻同相电压和电流的乘积，即

$$p_\Sigma = p_A + p_B + p_C = u_A i_A + u_B i_B + u_C i_C \quad (4-9)$$

式中：p_Σ 为总瞬时功率，MVA；p_A、p_B、p_C 为 A、B、C 三相瞬时功率，MVA。

将式（4-1）和式（4-2）代入式（4-9），经整理后得

$$\begin{aligned} p_\Sigma = &[U_A I_A \cos(\theta_{uA} - \theta_{iA}) + U_B I_B \cos(\theta_{uB} - \theta_{iB}) + U_C I_C \cos(\theta_{uC} - \theta_{iC})] \\ &+ [U_A I_A \cos(2\omega t + \theta_{uA} + \theta_{iA}) + U_B I_B \cos(2\omega t + \theta_{uB} + \theta_{iB})] \end{aligned}$$

$$+U_C I_C \cos(2\omega t + \theta_{uC} + \theta_{iC})\bigr]$$

上式中第二个方括号与时间有关，一般来说，它不等于零。对于对称三相系统，将式（4-3）和式（4-4）代入上式，并计及 $\theta_{iA}=0$，$\theta_{uA}-\theta_{iA}=\varphi$，可得

$$p_\Sigma = 3UI\cos\varphi + UI\left[\cos(2\omega t+\varphi)+\cos\left(2\omega t+\varphi-2\frac{2\pi}{3}\right)+\cos\left(2\omega t+\varphi+2\frac{2\pi}{3}\right)\right]$$

$$= 3UI\cos\varphi$$

$$(4-10)$$

式（4-10）说明对称三相系统在任意时刻的总瞬时功率是常数，也就是说对称三相系统一定也是平衡三相系统。对于三相系统，系统的不对称直接导致不平衡，所以不对称三相系统和不平衡三相系统在使用上不作严格区分。

4.3　三相不平衡产生原因

4.3.1　供电线路的不平衡

电力系统在正常运行方式下，供电环节的不平衡或用电环节的不平衡都将导致电力系统三相不平衡。电力系统是由发电、输电、配电和用电各个环节组成的统一整体。其中发电、输电和配电又称为供电环节。供电环节所涉及的三相元件主要有发电机、变压器和线路等。由于三相发电机、变压器等设备通常具有良好的对称性，因此供电系统的不平衡主要来自供电线路的不平衡。

当线路的各相阻抗和导纳分别相等时，称该线路处于平衡状态。反之，线路处于不平衡状态。以图 3-6 线路等值电路图为例，当三相线路的等值阻抗 $R+jX$ 相等，同时导纳 $-j\frac{B}{2}$ 也相等时，线路是平衡的。一般而言，输电线路的电抗远远大于电阻，因此常常忽略输电线路的电阻。线路的电抗不仅决定于导线的材料、有效截面积以及绝缘介质等因素，同时与三相导线的排列方式有着密切的关系。当三相导线呈等边三角形排列时，各相导线所交链的磁链相等，此时三相电抗相等，三相阻抗也随之相等。当三相导线呈水平或垂直排列时，两边导线所交链的磁链相等，且大于中间相导线的磁链。由于此时三相导线磁链不相同，三相电抗不相同，三相阻抗也随之不相同。通常三相线路的对地导纳近似相等，所以三相电抗相等与否直接决定了供电线路平衡与否。对于中性点不接地配电系统中的短距离线路而言，其三相导线多采用水平或垂直排列方式。由于在该排列方式中间相导线的等值电容往往小于其余两相的等值电容，所以供电线路中间相导线的导纳高于其余两相的导纳，最终导致供电线路处于不平衡状态。

对于长距离输电线路，如同塔多回（双回、四回、六回等）输电线路，多回线路之间存在电磁耦合以及线与线之间、线与地之间的位置不对称，造成线路电气参数的三相不对称，从而导致电力系统三相不平衡。目前同塔双、四回输电线路不平衡抑制方法主要有优化导线间距、选择最优相序布置、选择最优换位方式等。优化导线间距是较有效的抑制方法，导线间距增大，导线间电磁耦合将大幅下降，但受到杆塔本身限制，效果有限。改变线路相序布置能够改变线路间耦合程度，相排列方式一般有正序、异序、逆

序三种，导线逆相序布置时相间耦合相互抵消的分量达到最大，能够有效地抑制不平衡问题，并且逆相序布置可行性高，是目前同塔双、四回输电线路抑制不平衡问题的最主要措施。线路采用最优换位方式能够很好地抑制单回以及同塔双回线路的不平衡问题，但对于同塔四回或更高回输电线路，难以通过线路换位达到完全平衡，这种情况下，可通过合理配置无功补偿装置对线路参数进行补偿以抑制不平衡问题。对于同塔六回或更高回输电线路，优化导线间距、优化相序布置以及优化换位方式等方法仍无法使不平衡度达到要求时，可考虑合理配置补偿电容补偿线路不对称参数以减小线路不平衡度。

需要说明的是，虽然供电系统的不平衡主要来自线路的不平衡，但随着分布式电源大量接入配电网，如果不能实现其在三相之间均衡接入与运行，分布式电源引起的三相不平衡问题也应引起关注。

4.3.2 用电环节的不平衡

用电环节的不平衡是指系统中三相负荷不均衡所引起的系统三相不平衡。三相负荷不均衡是系统三相不平衡的最主要因素。产生三相负荷不均衡的主要原因是单相大容量负荷（如电气化铁路、电弧炉和电焊机等）在三相系统中的容量和电气位置分布不合理。

4.3.2.1 电气化铁路引起的不平衡

电气化铁路供电系统的原理可以用图 4-1 表示，包括电源、牵引变电所、馈线、接触网、回流线、钢轨，负荷为电力机车。牵引电流流通回路为：牵引变电所中的牵引变压器→馈线→接触网→电力机车→钢轨→回流线→牵引变压器。

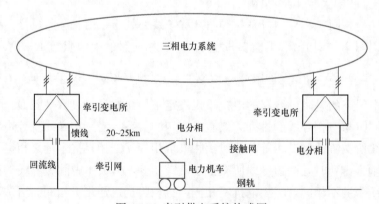

图 4-1　牵引供电系统构成图

电气化铁路从公用电网获得电能，为保证供电可靠性，沿线的牵引变电所要有两回独立进线。目前采用的进线电压等级有 110kV 和 220kV 两种。在牵引变电所内，一般设置两台主变压器，正常时一台主供，一台备用。我国采用的牵引变压器接线形式多种多样，主要有纯单相接线、V/V（X）接线、斯科特（Scott）接线、阻抗匹配平衡接线与三相 YNd11 接线等。牵引变压器将 110kV 或 220kV 的电压变换为 27.5kV［采用自耦变压器（AT）供电方式为 2×27.5kV］的工频（50Hz）交流电，通过接触网（牵引网）向电力机车供电。

与电力系统变电站变压器一、二次侧均为三相接线、所带三相负荷较为均衡分布不同，牵引变电所牵引变压器的一次侧虽然仍与公用电力系统三相连接（纯单相接线变压器除外），但其二次侧并非三相接线，而是通过两个供电臂分别以单相方式为电力机车供电。电力机车运行时反映在公用电力系统侧的负序与谐波情况不仅与负荷的变化（即电力机车的运行状况）有关，还与牵引变压器的类型有关。

以如图 4-2 所示的斯科特牵引变压器为例，其主电路实际上是由两台单相变压器构成，一台单相变压器的一次侧两相引出，接入三相电力系统的 B、C 两相，称为 M 座变压器；另一台单相变压器的一次侧一端引出，接入三相电力系统的 A 相，另一端接 M 座变压器一次侧的中点，称为 T 座变压器。这种接线方式将三相对称的电压变为两相垂直的电压，分别接在两个供电臂上。

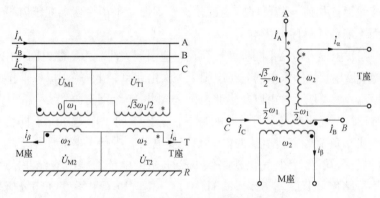

图 4-2　斯科特变压器接线原理图

设变压器变比 $k=\omega_1/\omega_2$，当仅有 T 座变压器带牵引负荷时，$\dot{I}_A=\dfrac{2}{\sqrt{3}k}\dot{i}_\alpha$，$\dot{I}_B=\dot{I}_C=-\dfrac{1}{\sqrt{3}k}\dot{i}_\alpha$，根据对称分量法可求出一次侧正序电流与负序电流分量 $\dot{I}_1$ 与 $\dot{I}_2$ 为

$$\begin{bmatrix}\dot{I}_1\\\dot{I}_2\end{bmatrix}=\frac{1}{3}\begin{bmatrix}1&a&a^2\\1&a^2&a\end{bmatrix}\begin{bmatrix}\dot{I}_A\\\dot{I}_B\\\dot{I}_C\end{bmatrix}=\begin{bmatrix}\dfrac{1}{\sqrt{3}k}\dot{i}_\alpha\\\dfrac{1}{\sqrt{3}k}\dot{i}_\alpha\end{bmatrix} \tag{4-11}$$

当仅有 M 座变压器带牵引负荷时，$\dot{I}_A=0$，$\dot{I}_B=-\dot{I}_C=\dfrac{1}{k}\dot{i}_\beta$，根据对称分量法可求出一次侧正序电流与负序电流分量 $\dot{I}_1$ 与 $\dot{I}_2$ 为

$$\begin{bmatrix}\dot{I}_1\\\dot{I}_2\end{bmatrix}=\frac{1}{3}\begin{bmatrix}1&a&a^2\\1&a^2&a\end{bmatrix}\begin{bmatrix}\dot{I}_A\\\dot{I}_B\\\dot{I}_C\end{bmatrix}=\begin{bmatrix}\dfrac{1}{\sqrt{3}k}\dot{i}_\beta e^{j90°}\\\dfrac{1}{\sqrt{3}k}\dot{i}_\beta e^{-j90°}\end{bmatrix} \tag{4-12}$$

当 T 座与 M 座变压器均带牵引负荷时，由叠加定理可得一次侧正序电流与负序电流分量 $\dot{I}_1$ 与 $\dot{I}_2$ 为

$$\begin{bmatrix}\dot{I}_1\\\dot{I}_2\end{bmatrix}=\frac{1}{\sqrt{3}k}\begin{bmatrix}\dot{i}_\alpha+\dot{i}_\beta e^{j90°}\\\dot{i}_\alpha+\dot{i}_\beta e^{-j90°}\end{bmatrix} \tag{4-13}$$

当 $i_\alpha = i_\beta e^{j90°}$，即 α 相、β 相均为牵引状态且负荷特性相同，i_β 滞后 i_α 角度为 $90°$ 时，两个供电臂上的负荷注入电力系统的负序电流大小相等、方向相反，牵引侧注入电力系统的负序电流为 0，即从牵引变压器的一次侧看三相负荷是对称的。由此可知，牵引供电系统采用平衡变压器时可以减小负序电流，大大降低三相电力系统的不平衡程度。

牵引变压器不同的接线方式造成牵引负荷对电网三相电压不平衡的影响是不同的，通过选用合适接线方式的牵引变压器可减小电气化铁路负序分量对电网的影响。

但同时也应注意，包括 Scott 接线在内，各种形式的平衡变压器只有在两条供电臂负荷接近均衡时才能获得理想的降低负序影响的效果，当仅一条供电臂有负荷时，无论牵引变压器接线形式如何，其负序影响都较大。因此，平衡变压器只能降低产生较大负序的概率，而不能消除负序的影响。

负序影响在我国很多地区不同程度地存在，应引起关注。为掌握电网向电气化铁路供电地区的电能质量现状，国家电网公司组织了一次由北京、上海、山西、陕西、安徽、四川、湖南、福建、黑龙江、甘肃以及华北电网公司共 11 个网省公司参与的大规模电能质量测试，针对我国电气化铁路牵引供电的特点，选择不同供电电压、不同供电方式、不同地区、不同机车负荷等有代表性的电力系统变电站，进行了电能质量现场实测。

对 11 个网省公司 21 个电气化铁路供电变电站的电能质量普查结果表明，11 个测点三相电压不平衡度超标，占 52.4%。其中，三相电压不平衡度（95% 概率大值）超标严重的有北京康庄变电站为 7.43%，华北三马坊变电站为 6.41%，山西义井变电站为 4.96%，湖南李家坡变电站为 4.60%，陕西古堰变电站为 4.52%。某些电气化铁路负荷注入系统的负序电流很大。其中华北三马坊变电站的最大负序电流达 272.9A，占正序电流的 54.83%，导致三相电压不平衡度最大值达 14.36%；山西义井变电站最大负序电流达 435.9A，占正序电流的 47.12%，三相电压不平衡度最大值达 14.41%；北京康庄变电站最大负序电流达 309.9A，占正序电流的 50.87%，三相电压不平衡度最大值达 13.48%。

京沪高铁是我国第一条具有世界先进水平的高速铁路，京沪电气化铁路和京沪高速铁路途经我国经济发达地区，从沿线整体来看，电网坚强，电源充足。国家电网公司 2008 年初组织了京沪高铁沿线各网省公司对电铁注入电网的谐波、负序的全面测试，由参与供电的北京、天津、河北、山东、安徽、江苏、上海等省市网省公司共同参与完成。京沪电气化铁路全线共有牵引变电所 37 座，对应上级系统变电站 57 座，实际测试涉及其中的 40 个变电站。

测试数据表明，上海静宜站牵引负荷三相电压不平衡度超标（负序电流达到 160A，占正序电流的 62.8%，负序电流引起公共连接点三相电压不平衡为 1.7%），其余测试点三相电压不平衡度未超标，但部分牵引站注入电网的负序电流较大，如山东徐楼站（101.562A，占基波电流 49.4%）、天津南仓（87.076A，占基波电流 78.2%）。这些测试点三相电压不平衡度未超标，与接入点的系统容量较大以及京沪高铁较多采用了阻抗平衡变压器有关。三相电压不平衡度测试结果中另一现象值得关注，最大值和 95% 概率大值相差较大（平均来看最大值是 95% 概率大值的 3 倍），全国电铁负荷测试数据也具有这个特点。这和牵引负荷特点有关，列车运行时负荷的随机变化以及供电区间内列车数量的疏密不等，造成牵引变电所负荷呈现波动性，使得测试时概率大值和最大值相差较大。95%概率大值之上的较大的三相电压不平衡虽然发生概率较小，但其对电网与用电设备是否存在不利影响，尚需进一步分析研究。

电气化铁路列车的移动特性决定了牵引负荷具有三相不平衡的固有特征。为进一步减小牵引负荷的负序影响，可采用同相供电等新技术，在提高列车通过能力的基础上同时具有良好的负序抑制效果，明显改善电能质量。同相供电等新技术仍处于发展过程中，具体内容请参考相关文献。

4.3.2.2　电弧炉引起的不平衡

交流电弧炉广泛应用在冶金行业，其冶炼通过电极放电实现，利用电弧产生热量来熔炼金属。电弧炉冶炼过程产生了随机变化的负荷电流，具有很强的非线性特性，非线性特性使负荷电流畸变，同时负荷电流的随机变化也带来不平衡和无功功率冲击。

电弧炉冶炼可分为熔化期、氧化期和还原期三个时期，熔化期的特点是电弧炉输入功率急剧波动，同时伴随有电流冲击。在电弧刚刚起燃时，由于炉料温度较低，电弧在炉料上随机移动，不易稳定燃烧。当部分炉料被熔化后，产生炉料倒塌，使电极发生短路，从而引起电流的冲击。在熔化期，电极短路的次数可达几十次甚至上百次。由于三相的耦合作用，某相电极短路后，其他两相电极也产生了不应有的调节过程。这样使得电极短路后的调整过程加长，当电极调节系统性能较差时，常常会处于反复调节的过程之中。

在冶炼过程中尤其是在熔化期三相电极不规则调整、三相电弧频繁无规则变化以及炉料的崩落和滑动等多种因素造成剧烈的随机变化，出现三相电压、电流以及功率的不平衡。某电弧炉的测试结果表明，熔化期内电弧炉产生的负序电流的平均值达到其变压器额定电流的20%，负序电流最大时达到其变压器额定电流的42%。另有研究表明，一相断弧时电弧炉产生的负序电流可达其变压器额定电流的56%；若两相短路的同时，第三相又断弧，此时可达86%。三相功率不平衡会造成炉内温度严重不均匀，降低炉子生产率，加快功率较大的电极损耗，降低其附近炉体的寿命以及影响电网电能质量等。一般来讲，电网公共连接点短路容量为电弧炉变压器额定容量的30～40倍时，电网是允许的，否则应采取使三相达到平衡对称的补偿措施。

除典型的不平衡负荷电气化铁路与电弧炉外，单相负荷在三相系统中的均衡分布与否，也是影响三相不平衡的主要因素。此外，即使单相负荷均衡分布在各相，但负荷的运行状态不同，也会引起三相不平衡。

4.4　三相不平衡的影响和危害

系统处于三相不平衡运行时，其电压、电流中含大量负序分量。由于负序分量的存在，三相不平衡会对电气设备产生不良影响，典型影响有：

（1）对感应电动机的影响。负序电压产生制动转矩，使感应电动机的最大转矩和输出功率下降，还可能引起电动机振动。由于电动机的负序电抗很小（只有正序电抗的

1/7～1/5)，所以负序电压产生的负序电流很大，使电动机的铜损耗增加。铜损耗的加大不仅使电动机效率降低，同时使电动机过热，导致绝缘老化过程加快。

（2）对变压器的影响。变压器处于不平衡负荷下运行时，如果其中一相电流已经先达到变压器额定电流，则其余两相电流只能低于额定电流。此时，变压器容量得不到充分利用。例如三相变压器供电给单相线电压负荷时，变压器的利用率约为 57.7％；如果供电给单相相电压负荷，则变压器的利用率仅为 33.3％。如果变压器处于不平衡负荷下运行时仍要维持额定容量，将会造成变压器局部过热。研究表明，变压器工作在额定负荷下，当电流不平衡度为 10％时，变压器绝缘寿命约缩短 16％。

（3）对换流器的影响。三相电压不平衡使换流器的触发角不对称，换流器将产生较大的非特征谐波。以三相全控桥式换流器为例，当三相电压不平衡时，换流器除产生 $6k\pm1=5$、7、11、13、17、19、…次特征谐波电流以外，还会产生 $6k\pm3=3$、9、15、21、27、33、…次非特征谐波电流。三相电压不平衡度与 3、9、15 次非特征谐波电流含有率的关系曲线如图 4-3 所示。由图可见，随着三相电压不平衡度的增加，非特征谐波电流也加大。常规换流器的谐波治理仅考虑特征谐波，非特征谐波电流的出现对换流器的谐波治理提出了更高的要求，直接导致换流器总投资的加大。

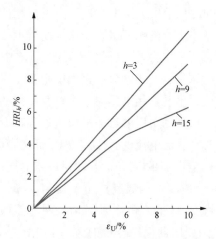

图 4-3 三相全控桥式换流器非特征谐波电流含有率与三相电压不平衡度的关系曲线

（4）对继电保护和自动装置的影响。三相不平衡系统中的负序分量偏大，可能导致一些作用于负序电流的保护和自动装置误动作，威胁电力系统的安全运行。这些保护和自动装置包括发电机负序电流保护、主变压器复合电压启动过电流保护、母线差动保护、线路保护振荡闭锁装置、线路相差高频保护和故障录波器等。此外，系统三相不平衡还会使某些负序启动元件对系统故障的灵敏度下降。

（5）对线损的影响。在三相不平衡系统中，线路除正序电流产生的正序功率损耗以外，还有负序电流及零序电流产生的附加功率损耗，因此加大了线路的总损耗，降低了电力系统运行的经济性。

（6）对计算机的影响。在低压三相四线制系统中，三相不平衡引起中性线上出现不平衡电流，中性点电位会产生漂移，即零电位漂移。严重的零电位漂移对计算机产生电噪声干扰，可能使计算机无法正常工作。

需说明的是，系统三相不平衡运行时产生的零序分量也会对电气设备产生不良影响，如当零序电流较大时，同样会引起零序继电器的保护动作，触发开关跳闸，造成停电事故；同样会引起变压器与线路中的损耗增加，变压器出力降低、寿命缩短，引起旋转电机的附加发热与振动等。在低压三相四线制系统中，由于三相负荷不平衡使中性线有零序电流通过，中性线产生阻抗压降，中性点处于漂移状态，从而使得各相的相电压发生变化，负荷重的相电压降低，而负荷轻的相电压升高。在电压漂移状态下继续供电，极容易造成电压高的相的用户用电设备烧坏，而电压低的相的用户用电设备不能正常使用（如灯光照明不足等），从而严重危及用电设备的安全、正常运行。在非线性负荷较多的使用场合，低压三相四线制系统中性线还可能流过零序性 3 次谐波电流，致使中性线电流过大，可能会烧断中性线，导致中性点漂移，甚至引起电气火灾事故等。

4.5　三相不平衡度指标与测量

4.5.1　三相不平衡度的定义

根据对称分量法，三相系统中的电量可分解为正序分量、负序分量和零序分量三个对称分量。

任意不对称的三相相量（如电压、电流等）$\dot{F}_a$、$\dot{F}_b$ 和 $\dot{F}_c$[见图 4 - 4（a）]可以分解为三组相序不同的对称分量：①正序分量 $\dot{F}_{a1}$、$\dot{F}_{b1}$ 和 $\dot{F}_{c1}$[见图 4 - 4（b）]；②负序分量 $\dot{F}_{a2}$、$\dot{F}_{b2}$ 和 $\dot{F}_{c2}$[见图 4 - 4（c）]；③零序分量 $\dot{F}_{a0}$、$\dot{F}_{b0}$ 和 $\dot{F}_{c0}$[见图 4 - 4（d）]。

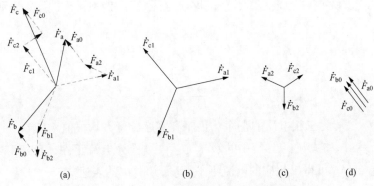

图 4 - 4　三相不对称相量分解为对称分量

（a）不对称的三相相量；（b）正序分量；（c）负序分量；（d）零序分量

它们存在以下关系

$$\left.\begin{array}{l} \dot{F}_a = \dot{F}_{a1} + \dot{F}_{a2} + \dot{F}_{a0} \\ \dot{F}_b = \dot{F}_{b1} + \dot{F}_{b2} + \dot{F}_{b0} \\ \dot{F}_c = \dot{F}_{c1} + \dot{F}_{c2} + \dot{F}_{c0} \end{array}\right\} \tag{4-14}$$

每一组对称分量之间的关系为

$$\left.\begin{array}{l} \dot{F}_{b1} = e^{-j120°}\dot{F}_{a1} = a^2\dot{F}_{a1} \\ \dot{F}_{c1} = e^{j120°}\dot{F}_{a1} = a\dot{F}_{a1} \\ \dot{F}_{b2} = e^{j120°}\dot{F}_{a2} = a\dot{F}_{a2} \\ \dot{F}_{c2} = e^{-j120°}\dot{F}_{a2} = a^2\dot{F}_{a2} \\ \dot{F}_{b0} = \dot{F}_{c0} = \dot{F}_{a0} \end{array}\right\} \tag{4-15}$$

式中，复数算符 $a = e^{j120°} = -\dfrac{1}{2} + j\dfrac{\sqrt{3}}{2}$，$a^2 = e^{j240°} = e^{-j120°} = -\dfrac{1}{2} - j\dfrac{\sqrt{3}}{2}$，$a^2 + a + 1 = 0$。

将式（4-15）代入式（4-14），可得

$$\begin{bmatrix} \dot{F}_a \\ \dot{F}_b \\ \dot{F}_c \end{bmatrix} = \begin{bmatrix} 1 & 1 & 1 \\ a^2 & a & 1 \\ a & a^2 & 1 \end{bmatrix} \begin{bmatrix} \dot{F}_{a1} \\ \dot{F}_{a2} \\ \dot{F}_{a0} \end{bmatrix} \tag{4-16}$$

式中系数矩阵是非奇异的，它的逆矩阵存在，所以有

$$\begin{bmatrix} \dot{F}_{a1} \\ \dot{F}_{a2} \\ \dot{F}_{a0} \end{bmatrix} = \frac{1}{3} \begin{bmatrix} 1 & a & a^2 \\ 1 & a^2 & a \\ 1 & 1 & 1 \end{bmatrix} \begin{bmatrix} \dot{F}_a \\ \dot{F}_b \\ \dot{F}_c \end{bmatrix} \tag{4-17}$$

任意三相不对称的电压或电流都可用式（4-17）求出它们的正序、负序和零序电压或电流分量。已知三序分量时，可用式（4-16）合成三相相量。

电力系统在正常运行方式下，电量的负序基波分量或零序基波分量与正序基波分量方均根值之比定义为该电量的三相不平衡度，电压负序和零序不平衡度分别用 ε_{U2}、ε_{U0} 表示，即

$$\varepsilon_{U2} = \frac{U_2}{U_1} \times 100\% \tag{4-18}$$

$$\varepsilon_{U0} = \frac{U_0}{U_1} \times 100\% \tag{4-19}$$

式中：U_1、U_2、U_0 为三相电压的正序、负序和零序分量方均根值，V。

将式（4-18）和式（4-19）中的 U_1、U_2、U_0 换为电流正序、负序和零序分量方均根值 I_1、I_2、I_0，可得出相应的电流不平衡度 ε_{I2} 和 ε_{I0} 的表达式。

一般而言，在三相系统中，通过测量获得三相电量的幅值和相位后应用对称分量法分别求出正序、负序和零序分量，即可由式（4-18）和式（4-19）求出不平衡度。

在实际工作中，往往只知道三相电量的数值。在不含零序分量的三相系统中，只要知道三相电量 a、b、c，即可由式（4-20）求出负序不平衡度

$$\varepsilon_2 = \sqrt{\frac{1 - \sqrt{3 - 6L}}{1 + \sqrt{3 - 6L}}} \times 100\% \tag{4-20}$$

其中

$$L = \frac{a^4 + b^4 + c^4}{(a^2 + b^2 + c^2)^2}$$

工程上为了估算某个不平衡负荷在公共连接点上造成的三相电压不平衡度，可用式（4-21）进行近似计算，即

$$\varepsilon_{U2} \approx \frac{\sqrt{3} I_2 U_L}{S_d} \times 100\% \tag{4-21}$$

式中：I_2 为负荷电流的负序分量，A；U_L 为公共连接点的线电压方均根值，V；S_d 为公共连接点的三相短路容量，VA。

式（4-21）只能用于距离发电厂以及大型电机电气距离较远的公共连接点处三相电压不平衡度的近似计算，因为它是基于公共连接点与电源间正序阻抗与负序阻抗相等的假设推导出来的。

在三相对称系统中，由于在某一相上增设了单相负荷而引起的三相电压不平衡度也可估算为

$$\varepsilon_{U2} \approx \frac{S_L}{S_d} \times 100\% \tag{4-22}$$

式中：S_L 为单相负荷容量，VA。

4.5.2　三相不平衡度的限值

GB/T 15543—2008《电能质量　三相电压不平衡》规定：电网正常运行时，电力系统公共连接点负序电压不平衡度允许值不超过 2%，短时（时间范围为 3s～1min）不得超过 4%；不平衡度为在电力系统正常运行的最小方式（或较小方式）下，最大的生产（运行）周期中负荷所引起的电压不平衡度的实测值。接于公共连接点的每个用户引起的该点负序电压不平衡度允许值一般为 1.3%，短时不超过 2.6%；由于电网中不平衡负荷的实际情况千差万别，标准同时还规定"根据连接点的负荷状况以及邻近发电机、继电保护和自动装置安全运行要求，该允许值可作适当变动"，但必须满足公共连接点负序电压不平衡度的规定。

标准中规定了三相电压不平衡度的限值、计算、测量和取值方法。标准只适用于负序基波分量引起的电压不平衡场合，国际上绝大多数有关电压不平衡的标准均是针对负序分量制定的，因此标准暂不规定零序不平衡限值。对标称电压不大于 1kV 的低压系统，暂未规定零序电压限值，但要求各相电压必须满足 GB/T 12325—2008 的要求。

此外，标准只适用于电力系统正常运行方式下的电压不平衡。故障方式引起的电压不平衡（例如单相接地，两相短路故障等）不在考虑之列。由于电网中较严重的正常电压不平衡往往是由于单相或三相不平衡负荷所引起的，因此标准的衡量点选在电网的公共连接点（PCC），以便在保证其他用户正常用电的基础上，给干扰源用户以最大的限值。实际上一个大用户（例如钢铁企业）内部有多个连接点，负序干扰源在内部连接点上引起的不平衡度一般大于在 PCC 上引起的不平衡度。

对用户虽然规定了电压不平衡度的限值，但由于背景电压中也存在不平衡，因此负序发生量监测宜用电流。为此，标准中还规定：负序电压不平衡度允许值一般可根据连接点的正常最小短路容量换算为相应的负序电流值作为分析或测算依据。可采用式（4-21）将电压不平衡度换算为负序电流值，但由于该式是在假定公共连接点电网的等值正序阻抗与负序阻抗相等的前提下推出的，而这个假定条件只有在离旋转电机电气距离较远的节点（即线路和变压器阻抗在等值阻抗中占绝对优势）才成立。因此标准中特别指出：邻近大型旋转电机的用户，其负序电流值换算时应考虑旋转电机的负序阻抗。

4.5.3　三相不平衡度的测量和取值

测量应在电力系统正常运行的最小方式（或较小方式）下，不平衡负荷处于正常、连续工作状态下进行，并保证不平衡负荷的最大工作周期包含在内。对于电力系统公共

连接点，测量持续时间取一周（168h），每个不平衡度的测量间隔可为 1min 的整数倍；对于波动负荷，可取正常工作日 24h 持续测量，每个不平衡度的测量间隔可为 1min。

关于取值方法，对于电力系统公共连接点，供电电压负序不平衡度测量值的 10min 方均根值的 95％ 概率大值应不大于 2％，所有测量值中的最大值不大于 4％。对日波动不平衡负荷，供电电压负序不平衡度测量值的 1min 方均根值的 95％ 概率大值应不大于 2％，所有测量值中的最大值不大于 4％。GB/T 15543—2008 规定，为了实用方便，实测值的 95％ 概率值可将实测值按由大到小次序排列，舍弃前面 5％ 的大值取剩余实测值中的最大值。对于日波动不平衡负荷也可以时间取值：日累计大于 2％ 的时间不超过 72min，且每 30min 中大于 2％ 的时间不超过 5min（72min 为一天的 5％ 时间。限制每 30min 中超标时间不超过 5min，是从保护电机不致因负序持续作用引起过热角度规定的）。

4.6　改善三相不平衡的措施

不平衡负荷引起的三相不平衡，可以从负荷的合理分布、接入电源的方式、特殊的供电方式以及平衡化补偿等方面采取相应措施。

4.6.1　不平衡负荷合理分布

将不平衡负荷合理分布于三相中，使各相负荷尽可能平衡，是供电部门进行负荷分配应遵循的原则，也是改善三相不平衡的基本措施。

设 5 个容量不等的单相负荷分别是 $P_1=5MW$，$S_2=15+j7MVA$，$S_3=10+j2MVA$，$S_4=20+j9MVA$ 和 $S_5=25+j8MVA$。采用图 4-5（a）的接线方式时，三相负荷的有功功率均为 25MW，A、B 两相的无功功率均为 9Mvar，与 C 相 8Mvar 的无功功率相差不大。在图 4-5（b）中，A 相负荷为 20+j7MVA，B 相负荷为 30+j11MVA，C 相负荷为 25+j8MVA。显然，采用图 4-5（a）所示的负荷分配方式比采用图 4-5（b）所示的负荷分配方式更有利于系统三相平衡。

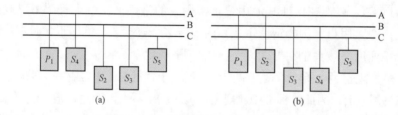

图 4-5　合理分布三相负荷举例

（a）三相平衡；（b）三相不平衡

【例 4-1】　额定电压为 380V 的 3 个单相负荷，其参数如下。

（1）负荷Ⅰ：7.6kVA，$\cos\varphi=1$。

（2）负荷Ⅱ：7.6kVA，$\cos\varphi=0.866$。

（3）负荷Ⅲ：7.6kVA，$\cos\varphi=0.707$。

试求不同接线方式时的三相电流不平衡度 ε_{12}。

解　三个单相负荷共有 6 种不同的接线方式，见表 4 - 1。

表 4 - 1　　　　　　　　　　　　6 种不同接线方式下的 ε_I

方式	负荷Ⅰ	负荷Ⅱ	负荷Ⅲ	ε_{I2}（%）
1	AB 相	BC 相	CA 相	26.11
2	AB 相	CA 相	BC 相	21.55
3	BC 相	AB 相	CA 相	21.51
4	BC 相	CA 相	AB 相	26.11
5	CA 相	BC 相	AB 相	21.42
6	CA 相	AB 相	BC 相	26.02

以方式 1 为例，计算 ε_{I2}。方式 1 的接线示意如图 4 - 6 所示。

三个负荷的等效阻抗分别为

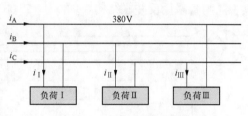

$$Z_I = \frac{U_N^2}{S_I}(\cos\varphi + j\sin\varphi)$$

$$= \frac{380^2}{7.6 \times 10^3}(1 + j0) = 19(\Omega)$$

图 4 - 6　方式 1 接线示意图

$$Z_{II} = \frac{U_N^2}{S_{II}}(\cos\varphi + j\sin\varphi) = \frac{380^2}{7.6 \times 10^3}(0.866 + j0.5) = 19 \times (0.866 + j0.5)(\Omega)$$

$$Z_{III} = \frac{U_N^2}{S_{III}}(\cos\varphi + j\sin\varphi) = \frac{380^2}{7.6 \times 10^3}(0.707 + j0.707) = 19 \times (0.707 + j0.707)(\Omega)$$

设 $\dot{U}_{AB}$ 为参考相量，即令 $\dot{U}_{AB} = 380\angle 0°\text{V}$，则 $\dot{U}_{BC} = 380\angle -120°\text{V}$，$\dot{U}_{CA} = 380\angle 120°\text{V}$。

每个负荷上流过的额定电流为

$$\dot{I}_I = \frac{\dot{U}_{AB}}{Z_I} = 20 \times (1 + j0)(\text{A})$$

$$\dot{I}_{II} = \frac{\dot{U}_{BC}}{Z_{II}} = 20 \times (-0.866 - j0.5)(\text{A})$$

$$\dot{I}_{III} = \frac{\dot{U}_{CA}}{Z_{III}} = 20 \times (0.259 + j0.966)(\text{A})$$

根据基尔霍夫电流定律，线电流为

$$\dot{I}_A = \dot{I}_I - \dot{I}_{III} = 20 \times (0.741 - j0.966)(\text{A})$$

$$\dot{I}_B = \dot{I}_{II} - \dot{I}_I = 20 \times (-1.866 - j0.5)(\text{A})$$

$$\dot{I}_C = \dot{I}_{III} - \dot{I}_{II} = 20 \times (1.125 + j1.466)(\text{A})$$

由对称分量法可求出线电流中正、负序分量分别为

$$\dot{I}_1 = \frac{1}{3}(\dot{I}_A + a\dot{I}_B + a^2\dot{I}_C) = 32.82\angle -55.14°(\text{A})$$

$$\dot{I}_2 = \frac{1}{3}(\dot{I}_A + a^2\dot{I}_B + a\dot{I}_C) = 8.57\angle 117.38°(\text{A})$$

其中，$a=1\angle120°$，$a^2=1\angle-120°$。

于是，三相电流不平衡度为

$$\varepsilon_{I2}=\frac{I_2}{I_1}\times100\%=\frac{8.57}{32.82}\times100\%=26.11\%$$

同理，可计算出其余五种接线方式下的 ε_{I2}，见表 4-1。由表 4-1 可以看出，采用方式 5 的接线方式时，ε_{I2} 最小。

实际运行中三相负荷的动态分配，可以通过换相技术实现。图 4-7（a）中的三相负荷分配控制器通过采集的三相电压、电流等信息，进行三相不平衡度指标计算，当不平衡度超过标准要求时，向负荷终端控制器发出换相指令，将相应负荷的供电相别由一相平稳、快速地切换至另一低负荷相。负荷终端通常由晶闸管与交流接触器并联构成，其中晶闸管采用反并联结构，如图 4-7（b）所示。

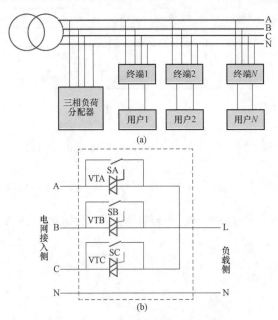

图 4-7　基于换相技术的三相负荷分配

（a）三相负荷分配控制示意图；（b）负荷终端主电路结构图

正常运行时，负荷终端的机械开关默认闭合在某一相上，当负荷终端接收到相别切换指令时，立即进行切换操作。工作过程顺序为：工作相晶闸管导通、工作相交流接触器分闸、工作相晶闸管关断、低负荷相晶闸管导通、低负荷相交流接触器合闸、低负荷相晶闸管闭锁，从而完成负荷的换相切换。

4.6.2　不平衡负荷接入电源方式

将不平衡负荷分散接于不同的供电点，可减小集中连接造成的不平衡度过大问题。

将不平衡负荷接入高一级电压供电，也可有效减小三相不平衡。电压等级越高，系统短路容量越大，不平衡负荷在系统总负荷中所占的比例就越小，电压三相不平衡度也随之减小。由式（4-22）可见，对于单相负荷，系统短路容量只要大于负荷容量的 50 倍，就能保证连接点的电压三相不平衡度小于 2%。

4.6.3　不平衡负荷特殊供电方式

将不平衡负荷采用单独变压器或特殊接线的平衡变压器供电，是改善不平衡的有效措施。平衡变压器是一种用于三相-两相变换并兼有降压及换相两种功能的特殊变压器。使用它供电可以提高电能质量，减少电能损耗，该方法多用于对电气化铁路和大型感应加热炉的供电。如第 4.3.2.1 节所述的用于电气化铁路的斯科特接线变压器与阻抗匹配平衡接线变压器等。

我国电气化铁路采用单相工频交流制供电方式，牵引供电系统从三相电网取电经牵引变压器实现三相－两相变换，为牵引变电所两供电臂提供电能。三相－两相牵引变压器结构简单、制造容易、价格低廉，并且沿线各牵引变电所可以通过换相连接接入三相电力系统，以降低牵引负荷在电力系统中所引起的负序。但如前所述，随着电力电子技术的不断进步，传统交直型电力机车正逐步被新型交直交型电力机车所取代，与交直型电力机车相比，交直交型电力机车的牵引功率更大，由于牵引负荷本身的不平衡性，牵引供电系统引起的负序问题仍然较为突出。采取相位轮换措施使相邻供电臂之间存在电压相位差，各供电臂末端设置有电分相以保证不同供电臂之间的电气隔离；但电分相易造成列车"停坡"事故，司机操作难度加大，接触网可靠性降低等问题。此外，牵引负荷为大容量波动性负荷，电力机车启动时会产生幅值较大的冲击电流，为了确保电力机车能够正常、安全运行，牵引变压器的能量供给需要满足电力机车的最大能量需求，造成牵引变压器容量选择偏大，导致容量浪费。

解决上述问题的有效方案之一是采用同相供电技术。同相供电系统是指为电力机车或动车组提供电能的各供电臂（牵引网）具有相同电压相位的牵引供电系统，即全线为同一相位的单相供电系统。同相供电技术有多种可能的实现方案，具体内容请参见相关参考文献。

4.6.4　不平衡负荷的平衡化补偿

实现三相平衡的电路原理图如图 4-8 所示。设 ab 间接有单相用电负荷，见图 4-8 (a)，其导纳为 $Y_{ab}=G_{ab}+jB_{ab}$。首先在该负荷上并联电纳 $B'_{ab}=-jB_{ab}$，使 ab 相等效负荷呈电阻性，其等效导纳为 $Y_{ab\cdot eq}=G_{ab}$。然后在 bc 间接入容性电纳 $B_{bc}=j\dfrac{G_{ab}}{\sqrt{3}}$，在 ca 间接入感性电纳 $B_{ca}=-j\dfrac{G_{ab}}{\sqrt{3}}$，如图 4-8 (b) 所示。此时各相电流为

$$\dot{I}_A = G_{ab}\dot{U}_{AB} - B_{ca}\dot{U}_{CA} = G_{ab}\left(\dot{U}_{AB}+j\frac{\dot{U}_{CA}}{\sqrt{3}}\right) = G_{ab}\dot{U}_A$$

$$\dot{I}_B = -G_{ab}\dot{U}_{AB} + B_{bc}\dot{U}_{BC} = G_{ab}\left(-\dot{U}_{AB}+j\frac{\dot{U}_{BC}}{\sqrt{3}}\right) = G_{ab}\dot{U}_B$$

$$\dot{I}_C = -B_{bc}\dot{U}_{BC} + B_{ca}\dot{U}_{CA} = G_{ab}\left(-j\frac{\dot{U}_{BC}}{\sqrt{3}}-j\frac{\dot{U}_{CA}}{\sqrt{3}}\right) = G_{ab}\dot{U}_C$$

可见，三相负荷达到平衡。

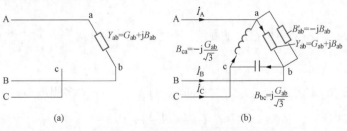

图 4-8　三相平衡的电路原理图

(a) 单相负荷电路；(b) 平衡化三相电路

在上述简单的平衡化例子基础上，可以导出一般不平衡三相负荷的平衡化原理（即 Steinmetz 原理）。下面以图 4-9 基于 Steinmetz 原理的三相不平衡负荷补偿为例进行说明。

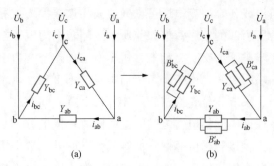

图 4-9　基于 Steinmetz 原理的三相不平衡负荷补偿
(a) 补偿前；(b) 补偿后

任何不平衡的、线性的、不接地的三相负荷都可经过补偿变成一个三相平衡的有功负荷，且不会改变电源与负荷间的有功交换。

图 4-9 (a) 所示的三角形连接方式〔任何不接地的星形连接负荷通过 Y-△ 变换都可以表示成图 4-9 (a) 所示的三角形连接方式〕的不平衡负荷导纳为

$$
\left.\begin{aligned}
Y_{ab} &= G_{ab} + jB_{ab} \\
Y_{bc} &= G_{bc} + jB_{bc} \\
Y_{ca} &= G_{ca} + jB_{ca}
\end{aligned}\right\}
\tag{4-23}
$$

首先从功率因数校正考虑，在每一负荷导纳上并联一个等于负荷电纳负值的补偿电纳，使得负荷导纳变成纯电导，即令 $B'_{ab}=-jB_{ab}$、$B'_{bc}=-jB_{bc}$、$B'_{ca}=-jB_{ca}$，这样补偿后，各相分别为 G_{ab}、G_{bc} 和 G_{ca}，三相功率因数为 1，负荷无功已平衡，但有功仍不平衡。为平衡 G_{ab}，需在 bc 间接入容性电纳 $B'_{bc}=j\dfrac{G_{ab}}{\sqrt{3}}$，在 ca 间接入感性电纳 $B'_{ca}=-j\dfrac{G_{ab}}{\sqrt{3}}$；同理，bc 相之间和 ca 相之间的纯电导 G_{bc} 和 G_{ca} 可以依次用相同的方法加以平衡。为此，三相三角形连接方式不平衡负荷理想补偿网络为

$$
\left.\begin{aligned}
B'_{ab} &= -jB_{ab} + j(G_{ca}-G_{bc})/\sqrt{3} \\
B'_{bc} &= -jB_{bc} + j(G_{ab}-G_{ca})/\sqrt{3} \\
B'_{ca} &= -jB_{ca} + j(G_{bc}-G_{ab})/\sqrt{3}
\end{aligned}\right\}
\tag{4-24}
$$

在实际应用中，负荷的导纳很难测量，即使能够测量，也很不精确。所以，需要寻求能够方便准确测量的对象如电压、电流等作为控制量，以这些电量参数表示导纳，从而对补偿装置进行快速准确的控制。下面用对称分量法导出用线电流和电压表示的补偿电纳的公式。

图 4-9 (a) 的不平衡负荷由平衡的三相系统电压供电，各相对中性点电压为

$$
\left.\begin{aligned}
\dot{U}_a &= \dot{U} \\
\dot{U}_b &= a^2\dot{U} \\
\dot{U}_c &= a\dot{U}
\end{aligned}\right\}
\tag{4-25}
$$

式中，复数算符 $a=\mathrm{e}^{j120°}=-\dfrac{1}{2}+j\dfrac{\sqrt{3}}{2}$，$a^2=\mathrm{e}^{j240°}=\mathrm{e}^{-j120°}=-\dfrac{1}{2}-j\dfrac{\sqrt{3}}{2}$，$a^2+a+1=0$。

线电压为

$$\left.\begin{aligned}
\dot{U}_{ab} &= \dot{U}_a - \dot{U}_b = (1-a^2)\dot{U}\\
\dot{U}_{bc} &= \dot{U}_b - \dot{U}_c = (a^2-a)\dot{U}\\
\dot{U}_{ca} &= \dot{U}_c - \dot{U}_a = (a-1)\dot{U}
\end{aligned}\right\} \tag{4-26}$$

三角形接线中每个支路的负荷电流为

$$\left.\begin{aligned}
\dot{I}_{ab} &= Y_{ab}\dot{U}_{ab} = Y_{ab}(1-a^2)\dot{U}\\
\dot{I}_{bc} &= Y_{bc}\dot{U}_{bc} = Y_{bc}(a^2-a)\dot{U}\\
\dot{I}_{ca} &= Y_{ca}\dot{U}_{ca} = Y_{ca}(a-1)\dot{U}
\end{aligned}\right\} \tag{4-27}$$

线电流为

$$\left.\begin{aligned}
\dot{I}_a &= \dot{I}_{ab} - \dot{I}_{ca} = [Y_{ab}(1-a^2) - Y_{ca}(a-1)]\dot{U}\\
\dot{I}_b &= \dot{I}_{bc} - \dot{I}_{ab} = [Y_{bc}(a^2-a) - Y_{ab}(1-a^2)]\dot{U}\\
\dot{I}_c &= \dot{I}_{ca} - \dot{I}_{bc} = [Y_{ca}(a-1) - Y_{bc}(a^2-a)]\dot{U}
\end{aligned}\right\} \tag{4-28}$$

依据对称分量法，有

$$\left.\begin{aligned}
\dot{I}_0 &= (\dot{I}_a + \dot{I}_b + \dot{I}_c)/\sqrt{3}\\
\dot{I}_1 &= (\dot{I}_a + a\dot{I}_b + a^2\dot{I}_c)/\sqrt{3}\\
\dot{I}_2 &= (\dot{I}_a + a^2\dot{I}_b + a\dot{I}_c)/\sqrt{3}
\end{aligned}\right\} \tag{4-29}$$

式（4-29）中含有因子 $1/\sqrt{3}$ 是为了使对称分量变换为正交变换，以保证功率不变，使变换简化。将式（4-28）代入式（4-29），可得

$$\left.\begin{aligned}
\dot{I}_0 &= 0\\
\dot{I}_1 &= \sqrt{3}\dot{U}(Y_{ab} + Y_{bc} + Y_{ca})\\
\dot{I}_2 &= -\sqrt{3}\dot{U}(a^2 Y_{ab} + Y_{bc} + a Y_{ca})
\end{aligned}\right\} \tag{4-30}$$

由式（4-30）可知，对于平衡负荷有 $Y_{ab} = Y_{bc} = Y_{ca}$，则 $\dot{I}_2 = 0$。

同样，三角形接法的补偿装置引起的电源侧线电流为

$$\left.\begin{aligned}
\dot{I}'_0 &= 0\\
\dot{I}'_1 &= \mathrm{j}\sqrt{3}\dot{U}(B'_{ab} + B'_{bc} + B'_{ca})\\
\dot{I}'_2 &= -\sqrt{3}\dot{U}(a^2 B'_{ab} + B'_{bc} + a B'_{ca})
\end{aligned}\right\} \tag{4-31}$$

补偿的目标是补偿装置补偿后使得负荷与补偿装置的总体效应成为对称的三相负荷，即：

（1）总的负序电流为 0，这就要求

$$\dot{I}_2 + \dot{I}'_2 = 0 \tag{4-32}$$

（2）功率因数为 1，正序电流的虚部为 0，这就要求

$$\text{Im}(\dot{I}_1 + \dot{I}'_1) = 0 \qquad (4-33)$$

当然，如果不要求总的功率因数为 1，例如为 $\cos\varphi$，则可用式（4-34）作为约束

$$\tan[\text{arc}(\cos\varphi)] = \frac{\text{Im}(\dot{I}_1 + \dot{I}'_1)}{\text{Re}(\dot{I}_1 + \dot{I}'_1)} \qquad (4-34)$$

将式（4-31）中的补偿电流 $\dot{I}'_1$ 和 $\dot{I}'_2$ 代入式（4-32）和式（4-33）中，对 B'_{ab}、B'_{bc} 和 B'_{ca} 进行求解，可得以负荷电流正序和负序表示的理想补偿装置电纳为

$$\left.\begin{aligned}
B'_{ab} &= -\frac{1}{3\sqrt{3}U}\left[\text{Im}\dot{I}_1 + \text{Im}\dot{I}_2 - \sqrt{3}\text{Re}\dot{I}_2\right] \\[2mm]
B'_{bc} &= -\frac{1}{3\sqrt{3}U}\left[\text{Im}\dot{I}_1 - 2\text{Im}\dot{I}_2\right] \\[2mm]
B'_{ca} &= -\frac{1}{3\sqrt{3}U}\left[\text{Im}\dot{I}_1 + \text{Im}\dot{I}_2 + \sqrt{3}\text{Re}\dot{I}_2\right]
\end{aligned}\right\} \qquad (4-35)$$

利用式（4-29）的逆变换将式（4-35）右边变回到相坐标系，最后得到以负荷电流表示的补偿装置电纳为

$$\left.\begin{aligned}
B'_{ab} &= -\frac{1}{3U}(\text{Im}\dot{I}_a + \text{Im}a\dot{I}_b - \text{Im}a^2\dot{I}_c) \\[2mm]
B'_{bc} &= -\frac{1}{3U}(\text{Im}a\dot{I}_b + \text{Im}a^2\dot{I}_c - \text{Im}\dot{I}_a) \\[2mm]
B'_{ca} &= -\frac{1}{3U}(\text{Im}a^2\dot{I}_c + \text{Im}\dot{I}_a - \text{Im}a\dot{I}_b)
\end{aligned}\right\} \qquad (4-36)$$

式（4-36）是以负荷电流表示的补偿电纳。

上述基于 Steinmetz 原理的三相不平衡负荷补偿适用于三相三线制系统，但其核心思想可以推广应用到三相四线制系统不平衡负荷负序和零序补偿，具体内容请参见相关文献。此外，基于 Steinmetz 原理的三相不平衡负荷补偿，可将整个系统的功率因数补偿到 1，电压不平衡度为 0，这使得补偿所需装置容量比较大，实际应用中往往不需要进行完全补偿，为此可采取装置容量减小的补偿措施，具体内容请参见相关文献。

由上述原理可知，在相间跨接电容器或电抗器可以使三相负荷平衡。为此，可采用分组投切电容器组或电抗器组的方式，补偿无功的同时进行三相不平衡补偿，该方法具有结构简单、成本低等优点，是一种重要的补偿方式。但该方法难以准确、迅速地对不平衡负荷进行动态跟踪与补偿，且调节范围和调节精度有限，故常应用于负荷变化慢、补偿性能要求不高的场合。

具有分相补偿性能的静止型无功补偿装置［如 TCR 型 SVC、TSC（TSF）］响应速度快，技术成熟，调节灵活性与精度较高，是进行快速无功与三相不平衡补偿的重要装置。但这类设备也有不足之处，如 SVC 为阻抗变化型补偿装置，其补偿能力受电网电压限制较大，且其运行中还会产生谐波污染等。

不平衡负荷引起的三相不平衡与电网中的负序和零序电流对应，若能检测出补偿对象的负序和零序电流，采用适当的装置向电网注入与之相反的负序和零序电流，则能够进行三相不平衡的补偿。基于该思路的补偿装置有静止无功发生器（STATCOM、

SVG)、有源电力滤波器（APF）等。这类补偿装置进行包括不平衡在内的电能质量补偿的关键环节之一是准确、快速检测出相应的补偿量，补偿量的检测方法目前有很多，如基于瞬时无功理论的检测方法等，首先将三相负荷电流通过坐标变换，得到基波正序分量，然后用负荷电流减去基波电流正序分量，即可得到含负荷电流的谐波分量、无功分量、负序分量、零序分量的指令电流，控制补偿装置产生上述电流，即可实现谐波、无功与不平衡的电能质量综合补偿。当然，这类装置在实际应用中，也根据实际补偿对象情况，采用相应的检测与控制算法，进行相关电能质量的补偿，如只进行谐波补偿、只进行无功功率补偿、只进行不平衡补偿，或者是谐波、无功功率与不平衡的不同组合补偿等。

第 5 章

电 压 波 动 与 闪 变

5.1 概　　述

如前所述，电力系统电能质量中关于电压质量的类型最多，电压特性也最复杂。其中，电压波动是指与冲击性负荷相关联的一种动态电压质量问题，这给具有普遍意义的电压波动一词赋予了特别的定义和物理解释。通常电压幅值变化远比电气设备的电压抗扰限值要低，但是，频繁发生的供电电压快速变动会造成灯光亮度闪烁不定，这种电光源的不稳定会严重刺激人的视感神经，并可能引起有害的生理反应，在电能质量术语中把这种现象定义为"闪变"，并给出限定的闪变严重度指标。需要指出，电压波动的大小和闪变严重度限值没有简单的对应关系。事实上，引起供电电压起伏不定的原因很多，而电压变动的大小和波动频次不同，每个人的灯光视觉反映也不同，欲建立全过程的精确数学模型是困难的。因此，闪变严重度评估是一种概率统计的结果。

本章在介绍了波动性负荷对电压特性的影响之后，重点介绍电压波动与闪变的产生机理、闪变严重度统计评估方法、闪变的实时测量以及电弧炉的用电特性分析和电压波动抑制措施等内容。需要提醒的是，近年来由于照明新技术和各种节能新原理的出现，引起闪变的因素也变得复杂，照明灯具等许多电气设备对电压质量扰动耐受水平呈现出多样性的特点。在实际应用中，电压波动与闪变的概念和定义已经被广义化，电压波动达到不能容忍的程度所造成的影响不仅限于电光源照度不稳定问题了。但在对诸多新问题开展研究并形成新标准之前，以下仍然以现有国际和国家标准所限定的适用范围和指标、扰动源模型及闪变测试方法来介绍。

5.2 电 压 波 动

5.2.1　电压波动的定义

电压波动（Voltage Fluctuation）定义为电压方均根值一系列相对快速变动或连续改变的现象。其变化周期大于工频周期。在配电系统运行中，这种电压波动现象有可能多次出现，变化过程可能是规则的、不规则的，或是随机的。电压波动的形态也是多种多样的，如跳跃形、斜坡形或准稳态形等。为了便于对不同的电压波动过程采用不同的评价方法，在电压质量标准化工作中，将可能出现的电压波动整合为以下四种典型形式：

（1）图 5 - 1（a）所示为周期性等幅矩形电压波动。例如，单一阻性负荷投切引起的电压波动。

（2）图 5 - 1（b）所示为一系列不规则时间间隔阶跃电压波动。其电压波动幅值可能相等或不等，可能为正跃变或为负跃变。例如，多重负荷投切引起的电压波动。

（3）图 5 - 1（c）所示为非全阶跃式可明显分离的电压波动。例如，非线性电阻负荷运行引起的电压波动。

（4）图 5 - 1（d）所示为一系列随机的或连续电压波动。例如，循环的或随机的功率波动负荷运行引起的电压波动。

在处理工程实际问题时，图 5 - 1 电压波动图形可以由用电设备特性推演获得，也可利用专门的测量仪器观测到。

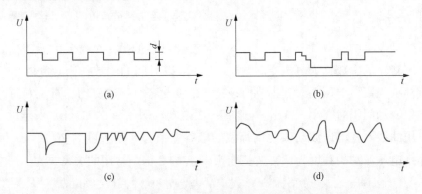

图 5 - 1　电压波动图形示例

(a) 周期性等幅矩形电压波动；(b) 一系列不规则时间间隔阶跃电压波动；
(c) 非全阶跃式可明显分离的电压波动；(d) 一系列随机的或连续电压波动

为了具体描述电压波动的特征，我们把一系列电压波动中的相邻两个极值之间的变化称为一次电压波动，其波动大小由该相邻两极值之差表示。若形象地描绘电压快速变化的过程，实际上可在波动负荷的一个工作周期或规定的一段检测时间内，沿时间轴对被测电压每半个周期求得一个方均根值并按时间轴顺序排列，即可看到抽样电压特性，称为电压方均根值曲线 $U(t)$。当以系统标称电压的相对百分数表示时，电压波动随时间变化的函数转化为相对电压变动特性 $d(t)$，见图 5 - 2（a）。若将图 5 - 2（a）中人为设置的包络线提取出来，包络线表示调幅波变化曲线，如图 5 - 2（b）所示。

为了直观了解电压的幅值变化，图 5 - 3（a）示意性地给出了被观察电压瞬时值的包络线图形。为分析方便且又不失一般性，常抽象地将恒定不变的 50Hz 工频电压看作载波，将波动电压看作调幅波。图 5 - 3（b）中所示的虚轴为工频载波电压峰值的平均电平线，若以此为零轴，该图中波形反映出低频（10Hz）正弦调幅波的变化。

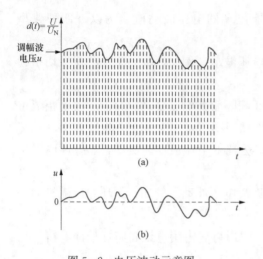

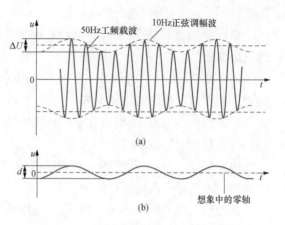

图 5-2　电压波动示意图　　　　图 5-3　波动电压对工频电压的调制

（a）相对电压变动特性；（b）调幅波变化曲线　　（a）电压波动调制示意图；（b）正弦调幅波电压波形

电压变动发生的次数是分析电压方均根值变化特性的另一个重要指标。我们把单位时间内电压变动的次数称为电压变动频度 r，一般以时间的倒数作为频度的单位。国家电能质量标准规定，电压由大到小或由小到大的变化各算一次变动。同一方向的若干次变化，如果变动间隔时间小于 30ms，则算一次变动。例如图 5-3（b）所示的 10Hz 正弦波动电压曲线，其电压波动值为调幅波的峰谷差值，变动频度为 20 次/s。因此不难看出，连续电压波动的频度为调幅波基准频率 f_F 的 2 倍，常用的关系式为

$$r = 2 \times f_F (\text{次}/\text{s}) \quad \text{或} \quad r = 2 \times 60 \times f_F (\text{次}/\text{min}) \quad\quad (5-1)$$

仍以图 3-1 所示的电动机启动时电压的变化为例，我们可以看到，在电动机启动一次的过程中，其供电电压实际发生了由高到低后又回升的 2 次电压变动。但是作为动态电压变动事件，电动机启动一次应算作一次动态电压变动。而当电动机频繁启动，或如电弧炉和间歇通电的负荷工作时，会出现一系列的电压变动。

5.2.2　波动性负荷对电压特性的影响

引起电压波动的原因是多种多样的，配电系统发生的短路故障或开关操作，或者是无功功率补偿装置、大型整流设备的投切均能导致供电电压波动。但是，频繁发生且持续时间较长的电压波动更多是由功率冲击性波动负荷的工作状态变化所致。由于波动性负荷的功率因数低，无功功率变动量也相对较大，并且其功率变化的过程快，因此在实际运行中可以认为波动性负荷是引起供电电压波动的主要原因。

根据用电设备的工作特点和对电压特性的影响，波动性负荷可分为两大类型：

（1）由于频繁启动和间歇通电时常引起电压按一定规律周期变动的负荷。例如，轧钢机和绞车、电动机、电焊机等。

（2）引起供电点出现连续的不规则的随机电压变动的负荷。例如，炼钢电弧炉等。

以下针对波动性负荷的三种典型接线方式，分别讨论它们对电压特性影响的基本关系式，并给出电压波动值的简化计算方法。

5.2.2.1 三相平衡负荷

三相平衡负荷的供电电路可简化为等效单线图，如图 5 - 4 所示。其中，$Z_0 = R_0 + jX_0$ 为系统等值阻抗，Z_L 为负荷阻抗，U_0 为供电系统的无限大电源母线电压，$\dot{I}_L$ 为负荷电流，$P + jQ$ 为负荷的复功率。习惯上规定，当 $\dot{I}_L$ 滞后负荷侧电压 $\dot{U}$ 时，负荷阻抗角 $\varphi_L > 0$。

利用式（3 - 10），并做进一步推导后，我们可以得到用户侧供电电压变动量近似表达式为

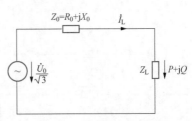

$$\Delta U \cong (R_0 \cos\varphi_L + X_0 \sin\varphi_L) \Delta I_L \quad (5 - 2)$$

电压变动量大小与各参量的关系式为

$$\Delta U = \frac{R_0 \Delta P + X_0 \Delta Q}{U_N} \quad (5 - 3)$$

图 5 - 4 三相平衡负荷的供电
等效单线图

由式（5 - 3）还可得到供电母线相对电压变动值 d 的精确计算公式

$$d = \frac{R_0 \Delta P + X_0 \Delta Q}{U_N^2} \times 100\% \quad (5 - 4)$$

进一步简化推导有

$$d \approx \frac{\Delta Q}{S_d} \times 100\% \quad (5 - 5)$$

由式（5 - 5）可以很清楚地了解到，电压波动值与负荷的无功功率变动量 ΔQ 成正比，与公共连接点的短路容量 S_d 成反比。这是计算电压波动的基本关系式。它从物理意义上反映了供电电压发生变动的根本原因。

以上分析还表明，我们可以利用已有的电参量比较精确地计算和评价波动性负荷对供电电压的影响。在实际应用中，可以通过适当的处理使计算更简便实用，并且还可进一步利用简化计算结果对将要连接到供电系统中的波动性负荷对公共连接点的电压反作用进行预测估算。具体方法如下。

已知，公共连接点处的短路容量计算式为

$$S_d = \sqrt{3} U_0 I_d \quad (5 - 6)$$

式中：I_d 为公共连接点处的短路电流，kA。

式（5 - 6）还可表示为

$$S_d = \frac{U_0^2}{Z_0} \quad (5 - 7)$$

假定系统阻抗电压降相对于系统标称电压很小时，供电电流变化量也可用接入的负荷容量（视在功率）的变化量 ΔS_A 来表示，可以写出

$$\Delta I_L \approx \frac{\Delta S_A}{\sqrt{3} U_0} \quad (5 - 8)$$

由式（5 - 7）、式（5 - 8），可以得到相对电压波动值 d 的计算公式

$$\Delta U = \Delta I_L Z_0 = \frac{\Delta S_A}{\sqrt{3} S_d} U_0 \quad (5 - 9)$$

$$d = \frac{\Delta U}{U_N} = 0.577 \frac{\Delta S_A}{S_d} \qquad (5-10)$$

5.2.2.2　接于两相间的单相负荷

如果三相三线制系统中，负荷连接在两相之间（等效电路如图 5-5 所示）时，公共连接点三相短路容量仍然为 $S_d = \sqrt{3} U_0 I_d$，用户接入的负荷功率变化量可表示为

$$\Delta S_A = \Delta I_L U_0 \qquad (5-11)$$

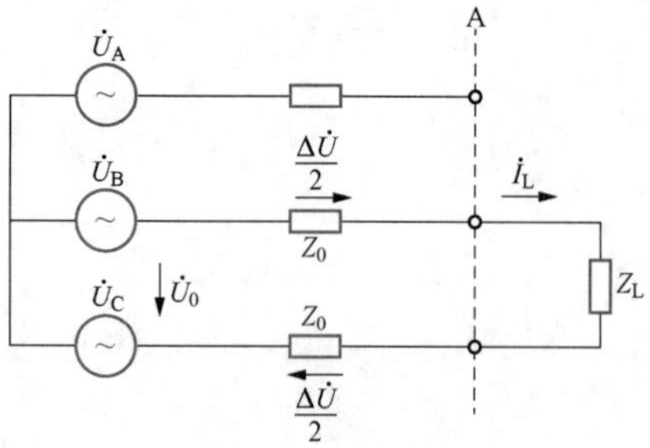

同样，假定系统阻抗上的电压降相对较小，可用式（5-12）近似计算电压变动量

$$\Delta U \approx \Delta I_L \cdot 2Z_0 \qquad (5-12)$$

利用式（5-7）、式（5-11），式（5-12）改写后得到相对电压波动值 d 的计算式为

$$d = \frac{\Delta U}{U_N} = 2 \frac{\Delta S_A}{S_d} \qquad (5-13)$$

图 5-5　接于两相间的单相负荷的
供电系统简化电路图

另外，可利用对称三相系统中两相间接线的相量关系，进一步确定每一相电压的变动量。例如，计算 B 相电压变动量

$$\Delta U_B = \frac{\Delta U}{2\sin 60°} \qquad (5-14a)$$

或表示为

$$\Delta U_B = \frac{\sqrt{3}}{3} \Delta U \qquad (5-14b)$$

将式（5-13）代入并整理后，可以得到 B 相电压波动值 d 的计算公式

$$d = \frac{\Delta U_B}{U_N} = 1.155 \frac{\Delta S_A}{S_d} \qquad (5-15)$$

以此类推，我们还可得到另外一相电压变动量 ΔU_C 的计算式。

5.2.2.3　单相负荷

图 5-6 中负荷电流可由供电电压和负荷阻抗确定

$$I_L \cong \frac{U_0}{\sqrt{3} Z_L} \qquad (5-16)$$

此时单相负荷的容量可以由式（5-17a）计算

$$S_A = \frac{U_0^2}{3Z_L} \qquad (5-17a)$$

或

$$S_A = \frac{U_0 I_L}{\sqrt{3}} \qquad (5-17b)$$

已知系统阻抗上的电压降为

$$\Delta U \approx \Delta I_L Z_N = \sqrt{3} \frac{\Delta S_A}{S_d} U_0 \qquad (5-18)$$

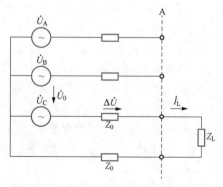

图 5-6　单相负荷供电的简化电路图

利用式（5-7）、式（5-17）代入式（5-18）推导、整理，可以得到相对电压波动 d 的计算公式

$$d = \frac{\Delta U}{U_N} = 1.732 \frac{\Delta S_A}{S_d} \tag{5-19}$$

以上是波动性负荷对电压特性影响的一般性结论分析，同时也推导了三种典型负荷接线方式下工程实际中常采用的简化计算方法。可以看到，假设系统参数与阻抗条件相同，同样的负荷变化量引起的三相载荷下电压波动量最小。当现场实测困难时，或要预先对将要投入电力系统的设备进行电压干扰评估时，上述简化计算方法是非常实用和比较可靠的。在第 5.6 节中我们还将以生产实际中常见的交流电弧炉为例，进一步分析这种典型波动性负荷引起电压波动的机理及其实用计算方法。

5.2.3　电压波动限值

在波动性负荷中，以电弧炉引起的电压波动最为严重。多数国家在制定的电压波动与闪变标准中的条款通常是针对电弧炉负荷设定的。电弧炉造成的供电电压波动对用电设备和系统安全运行的影响主要决定于波动值的大小和变动的频度。因此，GB/T 12326—2008 中对各级电压在一定频度范围内的电压波动限值做了规定，见表 5-1。

表 5-1　　　　　　　　　　　　　各级电网的电压波动限值

变动频度	波动限值 d（%）		变动频度	波动限值 d（%）	
r（h^{-1}）	LV、MV	HV	r（h^{-1}）	LV、MV	HV
$r \leqslant 1$	4	3	$10 < r \leqslant 100$	2	1.5
$r \leqslant 10$	3	2.5	$100 < r \leqslant 1000$	1.25	1

表中公共连接点标称电压等级划分如下。

（1）低压（LV）：$U_N \leqslant 1\text{kV}$。

（2）中压（MV）：$1\text{kV} < U_N \leqslant 35\text{kV}$。

（3）高压（HV）：$35\text{kV} < U_N \leqslant 220\text{kV}$。

对于变动频度少于 1 次/日的，电压波动限值还可放宽，但标准中没有给出规定。对于随机性不规则的电压波动，如电弧炉负荷引起的电压波动，限值如下。

（1）HV：$d_{HV} = 2.5\%$。

（2）MV：$d_{MV} = 3.0\%$。

（3）LV：$d_{LV} = 3.0\%$。

5.3　闪变机理与视觉系统模型

5.3.1　闪变参数定义与实验方法

电压波动会引起部分电气设备不能正常工作，但由于实际运行中出现的电压波动值往往小于电气设备对电压敏感度门槛值，可以说由于电压波动使得电气设备运行出现问题甚至损坏的情况并不多见。例如，对电子计算机和控制设备就不需要特别去注意电压

波动的干扰，因为它们通常经交直变换后改用直流电源，对交流电压波动不敏感，并且可在相对耗资不大的条件下加设抗干扰设施。但是在办公、商用和民用建筑的照明电光源中，白炽灯占有相当大的比例，白炽灯的光功率与电源电压的平方成正比，所以受电压波动影响最大。当白炽灯电源的电压波动在 10% 左右，并且当重复变动频率在 5～15Hz 时，就可能造成令人烦恼的灯光闪烁，严重时会刺激人的视感神经，使人们难以忍受而情绪烦躁，从而干扰了人的正常工作和生活。而日光灯和电视机等其他家用电器的功率与电源电压一次方成比例，电动机等负荷则因有机械惯性，所以它们对电压波动的敏感程度远低于白炽灯。因此在研究电压波动带来的影响时，通常选白炽灯光照设备受影响的程度作为判断电压波动是否能被接受的依据。

电光源的电压波动造成灯光照度不稳定的人眼视感反应称为闪变。换言之，闪变反映了电压波动引起的灯光闪烁对人视感产生的影响。需要注意到，一直以来人们习惯使用电压闪变（Voltage Flicker）一词代替闪变。严格地讲，闪变是电压波动引起的有害结果，是指人对照度波动的主观视觉反映，它不属于电磁现象。因此使用电压闪变这一名词时注意不要造成概念混淆。

需要指出，波动性负荷运行时会引起供电电压幅值快速变化，但并非出现电光源电压变动，人们就会感受到对灯光照度的作用和影响。这是因为人的主观视感度不仅与电压变动大小有关，还与电压变动的频谱分布和电压出现波动的次数（或称为发生率）以及照明灯具的类型等许多因素有关。

由于每个人的感光特性和大脑的反映特性不同，对灯光照度变化的感觉存在着差异，决定闪变的因素也比较复杂，所以对于电压波动与闪变问题一直难以建立精确的数学模型。因此，闪变的评价方法不是通过纯数学推导与理论证明得到的，而是通过对同一观察者反复进行闪变实验和对不同观察者的闪变视感程度进行抽样调查，经统计分析后找出相互间有规律性的关系曲线，最后利用函数逼近的方法获得闪变特性的近似数学描述来实现的。目前，世界上许多国家采用由国际电热协会（UIE）制定、推荐，并由国际电工委员会（IEC）发布的测量统计方法和相应的闪变严重度评估标准。以下将结合该标准对闪变实验方法和实验结果作一介绍。

5.3.1.1 闪变觉察率 F

依据 IEC 推荐的实验条件，采用不同波形、频率、幅值的调幅波并以工频电压为载波向工频 230V、60W 白炽灯供电照明，并对观察者的闪变视感实验数据进行统计，即可得到有明显觉察者与难以忍受者的数量之和占观察者总数量的比，即所谓闪变觉察率为

$$F = \frac{C+D}{A+B+C+D} \times 100\% \tag{5-20}$$

式中：A 为没有觉察的人数；B 为略有觉察的人数；C 为有明显觉察的人数；D 为难以忍受的人数。

如果闪变觉察率超过 50%，则说明半数以上的实验观察者对电压波动有明显的或难以忍受的视觉反映。若把 F≥50% 定为闪变限值，则对应的电压变动值即为该实验条

件下电压波动允许值。

5.3.1.2　瞬时闪变视感度 $S(t)$

为反映人的瞬时闪变感觉水平，我们用闪变强弱的瞬时值随时间变化来描述，即瞬时闪变视感度 $S(t)$。它是电压波动的频度、波形、大小等综合作用的结果，其随时间变化的曲线是对闪变评估衡量的依据。通常规定闪变觉察率 $F=50\%$ 为瞬时闪变视感度的衡量单位，对应地称 $S(t)=1$ 觉察单位。换言之，若 $S(t)>1$ 觉察单位，说明实验观察者中有更多的人对灯光闪烁有明显感觉，则规定为对应闪变不允许水平。IEC 推荐的瞬时闪变视感度 $S(t)$ 的检测方法将在 5.5 节中介绍。

5.3.1.3　视感度频率特性系数 $K(f)$

通过对闪变实验的研究发现，人对闪变的视觉反映还与照度波动的频率特性有关，其频谱分布规律可概括为以下几点。

(1) 闪变的一般觉察频率范围：$1\sim25\text{Hz}$。

(2) 闪变的最大觉察频率范围：$0.05\sim35\text{Hz}$（其上下限值称为截止频率，上限值又称为停闪频率，即高于这一频率的闪变人眼是感觉不到的）。

(3) 闪变的敏感频率范围：$6\sim12\text{Hz}$。

(4) 闪变的最大敏感频率：8.8Hz。

为了从本质上认识电压波动引起的人对照度波动反应的频率特性，引申出视感度频率特性系数 $K(f)$。它是在 $S(t)=1$ 觉察单位下，最小电压波动值与各频率电压波动值的比，即

$$K(f)=\frac{S(t)=1\ \text{觉察单位的}\ 8.8\text{Hz}\ \text{正弦电压波动值}}{S(t)=1\ \text{觉察单位的频率为}\ f\ \text{的正弦电压波动值}} \quad\quad (5-21)$$

显然在此条件下，对应闪变的最大敏感频率 8.8Hz 有电压波动 d 最小值（见表 $5-2$，对应 $f=8.8\text{Hz}$ 点，正弦调幅波相对电压波动值 $d=0.25\%$，为最小）所以有 $K(f)\leqslant1$。图 $5-7$ 给出了在正弦电压波动条件下，由试验数据描绘出的视感度系数随频率变化的特性曲线。它反映了不同频率正弦电压波动所引起的灯光闪烁在人眼和大脑中产生的主观感觉相对强弱的程度。将视感度—频率特性曲线以列表形式给出（见表 $5-2$），可以方便地查找在觉察单位条件下，不同波动频率所对应的电压波动大小。

表 5 - 2　　　　视感度 $S(t)=1$ 觉察单位的电压波动值（230V/50Hz 系统）

频率 f（Hz）	频度 r（min^{-1}）	电压波动 d（%）		波形因数 $R(f)$	视感度系数 $K(f)$
		正弦波	矩形波		
0.5	60	2.325	0.509	4.55	0.107
1.0	120	1.397	0.467	3.04	10.175
1.5	180	1.067	0.429	2.50	0.231
2.0	240	0.879	0.398	2.20	0.283
2.5	300	0.747	0.370	2.01	0.332
3.0	360	0.645	0.352	1.84	0.382
3.5	420	0.568	0.342	1.65	0.440

续表

频率 f (Hz)	频度 r (min^{-1})	电压波动 d（%）		波形因数 $R(f)$	视感度系数 $K(f)$
		正弦波	矩形波		
4.0	480	0.497	0.331	1.50	0.500
4.5	540	0.442	0.313	1.41	0.561
5.0	600	0.396	0.291	1.39	0.628
5.5	660	0.357	0.269	1.34	0.694
6.0	720	0.325	0.249	1.32	0.762
6.5	780	0.300	0.231	1.30	0.833
7.0	840	0.280	0.217	1.29	0.893
7.5	900	0.265	0.206	1.29	0.940
8.0	960	0.256	0.200	1.27	0.977
8.8	1056	0.250	0.196	1.26	1.000
9.5	1146	0.254	0.199	1.27	0.984
10.0	1200	0.261	0.203	1.27	0.962
10.5	1260	0.271	0.212	1.27	0.926
11.0	1300	0.283	0.222	1.26	0.887
11.5	1360	0.298	0.233	1.26	0.845
12.0	1440	0.314	0.244	1.27	0.801
13.0	1560	0.351	0.275	1.27	0.718
14.0	1680	0.393	0.306	1.26	0.644
15.0	1800	0.438	0.338	1.26	0.579
16.0	1920	0.486	0.376	1.26	0521
17.0	2040	0.537	0.420	1.26	0.472
18.0	2160	0.590	0.446	1.27	0.428
19.0	2280	0.646	0.497	1.26	0.391
20.0	2400	0.704	0.553	1.27	0.357
21.0	2520	0.764	0.585	1.26	0.329
21.5	2580	—	0.592	1.25	0.312
22.0	2640	0.828	0.612	1.25	0.303
23.0	2760	0.894	0.680	1.25	0.281
24.0	2880	0.964	0.743	1.25	0.260
25.0	3000	1.037	0.764	—	0.240
25.5	3060	—	0.806	—	—
28.0	3360	—	0.915	—	—
30.5	3660	—	0.847	—	—
33 1/3	4000	2.128	1.671	—	—

5.3.1.4　波形因数 $R(f)$

通过闪变实验人们还发现，周期性或近于周期性的电压变动对照度的影响大，而且不同波形的电压波动引起的闪变反映也是不同的。通过对相同频率的两种不同波形（例如，正弦调幅波和矩形调幅波）的电压波动做比较，可以计算出波形因数

$$R(f) = \frac{S(t) = 1\text{ 觉察单位的正弦电压波动值}}{S(t) = 1\text{ 觉察单位的矩形电压波动值}}$$

(5 - 22)

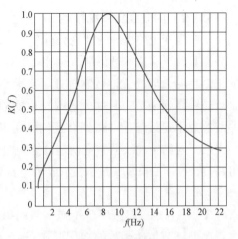

图 5 - 7　视感度频率特性曲线

利用式（5 - 22），对矩形和正弦调幅波电压做比较可知，以最大敏感频率 8.8Hz 为对比起点，当频率≤9Hz 时，矩形波的谐波分量比其基波分量对闪变影响更大。例如频率在 1Hz 时，查表 5 - 2 后可计算出波形因数 $R(f) = 1.43/0.47 = 3.04$，当频率＞9Hz 时，波形因数约等于常数 1.27。这说明矩形波所含频率为（$h \times 9$Hz）的谐波分量比其基波（9Hz）对闪变影响要小。由实验得到的视感度 $S = 1$ 觉察单位的电压波动数据（见表 5 - 2）还可描绘出两种波动电压波形与频率的关系曲线，也称为闪变曲线，如图 5 - 8 所示。它提供了很有用的视觉反应难以忍受的门槛值。从图中可以很容易看到，视感度 $S(t) = 1$ 觉察单位的矩形电压波动与频率的关系曲线在正弦电压波动关系曲线的下方［在同等条件下，如 $S(t) = 1$ 时，矩形调幅波相对电压波动值 $d = 0.199\%$，矩形波动值小于正弦波动值］。这说明 $R(f) > 1$，即在相同频率下，矩形电压波动（非正弦波形）比正弦电压波动对闪变的影响更严重。

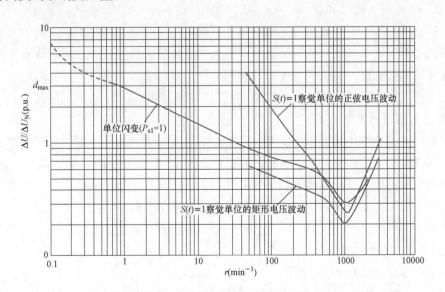

图 5 - 8　$S(t) = 1$ 觉察单位的电压波动与频率的关系曲线

5.3.2 闪变视觉系统模型

从对闪变视感机理的理论分析和本质认识出发，为其建立一个较为严谨的数学模型是十分必要的。其基本思路是，通过对电压波动的响应特性、人眼的感光反应能力和大脑的记忆存储效应的近似数学描述，从而得到人的视觉系统模型，即所谓闪变的灯—眼—脑反应链传递函数。具体处理时，以实验获得的视感度频率特性为基础，通过对该特性曲线的数学逼近与描述得到。我们可用以下几个基本步骤来说明。

（1）对特性曲线数学变换，以使问题分析变得简化。一个已知的频率特性系数 $K(f)$，可用拉普拉斯变换复变量 s 表示成传递函数 $K(s)$ 的形式，并且多采用幅频特性 $K(\omega) = |K(j\omega)|$。

（2）$K(s)$ 以典型环节传递函数的乘积形式表述。一般控制系统的传递函数 $K(s)$ 多以典型环节传递函数的乘积形式表示，而且典型环节的幅频特性 $K(\omega)$ 曲线都是比较简单的曲线或直线，是比较容易分析计算的。

（3）采用对数幅频特性 $20 \lg K(\omega)$ 可使各典型环节的乘积形式转换为代数和。

基于上述数学变换思想，由已知正弦波调制电压的频率特性 $K(f)$ 及其对应表 5-2 中的数据，画出灯—眼—脑反应链的对数频率特性曲线。用 5 条直线和渐近线对该曲线逼近描述，或者说用 5 个典型控制环节的对数幅频特性之和表示。做进一步误差处理和推证（详细过程从略，可参考有关著作）后，即得到人眼的闪变视觉系统数学模型，并用传递函数表示

$$K(s) = \frac{K\omega_1 s}{s^2 + 2\lambda s + \omega_1^2} \times \frac{1 + s/\omega_2}{(1 + s/\omega_3)(1 + s/\omega_4)} \qquad (5-23)$$

式中的拉氏变换系数（对应 230V 灯具负载参数）分别为 $K = 1.74802$，$\lambda = 2\pi \times 4.05981$，$\omega_1 = 2\pi \times 9.15494$，$\omega_2 = 2\pi \times 2.27979$，$\omega_3 = 2\pi \times 1.22535$，$\omega_4 = 2\pi \times 21.9$。

不难看出，灯—眼—脑反应链数学模型不仅提高了我们在理论上对人的主观视觉对照度变化（对应电压波动）响应的认识，也为闪变测量提供了较为通用的计算方法（对于上述传递函数的进一步认识，还将结合闪变测量方法在 5.5 节中专门介绍）。

在这里简要介绍目前在日本采用的等效归算视感度系数 a_f 和 ΔV_{10} 法，其含义不同于 IEC 定义的视感度系数 $K(f)$。归算视感度系数 a_f 定义为在同等程度电压闪变条件下，频率为 f 的正弦电压波动折算到 10Hz 正弦电压波动时的均方根值归算系数。其中 10Hz 正弦电压调幅波为日本科技工作者在对其国内采用的 100V，60W 白炽灯所做的闪变调查实验获得的最大敏感度频率结果。例如，按照日本国家标准所给出的闪变标准数据，频率为 1Hz 波动大小为 1V 的正弦电压调幅波所引起的电压闪变与最大敏感度频率（10Hz）波动大小为 0.26V 的正弦电压调幅波引起的闪变是等效的。ΔV_{10} 为归算成 10Hz 的闪变视感度，或称为总电压波动允许值。

闪变视感度系数式为

$$a_f = \frac{\text{产生同样视感度的 10Hz 正弦电压波动值}}{\text{产生同样视感度的频率为 } f \text{ 的正弦电压波动值}} \qquad (5-24)$$

在经过大量实验和统计分析后，日本国家电能质量标准给出了闪变视感度频率特性

曲线，分别如图 5 - 9 和表 5 - 3 所示，以供计算等效电压波动允许值使用。归算后的总电压波动允许值计算式为

$$\Delta V_{10} = \sqrt{\sum (a_f \Delta V_f)^2} \quad (5 - 25)$$

式中：ΔV_f 为由波动电压分解出的频率为 f 的正弦波分量的方均根值，V；a_f 为对应于频率为 f 的正弦波分量的闪变视感度系数。

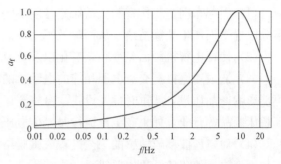

图 5 - 9　闪变视感度系数 a_f 的频率特性曲线

表 5 - 3				闪变视感度系数 a_f 的频率特性						
$f(Hz)$	0.01	0.05	0.1	0.5	1.0	2.0	5.0	10.0	15.0	20.0	30.0
a_f	0.026	0.055	0.075	0.169	0.26	0.536	0.78	1.0	0.845	0.655	0.357

值得注意的是，随着技术的进步和生活水平的提高，电光源类型越来越多。为了适应各种光源的闪变视感度特性，在建立合理的视觉系统数学模型方面还需继续开展工作。因此采用新的理论和数学方法，如基于神经网络和小波变换来分析研究这一反应链，不仅在理论上达到更深入的认识和更逼真的描述，而且可能提出新的更符合生产实际的准确测量与评估方法。

5.4　闪变严重度评估方法

5.4.1　起因与危害

供电系统出现电压波动，一方面是由于各种类型的大功率波动性负荷投运引起的；另一方面也会由于配电线路短时间承载过重，而且馈电终端的电压调整能力很弱等原因，难以保证电压的稳定。波动性负荷的用电特征分为周期性的和非周期性的，而周期性和近似周期性的功率波动负荷对电压的影响更为严重。目前供电系统中造成电压干扰的负荷主要有：电弧炉、轧钢机、电力机车、电阻焊机以及高功率脉冲输出的电子设备等。需要指出，家用电器和小功率设备也会引起局部电压波动，IEC 标准中对这些问题做了相应的说明和限制。

电压波动会引起多种危害，如电压快速变动会使电动机转速不均匀，这不仅危及电动机本身的安全运转，而且还会直接影响生产企业的产品质量。如果引起照明光源的闪烁，则会使人眼感到疲劳甚至难以忍受，以致降低人们的工作效率等。严格讲闪变只是电压波动造成的危害中的一种，同样不能以电压波动代替闪变。但在实际应用时广义的闪变包括了电压波动，甚至表征了电压波动的全部危害。这是因为白炽灯电光源是广泛使用的低压（LV）照明灯具，具有代表性，其照度变化对电压波动最为敏感也最为显著。此外，对高、中电压（HV、MV）等级也用闪变强度来衡量电压波动水平，以求统一标准。

归纳起来，电压波动与闪变的危害与影响有以下几方面：

（1）引起车间、工作室和生活居室等场所的照明灯光闪烁，使人的视觉易于疲劳甚至难以忍受而产生烦躁情绪，从而降低了工作效率和生活质量。

（2）使得电视机画面亮度频繁变化以及垂直和水平幅度摇动。

（3）造成对直接与交流电源相连的电动机的转速不稳定，时而加速时而制动，由此可能影响产品质量，严重时危及设备本身安全运行。例如，对于造纸业、丝织业和精加工机床制品等行业，如果在生产运行时发生电压波动甚至会使产品报废等。

（4）对电压波动较敏感的工艺过程或试验结果产生不良影响。例如，使光电比色仪工作不正常，使化验结果出差错。

（5）导致电子仪器和设备、计算机系统、自动控制生产线以及办公自动化设备等工作不正常，或受到损坏。

（6）导致以电压相位角为控制指令的系统控制功能紊乱，致使电力电子换流器换相失败等。

顺便指出，波动性负荷除了会产生以上闪变危害之外，由于自身的工作特点所决定，还会产生大量的谐波和由于其三相严重不平衡带来的负序分量，还会加重危及供电系统的安全稳定运行和用户设备的正常工作。

5.4.2　闪变水平与限制指标

在电力输配过程中，既要限制电压波动，也要限制闪变，并且将限制发生闪变干扰放在首位。UIE/IEC 建议在进行闪变监测时，对于运行周期时间较长一类的波动性负荷（如电弧炉等）一般用短时间闪变值和长时间闪变值两个指标作为闪变严重度的判据，分别用来确定一段时间（1～15min）的闪变强弱和整个工作周期（1h～7 天）的闪变严重度，并且给出了闪变评价的数学方法和测量方法。由于这种评估方法反映了电压波动与闪变的统计特征量，其科学性和正确性已经得到国际的普遍认可并采用。以下我们介绍该方法的具体内容和相应的闪变干扰限制值。

5.4.2.1　短时间闪变水平值 P_{st}

在观察期内（如取典型值 $T_{short}=10min$），对瞬时闪变视感度 $S(t)$ 作递增分级处理（标准规定，实际分级应不小于 64 级），并计算各级瞬时闪变视感水平所占总检测时间长度之比（也称为时间—水平统计法），可获得概率直方图。进而采用 IEC 推荐的累积概率函数（CPF），对该段时间的闪变严重度做出评定。

现以图 5-10 为例做一简要介绍，以使读者加深理解。图 5-10 所示为某一观察时间段，如取 10min 内等间隔采样时间为 τ 测算到的 15000 个数据所描述的瞬时

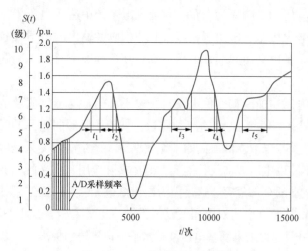

图 5-10　$S(t)$ 分级计时示例

闪变视感度 $S(t)$ 变化曲线。为简要说明时间—水平统计方法，现将该变化曲线等分为 10 级，例如 $S(t)$ 在 $0 \sim 2 \mathrm{p. u.}$ 范围，则每级级差为 $0.2 \mathrm{p. u.}$。图中给出第 7 级 $(1.2 \mathrm{p. u.} \sim 1.4 \mathrm{p. u.})$ 统计计算示例。可以看到，处于第 7 级的时间总和 $T_7 = \sum\limits_{i=1}^{5} t_i = t_1 + t_2 + t_3 + t_4 + t_5 = 4350\tau$。因此不难计算出第 7 级瞬时闪变视感水平所占总检测时间长度之比，即概率分布为 $p_k = p_7 = \dfrac{T_7}{T} \times 100\% = (4350\tau / 15000\tau) = 29\%$。依次对其他 9 级 $S(t)$ 进行统计计算，可给出概率分布直方总图，如图 5-11 所示。对图 5-11 概率分布直方图进行累加计算，可以得到图 5-12 所示的累积概率函数（CPF）曲线。

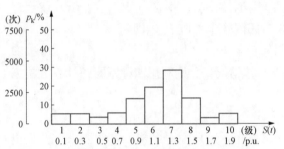

图 5-11 $S(t)$ 统计计时概率分布直方图

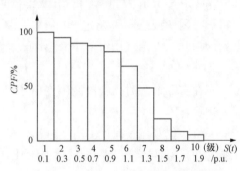

图 5-12 $S(t)$ 累计概率函数曲线

研究表明，对于不同类型的供电电压干扰采用多点测定算法可以更准确地反映闪变的严重程度。实际应用时常用 5 个概率分布测定值计算出短时间（一般规定评估时间间隔为 10min，也可根据实际情况和分析需要，灵活选取，但需加注标记）闪变平滑估计值 P_{st}，P_{st} 表示实际检测到的短时间闪变水平严重度。其近似计算式如下

$$P_{st} = \sqrt{K_{0.1}P_{0.1} + K_1 P_{1s} + K_3 P_{3s} + K_{10} P_{10s} + K_{50} P_{50s}} \tag{5-26}$$

式中：$K_{0.1} = 0.0314$，$K_1 = 0.0525$，$K_3 = 0.0657$，$K_{10} = 0.28$，$K_{50} = 0.08$。

式（5-26）中，$P_{0.1}$、P_1、P_3、P_{10}、P_{50} 为 5 个概率分布测定值，分别表示观察周期 10min 内 0.1%、1%、3%、10% 和 50% 时间比的概率分布水平 p_k。脚标 s 表示采用以下公式进行平均计算

$$P_{1s} = (P_{0.7} + P_1 + P_{1.5})/3$$
$$P_{3s} = (P_{2.2} + P_3 + P_4)/3$$
$$P_{10s} = (P_6 + P_8 + P_{10} + P_{13} + P_{17})/5$$
$$P_{50s} = (P_{30} + P_{50} + P_{80})/3$$

例如，当调幅波为稳定的周期性矩形电压变化时，式（5-26）中 $P_{0.1}$、P_{1s}、P_{3s}、P_{10s} 都相等，并且有 $p_k = S(t)$，而 $P_{50s} = 2/3 S(t)$，代入式（5-26）于是有

$$P_{st} \approx \sqrt{0.483 S(t)} \approx 0.695 \sqrt{S(t)} \tag{5-27}$$

可以近似写为

$$P_{st} \approx 0.7 \sqrt{S(t)} \quad \text{或} \quad S(t) \approx 2 P_{st}^2 \tag{5-28}$$

由图 5-8 可以看出，曲线下凹的最低点是在波动频度 $r = 1056$ 次/min，对应调幅

波基波频率 $f_F=8.8Hz$ 这一点。它表示在 $S(t)=1$ 觉察单位，对于周期性矩形电压波动，相对电压波动值最小，$d=0.199\%$。利用式（5-28）可以简单计算得到 $P_{st}=0.7$。又当 $f_F=8.8Hz$ 时，$d=0.29\%$、觉察率 $F=80\%$、$S(t)=2$ 觉察单位、$P_{st}=1$。

短时间闪变值适用于对单一闪变源的干扰评价。对于多闪变源的随机运行情况，或者工作占空比不定，且长时间运行的单闪变源，则必须做出长时间评价。

5.4.2.2　长时间闪变水平值 P_{lt}

长时间闪变的统计时间需在 1h 以上，GB/T 12326—2008 中规定为 2h（闪变评估长时间间隔总是等于短时间间隔的整数倍，例如，短时间间隔为 10min，则长时间间隔取用 $12\times10min$ 为 2h）。在 2h 或更长时间测得并作出的累计概率统计曲线（CPF）中，将瞬时闪变视感度不超过 99% 概率的短时间闪变值 P_{st}（用符号 $P_{st,99\%}$ 表示）或超过 1% 时间的 P_{st} 值（用符号 P_1 表示）作为长时间闪变水平值 P_{lt}，即

$$P_{lt}=P_{st,99\%}=P_1 \tag{5-29}$$

在实际处理时，长时间闪变值还可根据具体情况，分别利用四种不同的计算方法来处理。

（1）仍利用长时间 CPF 进行多点计算和分析。

（2）有些专家主张以 95% 概率代替 99% 概率，以放宽对电能质量的要求，使之更符合实际。即将式（5-29）稍做修改有

$$P_{lt}=P_{st,95\%}=P_5 \tag{5-30}$$

并利用由大型电弧炉在其供电点的实测数据总结出的经验公式作简化计算

$$P_{st,95\%}\approx0.8P_{st,99\%} \quad 或 \quad P_{st,99\%}\approx1.25P_{st,95\%} \tag{5-31}$$

（3）对于电弧炉等类型的负荷所引起的闪变，至少需观测一星期才能做出全面评定，在整个闪变观测结束时方能给出 P_{st} 和 P_{lt} 两项指标。具体处理时可在每天保留的 P_{st} 中取出第 3 大值 $P_{st,3max}$ 作为 P_{lt} 值，即

$$P_{lt}=P_{st,3max} \tag{5-32}$$

（4）UIE/IEC 推荐的计算式与上述算法不同。它规定对于已顺序测得的 N 个 10min 短时间闪变值 $P_{st,k}(k=1、2、3、\cdots、N)$ 数据，长时间闪变值 P_{lt} 可由这 N 个 $P_{st,k}$ 的立方和求根得到

$$P_{lt}=\sqrt[3]{\frac{1}{N}\sum_{k=1}^{N}P_{st,k}^3} \tag{5-33}$$

例如，在 2h 监测期间，每隔 10min 测一次可得 $N=12$ 个 P_{st} 值，即 $P_{lt}=\sqrt[3]{\frac{1}{12}\sum_{k=1}^{12}P_{st,k}^3}$。而在一天期间可得到 $N=144$ 个 P_{st} 值，在一周期间则可得到 $N=1008$ 个 P_{st} 值。因此在闪变评估时，首先要根据被测对象的工作周期确定长时间设定值 T_{long}，并且有 $T_{long}=nT_{short}$。

5.4.2.3　多波动性负荷总干扰的评价

若同一供电电源连接点有多个波动性负荷，则总干扰评价通常采用立方求和定律计算

$$P_{st} = \sqrt[3]{\sum_j P_{st,j}^3} \text{ 和 } P_{lt} = \sqrt[3]{\sum_j P_{lt,j}^3} \qquad (5-34)$$

5.4.2.4　闪变严重度限值

为了降低波动性负荷对供电电压质量的影响，许多工业发达国家和一些大型电力公司陆续制定了电压波动和闪变的标准。例如，英国电气委员会于 1970 年颁布了电弧炉供电的技术规范 P7/2 文件，规定了电力系统公共连接点电压波动和闪变的允许值。再如，二十世纪七十年代末，日本、法国等国家在其标准中采用了 10Hz 等值量作为电压闪变的标准，即前面介绍的 ΔV_{10} 计算方法。我国于 1990 年也曾颁布了 GB 12326—1990《电能质量　电压允许波动和闪变》标准，该标准的部分闪变指标参考了日本和苏联的相关标准内容，后考虑到我国使用的市电电压等级和照明器材电压为 220V，更接近于西欧国家光电源规定的标称电压等级，并且鉴于国际电工委员会（IEC）于 1996 年颁布了有关电压波动和闪变的电磁兼容标准和技术报告，我国曾于 2000 年重新修订并发布了 GB 12326—2000《电能质量　电压波动和闪变》标准。在总结多年标准执行经验的基础上，2008 年又重新修订了该标准，并发布了 GB/T 12326—2008《电能质量　电压波动和闪变》标准。与 2000 版标准最大的区别在于，2008 版将 2000 版的强制标准调整为推荐标准，且闪变限值中去掉了 P_{st}，而只保留了 P_{lt}。

在对电压波动与闪变进行管理以及执行其标准的过程中，既要限制电压变动，也要限制闪变，但一般将限制发生闪变干扰作为第一考核指标。另一方面，在供电系统中，虽然中压和高压电源一般不直接连接照明设备，但仍然以闪变限值来考核供电系统各级电网的电压质量是否合格。GB/T 12326—2008 中对各级电压下的闪变限值见表 5-4。

表 5-4　　　　　　　　　　　　各级电压闪变限值

系统电压等级	≤110kV	>110kV
P_{lt}	1	0.8

注：P_{lt} 基本记录周期为 2h，持续监测周期为一周（168h）。

GB/T 12326—2008 还规定，电压波动和闪变取值是指在电力系统正常运行的较小运行方式下，波动负荷处于正常连续工作状态，以一天（24h）为测量周期，并保证波动负荷的最大工作周期包含在内，依据测量获得的最大长时间闪变值和波动负荷退出时的背景闪变值来计算波动负荷单独引起的长时间闪变值。

需要指出，GB/T 12326—2008 还规定了闪变限值要根据用户负荷大小、其协议用电容量占供电容量的比例以及电力系统公共连接点的状况，分别按三级作不同的规定和处理。由于本节篇幅所限，这方面的内容不再赘述。

5.4.2.5　闪变限值的补充说明

（1）闪变干扰的传递。闪变干扰在各电压等级电力系统的传递，遵守十分简单的规律：高电压级出现的闪变干扰传递到与之相连的配电系统的中、低电压级，传递系数推荐为 0.8；而由中、低电压级的闪变干扰传递至高电压级的作用可以忽略，传递系数等于 0。同电压级相邻母线间的闪变干扰传递作用，一般需用计算机程序计算，也可用简便方法作简捷估算（详见 GB/T 12326—2008）。

（2）闪变的兼容值、规划值和允许值。由于 IEC 对电能质量的评估从电磁兼容概念出发，因此提出对应的闪变兼容值、允许值和规划值。

在电磁兼容的基本概念中，电磁兼容水平是指处于设备抗扰水平和注入水平之间的协调参考值。由此不难想到，闪变兼容同样包含两个主要指标：①负荷设备产生闪变干扰的限值；②受到闪变干扰的设备的安全限值。在工程中将第一个指标称为闪变允许值，将第二个指标称为闪变兼容值。

闪变允许值需根据用户协议负荷、该供电系统的总供电能力以及实际存在的背景闪变干扰值等进行综合评定，用来限制已有干扰设备造成的电压波动和约束即将投入的用电设备的闪变干扰。通常在规定闪变允许值时，要以先确定的各电压等级电力系统闪变兼容值作为参考基准。

配电系统一般是由高中低三级电压供电的，而中高压电网一般不直接连接照明设备。但考虑到这些电压等级的闪变干扰源对低压电网的影响，仍需给出闪变的标准值。为此供电部门根据实际电力系统的结构和闪变干扰负荷的分布情况，概算出用户对电压波动的影响，并为高中压等级电力系统提出一些内部质量目标值，称为规划值。规划值等于或小于兼容值。可参见以下（表 5-5）IEC 规定的各项限值。

表 5-5　　　　　　　　　　IEC 规定的闪变兼容值、规划值和允许值

兼容值	LV	规划值	MV	HV-EHV	对单一用户/设备的允许值	LV	MV	HV-EHV
P_{st}	1.0	P_{st}	0.9	0.8	$P_{st,i}$	1.0	0.35	0.35
P_{lt}	0.8	P_{lt}	0.7	0.6	$P_{lt,i}$	0.65	0.25	0.25

（3）国家标准与 IEC 标准的不同之处。我国 GB/T 12326—2008 参考了国际上普遍承认的 IEC（EMC 61000）系列标准，并采用了 IEC 标准中给出的短时间闪变值和长时间闪变值的评估方法，推进了与国际标准接轨。但需要注意到，在 GB/T 12326—2008 中没有采用 IEC 标准定义和规定的兼容值或规划值，而一律用限值概念。为与 IEC 标准相互衔接，该标准在术语和符号使用上做了调整，将电压波动值用电压变动值替代，并用 d 表示。GB/T 12326—2008 采用了 IEC 标准对系统电压按高压（HV）、中压（MV）和低压（LV）划分的方法，并分别规定了相关的电压闪变限值，具体数据见上述表 5-1 及其说明。

5.4.2.6　单位闪变曲线

基于实测获得短时间闪变水平值 P_{st}，通过上述换算可以得到长时间闪变水平值 P_{lt}，进而用这些实测值对照闪变限制值来评价电压波动和闪变的严重度。在测算闪变值时，一个基本的必备条件是对电压波动特征量的分析和了解。由信号的波形相似性原理可知，对于任一规则波形的电压变动在观察其响应时可以用冲量相等的阶跃电压波动等值替换做分析。这样我们就可以引入等值电压变动波形系数，从而方便地用解析法来

分析等值阶跃电压波动问题，并找出具有指导意义的电压波动与闪变之间的关系。

通过大量对比实验发现：当 $P_{st}<0.7$ 时，一般觉察不出闪变；当 $P_{st}>1.3$ 时，灯光闪烁使人感到很不舒服。为此 IEC 推荐 $P_{st}=1$ 作为低压供电的短时闪变严重度限制值，称为等值阶跃电压的单位闪变（Unit Flicker）。它表示在标准实验条件下（60W，230V 钨丝灯），对于周期性矩形电压波动被实验总人数（大于 500 人）中 80% 的人有明显刺激性视觉感受的闪变强度。

对阶跃电压波动或矩形电压波动在各种频度变化下的白炽灯实验和对大量实测数据的整理，可绘制出矩形电压波动单位闪变曲线（即 CENELEC 曲线）如图 5-13 所示。它描绘了在闪变限值临界条件下相对电压波动和电压波动频度的关系，为评价闪变严重度提供了便利的查表计算手段。

5.4.3　闪变严重度简捷预测算法

如前所述，由于波动性负荷自身的特性（例如炼钢电弧炉的运行电流剧烈变化）决定了其供电电压极不规则的随机变化，因此很难对由此产生的闪变作出可靠的计算。国际上普遍采用 UIE/IEC 推荐的闪变测算方法进行实际检测和评价。电力科技工作者经过多年研究和大量实际调查，并通过对单位闪变曲线（见图 5-13）特性的分析，提出了采用简化的预算方法来模拟该曲线。特别是对于典型

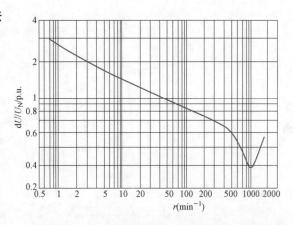

图 5-13　矩形电压波动下的单位闪变曲线
（230V/50Hz，$P_{st}=1$）

规则电压波动，将其乘以波形系数 F（可从对应图中查出）就可以折合成相应同频度变化的单一等值阶跃电压波形，从而找到短时闪变严重度简捷实用估算方法，而不必直接采用闪变测量的方法。这对工程设计中预先估算并校验电压波动大小和闪变严重度是十分有用的。以下介绍一种最简捷的闪变预测法和一种国际上常用的等值预算方法。

5.4.3.1　利用单位闪变曲线估算 P_{st}

通过对多种波动与闪变的大量试验，可以得到以下矩形电压波动引起闪变的重要结论：对于同一频度的电压波动，电压的相对变动值 d 越高，则其产生的短时间闪变水平值 P_{st} 也越大，在大部分频度段 P_{st} 与 d 近似地呈线性关系。利用电压波动值与闪变值之间的简化线性关系和单位闪变曲线提供的非常有用的实验依据，以及供电系统和负荷数据，在不做电压波动测量时，我们可以获得预测闪变严重度的简捷计算结果。

当已知典型波形的最大电压变动值 d_{max} 和变动频度 r 时，通过对应典型波形图（图 5-14～图 5-17），分别从曲线中查出波形系数 F，可计算出折合成的矩形（或阶跃性）等值电压变动幅值

$$d = Fd_{max} \tag{5-35}$$

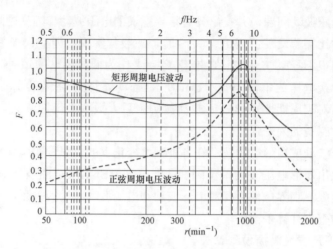

图 5-14　正弦和矩形周期电压波动的波形系数

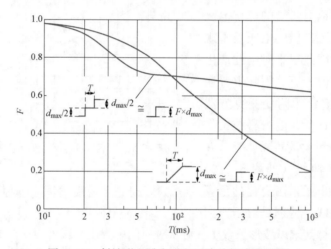

图 5-15　斜坡形和跳变形电压波动的波形系数

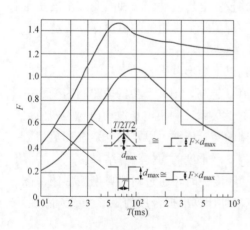

图 5-16　矩形和锯齿形电压变动的
波形系数

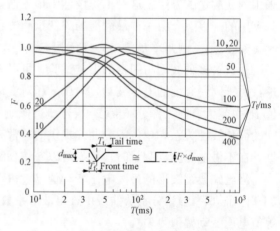

图 5-17　不同下降持续时间的电机启动特征
电压的波形系数

（d_{max}：观察期间最大电压变动值，T_f：波前时间，T_t：波后时间）

由单位闪变曲线（图 5 - 13）查出变动频度 r 所对应的 $P_{st}=1$ 的电压波动边界值 d_{lim}，将式（5 - 35）计算结果代入式（5 - 36），可计算得到短时闪变估值

$$P_{st} = \frac{d}{d_{lim}} \tag{5 - 36}$$

【例 5 - 1】　某轧机负荷的运行周期为 20s，在一个工作周期里电压波动呈现（先下后上的）斜坡形变化，电压变动幅值 $d_{max}=2\%$，前后变动持续时间均为 0.5s，现估算闪变干扰严重度。

解　在运行周期 20s 内有 2 次电压变动，电压变动的平均频度为

$$r = \frac{2}{20}(s^{-1}) = 6(min^{-1})$$

由图 5 - 15 查出斜坡持续时间 0.5s 对应的波形系数 $F=0.32$，利用式（5 - 35）计算折合电压变动幅值为

$$d = Fd_{max} = 0.32 \times 2\% = 0.64\%$$

借助单位闪变曲线（图 5 - 13）可以查出其变动频度所对应的边界值 $d_{lim}=1.7\%$，代入式（5 - 36）计算后可知

$$P_{st} = \frac{d}{d_{lim}} = \frac{0.64}{1.7} = 0.376$$

通过简捷计算可方便地预估出闪变严重度的大小。

5.4.3.2　等值闪变严重度 A_{st} 简化计算

若已知相对电压变动值 d，或根据供电母线和连接负荷的电参数，利用前面介绍的负荷电压波动折算方法先估计出电压波动大小，我们还可利用基于国际通用的 P_{st} 方法的等值闪变严重度指标 A_{st} 进行简化预测。在缺少实测数据或估算采取抑制措施后的治理效果时，利用等值严重度预测指标同样可进行闪变评价。其定义和计算公式如下。

（1）闪变时间，也称为记忆时间，它表示照度波动被感觉到所需的最短记忆时间，计算式为

$$t_f = 2.3 \times (dF)^3 \tag{5 - 37}$$

式中：d 为相对电压波动幅值，%；F 为波形系数（可从相应的图 5 - 14～图 5 - 17 中查出）。系数 2.3 是利用单一规则阶跃电压单位闪变曲线将横坐标从变动频度转换为闪变时间后（两者关系为 $t_f = \frac{60}{r}$，其中，t_f 单位为 s；r 单位为 min^{-1}）列写解析式推导得出的。

（2）短时等值闪变严重度为

$$A_{st} = \frac{\sum t_f}{10 \times 60} \tag{5 - 38}$$

如果为单一过程（例如电动机启动）规则的电压变动，并且其闪变干扰的波动频度 r 为已知，则式（5 - 38）可以改写为

$$A_{st} = \frac{r \times t_f}{600} = \frac{2.3 \times r \times (dF)^3}{600} \tag{5 - 39}$$

对于多个闪变源负荷产生的总干扰水平，简化方法采用线性求和计算

$$A_{st,T} = \sum A_{st,i} \qquad (5-40)$$

（3）长时等值闪变严重度为

$$A_{lt} = \frac{\sum t_f}{120 \times 60} \qquad (5-41)$$

（4）根据立方求和定律，可以利用闪变时间估算出短时和长时闪变值，其简化计算式为

$$P_{st} = \sqrt[3]{\frac{\sum t_f}{10min}}, \quad P_{lt} = \sqrt[3]{\frac{\sum t_f}{120min}} \qquad (5-42)$$

对式（5-42）进一步整理后，短时闪变严重度解析表达式为

$$P_{st} = 0.36dr^{0.31}F \qquad (5-43)$$

（5）从式（5-41）和式（5-43）可见，等值闪变严重度 A_{st} 与短时闪变值 P_{st} 的转换关系式为

$$A_{st} = P_{st}^3 \text{ 或 } P_{st} = \sqrt[3]{A_{st}} \qquad (5-44)$$

为此，在采用上述等值计算方法的国家（如德国、英国等），其国家标准一般在采用 IEC 电磁兼容标准下的兼容水平和规划水平的同时，还给出等值闪变严重度考核指标用于检验电网的电压质量（见表5-6）。目前，我国国家标准中并未涉及这一简化等值评估方法，以下仅给出一个具体计算例供参考。

表5-6（a）　　　　等值闪变严重度评估的指导性限值（DIN VDE）

闪变允许干扰系数	A_{st}	A_{lt}	d（%）	单用户允许干扰系数	A_{st}	A_{lt}	d（%）
低压电网	1.0	0.4	—	低压电网	0.2	0.005	0.03
中压电网	0.75	0.3	—	中压电网	0.2	0.005	0.02
高压电网	0.5	0.2	—	高压电网	0.2	0.005	0.02

注：单一闪变源特殊情况下，以上指标可以放宽。具体评价方法见表5-6（b）。

表5-6（b）　　　　　　　　闪变评价方法

对 A_{st} 和 A_{lt} 的要求	允许接入判断	0.2<A_{st}<0.5 或者 0.05<A_{lt}<0.2	有限允许
A_{st}<0.2 并且 A_{lt}<0.05	允许	A_{lt}>0.2	不允许，需测量

【例5-2】　某低压用户的供电系统接线和有关电参数如图5-18所示。高压侧母线额定电压为 10kV，系统短路容量为 189MVA，经两条导线直径为 185mm、长度为 1.5km 的并联电缆线路与供电变压器连接，变压器容量为 630kVA，此时低压侧检测电压为 400V。用户负荷设备为连接在两相间的不平衡电阻加热装置。经实际测量了解到，检测点的短时间闪变限值时有超标。已知不平衡电阻加热装置运行状态为规则矩形功率变化，基本功率为 0.6MW，功率波动范围为 0.8MW，负荷变化特性如图 5-19 所示。现测算并评价图 5-18 中 V 点的闪变水平。

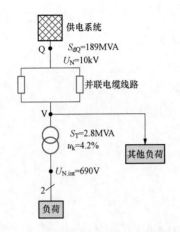

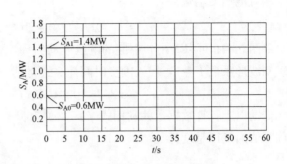

图 5 - 18　某供电系统低压用户接线图　　图 5 - 19　负荷变化特性

解　根据已知电参数，计算系统等值阻抗（图 5 - 18 中 Q 点）为

$$X_{KQ} \approx Z_{KQ} = \frac{U_N^2}{S_{KQ}} = 0.529(\Omega)$$

查表知电缆产品标定参数为：电阻 0.164Ω/km，电抗 0.090Ω/km。计算后得到

$$X_L = (1/2) \times 0.090 \times 1.5km = 0.068(\Omega)$$

$$R_L = (1/2) \times 0.164 \times 1.5km = 0.123(\Omega)$$

变压器电气参数计算

$$R_T \approx 0$$

$$Z_T = X_T = u_k \times \frac{U_N^2}{S_{rT}} = 1.5(\Omega)$$

利用以上各部分等值参数可画出图 5 - 18 的简化等效电路，如图 5 - 20 所示。

基于以上分析和基本参数，先计算当负荷功率为 0.6MW 时，图 5 - 20 中 V 点电压波动大小为

$$U_{0\Delta} = 2 \times I_L \times Z_{tot}$$

式中：$Z_{tot} = \sqrt{(X_{kQ}+X_L)^2 + R_L^2}$

$$I_L = \frac{S_{A0}}{U_N}$$

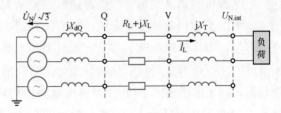

图 5 - 20　等效电路图

代入参数，并计算得到

$$Z_{tot} = 0.6095\Omega$$

$$I_L = 60A$$

$$U_{0\Delta} = 73.14V$$

如果功率变化至 1.4MW，可以得到电压降大小，即

$$\Delta U_{1\Delta} = U_{0\Delta} \times (1.4/600) = 170.66(V)$$

由此计算电压变动量为

$$\Delta U_\Delta = U_{1\Delta} - U_{0\Delta} = 97.52(V)$$

相对地电压变动量为

$$\Delta U_{\mathrm{B}} = (\sqrt{3}/4) \times \Delta U_{\Delta} = 42.23(\mathrm{V})$$

相对电压变动量为

$$d = (\sqrt{3}\Delta U_{\mathrm{B}}/U_{\mathrm{N}}) \times 100\% = 0.73\%$$

由图 5-19 可以看出，引起的电压波动为周期性矩形波变化，变动频度 $r=5/\mathrm{min}$，查表知波形系数 $F=1$，代入闪变时间计算式得到

$$t_{\mathrm{f}} = 2.3 \times (100 \times d \times F)^3 = 0.895(\mathrm{s})$$

借助以上计算数据，并利用式（5-39）和式（5-41）可以分别测算出短时间和长时间等值闪变严重度为

$$A_{\mathrm{st}} = \frac{50 \times t_{\mathrm{f}}}{10 \times 60} = 0.0746(10\mathrm{min})$$

$$A_{\mathrm{lt}} = \frac{600 \times t_{\mathrm{f}}}{120 \times 60} = 0.0746(2\mathrm{h})$$

通过以上计算知道，由于 10kV 侧评估点 V 处等值闪变严重度为 $0.05 < A_{\mathrm{lt}} < 0.2$，对照表 5-6（b）评价方法属于单一闪变源特殊情况下有限允许接入电力系统。如果做到波动频度下降为 400/2h，再作预算有

$$A_{\mathrm{lt},1} = \frac{400 \times t_{\mathrm{f}}}{120 \times 60} = 0.0497$$

可见，此种工作状态刚好处在允许范围之内。

5.5　电压波动与闪变的测量

电能质量的测量是与它们的评估标准紧密关联的。国际上一些工业先进国家根据本国或本地区标准化委员会指定的检测方法和基本要求开展了对电能质量及电压波动和闪变的测量。以后经国际电工委员会和有关技术委员会协调统一，闪变的测量方法与由此制造的闪变仪逐渐走向规范化和标准化。目前国际上有代表性的三种原理类型的闪变测量仪器，如日本的 ΔV_{10} 闪变仪、英国电气研究协会（ERA）推荐的电弧炉闪变测量仪和由 IEC 和 UIE 推荐的闪变仪。我国早期曾对接日本的基于 10Hz 等值（ΔV_{10}）原理研制过闪变仪。但由于日本的照明电压为 100V，与 IEC 推荐的采用 230V/50Hz 照明电压、60W 白炽灯的闪变实验不同，100V/60W 的灯丝粗、热惯性大，闪变敏感度低，而我国照明电压为 220V，与 IEC/UIE 的实验标准更接近。目前，IEC 61000-3-7 关于连接到电网各电压等级的波动性负荷设备的发射限值和评估标准、IEC 61000-4-15 关于闪变仪测试和测量技术功能与设计规范标准已经被世界许多国家所采用，我国电能质量电压波动与闪变国家标准与国际电工委员会标准接轨，因此本节以此为基础，简要介绍电压波动与闪变测量的基本原理与实现方法。

5.5.1　电压波动的同步检测法

常用的电压波动检测方法有整流检测法、有效值检测法和同步检测法。IEC 至今仍

在推荐的闪变测量方法中采用的是同步检测法。

如前所述，为检测出电压波动分量，通常将电压波动看成以工频电压为载波、其电压的均方根值或峰值受到以电压波动分量作为调幅波的调制。对于任何波形的调幅波均可看作是由各种频率分量合成。为使分析简化而又不失一般性，我们可以分析仅含单一频率的调幅波对工频载波的调制．调制波解析式的一般表达式为

$$u(t) = [U_m + u(\omega_F t)]\cos\omega_N t \qquad (5-45)$$

式中：U_m 为工频载波电压的幅值，V；ω_N 为工频载波电压的角频率，rad/s；$u(\omega_F t)$ 为调幅波电压，V；ω_F 为调幅波电压的角频率，rad/s。

若调幅波电压为单一频率的正弦波形，则 $u(\omega_F t) = U_{Tm}\cos\omega_F t$，将其代入一般表达式（5-45），则有

$$u(t) = U_m\left(1 + \frac{U_{Tm}}{U_m}\cos\omega_F t\right)\cos\omega_N t = U_m(1 + m\cos\omega_F t)\cos\omega_N t$$

式中：m 为调制指数。$m = \dfrac{U_{Tm}}{U_m} = \dfrac{调幅波电压幅值}{载波电压幅值}$，要求 $m < 1$，否则将出现包络线畸变。

按照同步检测方法，可将调制波电压自乘求平方，得到

$$
\begin{aligned}
u^2(t) &= U_m^2(1 + 2m\cos\omega_F t + m^2\cos^2\omega_F t)\cos^2\omega_N t \\
&= \frac{U_m^2}{2}\left(1 + \frac{m^2}{2}\right) + U_m^2 m\cos\omega_F t + \frac{U_m^2}{2}\left(1 + \frac{m^2}{2}\right)\cos 2\omega_N t \\
&\quad - \frac{U_m^2 m^2}{4}\cos 2\omega_F t + \frac{U_m^2 m^2}{8}\cos 2(\omega_N + \omega_F)t + \frac{U_m^2 m^2}{8}\cos 2(\omega_N - \omega_F)t \\
&\quad + \frac{U_m^2 m}{2}\cos(2\omega_N + \omega_F)t + \frac{U_m^2 m}{2}\cos(2\omega_N - \omega_F)t
\end{aligned}
$$

$$(5-46)$$

从式（5-46）可以看出，调制波电压的平方项除了有直流成分外，含有以下频率分量：ω_F、$2\omega_F$、$2\omega_N$、$2(\omega_N \pm \omega_F)$、$2\omega_N \pm \omega_F$。

如果利用 $0.05 \sim 35\text{Hz}$ 的带通滤波器滤除其中的直流分量和工频及以上频率的分量，并且考虑到，由于实际上的调制指数 $m \ll 1$，存在的调幅波电压的倍频分量幅值远小于调幅波的幅值，可忽略不计。因此滤波后便可实现解调，获得近似加权的调幅波电压 $u'(t)$，即

$$u'(t) \approx mU_m^2\cos\omega_F t = U_m \times (U_{Tm}\cos\omega_F t) \qquad (5-47)$$

已知相对电压变动值为 $d = \dfrac{\Delta U}{U_N}$，并且假定调幅波为正弦函数波形，则有

$$m = \frac{U_{Tm}}{U_m} = \frac{\Delta U}{2\sqrt{2}U_N} = \frac{1}{2\sqrt{2}}d \qquad (5-48)$$

将其代入式（5-47），可以得到采用相对电压变动 d 参量的表达式

$$u'(t) \approx mU_m^2\cos\omega_F t = 0.35U_m^2 d\cos\omega_F t \qquad (5-49)$$

以上各函数 $u(t)$，$u^2(t)$，$u'(t)$ 的变化波形，可参见图 5-21（b）中的仿真结果。

另外需要注意，单独测量电压波动大小并与其限值做比较时，按照 GB/T 12326—

2008 规定，应在电力系统正常运行下的最小运行方式、波动负荷变化最大工作周期（电弧炉在熔化期，轧钢机在最大轧制周期等）来测取实际电压波动水平。

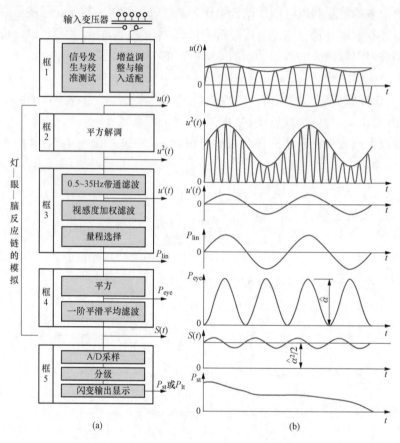

图 5-21　闪变仪的简化原理框图和仿真波形

（a）闪变仪的简化原理框图；（b）仿真波形

5.5.2　IEC 闪变测量环节分析

为了做到电压波动与闪变的测量方法与标准保持一致，使各仪器制造厂家生产的闪变仪测量结果具有可比性，国际电热协会（UIE）1982 年提出了闪变测量的推荐方法，1986 年 IEC 又在此基础上制定了闪变仪器的功能和设计规范，2010 年修改颁布的 IEC 61000-4-15 闪变仪测量原理仍然基于白炽灯模型，且要求测量算法严格依据标准所规定的设计与测试规范。

图 5-21（a）所示为我国国家标准在参考了 IEC 标准后推荐采用的闪变仪简化原理框图。图 5-21（b）所示为利用该原理框图对单一正弦调幅波电压的数字仿真波形。以下对其作详细说明。

图 5-21（a）给出的闪变测量环节总体上可分为三部分：第一部分为电压输入适配调整和归一化标定测试，如图中框 1 所示；第二部分模拟视觉系统模型，即灯—眼—脑反应链的频率响应特性，主要由图中框 2、框 3 和框 4 组成；第三部分为测量到的瞬时

闪变视感度的统计分析，由框 5 组成。以下对诸框图的作用与功能分别进行介绍。

框 1 为输入级，包括两个主要部分，即一个输入电压适配器和一个信号发生器。电压适配器用于将输入的被测电压信号调整为适合仪器内部参照水平的电压数值，这一功能可通过输入变压器分接头调节或自动量程切换放大器实现。框 1 还可提供（见 IEC 61000 - 4 - 15）可选的矩形调制波扩展输出对几种波动参数进行测量和对多组不同频率的测试精度达标进行实验，主要用于商用仪器的合规校准与线性标定。

框 2 模拟灯的作用和特性。通过平方解调器分离出与调幅波幅值成比例的电压波动量。该量反映了灯照度变化与电压波动的关系，可采用被测信号自乘求平方来实现。

框 3 模拟人眼的视觉频率选择特性。它由两个级连滤波器，即带通滤波器和视感度加权滤波器，以及一个测量范围选择器构成。其中，带通滤波器的功能是消除平方解调后电压信号中的直流分量和载波倍频分量。而视感度加权滤波器模拟人眼视觉系统在白炽灯受到正弦电压波动影响下的频率响应（即由实验得到的觉察率为 50% 的闪变视感度—频率特性）。简而言之，即按照幅频特性对视感度频率范围内的调幅波信号分别取不同的加权系数（如对应 8.8Hz 调幅波信号，其增益为 1，而其他频率信号的加权系数都小于 1）。

带通滤波器的通频带为 0.05～35Hz。具体设计时，采用一阶高通滤波器抑制直流分量，并采用截止频率为 35Hz 的 6 阶巴特沃斯低通滤波器滤除载波工频成分及其以上的频率分量。

其中，一阶高通滤波器的传递函数为

$$HP(s) = \frac{s/\omega_c}{1+s/\omega_c}, \quad \omega_c = 2\pi \times 0.05 \tag{5-50}$$

6 阶巴特沃斯低通滤波器的传递函数为

$$H_{lp}(s) = \frac{a}{s^6 + bs^5 + cs^4 + ds^3 + es^2 + fs + a}$$

式中，$a = (219.91)^6$，$b = 848.85$，$c = 360768.64$，$d = 9.14 \times (219.91)^3$，$e = 7.46 \times (219.91)^4$，$f = 3.86 \times (219.91)^5$。

视感度加权滤波器是觉察率为 50% 的闪变视感度—频率特性的具体实现。对灯—眼—脑反应链的传递函数的描述已在 5.3 节中介绍，并如式（5 - 23）所示。$K(s)$ 乘积的第一项对应二阶带通滤波器，第二项为有一个零点和两个极点的补偿环节。分别为

$$H_{bp}(s) = \frac{K\omega_1 s}{s^2 + 2\lambda s + \omega_1^2} = \frac{100.55s}{s^2 + 51.02s + 3057.21} \tag{5-51}$$

$$H_{bs}(s) \frac{1+s/\omega_2}{(1+s/\omega_3)(1+s/\omega_4)} = \frac{1+s/14.324}{(1+s/7.6991)(1+s/137.602)} \tag{5-52}$$

测量范围选择器的作用是为了提高测量灵敏度。由于电压波动可能在较宽范围内变化。例如，对于标准的 8.8Hz 正弦调幅波，需要考虑到其相对电压波动百分数可能达到 20%。此时平方解调器的非线性可能引起很大的误差。按照标准规定，要根据输入波动量的大小分 5 级（0.5%、1%、2%、5%、10%、20%）进行适当调整与选择。框 3 检测为输出与输入波动电压成比例的解调电压变化信号 P_{lin}。

框 4 模拟人脑神经对视觉反映的非线性和记忆效应，由平方和积分两个滤波环节组成。其中，平方器模拟了人眼—脑觉察过程的非线性，而具有积分功能的一阶低通滤波器起着平滑平均作用，模拟人脑的存储记忆效应。框 4 中间检测为模拟人眼与大脑反应变化信号 P_{eye}。

一阶低通滤波器的传递函数为

$$LP(s) = \frac{1}{1 + s\tau}, \tau = 300\text{ms} \tag{5-53}$$

至此，经框 2、框 3 和框 4 的组合非线性响应，模拟了人经由灯—眼—脑反应链的闪变感觉过程。框 4 的检测输出为瞬时闪变视感度 $S(t)$，即视觉对灯闪的瞬时感觉水平。

框 5 为在线统计分析结果输出级。利用数字信号处理器对框 4 输出的瞬时闪变水平进行大量的概率统计计算和记录。常用的方法是对 $S(t)$ 进行等间隔采样，数字分辨率至少为 6bits，采样频率要求满足奈奎斯特原理，至少要等于 2 倍觉察频率，即不小于50Hz。并且按照累积概率函数 CPF 作统计评估，最后给出实测计算得到的 P_{st} 和 P_{lt} 值。

需要指出，在图 5-21 所示的闪变测量原理框图中，框 1～框 4 是对模拟信号进行处理，框 5 为数字式统计处理。实际上在具体实现时，既可以采用这种模拟与数字混合的测量方法，也可采用全数字方式。在经过必要的数字信号处理环节后，全数字方式可获得与数模混合方式相同的测试结果。

图 5-22 是对上述各个技术环节工作机理的总结，实际上也可作为基于如 MAT-LAB 等工具软件的闪变仿真流程，通过数字仿真实验可验证所建立的灯—眼—脑反应链传递函数模型逼近视感度曲线系数的效果。显然，对于研发生产的闪变仪器而言，还需按照 IEC 61000-4-15 测试精度和功能等设计规范要求进行严格的对标校验。

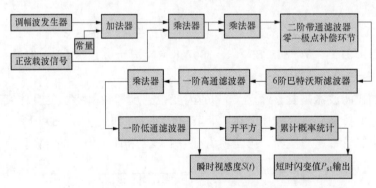

图 5-22　IEC 闪变仪仿真流程

【例 5-3】　电压闪变实测与分析

某炼钢厂 35kV 配电系统安装有一台交流电弧炉（EAF），两台精炼炉（LF），电弧炉变压器分别为 150MVA 和 2×30MVA。在电弧炉工作期间对用户 35kV 母线电压进行了 14h 的电压波动和闪变测量，测得的 P_{st} 和 P_{lt} 值如图 5-23 所示，之后对运行工况的数据进行了分析。在电弧弧长不规则变化和电极调节器频繁动作共同影响下，产生的

25～75Hz 频率调制分量注入电网，导致进线端口电压波动值达 9% 以上，最大长时间闪变值 P_{lt} 达 10.65 电弧炉的冲击性功率引起电压质量严重超标，对公用电网安全稳定运行构成威胁，建议采用静止无功发生装置加以抑制和改善。有关电弧炉特性和电压波动抑制措施见 5.6 节介绍。

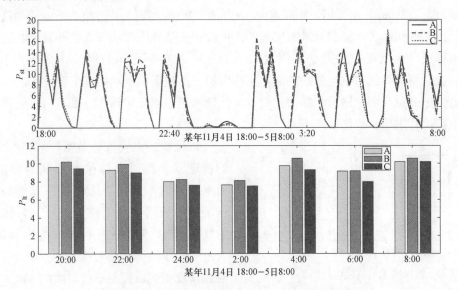

图 5-23　电弧炉负荷引起电压波动与闪变测量实例

5.6　电弧炉用电特性分析与电压波动抑制

由于电弧炉炼钢在技术经济上的优越性，工业生产采用交流电弧炉已日益增多，单台容量也不断增大，因此电弧炉对供电系统的干扰也愈加突出。理论和实践分析表明，交流电弧炉是供电系统各类功率波动性负荷中对电压特性影响最大的负荷。其中炼钢用电弧炉比其他用途（如生产磷化物、冶炼硅铁等）的电弧炉对供电电压的干扰更大。炼钢用交流电弧炉对供电系统产生的不利影响主要包括有功功率和无功功率冲击性快速变化引起的电压波动和闪变，电弧电阻的非线性导致的电力谐波畸变，以及三相负荷变化带来的供电系统动态不平衡干扰等。

本节以普通三相交流电弧炉为主要负荷，简要介绍电弧炉的基本参数、运行周期和电气特点，并在此基础上通过对其功率变化圆图的分析，重点讨论这类负荷对供电系统电压的影响与统计评估方法；介绍了一种适合于供电系统电压波动研究的三相非线性时变电弧电阻模型，对交流电弧炉用电特性做更深入的分析。需要指出，由于电弧炉负荷运行的复杂性和每一运行阶段的随机性，尤其是电弧炉的电弧变化特性难以准确描述，对其引起的电压波动和闪变很难进行可靠准确的计算。目前，人们仍在努力利用各种新方法以求建立更加符合实际工况的电弧炉数学模型。最后，本节以某一交流电弧炉应用参数为例，针对快速功率变化引起的电压波动治理问题，简要介绍了全控换流器动态无功补偿抑制方法。

5.6.1 基本参数与运行特性

普通交流电弧炉的冶炼周期为 3～8h，具体时间取决于供电电压高低、电弧炉容量（吨位）和冶炼材料及其工艺等。通常电弧炉的供电电压为 110kV 或 35kV，经特殊设计的电弧炉变压器供电，二次侧电极间电压的典型值在 100～600V，其中电极压降为 40V，电弧压降约为 12V/cm，电弧越长压降越大。电弧炉的电流控制是通过电弧炉变压器高压侧绕组分接头的切换和电极的升降来实现的。电弧炉所消耗无功功率大，并且无功功率变化量也很大，在电极短路时功率因数为 0.1～0.2，在额定运行时功率因数为 0.7～0.85，这会明显降低炼钢电弧炉的额定工作电压，严重影响到冶炼的生产效率。

电弧炉的运行周期通常包括熔化期、氧化期和还原期三个阶段。图 5-24 给出了电弧炉负荷运行周期示意图。

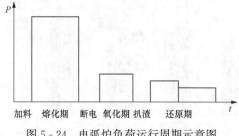

图 5-24 电弧炉负荷运行周期示意图

熔化期的主要任务是使炉料迅速熔化。炉料进入炉膛时整体呈圆桶状或馒头状。通电起弧后，三相电极迅速插入炉料，炉料熔化的液滴逐渐汇拢于炉底。熔化期约为 0.5～2h，但在此期间消耗的电能最大，约占一个投运周期总耗电量的 60%～70%。电弧长度由电极控制系统以大约 1m/s 的速度控制。从抑制电压波动的角度来看，电极控制系统的作用很重要。它能够根据所需交换功率调节电弧炉的运行，从而决定电弧的燃烧条件，而且可以三相单独控制。由于存在大电流电弧，电弧炉内还有电弧的高度离子作用。电弧炉在一个投运周期内释放的能量估计达 100MJ/cm，电弧电流超过 60000A，电弧中心的温度超过 10000℃。

氧化期的主要任务是脱磷及去气、去夹杂。当炉料全部熔化，温度合适（一般为 1570℃）时，通过供氧脱碳，令钢水沸腾，使其中的气体和夹杂物上浮，并使钢中磷的含量下降。

还原期的主要任务和操作是脱氧、脱硫、调整温度和调整成分。可以看到，图 5-24 中所给出的炼钢电弧炉工况是一种间歇式冲击功率负荷。

通过对电弧炉运行过程的分析可知其电气特性有如下特点：①所消耗的功率强烈而快速，并且出现随机性变化，它由炼钢周期中的熔化过程和技术条件等因素决定；②电能质量下降程度最大和时变性最强的时刻发生在熔化期；③氧化和还原的精炼期电压波动和谐波含量显著降低；④电能质量的性质和电能质量下降的程度随熔化期运行条件的不断变化而有所不同，取决于电弧炉的容量和类型，熔化材料的成分和性质。另外，炼钢厂电弧炉台数的多少对电能质量造成的影响也会不同。如果台数很多，由于它们之间的相互作用，会降低对供电系统电压的影响。

电弧炉运行引起的电能质量冲击因素包括：

（1）大电流电感支路。

首先，电弧炉大电流电感支路（变压器二次侧连接、电极导线、电极）的感应率是由大电流导体的几何形状决定的。在实际中导体的总几何对称性总会有偏差，又因为存在强磁场，它会引起不对称的互感系数，这个不对称的互感系数将作为不同相的感抗，使得电弧炉变压器二次侧成为不对称负荷。因此，尽管我们建立了广泛的对称系统，大电流电感支路还是会引起静态不平衡。

其次，大电流电感支路的元件在电弧炉运行时会改变它们之间的相对位置。这是因为电极引线（通常是铰合线）在电流电磁力的作用下，其距离随时间灵活变化，结果产生了动态不平衡。

（2）在电极与熔化的炉料间燃烧的电弧。使电能质量降低的更主要的原因是三个自由燃烧的大电流电弧。首先这些电弧是非线性电阻性的，于是电弧燃烧时就产生了谐波电流。又因为石墨电极的阳极和阴极的压降不同，所以还存在偶次谐波。三个电弧在电气上是不对称的，故出现了零序性系统谐波。

另外，由于电弧的导电率和长度随时间变化，谐波幅值也随机变化，产生了连续谐波频谱。所有的主要谐波频谱都存在边频带，即存在间谐波。

下面让我们来进一步了解电弧炉在熔化期运行的电气特性。熔化期开始时，电弧向大块炉料喷火，如果材料表面粗糙（例如熔化废铁），电弧点会根据最优燃烧条件，从炉料的一个末梢或尖峰向另一个末梢或尖峰不停"跳跃"。废料的下落会使负荷状态剧烈变化，从电气角度看，它在空载和短路间变化。

电弧炉负荷运行的三个基本工况及相应的电压状况如图 5 - 25 所示。它对供电系统产生明显的电压干扰。

电弧炉在熔化期运行时，电弧燃烧的环境总在变化，并且取决于瞬时电弧炉熔炼条件、燃料稠度、表面粗糙度、环境温度以及炼钢工的操作技能等。电弧离子化和长度也都在变化，特别是电弧炉运行时电弧电压高，电弧相对长，因此燃烧很不稳定。

由于电弧燃烧时的电流很大，电弧产生高度的离子作用，使得交流电弧的动态特性不那么明显，而只在电流过零时才显示其重要性。但是，由于离子集中的变化，这个作用将出现周期性变化。

已知，电极控制系统的目的是实现电极端与燃料间保持平均距离，即当短路时迅速提升电极，在灭弧后放低它们使电弧重燃。但是由于机械惯性，电极控制系统的调节跟不上电弧的跳跃式变化，做不到及时补偿它们，因此电弧的弧长不可能保持恒定不变。

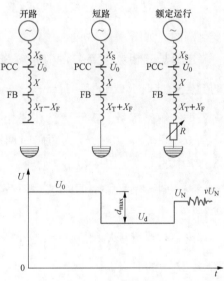

图 5 - 25 电弧炉三种运行工况及其电压波动
PCC—公共连接点；FB—电弧炉变压器一次侧母线

炉料在熔化期发生工作短路时会产生巨大的短路电流，而且弧长强烈变化，会造成供电系统电压极不规则的波动，从而引起灯光闪烁和干扰电视机图像等问题。在电极穿过燃料的特殊阶段，由于所谓的空穴作用出现了电弧长度和电压波动的周期变化。电弧电极在电流的驱动下移动，电弧长度相对稳定直至它们再次变短。

另一个需要考虑的重要问题是与电弧有关的快速变化的电弧电阻。但由于电弧的离子作用，半个周期内的稳态可用直流电弧模拟，例如通过与电弧电流和电弧电阻同步的正负极压降模拟。

5.6.2 电功率变化圆图

电压波动大小与负荷的无功功率变动量成正比，因此有必要首先分析电弧炉的功率

图 5-26 电弧炉供电等值
电路单线图

变化规律，进而推导出电弧炉无功功率变动量最大值计算公式。简化的电弧炉供电等值电路单线图，如图5-26所示。图中 U_0 为电弧炉空载时的供电电源开路电压；X_0 为电弧炉主电路的总阻抗；R 为主电路的总电阻，主要反映了时变电极的电阻，并且假设 R 为线性变化。$P+\mathrm{j}Q$ 为主电路的复功率。

设电弧炉的短路容量为 $S_\mathrm{d}=\dfrac{U_0^2}{X_0}$。并且已知负荷的有功功率 $P=\dfrac{U_0^2 R}{X_0^2+R^2}$，负荷无功功率 $Q=\dfrac{U_0^2 X_0}{X_0^2+R^2}$。

由 P、Q 和 S_d 的表达式可以推导出

$$P^2 + \left(Q - \frac{S_\mathrm{d}}{2}\right)^2 = \left(\frac{S_\mathrm{d}}{2}\right)^2 \tag{5-54}$$

式中，S_d 若为常数，则 P 和 Q 的变化轨迹构成圆心在 $\left(0, \dfrac{S_\mathrm{d}}{2}\right)$、半径为 $\dfrac{S_\mathrm{d}}{2}$ 的电弧炉功率变化圆图，如图5-27所示。

当电弧炉三相电极与炉料构成短路时，对应图5-27中的D点，此时 $R=0$、$I=I_\mathrm{d}=\dfrac{U_0}{X_0}$、$P=0$、$\overline{OD}=S_\mathrm{d}=\dfrac{U_0^2}{X_0}$ 为电弧炉的短路容量。实际运行在三相短路时的功率因数 $\cos\varphi_\mathrm{d}=0.1\sim0.2$，其中 φ_d 为短路时回路的阻抗角，对应图5-27中的B点。$\overline{OE}=Q_{\max}$。

当熄弧时，$R=\infty$、$I=0$、$P=0$、$Q=0$，对应图5-27中的0点。

理论上，当 $R=X_0$ 时，$I=I_{P_{\max}}$，$P_{\max}=\dfrac{U_0^2}{2X_0}=\dfrac{S_\mathrm{d}}{2}$，对应图5-27中的F点。

普通电弧炉的额定运行点选择为 $I=(0.7\sim0.8)I_{P_{\max}}$，对应图5-27中的A点为融化期的额定运行点。$\varphi_N$ 为额定运行的阻抗角，此时的功率因数 $\cos\varphi_N=0.7\sim0.85$。

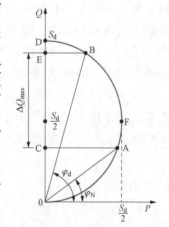

图 5-27 电弧炉功率
变化圆图

对照图5-27来看，通常取 $\overline{CE}$ 为最大无功功率变动量 $\Delta Q_{\max}$，它等于三相电极短路时的无功功率 $\overline{OE}$ 与融化期额定运行点的无功功率 $\overline{OC}$ 之差，即

$$\overline{CE}=\overline{OE}-\overline{OC}=\overline{OB}\sin\varphi_\mathrm{d}-\overline{OA}\sin\varphi_N$$

而 $\overline{0B} = \overline{0D}\sin\varphi_d$，$\overline{0A} = \overline{0D}\sin\varphi_N$，即

$$\overline{CE} = \overline{0D}(\sin^2\varphi_d - \sin^2\varphi_N)$$

可得出

$$\Delta Q_{max} = S_d(\sin^2\varphi_d - \sin^2\varphi_N) \tag{5-55a}$$

实际上 $\sin^2\varphi_d \approx 1$，式（5-55a）常简化为

$$\Delta Q_{max} = S_d\cos^2\varphi_N \tag{5-55b}$$

通过上述分析，获得交流电弧炉无功冲击量的最大值

$$\Delta Q_{max} = 电极短路时无功功率 - 正常运行时无功功率 \tag{5-56}$$

这一推荐方法在电弧炉负荷对电压影响的工程实际测量和估算中是很有用的。具体计算还会在以下内容中介绍。

5.6.3 电压波动与闪变的计算

5.6.3.1 电路接线与电气参数

为进一步对电弧炉的电气特性做出分析，便于说明电弧炉引起的电压波动与闪变的计算方法，现以某轧钢厂一台电弧炉的供电单线图为例，如图 5-28 所示，首先来了解其供电形式和电路参数。

在图 5-28 中，T1（HV/MV）是钢厂主变压器，它与变电站母线（即 PCC 点）相连，T2（MV/LV）是电弧炉变压器，为电弧炉供电。T2 变压器通过调压从而调节电弧炉功率。X_S 是 PCC 处的系统短路阻抗，X_L 是 PCC 处至电弧炉变压器之间的电抗，X_T 是电弧炉变压器的漏电抗，X_F 称为短网电抗。

电弧炉至无穷大电源的总电抗 X_0 为

$$X_0 = X_S + X_L + X_T + X_F \tag{5-57}$$

从电弧炉侧看进去，X_F 通常在总阻抗中占很大比例。

式（5-57）和图 5-28 中各电抗一般以供电母线标称电压 U_N 和供电系统基准容量 S_B 为基值的百分数（%）或标幺值（p.u.）表示。

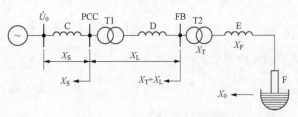

图 5-28 电弧炉供电单线图

（图中，$\dot{U}_0$ 为电源母线电压；FB 为电弧炉变压器一次侧母线；T1 为钢厂主变压器；C 为钢厂进线；D 为电弧炉变压器进线；T2 为电弧炉变压器；E 为短网，电弧炉变压器二次侧电炉电极的引线；F 为电弧炉）

5.6.3.2 电压波动与闪变的计算方法

在一般的供电系统中，电压幅值的变化主要是由负荷无功功率的变化引起的。但对于像电弧炉这类具有不规则随机特性的负荷，如何确定其无功功率的变化量是困难的。一种推荐的估算方法在 5.4 节中曾介绍过。结合给出的计算公式，下面再介绍两种简明实用的交流电弧炉可能引起电压波动的估算方法。

（1）短路压降法（Short Circuit Voltage Depression-SCVD）：SCVD 是利用电弧炉在开路和短路两种工况下的电压差与额定电压之比的百分数来表示电压波动值，其计算

式为

$$d_{\max} = \frac{U_0 - U_d}{U_N} \times 100\% \qquad (5-58)$$

式中：U_0 为电弧炉在三相开路时的 PCC 点电压，kV；U_d 为电弧炉在三相短路时的 PCC 点电压，kV。

通常将式（5-58）计算结果称为短路压降。

SCVD 实质上反映了交流电弧炉三相短路容量与公共连接点系统短路容量之比。实际经验表明，导致电压波动和闪变的工作电流的变化与电弧炉的短路容量相关。根据英国工程实践经验介绍，SCVD 又可表示成

$$d_{\max} = \frac{S_{d1}}{S_d} \times 100\% \qquad (5-59)$$

式中：S_{d1} 为电弧炉变压器分接头处于使电极电压为最大挡位所对应的电弧炉最大短路容量，MVA（如果没有资料可查，S 可采用 2 倍电弧炉的额定容量作保守估计）；S_d 为 PCC 点处供电系统全年最小短路容量，MVA。

【例 5-4】 以典型的 30t 电弧炉的供电电路（见图 5-28）为例，计算其短路电压降，并判断该电弧炉负荷是否允许接入供电系统。

解 设电弧炉变压器容量为 18MVA。计算所取基准短路容量为基值，即 $S_B = 100$MVA，则给定以 S_B 为基值的电路各电抗的百分值分别为 $X_S = 17.1$，$X_L = 2.1$，$X_T = 50.3$，$X_F = 297.5$，总电抗 $X_0 = 367$。

由于容量 $S = \dfrac{U^2}{X}$，而且参考母线电压的标幺值等于 1，若 X 以百分值表示，则电弧炉的短路容量为

$$S_{d1} = \frac{100}{X_0} S_B \qquad (5-60)$$

供电系统的短路容量为

$$S_d = \frac{100}{X_S} S_B \qquad (5-61)$$

于是可分别计算得出电弧炉的短路容量 S_{d1} 和供电系统的短路容量 S_d 为

$$S_{d1} = \frac{100}{367} \times 100 = 27 \text{(MVA)}, \quad S_d = \frac{100}{17.1} \times 100 = 585 \text{(MVA)}$$

由式（5-59）可得到短路压降

$$d_{\max} = \frac{27}{585} \times 100 = 4.6\%$$

估算出的 $d_{\max}$ 对照表 5-1 可以看出，该电弧炉必须加装补偿装置才允许接入电网。

（2）最大无功功率变动量法：通过在对电弧炉的功率圆图分析可知，交流电弧炉无功冲击量有最大值，见式（5-55）。不难想到，可根据给定的电弧炉参数，首先计算出它的最大无功功率冲击值 $\Delta Q_{\max}$，然后估算出短路压降 $d_{\max}$，这一方法称为最大无功功率变动量法。

若以基准容量 S_B 来表示，则式（5-5）可改写为

$$d = X \frac{\Delta Q}{S_B} \qquad (5\text{-}62)$$

并且知道，电弧炉最大无功功率变冲击值为 $\Delta Q_{max} = S_d \cos^2 \varphi_N$。当已知电弧炉短路总电抗 X_0 时，将式（5-60）代入式（5-55b），则可得出

$$\Delta Q_{max} = \frac{100}{X_0} S_B \cos^2 \varphi_N \qquad (5\text{-}63)$$

电弧炉最大无功功率变动量对应最大电压变动量 ΔU_{max}，其与额定电压比值的百分比即为电弧炉的短路压降 d_{max}，于是由式（5-62）可得到

$$d_{max} = X \frac{\Delta Q_{max}}{S_B} \qquad (5\text{-}64)$$

式中，d_{max} 和 X 均以百分数表示，若 S_B 以 MVA 为单位，则 ΔQ_{max} 以 Mvar 为单位表示。

【例 5-5】 仍以【例 5-4】中 30t 电弧炉的参数为例，利用最大无功功率冲击值预测短路电压降 d_{max}。

解 先将已知数据代入式（5-63）求得最大无功功率冲击值为

$$\Delta Q_{max} = \frac{100}{367} \times 100 \times (0.85)^2 = 19.7 (\text{Mvar})$$

由【例 5-4】已知，在 PCC 处，$X = X_S = 17.1\%$，代入式（5-64）得到

$$d_{max} = 17.1 \times \frac{19.7}{100} = 3.37\%$$

在电弧炉母线 FB 处，$X = X_S + X_L = 19.2\%$，代入式（5-64）得到

$$d_{max} = 19.2 \times \frac{19.7}{100} = 3.78\%$$

同样对照表 5-1 可见，以上预估测算的两处，最大电压波动值都已超过允许值，表明需加补偿等措施才允许将电弧炉接入电网。

需要指出，以上介绍的两种估算短路压降的方法仅给出了判断将要投入供电系统的电弧炉可能产生的电压波动大小是否超过允许值的方法。而实际上由于闪变的严重与否还与电压波动的波形和频度有关，因此还需直接根据闪变值来评定电弧炉对供电系统的影响。在这里给出短路压降与闪变限值间的经验换算关系式，可供参考使用。

短时间闪变值 P_{st} 与短路压降 d_{max} 之间的换算式为

$$P_{st} = (0.48 \sim 0.85) d_{max} \approx 0.5 d_{max} \qquad (5\text{-}65)$$

长时间闪变值 P_{lt} 与短路压降 d_{max} 之间的换算式为

$$P_{lt} = (0.35 \sim 0.5) d_{max} = 0.4 d_{max} \qquad (5\text{-}66)$$

5.6.4 交流电弧炉电压波动抑制措施

5.6.4.1 抑制冲击性负荷的常用方法

综上所述，电力系统电压波动与闪变问题主要是由有功和无功冲击性负荷引起的，通常这些负荷的功率因数低，无功功率变动大，对供电电压的扰动更加明显。而对闪变的抑制与缓解措施基本都是从电压波动的治理入手的。因此一般而言，在治理功率冲击和电压波动上常用以下两类方法：

（1）通过配置可控的电力补偿和调节器，减小负荷的功率波动性和冲击性对电压的

影响。

这一类方法是面向用电负荷的，采用在用户侧加装各种具有快速响应的装置来完成。它包括动态无功补偿装置、变频启动调速装置、可控动态电压调节器等。

（2）根据预算估计，在设计或供电系统改造阶段增加公共连接点的短路容量，以提高供电能力，调整供电电压稳定性。

这一类方法是面向供电侧的，在供电电源上采取措施，以适应具有特殊用电特性的用户需求。具体实现可通过增设一条增强配电线路，或者将用电负荷设备提升到更高电压等级；选择适合于扰动源用户的公共连接点及架设专用供电线路；采取分段供电，以隔离对其他用户的影响；或者增加专用电源等。

总之，电压波动与闪变的严重程度与供电系统短路容量的大小、供电网络的结构以及负荷的用电特性等相关联，因此其抑制方法涉及诸多方面和各种不同问题，本书仅就交流电弧炉引起的电压波动抑制问题，通过一个具体应用例子，学习和了解采取的抑制方法及措施。

5.6.4.2 功率冲击特性与技术参数

钢铁生产中，用于冶炼可再生废料的电弧炉容量可以在几兆伏安到百兆伏安。一般电弧炉在冶炼过程中，经过起弧、打孔、熔化、精炼和保温等几个基本工作阶段。在这些工作流程中对于供电功率的需求是通过改变炉用变压器二次电压（分接头调节）和电极升降（改变电弧电阻）实现的。

图 5-29 为一台采用全新废钢预热技术的 70t 超高功率电弧炉现场接线图，其配置的主变压器额定容量 S_T 为 60MVA/35kV（超高功率电弧炉的供电容量配置为：0.7～1MVA/t），炉用变压器二次分级调压在 145～500V 范围，P_{max} 为 55MVA 设备厂商提供的最大平均功率，$\cos\varphi = P_{max}/1.2S_T = 0.76$（1.2 是允许的过载系数）。

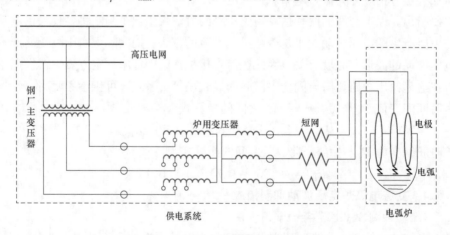

图 5-29 三相交流电弧炉电气系统接线图

正常情况下，供电时间约为 50min，冶炼周期大约为 45～58min。

以下对该类型电弧炉的炉料熔化过程与阶段操作、功率冲击特性和技术参数等做简要介绍，电弧炉冶炼过程及冲击功率示意见图 5-30。

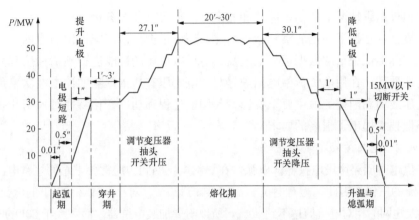

图 5 - 30 电弧炉冶炼过程及冲击功率示意图

(1) 电弧炉正常工况 1（起弧期、穿井期与熔化期）。

1) 起弧期 0.5s：装料后进入空载降压起弧阶段。供电系统调压，有功功率从零骤然提升至 6MW，同时无功功率也从零提升至 60Mvar，功率因数约为 0.1 左右。继续提升电极调节电弧长度，有功功率迅速从 6kW 升至 30MW，无功功率从 60Mvar 降至 40Mvar。功率急剧变化，固体炉料开始快速熔化，起弧期结束。

2) 穿井期 1～3min：这段时间里有功功率大致维持在 30MW，电极端部下降。

3) 升压熔化期 27s：调节炉用变压器分接头开关，电极电压逐级升高，有功功率从 30MW 升至 52.5MW。电极下降到炉底，穿井期结束时，供电达到最高电压和最大电流运行工况，进入主熔化期。

(2) 电弧炉正常工况 2（主熔化期、升温期和熄弧期）。

1) 主熔化期 20～30min：随着炉料不断熔化，电极渐渐开始回升，电弧大致稳定，有功功率和无功功率也相对稳定；此期间热效率高，传热条件好，可以最大功率工作，只发生小幅值频繁波动（功率因数约为 0.7～0.8）。炉料基本熔化，该期间约占熔化期的 60%。

2) 熔末升温期 1min：至此炉料全部熔化，开始调节炉用变压器分接头开关，电极电压逐级下降，有功功率从 52.5MW 降至 42.5MW，无功功率从 40Mvar 升至 60Mvar，相对起弧期，该过程功率阶梯状变化平缓，之后一段时间里供电功率维持基本稳定。继续降低电极缩短电弧长度，有功功率从 33MW 降至 15MW，电弧炉进入低电压大电流供电下的熔末升温期。

3) 断电熄弧期：当电弧长度继续减小，有功功率低于 15MW 时可断开供电断路器，进入熄弧期。此后的功率将随着电容放电迅速减小至 0。

运行期间最大电压波动值达到 2.1%，超过国家标准（35kV 及以上，变动频度 10 $<r<100$，$d\%<1.5\%$）。

(3) 电弧炉异常工况。实际上，电弧炉在起弧期到穿井期可能出现炉料塌陷引起电极开路或短路的情况，功率从 30MW 左右突然降为 0，或在主熔化期电极间发生三相短路，造成供电保护动作跳闸，功率从最大 52.5MW 降为 0。尽管现代电极控制技术响应速度快，但最严重情况下的功率冲击和安全隐患仍要有预案分析。

以上概括性掌握了现场的实际运行情况，还需根据制造厂家提供的冶炼过程功率变化曲线和实际测试记录的数据运行工况及其对供电电压的影响进行预估计仿真分析。人们已清楚地看到，在用电负荷中电弧炉是对供电电压有严重影响的冲击性功率负荷，它是引起电压波动和闪变的最主要干扰源，其用电过程和功率变化特性对采用什么样的无功功率补偿技术提出了很高的要求。

5.6.4.3 电压波动抑制措施

（1）供电主回路增设电抗器。电弧炉在炉料熔化期间，通常要求总的短路电流不得大于额定电流的三倍，因此，相对电抗 $x\%$ 不得小于 30%。对小型或 20t 以下的电弧炉来说，其变压器及短网的相对电抗值达不到 30%，所以需要加装电抗器。而对大于 20t 的电弧炉来说，其主电路专用变压器等有较大的电抗值，所以一般无需加装电抗器，如图 5-29 所示。

（2）采用基于电力电子换流器的动态无功补偿。功率冲击性负荷造成高压电网电压波动，其主要原因之一是无功功率出现短时严重不平衡。因而具有快速无功补偿的装置能够对电压波动起到很好的抑制作用。其中，静止型无功补偿器（Static Var Compensator，SVC）是多年来一直在应用的一种补偿装置。它代替了传统使用的电容器投切补偿，显著增强了调节速度、运行灵活，维护工作量小、可靠性较高。大容量 SVC，在输电线路的无功补偿、高压直流输电换流器的无功潮流的快速控制及电力系统稳定控制中都发挥了重要作用。

静止无功补偿（SVC）基于晶闸管控制技术，将半控功率开关器件换流电路与电抗器（TCR）和电容器（TSC）结合起来使用。其中，双向晶闸管控制电抗器（TCR）最快动作响应时间为 10ms，装置的整体动态响应时间约为 20～30ms，实践证明，对于波动和闪变的抑制水平约为 50%。我国有的地方电网较弱、许多用电接口短路容量较小，接入的冲击性功率负荷引起的电压波动和闪变问题依然严重。SVC 的一个本质缺陷是 SVC 仍然依靠电路中的电容器储存和释放电能参与无功调节，其电压—电流特性曲线如图 5-31 所示，可通过指定的斜率特性来实现补偿，但当无功功率需求大于补偿能力、被补偿母线的电压低于补偿器的参考电压时，伏安特性斜线将下行，而运行范围呈现向下收缩的倒三角形区域。其结果最大无功补偿电流将减小，这是因为装置受制于电容器的固有性能，补偿能力会随电压的平方倍下降，在电网需要增大无功功率时其补偿能力反而减弱。因此这种技术逐渐不适应工业生产发展的实际需求。

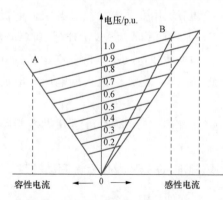

图 5-31　可控电容与可控电抗组成的静止无功补偿器伏安特性

随着 GTO、IGBT、IGCT 等可自关断全控功率器件的快速发展和瞬时无功功率检测方法的实现，无功补偿设备从原理到构造以及特性都发生了很大变化。基于可自关断器件实现的静止无功发生器（Static Var Generator，SVG，又称为静止同步调节器 STATCOM），具有控制特性好、响应速度快（动态响应时间约为 5ms）、动态补偿范围不受连接点电压变化影响（见图 5 - 32 伏安特性所示，STATCOM 能够维持容性和感性最大无功电流不变）、无需与电网连接的电容器和电抗器，设备占地面积小等许多优点，特别是近年来装置成本价格逐渐下降，已开始在有灵活控制和快速响应需要的工业现场获得推广应用。

静止无功发生器的另一个重要的发展方向与储能技术有关。随着超导储能、新型电池储能等技术的进步，在 STATCOM 直流侧连接储能设备，实现有功功率与无功功率的综合控制成为可能，这将大大拓宽 STATCOM 在中低压电网电压稳定控制与电能质量治理中的应用。

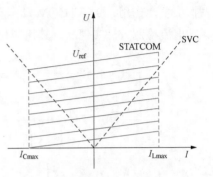

图 5 - 32　STATCOM 与 SVC 的
无功 U-I 特性曲线

静止无功发生器的工作原理如图 5 - 33（a）所示。其核心部分为全控功率开关构成的三相逆变器。逆变器直流侧连接有能保持恒定直流电压的电源或受控的储能电容，其输出经中间变压器等值电抗 X 与电网相连，它等效于一个可控交流电压源。STATCOM 的等效原理如图 5 - 33（b）所示，不难看出，逆变器输出电压和被补偿连接点电压共同作用，决定了流过电抗器 X 的电流和与其正交的两端电压降的补偿关系。在受控电压作用下，当逆变器输出电压 $\dot{U}_i$ 与系统电压 $\dot{U}_s$ 同相位且相等时，流过电抗器的电流为 0，补偿器为空载模式。当输出电压与系统电压同相位且大于系统电压时，电抗器两端的电压差与流过的电流正交，电压滞后于电流 90°，补偿器为容性模式。当输出电压与系统电压同相位且小于系统电压时，电抗器两端的电压差仍然与流过的电流正交，电压超前于电流 90°，补偿器为感性模式。以上三种模式如图 5 - 33（c）所示。

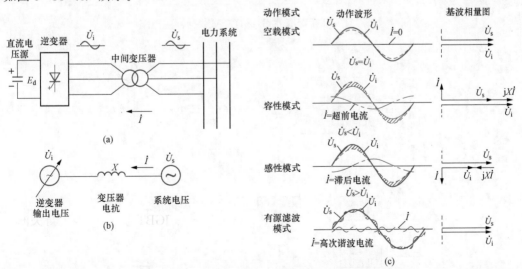

图 5 - 33　STATCOM 基本电路图及其补偿原理
（a）基本接线图；（b）等效原理图；（c）补偿模式、对应波形与相量图

利用 IGBT 全控型功率器件构成的 H 桥级联式 STATCOM 换流器主电路如图 5-34 所示，通过将数组换流阀桥串联连接起来，可以提高整体换流逆变器的耐受电压，以适用于不同电压等级的功率冲击性负荷动态补偿。功率理论的进步在电能质量治理技术中发挥了主要作用，STATCOM 动态无功补偿技术正是利用 p-q 功率理论及其三相瞬时无功电流检测方法实现的。其检测与控制系统流程如图 5-35 所示。

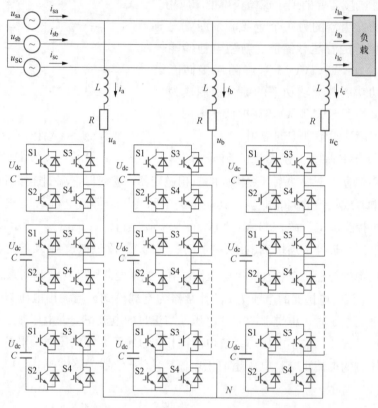

图 5-34　H 桥级联式 STATCOM 换流器主电路

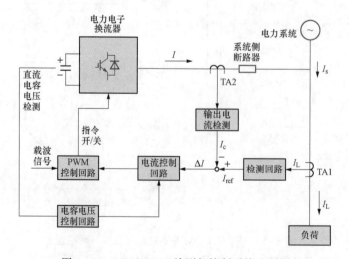

图 5-35　STATCOM 检测与控制系统流程图

图 5-36 所示为采用三相瞬时无功电流检测的动态控制模式和流程，其中的 Clarke 变换实现了瞬时无功电流的计算分解，可根据需要补偿（或剔除）不希望出现的各定义分量，利用设置的（如多阶巴特沃斯）低通滤波器分离获得。提取后的分量经 Clarke 反变换，再作为 abc 三相逆变器 PWM 调节量指令完成瞬时无功补偿和电压调节。

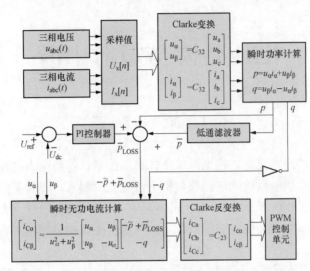

图 5-36 三相瞬时无功电流检测的控制模式流程图

实践表明，对于第 2 章及附录 A 中介绍的几种典型功率理论的控制性能进行比较后可见，p-q 理论及方法在基波动态无功补偿的实时性和动态性上效果最好。

需要指出，STATCOM 逆变器的输出电压应和连接系统电压频率保持同步，这需要在控制环节采纳同步锁相技术来保证。通过控制 STATCOM 逆变器输出电压矢量与系统电压矢量之间的相位差，此时逆变器将从系统汲取有功能量，用于补充电容电能的缺失和消耗，以维持逆变器直流侧电压恒定不变，从而保证了无功功率的动态补偿能力。另外，无功发生装置在补偿基波无功功率的同时，如果需要，可以兼有补偿系统谐波的功能，称之为有源滤波模式，例如可用于轧钢机主电机晶闸管驱动装置的无功需求和谐波抑制。限于篇幅，不再赘述，可参考相关文献。

第 6 章

电压暂降与短时中断

6.1 概　　述

随着用电设备的技术更新，特别是数字式自动控制技术与电力电子技术的大规模应用，很多用电设备对供电系统的电压质量提出了更高的要求，短时间的电压降低可能导致用电设备非正常工作，严重时引起设备的停运，从而使用户遭受巨大的经济损失、造成人民生活不便或引起相关的社会问题等。这种电压变化现象即是本章中将要阐述的电压暂降与短时中断。

电压暂降是指供电电压方均根值在短时间突然下降的事件，其典型持续时间为 0.5～30 周波。GB/T 30137—2013 中对于电压暂降的定义为："电力系统中某点工频电压方均根值突然降低至 0.1p.u.～0.9p.u.，并在短暂持续 10ms～1min 后恢复正常的现象"。电压暂降相关特征量的表示如图 6-1 所示。暂降阈值是指用于判断电压暂降开始和结束而设定的电压门槛值；持续时间是指暂降从发生到结束之间的时间，即达到电压暂降阈值的电压暂降事件的持续时间；残余电压是指电压暂降过程中记录的电压方均根值的最小值；暂降深度是指参考电压与残余电压的差值；参考电压是确定暂降阈值、暂降深度及其他值指定的基准值，通常为标称电压、暂降前电压或供电方与用电方协商的供电电压。需说明的是，在电压暂降的工程分析中，习惯将暂降时的残余电压方均根值与参考电压方均根值的比值定义为暂降幅值，本章中的暂降幅值与以百分比（标幺值）表示的残余电压含义一致。此外，电压暂降结束时的阈值通常稍高于电压暂降开始时的阈值，两者之间的差值定义为迟滞电压，电压暂降开始阈值通常为参考电压的 90%，迟滞电压通常为参考电压的 2%。

在单相系统中，当电压方均根值降低到暂降开始阈值以下时，记作电压暂降的开始；当电压方均根值上升到等于或高于暂降开始阈值与迟滞电压之和（图 6-1 中迟滞电压为 0）时，记作电压暂降的结束。在三相系统里，通常假设三相电压暂降是发生在最先受扰动相的方均

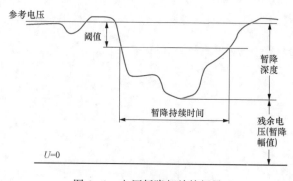

图 6-1　电压暂降相关特征量

根值电压低于暂降开始阈值的时刻,只有所有相方均根值电压都等于或高于暂降开始阈值与迟滞电压之和时,该暂降才结束。

暂降阈值和迟滞电压大小可由电压暂降监测项目执行者根据监测的目的和用途设定。电压暂降开始阈值通常为参考电压的 85%～90%(典型值为 90%),迟滞电压通常为参考电压的 2%。电压暂降持续时间取决于设定的阈值。在实际测量仪器或相应分析中可对应不同的暂降幅值给出相应的持续时间,即将电压方均根值低于指定电压门槛值的一段时间定义为与特定暂降幅值对应的持续时间。

此外,电压暂降往往还伴随有电压相位的突然改变,即暂降发生前后电压波形在时间轴上相对位置的突然变化,称为相位跳变。电压出现相位跳变,是由系统和线路的电抗与电阻的比值(即 X/R)不同,或不平衡暂降向低压系统传递引起的。电压暂降的幅值、持续时间和相位跳变是标称一次电压暂降扰动的最重要的三个特征量。

电压暂降多数是由短路故障引起的,由于故障发生的随机性以及绝缘击穿引起的短路故障易发生在电压瞬时值靠近最大值附近的特性,电压暂降的起始位置即起始点虽然具有一定的随机性,但也有一定的分布规律,最主要分布在 90°和 270°附近。电压暂降起始点的不同可能对某些敏感设备产生很大的影响,为此,起始点也成为电压暂降分析中需要考虑的一个特征量。

一定时间内电压暂降发生的次数可用电压暂降发生频次进行描述。暂降频次是表征电压暂降对敏感用户影响频繁程度的重要指标。暂降频次的增加无疑将加重暂降对敏感用户的危害。为更确切地分析电压暂降的影响,在统计结果中常将暂降发生频次与暂降幅值及持续时间统一考虑。图 6-2 所示为某 115kV 系统大约一年内实测电压暂降的发生情况(图 6-2 中幅值按低于额定电压的百分比给出)。由图 6-2 可知,多数电压暂降的幅值为额定电压的 90%～70%。图 6-3 给出了与图 6-2 对应的暂降频次、暂降幅值及持续时间之间的三维柱状图,由图 6-3 可直观了解三者之间的关系。电压暂降的频次、幅值和持续时间是表征电压暂降严重程度的最重要的三个指标。

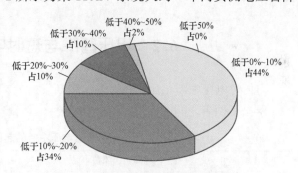

图 6-2 某 115kV 系统实测电压暂降
(幅值)的发生情况

电压方均根值降低到接近于零时,称为中断。持续时间较长的中断称为长时中断,而持续时间较短的中断则称为短时中断。GB/T 30137—2013 中对于短时中断的定义为"电力系统中某点工频电压方均根值突然降低至 0.1p.u. 以下,并在短暂持续 10ms～1min 后恢复正常的现象"。

电压暂降与短时中断通常是相关联的电能质量问题,涉及的内容也非常广泛。本章将在对电压暂降与中断基本内容进行介绍的基础上,侧重对电压暂降与短时中断的起因、电压暂降对敏感设备的影响、电压暂降幅值与临界距离计算、电压暂降分类、特征

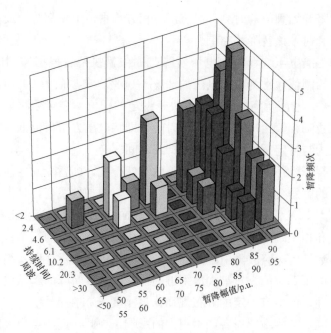

图 6-3　与图 6-2 对应的暂降频次、暂降幅值与持续时间之间的关系

量检测方法、评估指标与标准以及抑制技术等予以阐述。顺便指出，电压暂降是供电电压方均根值在短时间突然下降的事件，而与之相反的电压方均根值在短时间突然上升的事件称为电压暂升。电压暂升的分析方法与电压暂降相似，因此在本章中不对其进行专门分析。

6.2　电压暂降与短时中断的相关性

与长时电压中断相比，短时电压中断发生的频次高，在技术处理上也有所不同。表 6-1 给出了两者之间的比较。

表 6-1　　　　　短时电压中断与长时电压中断的起因、控制措施的比较

中断类型	短时电压中断	长时电压中断
起因	瞬时性故障清除前，故障相线路经历短时电压中断	永久性故障
	保护误动时，非故障相也会经历短时电压中断	瞬时性故障时，重合闸拒动
	运行人员误操作	线路故障检修
故障恢复方法	自动恢复	手动恢复
具体措施	重合断路器，主要用于架空配电线	手动切换至正常供电母线
	自动切换至正常供电母线，多用于工业用电系统	

电压暂降与电压的短时中断往往是相伴产生的。如图 6-4 所示为一具有架空线路的配电系统，假设图中的主馈线采用带有重合闸装置的断路器保护，分支线路均采用熔断器保护；当主馈线断路器清除瞬时性故障时，熔断器不动作。因此，瞬时性故障由重

合闸清除后，系统供电自动恢复正常。

永久性故障也可以被主馈线的断路器清除，但将导致该线路上所有用户（设备）长时间的电压中断，为此，可考虑采用熔断器清除永久性故障。此时，需将重合闸设定为瞬时动作和延迟动作两种情况，即对所有可能的故障电流，保护动作的时间顺序依次为：主馈线断路器（重合闸）瞬时动作、熔断器动作、主馈线断路器（重合闸）延迟动作。这样，当故障发生时，主馈线上的所有用户承受的将为短时电压中断。

保护装置按上述方式配合时，将会对不同的用户带来不同的影响。假设图 6-4 中线路 1 发生故障，则故障线路 1 与非故障线路 2 电压方均根值的变化情况如图 6-5 所示。图 6-5 中，A 为故障切除时间，B 为重合闸重合所需时间。故障发生后，故障线路上的用户将承受一次电压暂降（实线），并将承受随之而来的由于断路器切除故障所引起的电压中断的影响。如果实际发生的故障是短时间的，则重合闸应重合成功，电压中断将是短时间的。这种情况下，非故障线路 2 上的用户将仅承受一次电压暂降（虚线）。如果在重合闸第一次重合之后，故障仍然存在，则非故障线路 2 上的用户将承受第二次电压暂降，故障线路 1 上的用户将承受第二次短时电压中断或长时中断。

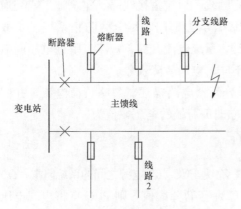
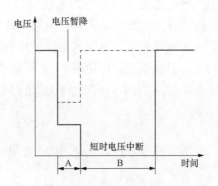

图 6-4　带有熔断器和重合闸的架空线路的配电系统

图 6-5　重合闸时故障线路 1（实线）和非故障线路 2（虚线）电压方均根值
A—故障切除时间；B—重合闸重合所需时间

考虑到线路上的电容参数和连接的电容器等补偿设备的作用，电压发生短时中断时，虽然电压方均根值可能并不为零，但很"接近于零"（电压方均根值降低到设定的中断阈值以下），这种事件可引起停电、灯光熄灭、显示屏幕空白、电机减速等。更为严重的是，它还会破坏正常的生产过程，使计算机丢失内存信息，使控制系统失灵等。电压中断往往给用户带来不便或严重的经济损失，并可能产生不良的社会影响。

与电压的短时中断相比，电压暂降发生时虽然电压方均根值较高一些，但当电压暂降的幅值和持续时间超过敏感负荷中关键控制设备的耐受能力时，会影响它们的正常工作，造成计算机与数字式控制器等运行异常，从而引起由它们控制的自动化生产线停止工作，甚至无序重新启动等。与电压的短时中断相比，电压暂降发生的频次更高，两者所引起的相关损失均较大。短时中断可以视为严重的电压暂降，其分析方法与电压暂降相似。

161

6.3 电压暂降与短时中断的起因

当输配电系统中发生短路故障、感应电机启动、变压器以及电容器组的投切、雷击、开关操作等事件时，均可引起电压暂降。短路故障不仅可能引起故障点附近还可能会引起系统远端供电电压较为严重的跌落，这类暂降的持续时间与故障切除时间密切相关。电机全电压启动时，需要从电源汲取的电流值为满负荷时的 $500\%\sim800\%$，这一大电流流过系统阻抗时，将会引起电压突然下降。这类暂降的持续时间通常较长，但电压暂降程度通常较小。变压器投运时，铁芯的饱和特性会在送电端产生数倍于额定电流的励磁涌流，引起接入点电压下降，当电压下降较多时则引起电压暂降。雷击时造成的绝缘子闪络或对地放电会使保护装置动作，从而导致供电电压暂降，这类暂降影响范围大，持续时间一般超过 100ms。

6.3.1 短路故障

电力系统短路故障是引起电压暂降最主要的原因。电力系统在运行过程中，雷击、大风、冰雪等自然因素，以及绝缘子污染、动物触线、树枝搭接线路、建筑施工或交通运输引发的事故也会引起电力系统短路故障。尽管电力部门竭尽全力防止系统发生故障，但故障并不能被完全消除。短路故障发生时，系统电流升高，短路点附近电压明显下降，电压暂降发生。不同的短路故障会引起不同的电压暂降现象。

对于辐射状系统，可用图 6-6 所示的电压分配器电路描述。忽略负荷电流，并假设电源电压 $U_s=1\text{p.u.}$，则故障引起的 PCC 点亦即负荷端的电压幅值为

$$U_{\text{sag}} = \frac{Z_F}{Z_F + Z_s} \qquad (6-1)$$

式中：Z_F 为故障点与 PCC 点之间的线路阻抗，Ω；Z_s 为 PCC 点与电源之间的系统阻抗，Ω。

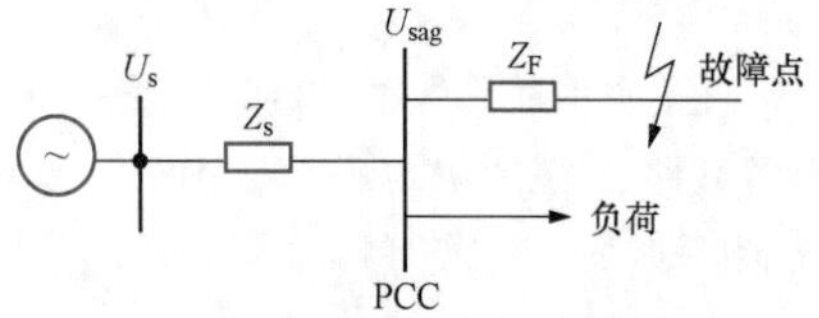

若 U_{sag} 小于暂降阈值，则 PCC 点将出现电压暂降事件。

令 $Z_F=zl$，l 为故障点与 PCC 点之间的距离，z 为单位长度线路阻抗。则

$$U_{\text{sag}} = \frac{zl}{zl + Z_s} \qquad (6-2)$$

图 6-6　电压暂降的电压分配器模型

故障引起的暂降幅值和故障点与 PCC 之间的距离相关，距离 PCC 越近，引起的电压暂降越严重。暂降通常伴随着保护装置的动作而清除，因此，认为持续时间与保护装置的动作时间密切相关。

图 6-7、图 6-8 分别为典型的对称和不对称短路三相电压瞬时值波形和方均根波形。短路故障引发的电压暂降的幅值一般较低；暂降发生和恢复的波形陡；发生不对称短路时有可能在引起某相暂降的同时，另一相出现电压的暂升；同时还可能在电压暂降中发生相位跳变。由图 6-8 所示的 b、c 两相不对称短路引起的电压暂降波形可知，b、c 两相发生了幅值 50% 的暂降，同时暂降过程中 a 相与 b 相电压反相位，这说明电压暂降过程中也出现了 60°的相位跳变。

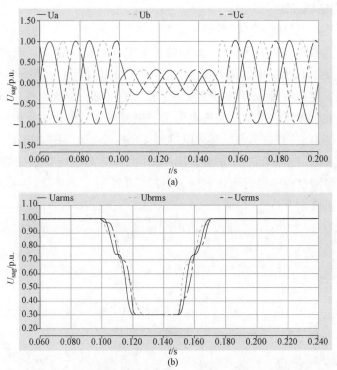

图 6-7 三相（对称）短路故障三相电压瞬时值波形和方均根值波形

（a）电压瞬时值；（b）电压方均根值

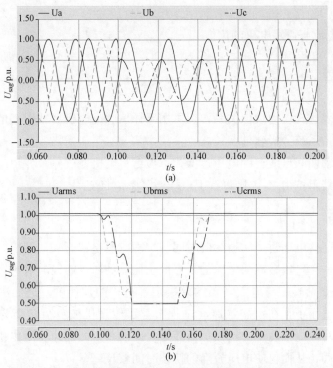

图 6-8 不对称短路故障三相电压瞬时值波形和方均根值波形

（a）电压瞬时值；（b）电压方均根值

163

6.3.2 感应电机启动

除短路故障外，引起电压暂降的另一重要原因是大容量感应电机的启动。感应电机开始启动时，相应的转差率约为1，启动电流比正常工作时大很多，典型值为额定工作电流的5～6倍。启动过程中，电机转速上升达到额定值的时间一般约为几秒钟到1min，在此之前，电机电流一直维持较大值。较大的电流会造成电机附近母线电压大幅下降，从而引起电压暂降，特别是当电机为某一馈线的主要负荷时，电压下降的影响更为严重。由于电力系统中存在大量的感应电机，且有些母线上的感应电机启动频繁，它们造成的暂降不容忽视。感应电机启动过程中，电压的降低与系统参数密切相关。图6-9所示为感应电机启动过程中进行电压暂降分析的等值电路，图中 Z_s 为系统阻抗，Z_M 为启动期间的电机阻抗。

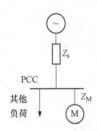

图6-9 分析感应电机启动
引起电压暂降的等值电路

假设系统电压标幺值为1，同一母线上其他负荷所承受的电压为

$$U_{sag} = \frac{Z_M}{Z_s + Z_M} \tag{6-3}$$

假设电机额定功率为 S_m，系统短路容量为 S_d，母线标称电压为 U_N，则系统阻抗为

$$Z_s = \frac{U_N^2}{S_d} \tag{6-4}$$

启动期间的电机阻抗为

$$Z_M = \frac{U_N^2}{\beta S_m} \tag{6-5}$$

式中：β 为启动电流与额定电流的比值。

则式（6-3）可写为

$$U_{sag} = \frac{S_d}{S_d + \beta S_m} \tag{6-6}$$

当然，上述表达式仅为近似关系，但可用于评估感应电机启动引起的电压暂降，精确结果需借助电力系统分析软件获得。

如果电机启动期间母线上的电压过低，可考虑将电机通过一个专用的变压器与母线相连。假设变压器阻抗为 Z_T，则母线上电压暂降幅值将变为

$$U_{sag} = \frac{Z_T + Z_M}{Z_s + Z_T + Z_M} \tag{6-7}$$

电机启动引起的电压暂降所持续的时间与许多电机参数有关。其中，电机的惯性是最重要的参数之一。电气转矩与电压的平方成正比，例如，90%的电压暂降将使转矩下降到81%。机械负荷转矩与电气转矩的差决定了电机的加速度，进而决定了启动加速的时间。在额定电压下，在大多数启动过程中都可假设机械负荷转矩为电气转矩的一半。当电压降低时，电气转矩与机械负荷转矩之间的差，即加速转矩也将降低，这将导致较长的加速时间，从而也使电压暂降的持续时间较长。

图6-10为感应电机启动时典型的三相电压方均根值波形。

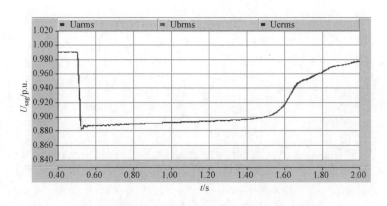

图 6-10　感应电机启动时三相电压方均根值波形

感应电机启动引起的电压暂降三相同时发生，暂降幅值一般不低于 0.85p.u.；电压暂降以渐变方式逐渐恢复，暂降结束时刻不明显。

6.3.3　大容量变压器投运

图 6-11 所示为变压器铁芯的磁化曲线。

在稳态状态下，当磁通 Φ 在 $-\Phi_{\max}$ 与 $\Phi_{\max}$ 之间变化时，励磁电流变化很小；当 $|\Phi| > |\Phi_{\max}|$ 后，即变压器铁芯饱和以后，励磁电流会迅速增大。变压器在投运时，由于铁芯的饱和特性，会在送电端产生 8～10 倍额定电流的励磁涌流，涌流的大小与电压的初相角和铁芯饱和程度有关。在交流电路中，磁通总是滞后电压 90°相位角。如果在合闸瞬间，电压正好达到最大值，则磁通的瞬时值正好为零，即在铁芯里一开始就建立了

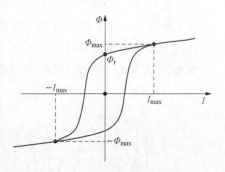

图 6-11　变压器铁芯的磁化曲线

稳态磁通，在这种情况下，变压器不会产生励磁涌流。反之，当合闸瞬间电压为零，则涌流最大，所引起的电压下降也最大，当电压下降到超过暂降阈值时，则引起电压的暂降。由于变压器投运时三相电压初相角始终相差 120°，故三相暂降幅值始终是不平衡的。线圈铜损大小将影响暂降后电压的恢复，小型变压器约几个周期电压就能达到稳态，而大型变压器由于电阻较小，电抗较大，一般需要几十个周期电压才能达到稳态。

图 6-12 为变压器投运时典型的三相电压方均根值波形。

变压器投运引起的电压暂降三相幅值不相等，一般不低于 0.85p.u.；电压暂降也以渐变方式逐渐恢复，暂降结束时刻不明显；暂降电压中有谐波分量，如 2 次谐波等。

6.3.4　雷击

由于架空输电线路很大一部分暴露在大自然中，在雷雨季节极易受到雷击干扰。输电线路落雷后，若雷电流超过线路的耐雷水平，线路绝缘就会发生冲击闪络，雷电流沿闪络通道入地，由于时间仅几十微秒，线路开关来不及动作，工频短路电流继续流过闪

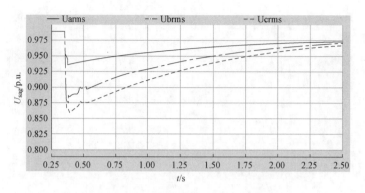

图 6-12　变压器投运三相电压方均根值波形

络通道并建立起稳定电弧持续燃烧，形成接地故障，线路将跳闸。线路雷击后会产生雷电行波在系统中传播，系统中各节点电压由于行波传播与折反射会上升波动。在绝缘子闪络造成接地故障后，工频短路电流将引起电压暂降在系统中传播，节点电压在上升波动后再下降。

雷击故障在电网故障中所占比例很大，是造成母线电压暂降的重要原因。雷击故障后，雷电波在系统中传播，母线电压信号中往往带有高频分量，而普通短路故障的电压信号中通常不含有高频分量。

典型雷电冲击与短路故障时的电压波形如图 6-13 所示。

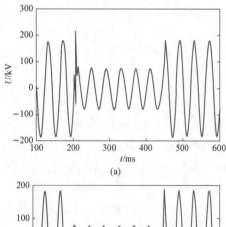

(a)

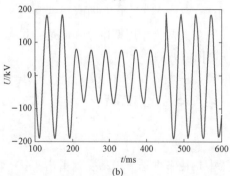

(b)

图 6-13　雷电冲击与短路故障时的电压波形
（a）故障性雷击；（b）普通短路故障

由变压器励磁原因引起的电压暂降，也会产生高频分量，但其高频分量在整个电压暂降持续时间内存在，而雷击的高频信号仅在电压暂降开始时刻存在，随着雷电流入地后，雷击造成的高频分量也随之衰减，在电压暂降结束时，不会有高频分量。

引起电压暂降的短路故障类型包括单相接地短路、两相接地短路、两相短路和三相短路。雷击引起故障的 90% 以上都是单相接地故障，考虑雷击会在三相导线上产生大气过电压，因此有造成两相接地故障和三相故障的可能性。雷击故障中工频短路电流沿闪络通道入地，因此绝大多数为接地故障。

除上述引起电压暂降的原因外，大容量负荷的投切，可变负荷和/或变速驱动、电弧炉、焊接设备等负荷和装置所产生的功率大幅度波动（尤其是无功功率）等，都会引起类似于短路时的电流大幅度变动，从而引起电压的暂降。系统运营商应根据供电系统的实际状态核实这类负荷的接入条件，使这类负荷的影响被限制在一个可接受的水平。

6.4　电压暂降对敏感用电设备的影响

在许多发达国家，电压暂降与中断已成为影响大工商业用户的最主要的电能质量问题。由前面分析可知，当保护装置跳闸切断给某一用户供电的线路时，该供电线路上将出现电压中断。这种情况一般仅在该线路上发生故障时才会出现，而相邻的非故障线路上将出现电压暂降。对于电力系统的许多故障，在故障期间相邻线路上都将发生不同程度的电压暂降。因此，电压暂降发生的次数远比电压中断发生的次数多。与仅对电压中断较为敏感的设备相比，如果设备对电压暂降也很敏感，则由电压暂降带来的问题的次数将显著增加。对某一用户来说，一次电压暂降带来的危害可能不如一次中断带来的危害大。但由于暂降发生次数较为频繁，所以从总体上看，暂降所带来的损失是巨大的。

随着用电设备的技术更新，电压暂降敏感设备越来越多，迄今为止国内外关注较多的典型敏感设备包括计算机、可编程逻辑控制器（Programmable Logic Controller，PLC）、交流接触器（AC Contactor，ACC）与变频调速器（Adjustable Speed Drives，ASD）等。这些设备应用领域广泛，影响面大，若受到电压暂降影响出现非正常工作状况，引起的可能不仅是其所控制的进程停止运转造成的生产产品质量下降或报废，还可能会造成人民生活不便、人身安全或引起相关的社会问题等严重影响。本节将以上述四种敏感设备为例分析电压暂降的影响。

同时需指出，在认识电压暂降对某类设备的共性影响之外，还要了解其影响的差异性。电压暂降的影响随用电设备的特性而异，用电设备的设计、生产与制造技术在不断进步，不同厂家的产品也存在差异性，因此不同时期与不同厂家的用电设备，电压暂降的影响可能会存在一定的差异。

6.4.1　CBEMA、ITIC 与 SEMI F47 曲线

计算机的应用遍布各行各业，为了解并防范电压暂降与暂升对计算机的影响，二十世纪八十年代，美国计算机商业设备制造者协会（Computer Business Equipment Manufacturing Association—CBEMA，现已改称 Information Technology Industry Council—ITIC 信息技术工业协会）基于大型计算机对电能质量的要求，提出了计算机类设备的电压耐受曲线，称为 CBEMA 曲线，以防止电压扰动造成计算机及其控制装置误动和损坏。该曲线是根据大型计算机的实验数据和历史数据绘制的，对于其他敏感性负荷的电压耐受曲线，可参照该曲线并根据实际情况制定。

图 6-14 所示的 CBEMA 曲线，描述了计算机承受某种程度与持续时间的电压变化的能力。基于 CBEMA 曲线可划分为合格与不合格电压变化两个区域。CBEMA 曲线的上包络线表示过电压时合格与不合格电压的分界线，下包络线则表示低电压时合格与不合格电压的分界线，阴影部分为合格电压。幅值低于 90% 的低电压情况对应于电压暂降，幅值为零则对应于电压中断。由图 6-14 可知，允许的电压中断时间小于 8.33ms（注：即 60Hz 系统中的半个周波）。

CBEMA改称信息技术工业协会后，其所属的第三技术委员会对图6-14的曲线进行了修订，后称其为ITIC曲线，如图6-15所示。图6-15仍沿用图6-14的基本概念，即包络线内的电压为合格电压，而包络线外的电压为不合格电压。图6-15中将光滑曲线改为折线，使电压幅值与持续时间有明确的对应关系；稳态电压容限从106%和87%改为110%和90%，电压的上下偏差值相等；下包络线的起始时间从8.33ms改为20ms（超过60Hz系统的一个周波），这表明计算机元件的断电耐受水平有了提高；横坐标既标明单位s，又标明60Hz系统的周波（图6-15中的c）单位，更具实用性。

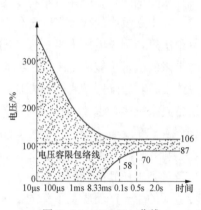

图6-14　CBEMA曲线

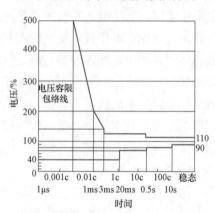

图6-15　ITIC曲线

SEMI F47曲线是由国际半导体设备与材料团体制造协会制定，适用于半导体加工、度量与自动化测试设备。SEMI F47曲线规定了持续时间从0.05s到1.0s的60Hz和50Hz工频下电压暂降耐受值，描述了半导体制造业设备必须耐受特定深度和持续时间的电压暂降的能力。

虽然表6-2中没有定义持续时间小于0.05s和大于1s的电压暂降耐受值，但在图6-16中给出了包含上述时间范围的扩展的SEMI F47曲线。

表6-2　　　　　　　　　　　　SEMI F47电压暂降持续时间和耐受值

持续时间（s）	周期（60Hz）	周期（50Hz）	耐受值（%）
<0.05	<3	<2.5	无规定
0.05～0.2	3～12	2.5～10	50%
0.2～0.5	12～30	10～25	70%
0.5～1.0	30～60	25～50	80%
>1.0	>60	>50	无规定

6.4.2　计算机与电子设备

计算机与多数其他电子设备的电源结构极为相似，通常由一个二极管整流器和一个电压调节器（DC/DC换流器）组成，如图6-17所示，它们对电压暂降的敏感程度也是相近的。

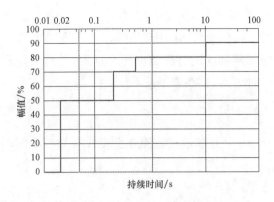

图 6-16 推荐的扩展 SEMI F47 曲线
（框内为 SEMI F47 规定部分）

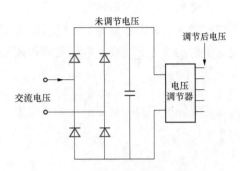

图 6-17 计算机电源的简化结构

图 6-17 中的电容器起减小电压纹波的作用。正常工作时，交流电压经整流器整流后得到几百伏的直流电压，再由电压调节器将其调节为 10V 左右的直流电压，提供给用电设备。如果交流侧电压降低，整流器直流侧的电压也将随之降低。但是，在一定的电压变化范围内，电压调节器有能力使其输出电压恒定，保证设备正常工作。若整流器直流侧电压过低，调节器输出电压不足以维持定值时，则可能会影响设备的正常工作。

为研究电压暂降对整流器直流侧电压的影响，做如下假设：

（1）当交流电压绝对值大于直流侧电压时，二极管导通，直流侧电压等于交流电压。

（2）暂降事件发生前，正弦交流电压峰值为 1。在暂降事件发生后，正弦交流电压为峰值小于 1 的恒定值。电压暂降仅考虑幅值的降低，不考虑可能的相位跳变。交流电压不受负荷电流的影响。

（3）二极管关断时，电容器放电。但电压调节器的功率为定值，与直流侧电压大小无关。

图 6-18 以发生 50% 无相位跳变的电压暂降为例，给出了暂降发生前、发生期间与发生后整流器直流侧电压的变化情况，图中虚线为交流电压的绝对值。

电压暂降时，交流电压瞬时降低，其最大值小于直流侧电压。因此，二极管处于反向关断状态，电容器开始放电并向直流负荷供电。这一过程一直持续到电容器电压小于暂降期间交流电压的最大值为止。此时将建立一个新的平衡点。

应当注意，电容器放电只决定于连接到直流侧的负荷，而与交流电压无关。因此，任何暂降都将引起直流电压的衰减，衰减的持续时间决定于暂降的幅值。暂降程度越深，电容器放电到可重新从交流电源充电的时间就越长。在一定的输

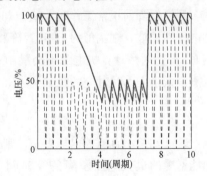

图 6-18 电压暂降对单相整流器
直流侧电压的影响

入电压范围内，电压调节器有能力使其输出电压恒定，而与输入电压无关。如果假设电压调节器无损耗，则输入功率与直流侧电压无关，可认为连接到直流侧的负荷为恒定功

率负荷。

在交流电压的绝对值低于直流侧电压时，提供给负荷的所有电能都来自储存在电容器中的能量。设电容量为 C，电压暂降前与暂降期间的直流侧电压分别为 U_0 和 U，直流侧负荷功率为 P，则在电压暂降期间某一时刻 t，存在如下关系

$$\frac{1}{2}CU^2 = \frac{1}{2}CU_0^2 - Pt \tag{6-8}$$

只要直流侧电压大于交流电压的绝对值，式（6-8）就成立。直流侧电压在衰减期间的大小为

$$U = \sqrt{U_0^2 - \frac{2P}{C}t} \tag{6-9}$$

在电压暂降前正常运行条件下，直流侧电压的变化较小。可在 $U=U_0$ 附近对上式进行线性化，即

$$U = U_0\sqrt{1 - \frac{2P}{U_0^2 C}t} \approx U_0\left(1 - \frac{P}{U_0^2 C}t\right) \tag{6-10}$$

式（6-10）可用于计算电压纹波。电压纹波指直流侧电压最大值与最小值之间的差。设基波电压的周期为 T，由式（6-10）可知，当 $t=0$ 与 $t=T/2$ 时，直流侧电压分别达最大值与最小值。因此，可得电压纹波为

$$\varepsilon = \frac{PT}{2U_0^2 C} = U_{max} - U_{min} \tag{6-11}$$

电压纹波通常用作单相二极管整流器的一个设计准则。

将式（6-11）代入式（6-9）可得放电期间直流侧电压的表达式为

$$U(t) = U_0\sqrt{1 - 4\varepsilon\frac{t}{T}} \tag{6-12}$$

由式（6-12）可知，正常工作情况下直流电压的纹波越大，电压暂降期间直流侧电压下降得越快。

当直流侧电压低于电压调节器能正常维持的最小输入电压 U_{min} 时，计算机电源将跳闸。假设暂降前正常工作时，交流与直流侧电压幅值（峰值）均为 1p.u.，并忽略直流侧电压的纹波，则幅值为 U 的暂降将引起一个幅值也等于 U 的新的稳态直流侧电压。当 $U>U_{min}$ 时，计算机电源不会跳闸；当 $U<U_{min}$ 时，计算机电源将跳闸。设直流侧电压刚刚低于 U_{min} 时对应的时刻为 t_{max}，将 $U_0=1$ p.u. 代入式（6-12）可得

$$t_{max} = \frac{1 - U_{min}^2}{4\varepsilon}T \tag{6-13}$$

若已知最小直流侧电压 U_{min}，则式（6-13）可用于确定计算机电源跳闸时刻，即电源能忍受的最大电压暂降持续时间。电源跳闸时的直流侧电压取决于电压调节器的设计。

对于承担生产过程自动化、数据实时采集与处理等重要功能的计算机，一旦电源遭受电压暂降影响就可能造成其突然重启动、操作系统损坏或者键盘指令失效等，可能给用户带来严重的经济损失。前述 CBEMA 与 ITIC 曲线可用于计算机与相关电子设备电

压暂降耐受特性的分析，但同时也需说明的是，随着计算机配置性能快速更新换代与嵌入式软、硬件低压保护技术不断完善，必然使其电压暂降耐受特性得到改善。如目前计算机电源电路普遍采用主动式 PFC（Power Factor Correction，功率因数校正）结构，在整流桥和滤波电容之间加入 Boost 电路，使得输入电压范围更宽，且无需大容量电容器；由于 DSP（Digital Signal Processor，数字信号处理）技术的发展，使得早期某些复杂的硬件电路功能可以通过软件实现，从而也有助于提高计算机系统对电压扰动的兼容性。

如图 6-19 所示为测试所得的国内所生产的 3 台计算机（PC1 为 2007 年生产计算机，PC2 和 PC3 为 2016 年生产的同型号计算机）在待机与不同工作模式下的暂降耐受曲线。图 6-19（b）中 PC1 的 CPU 使用率接近 100％，而 PC2 和 PC3 的 CPU 使用率均为 30％左右。由图 6-19 可知，不同运行状态以及同型号产品在电压暂降时的耐受特性均会出现差异；同时可看到后期的计算机较前期相比，电压暂降耐受特性已有较大幅度提高。

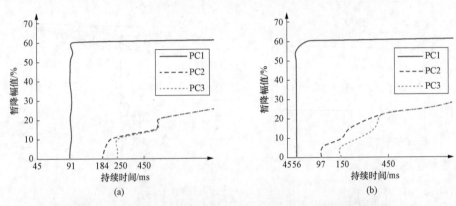

图 6-19　3 台计算机在待机与不同工作模式下的暂降耐受曲线
（a）待机模式下暂降耐受曲线；（b）不同工作模式下暂降耐受曲线

6.4.3　可编程逻辑控制器

对工业处理过程来说，可编程逻辑控制器 PLC 非常重要，因为整个工艺流程可能都是在其控制下进行的。

PLC 的操作过程可归结为四个基本功能步骤：读取数据（输入 I 单元）、执行控制程序（CPU）、自动诊断（CPU）、根据程序修正输出状态（输出 O 单元）。电压暂降会对 CPU、I/O 卡产生影响，而且在每一步程序的执行中，都会影响 PLC 的逻辑水平，任意的潜在扰动都可能威胁到工艺流程的连续性。

PLC 类型多样，按组成结构可分为整体式和组合式两类，按 I/O 点数又可分为小型 PLC（点数一般在 128 点以下）、中型 PLC（点数一般在 256～1024 点）及大型 PLC（点数在 1024 点以上）。下面以小型整体式 PLCs 为例介绍其电压暂降耐受特性。

电源（通常为开关式电源）是 PLC 中最敏感的模块，其是将交流电压转换成直流电压供给 PLC 其他模块工作的单元。电源模块对暂降的承受能力主要取决于所需要的直流输出电压的稳定性和电容器储存的能量。早期 PLC 最常见的电源电压为 AC120/240V，允许±15％波动。随着 PLC 技术发展，其电源电路中采用了主动式功率因数校正结构，PLC 额定电压为 AC100～240V，允许电源电压在额定电压的 -15％～10％范围内波动，即输入电压范围为 AC85～264V。主动式功率因数校正结构使得 PLC 电源电路结构复杂，但是功率因数却能达到 0.99，而且输入电压范围更宽，输出电压纹波小，无需大容量电容，相应电源重量也有所减轻，且其消耗功率也明显降低。

电源电压会对 PLC 暂降耐受特性产生较大影响。不同国家具有不同的低压用户市电电压等级，如我国为 220V 50Hz、美国为 120V 50Hz、日本为 100V 50/60Hz 等。图 6-20 分别给出了以上述三种市电电压等级为基准电压测试所得的某 PLC 电压暂降耐受曲线。显然，相同 PLC 在不同市电电压等级下其电压暂降耐受特性是不同的，亦即市电等级明显影响 PLC 暂降耐受特性。

图 6-21 所示为以 220V 为基准电压测试所得的 6 个品牌（三菱、欧姆龙、松下、信捷、和利时、永宏）9 款 PLCs 电压暂降耐受曲线。

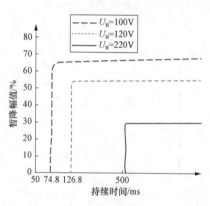

图 6-20　不同市电电压等级下某 PLC
电压暂降耐受曲线

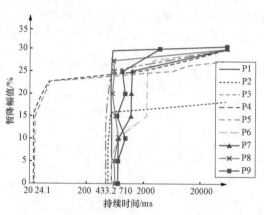

图 6-21　9 款 PLCs 电压暂降耐受曲线

由图 6-21 可见，P1～P9 均能对暂降幅值 30％以上的电压暂降事件免疫。当遭受短时中断时，P3、P4 仅能维持运行约 24ms，而 P1、P2 以及 P5～P9 均至少持续正常运行 430ms。究其原因可能与测试样品中 P3、P4 特殊的结构有关，为了获得更快的数据吞吐能力，P3 与 P4 中 IC 芯片 MR2920 的主开关采用了高速 IGBT，具有开关损耗会因输入电压超出范围而迅速增大的特性；而其他 PLCs 的 IC 芯片均采用 MOSFET 集成，MOSFET 本身开关损耗相比高速 IGBT 较小。

6.4.4　交流接触器

交流接触器线圈两端加上电源电压时，线圈中交变的电流产生交变的磁通，使得静铁芯产生电磁吸力，当电磁吸力大于弹簧的拉力时，动铁芯吸合进而使得触点闭合，从而使接触器主触头接通电源；若线圈两端电源电压出现扰动时，静铁芯上产生的电磁吸力会发生变化，当其小于弹簧拉力时，动铁芯联动部分会与静铁芯断开，进而使得主触头切断负载电源，从而导致工作过程供电中断。

为此，针对交流接触器的设计与生产制造，对电源电压限定范围内变化时交流接触器的动作特性提出了要求。例如大多数欧洲国家的接触器制造商根据 IEC 60947—4—1 标准设计他们的产品。如果是单独用于电动机启动的电磁型接触器，该标准要求在控制电源额定电压的 85%～110%应能保证可靠闭合；在交流电压额定值的 20%～75%，应能完全退出和断开。但这些限制都是针对稳态条件而言的。由于没有给出时间限制，因此对事件型现象，例如电压暂降，则没有做出具体的限制。

除电压暂降的幅值与持续时间会影响交流接触器的正常工作外，电压暂降起始点和相位跳变等也会对交流接触器造成较大的影响。电压暂降起始点与暂降发生起始时刻交流接触器磁通能量的大小有关，磁通越大，交流接触器的电磁吸力越大，电压暂降下持续的时间越长；相位跳变则与磁通变化的时间有关。

图 6-22 所示为 0°、45°与 90°暂降起始点下，某主触头额定电流为 65A，线圈电压 220V/50Hz 的同一品牌、同一型号的两个三相交流接触器（C1 和 C2）的电压耐受曲线。由图 6-22 可知：C1 和 C2 的耐受度曲线走势基本相同，说明同一品牌、同一型号交流接触器的耐受曲线规律相同，其性能相似，但也存在一定差异。

当暂降起始点为 0°时，电压暂降越严重，接触器持续工作时间反而越长。这是由于发生电压暂降时，虽然

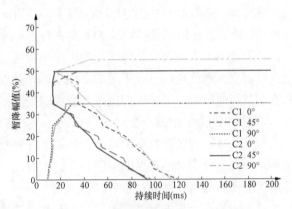

图 6-22　不同暂降起始点下某型号交流
接触器耐受曲线

线圈两端的电压发生了突变，但电流不能突变，磁通也不能突变所致；电压暂降发生在 0°起始点时，电流和磁通正处于最大值的位置；由于接触器线圈呈电感性质，暂降幅值越小，di/dt 值越小，即磁通从峰值衰减到临界磁通值的时间越长，亦即电磁吸力减小到小于弹簧拉力最大值的时间越长，因此使得交流接触器持续工作的时间较长。而当暂降起始点为 90°时，线圈中电流最小，维持接触的磁通量也最小，电压跌落越严重，接触器持续工作时间也就越短。

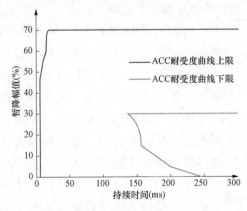

图 6-23　交流接触器（ACC）电压暂降
综合耐受曲线

图 6-23 是依据国内外多个品牌主触头额定电流 60A 左右的 11 个交流接触器（8 个线圈电压为 220V、2 个线圈电压为 110V、1 个线圈电压为 24V）电压暂降耐受特性所提取出来的交流接触器电压暂降综合耐受曲线，测试时考察了电压暂降幅值、持续时间、起始点、相位跳变、频率波动、谐波、连续暂降、多重暂降、阻尼振荡等因素的影响。

6.4.5　低压变频器

低压变频器电压暂降的耐受特性受多种因素影响，主要因素是变频器的低电压和过

电流保护阈值、负载转矩、电机转速和暂降类型。

为了避免变频器不正常工作或过载，通常变频器都有直流母线低电压保护和过电流保护。发生电压暂降时，变频器直流侧电压下降，当直流母线电压低于保护阈值时，保护电路动作，变频器跳闸。若暂降持续时间过短，未能触发低电压保护，暂降过程中（负载功率在短时间内基本保持不变，输入电压降低则输入电流相应增大）和结束后（恢复后的输入电压对电容充电引起过电流）的过电流可能触发过电流保护，使变频器跳闸。

电压暂降时直流侧电压下降的原因之一是直流母线上的能量被负载消耗。在电容大小不变的情况下，负载功率决定了直流电压下降的速率，负载功率越大，直流侧电压下降越快。变频器负载转矩或电机转速越大，负载功率越大，则变频器对电压暂降的耐受能力越弱。

暂降类型对变频器的暂降耐受特性影响较大。相同幅值的三相、两相和单相暂降会使变频器直流母线电压呈现不同的变化规律，从而影响变频器电压暂降的耐受特性。此外在非三相暂降时，缺相保护也可能会决定变频器的耐受特性。

对不同品牌（ABB、西门子、台达、英威腾、汇川等 7 种）、功率（18.5kW 和 7.5kW）的 8 台变频器在额定转速和转矩下三相暂降耐受特性的测试结果表明，变频器能够耐受的暂降的时间临界值范围为 12～62ms、电压临界值范围为 64％～73％；不同品牌的变频器的耐受特性有明显区别。

对上述 8 台变频器测试时还发现，某些变频器会对单相暂降免疫，而另外一些变频器会对两相暂降免疫。将 8 台变频器重复性试验所得的额定转矩和转速时三相暂降下的耐受曲线进行包络化处理，即统计某一电压幅值下耐受时间的最大值和最小值，分别将耐受时间最大值和最小值连接成线，可得到三相暂降（TypeⅢ）下变频器耐受曲线的包络线，如图 6-24 所示；三相暂降时，变频器耐受曲线有两条包络线，上下两条包络线所夹区域为不确定区域，时间临界值范围为 10～62ms，电压临界值范围为 64％～76％。同时，图 6-24 还给出了单相暂降（TypeⅠ）和两相暂降（TypeⅡ）时，耐受曲线的上包络线（需说明的是，因某些变频器可能对单相和两相暂降免疫，故无法给出下包络线；图 6-24 包络线上方的区域为正常区域，包络线下方的区域为不确定区域，当暂降位于不确定区域时某些变频器可能故障，而某些变频器可能免疫）。

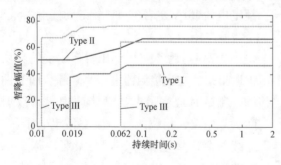

图 6-24　不同暂降类型下的低压变频器综合耐受曲线

另需说明的是，在许多进程中，即使在一段非常短的时间内也不能因为技术原因而损失转速精度和力矩控制。有些负载（如风扇、风箱等）可承受转速和转矩的大幅变化，而有些则不能承受。对压力、温度和气流这些参数的精确控制在很多工艺流程中都有严格的要求。在多数流程中都采用电力驱动器，电机转矩和转速会直接影响到这些流程的参数。对某变频调速永磁同步电机电压暂降时电机转速变化的实测结果表明，电压暂降发生时，其在不同变频器驱动下电机转速下降的幅度不同，不同情况下转速下降可达 10%～30%，暂降结束后电机转速会增大然后再逐渐恢复到额定转速。

6.5　电压暂降幅值、临界距离与凹陷域

系统中出现短路故障时，可通过对公共连接点（PCC）电压暂降幅值计算，然后与允许给定电压做比较，从而判断是否对 PCC 上某一敏感性用电负荷产生不利影响。反之，在已知允许给定电压的情况下，也可以确定系统中何处发生故障时会引起 PCC 电压降低到超过该允许电压值，并进而确定使相关敏感性负荷不能正常工作的故障点所在区域（简称凹陷域）。本节将首先分析电压暂降幅值和相应临界距离的计算方法，然后简单介绍凹陷域的基本概念。

6.5.1　辐射状配电系统的电压暂降幅值与临界距离

对于辐射状配电系统，可用图 6 - 6 所示的电压分配器电路描述。

定义 PCC 电压降低到等于临界电压 U 时，故障点与 PCC 之间的距离为临界距离。假设线路阻抗与系统阻抗的 X/R 值相等，则由式（6 - 2）可得临界距离 l_{crit} 的计算公式为

$$l_{crit} = \frac{Z_s}{z} \times \frac{U}{1-U} \tag{6 - 14}$$

在临界距离 l_{crit} 内发生的相关故障将使 PCC 的敏感性负荷非正常工作。

严格地说，式（6 - 14）仅适用于单相系统。对于三相系统的三相故障，如果 Z_s 和 z 采用正序阻抗，式（6 - 14）仍可使用；对于单相故障，应采用正序、负序和零序阻抗之和，式（6 - 14）中电压为故障相的相对地电压；对于两相故障，应采用正序和负序阻抗之和，式（6 - 14）中电压为故障相之间的电压。

当系统与线路的阻抗均为复数时，故障引起的 PCC 点亦即负荷端的电压暂降幅值为

$$\dot{U}_{sag} = \frac{Z_F}{Z_F + Z_s} \tag{6 - 15}$$

其中，$Z_s = R_s + jX_s$ 为 PCC 点的系统阻抗；$Z_F = (r+jx)l$ 为故障点与 PCC 点之间的线路阻抗，l 为故障点与 PCC 点之间的距离。

可证明复阻抗时的临界距离 l_{crit} 为

$$l_{crit} = \frac{Z_s}{z} \times \frac{U}{1-U} \left(\frac{U\cos\alpha + \sqrt{1-U^2\sin^2\alpha}}{U+1} \right) \tag{6 - 16}$$

式中：z 为单位长度线路阻抗，$z = |r+jx|$；α 为系统阻抗与线路阻抗在复平面上的夹角，即阻抗角。

$$\alpha = \tan^{-1}\left(\frac{X_s}{R_s}\right) - \tan^{-1}\left(\frac{x}{r}\right) \tag{6 - 17}$$

假设系统和线路的 X/R 值相等，则 $\alpha = 0$，式（6 - 16）可简化为式（6 - 14）。尽管上述假设并不总是成立，但在多数情况下，用式（6 - 14）计算即可得到较满意的结果，特别是在没有足够数据计算阻抗角的情况下。

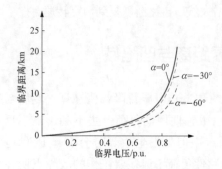

图 6-25 不同 α 角的临界距离与
临界电压的关系曲线

图 6-25 给出了某一 11kV 架空线路不同 α 角时临界距离与临界电压的关系曲线。其中系统阻抗为 0.663p. u.，线路阻抗为 0.278p. u. /km。从图中可知，仅在阻抗角较大（绝对值大于 $30°$）时，采用式（6-14）的计算结果误差才较大。

进一步分析可知，式（6-14）与式（6-16）的不同之处在于，式（6-16）存在系数

$$k = \frac{U\cos\alpha + \sqrt{1-U^2\sin^2\alpha}}{U+1} \quad (6-18)$$

为简化计算，可将 k 作如下近似

$$k \approx \left[U\cos\alpha + \left(1-\frac{1}{2}U^2\sin^2\alpha\right)\right](1-U) \approx 1-U(1-\cos\alpha) \quad (6-19)$$

在阻抗角较大时，按下式进行计算，即可得到临界距离的较精确的结果

$$l_{\text{crit}} = \frac{Z_s}{z} \times \frac{U}{1-U}[1-U(1-\cos\alpha)] \quad (6-20)$$

6.5.2 非辐射状配电系统的电压暂降幅值与临界距离

前面所讨论的电压暂降幅值与临界距离的确定方法，仅适用于主要是辐射状网络的配电系统。将该方法应用于非辐射状配电系统时，需进行一些修正。

例如，带有地方发电机配电系统的等值电路如图 6-26 所示，图中 Z_1 为 PCC 点的系统阻抗，Z_2 为故障点与 PCC 点之间的阻抗，Z_3 为 PCC 和发电机母线间的阻抗，Z_4 为地方发电机的暂态电抗。负荷端的电压暂降幅值由式（6-21）确定

$$1-U_{\text{sag}} = \frac{Z_4}{Z_3+Z_4}(1-U_{\text{pcc}}) \quad (6-21)$$

忽略负荷电流，并假设两个发电机的端电压相同，可得 PCC 电压为

$$U_{\text{PCC}} = \frac{Z_2}{Z_2+Z_1//(Z_3+Z_4)} \quad (6-22)$$

因此有

$$U_{\text{sag}} = 1-\frac{Z_1 Z_4}{Z_2(Z_1+Z_3+Z_4)+Z_1(Z_3+Z_4)} \quad (6-23)$$

令 $Z_2 = z \times l$，临界电压为 U，可得临界距离为

$$l_{\text{crit}} = \frac{Z_1}{z(Z_1+Z_3+Z_4)}\left(Z_4\frac{U}{1-U}-Z_3\right) \quad (6-24)$$

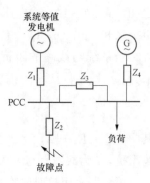

图 6-26 带有地方发电机
配电系统的等值电路

又如，图 6-27 所示为同一电源、两个支路的供电系统。采用该系统结构可使电压中断发生的次数大大减少，但通常却会使发生较严重电压暂降的次数增加。

假设 Z_1 和 Z_2 为两条线路的阻抗，Z_0 为系统阻抗，线路 1 在距电源 p 处发生故障，则负荷母线电压暂降幅值由式（6-25）决定

图 6-27 双回路供电系统等值电路

$$U_{sag} = \frac{p(1-p)Z_1^2}{Z_0(Z_1+Z_2)+pZ_1Z_2+p(1-p)Z_1^2} \qquad (6\text{-}25)$$

当 $p=0$ 或 $p=1$ 时，电压暂降幅值为 0。通过合理的假设，也可对临界距离进行描述。

【例 6-1】 如图 6-28 所示的 132kV 环网配电系统，132kV 供电变电站的短路容量为 5000MVA，提供给敏感性负荷用电的变电站到 132kV 供电变电站的线路长度分别为 25km 和 100km，单位长度线路阻抗为 $z=0.3\Omega/km$，请画出在两线路不同地点发生故障时负荷母线电压暂降幅值曲线。

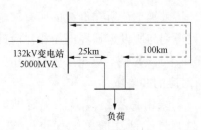

图 6-28 132kV 环网配电系统

解 与图 6-27 相比较，可求出系统阻抗 $Z_0 = \frac{132^2}{5000} \approx 3.5\Omega$，当 25km 线路上发生故障时，$Z_1 = 25z = 7.5(\Omega)$，$Z_2 = 100z = 30(\Omega)$。由式（6-25）可得

$$U_{sag} = \frac{p-p^2}{2.331+5p-p^2}$$

100km 线路上发生故障时，$Z_1 = 100z = 30(\Omega)$，$Z_2 = 25z = 7.5(\Omega)$。由式（6-25）可得

$$U_{sag} = \frac{p-p^2}{0.146+1.25p-p^2}$$

图 6-29 给出了以标幺值表示的负荷母线电压暂降幅值与两线路不同地点发生故障时的关系曲线。图中上面的曲线（虚线）对应 100km 线路情况，下面的曲线（实线）对应 25km 线路情况。图 6-30 给出了按故障点与 132kV 主母线之间实际距离表示的电压暂降幅值与两线路不同地点发生故障时的关系曲线。由图 6-29 和图 6-30 可知，本例中在环网的任一处发生故障都将使负荷母线的电压降至低于额定值的 50%，暂降程度严重。一般情况下，环网故障引起的电压暂降总是较辐射状配电系统线路故障引起的电压暂降严重。为便于比较，图 6-30 同时给出了由同一 132kV 供电变电站供电的辐射状配电系统线路故障引起的该变电站电压暂降幅值与故障点之间的关系曲线（点线），电压暂降幅值与故障点之间的关系可由式（6-2）求出

$$U_{sag} = \frac{zl}{zl+Z_0} = \frac{0.3l}{0.3l+3.5}$$

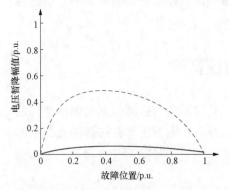

图 6-29 132kV 环网故障时电压暂降幅值

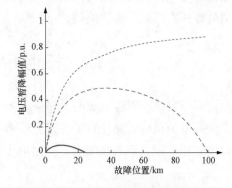

图 6-30 132kV 环网与辐射状配电系统故障时电压暂降幅值

6.5.3 凹陷域

临界距离描述了当 PCC 电压降低到等于临界电压时，故障点与 PCC 之间的距离，即当故障发生在 PCC 与临界点之间时，PCC 处的敏感性负荷将受到严重影响。我们将系统中发生故障引起电压暂降，因而使所关心的某一点敏感性负荷不能正常工作的故障点所在区域称为凹陷域。在凹陷域以内发生的相关故障引起的电压暂降，将使所关心的敏感性负荷不能正常工作；在凹陷域外发生的相关故障引起的电压暂降，将不会影响所关心的敏感性负荷的正常工作。

显然，凹陷域可采用临界距离计算的方法来确定。将敏感负荷所在母线的所有馈电线上与设定临界电压对应的各临界距离点连接起来，可得到与所设定临界电压相对应的凹陷域。图 6-31 以可靠性测试系统 IEEE RBTS 的 Bus4 母线为例，给出了临界电压分别为额定电压的 30％、50％、70％、80％和 90％时所对应的凹陷域。

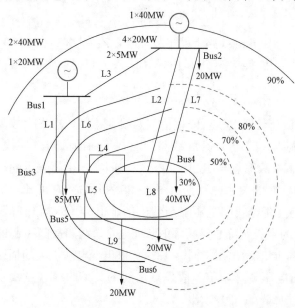

采用临界距离方法确定凹陷域，具有计算简单的优点。该方法的缺点是仅考虑了电压暂降幅值的影响，而未考虑电压暂降持续时间等特征量对凹陷域的影响。计及其他特征量的影响，可考虑采用凹陷域分析的故障点法。在已知系统结构的情况下，该方法首先通过分析各种可能发生的故障对敏感负荷所产生的电压暂降影响，将系统粗略地划分为若干部分，具有相同电压暂降特征的为同一部分，各部分由一个故障点代表；然后对各种故障进行仿真或短路计算，得到电压暂降幅

图 6-31　IEEE RBTS 的 Bus4 母线凹陷域示意图

值、相位跳变和持续时间等特征量；再由各特征量准确地判断可能带给所关心负荷不良影响的故障所在区域，即凹陷域。

6.6　三相不平衡电压暂降

电力系统发生不对称故障时，将引起不平衡电压暂降。分析故障引起的电压暂降的基本方法与电力系统短路计算的分析方法有许多相似之处。本节将在分析各种故障情况下故障点三相电压关系的基础上，探讨电压暂降的分类与电压暂降在电力网中的传播等问题。

图 6-6 所示电压暂降的电压分配器模型，是针对三相故障而言的，但电力系统的多数故障是单相或两相故障。若采用该模型分析不对称故障时的电压暂降，则需将

图 6-6 所示的电压分配器模型分别采用正序、负序和零序网络表示。此时的三序网络如图 6-32 所示，图中 $\dot{U}_1$、$\dot{U}_2$ 和 $\dot{U}_0$ 分别表示 PCC 的正序、负序和零序电压，Z_{s1}、Z_{s2}、Z_{s0} 和 Z_{F1}、Z_{F2}、Z_{F0} 分别为相应的系统阻抗和线路阻抗，$\dot{I}_1$、$\dot{I}_2$ 和 $\dot{I}_0$ 分别为相应的故障电流。正序网络电源电动势用 $\dot{E}$ 表示，而在负序网络和零序网络中无电源。三个序网的连接方式决定于所发生故障的类型。例如，对于三相故障，三个序网均在故障位置短接，该情况对应于标准的正序网络的电压分配器模型，而在负序网络和零序网络中则无电流流过。

6.6.1 单相故障

对于单相故障，图 6-32 的三个序网应在故障位置处串联连接。以 a 相发生故障为例，图 6-33 给出了单相故障的等值电路图。

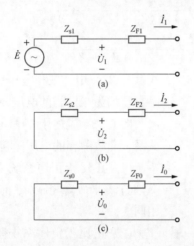

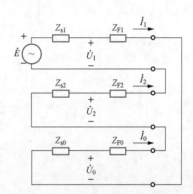

图 6-32 电压分配器模型的正、负和零序网络　图 6-33 单相故障等值电路

（a）正序网络；（b）负序网络；（c）零序网络

仍假设电源电动势 $E=1\mathrm{p.u.}$，可得到 PCC 各分量电压为

$$U_1 = \frac{Z_{F1} + Z_{s2} + Z_{F2} + Z_{s0} + Z_{F0}}{(Z_{F1} + Z_{F2} + Z_{F0}) + (Z_{s1} + Z_{s2} + Z_{s0})} \tag{6-26}$$

$$U_2 = -\frac{Z_{s2}}{(Z_{F1} + Z_{F2} + Z_{F0}) + (Z_{s1} + Z_{s2} + Z_{s0})} \tag{6-27}$$

$$U_0 = -\frac{Z_{s0}}{(Z_{F1} + Z_{F2} + Z_{F0}) + (Z_{s1} + Z_{s2} + Z_{s0})} \tag{6-28}$$

故障期间 PCC 三相电压与各序分量电压之间的关系为

$$\dot{U}_a = \dot{U}_1 + \dot{U}_2 + \dot{U}_0$$

$$\dot{U}_b = a^2\dot{U}_1 + a\dot{U}_2 + \dot{U}_0 \tag{6-29}$$

$$\dot{U}_c = a\dot{U}_1 + a^2\dot{U}_2 + \dot{U}_0$$

式中：$a = \mathrm{e}^{\mathrm{j}120°} = -\dfrac{1}{2} + \dfrac{1}{2}\mathrm{j}\sqrt{3}$

$$a^2 = e^{j240°} = -\frac{1}{2} - \frac{1}{2}j\sqrt{3}$$

因此，故障相电压 U_a 为

$$\dot{U}_a = \frac{Z_{F1} + Z_{F2} + Z_{F0}}{(Z_F + Z_{F2} + Z_{F0}) + (Z_{s1} + Z_{s2} + Z_{s0})} \tag{6-30}$$

若定义 $Z_F = Z_{F1} + Z_{F2} + Z_{F0}$、$Z_s = Z_{s1} + Z_{s2} + Z_{s0}$，即可得与式（6-1）相同的表达式。因此，图 6-6 所示的电压分配器模型与式（6-1）同样适用于单相故障。适用条件是所求电压为故障相电压，阻抗值为正序、负序和零序阻抗之和。由式（6-26）～式（6-29），还可求出非故障相电压，从而可得三相电压为

$$
\left.
\begin{aligned}
\dot{U}_a &= 1 - \frac{Z_{s1} + Z_{s2} + Z_{s0}}{(Z_{F1} + Z_{F2} + Z_{F0}) + (Z_{s1} + Z_{s2} + Z_{s0})} \\
\dot{U}_b &= a^2 - \frac{a^2 Z_{s1} + a Z_{s2} + Z_{s0}}{(Z_{F1} + Z_{F2} + Z_{F0}) + (Z_{s1} + Z_{s2} + Z_{s0})} \\
\dot{U}_c &= a - \frac{a Z_{s1} + a^2 Z_{s2} + Z_{s0}}{(Z_{F1} + Z_{F2} + Z_{F0}) + (Z_{s1} + Z_{s2} + Z_{s0})}
\end{aligned}
\right\} \tag{6-31}
$$

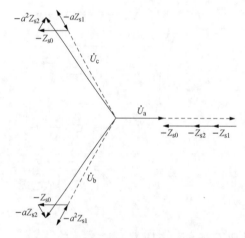

式（6-31）中，三相电压表达式中的第二项均为相应相的电压降。

图 6-34 描述了三相电压的相量关系，非故障相的电压降包含三项：

（1）正比于正序系统阻抗的电压降，与该非故障相故障前电压方向相同。

（2）正比于负序系统阻抗的电压降，与另一非故障相故障前电压方向相同。

（3）正比于零序系统阻抗的电压降，与故障相故障前电压方向相同。

图 6-34 单相故障期间的相对地电压

两非故障相间的电压为

$$\dot{U}_b - \dot{U}_c = (a^2 - a)\left[1 - \frac{Z_{s1} - Z_{s2}}{(Z_{F1} + Z_{F2} + Z_{F0}) + (Z_{s1} + Z_{s2} + Z_{s0})}\right] \tag{6-32}$$

与非故障时相比，该电压的变化量仅由正序和负序系统阻抗的差值决定。一般情况下，考虑正序和负序系统阻抗相等，则两非故障相间的电压不受故障的影响。

下面对于直接接地系统和经电阻或高阻抗接地系统，在如下两种情况下对式（6-31）进行简化：

（1）正序、负序和零序系统阻抗相等。

（2）正序和负序系统阻抗相等、正序和负序线路阻抗相等。

6.6.1.1 单相直接接地系统

对于直接接地系统，系统三序阻抗通常相等。式（6-31）中非故障相的电压降为

零，故障期间电压为

$$
\left.
\begin{aligned}
\dot{U}_{\mathrm{a}} &= 1 - \frac{Z_{\mathrm{s1}}}{\frac{1}{3}(Z_{\mathrm{F1}} + Z_{\mathrm{F2}} + Z_{\mathrm{F0}}) + Z_{\mathrm{s1}}} \\[2mm]
\dot{U}_{\mathrm{b}} &= a^2 \\[1mm]
\dot{U}_{\mathrm{c}} &= a
\end{aligned}
\right\}
\qquad (6\text{-}33)
$$

故障相电压与三相故障时相同，而非故障相电压则不受影响。

6.6.1.2 单相经阻抗接地系统

对于经电阻或高阻抗接地系统，系统的零序阻抗与正、负序阻抗不相等，但可以假设正序和负序系统阻抗相等。当 $Z_{\mathrm{s1}} = Z_{\mathrm{s2}}$、$Z_{\mathrm{F1}} = Z_{\mathrm{F2}}$ 时，式（6-31）可写为

$$
\left.
\begin{aligned}
\dot{U}_{\mathrm{a}} &= 1 - \frac{Z_{\mathrm{s0}} + 2Z_{\mathrm{s1}}}{(2Z_{\mathrm{F1}} + Z_{\mathrm{F0}}) + (2Z_{\mathrm{s1}} + Z_{\mathrm{s0}})} \\[2mm]
\dot{U}_{\mathrm{b}} &= a^2 - \frac{Z_{\mathrm{s0}} - Z_{\mathrm{s1}}}{(2Z_{\mathrm{F1}} + Z_{\mathrm{F0}}) + (2Z_{\mathrm{s1}} + Z_{\mathrm{s0}})} \\[2mm]
\dot{U}_{\mathrm{c}} &= a - \frac{Z_{\mathrm{s0}} - Z_{\mathrm{s1}}}{(2Z_{\mathrm{F1}} + Z_{\mathrm{F0}}) + (2Z_{\mathrm{s1}} + Z_{\mathrm{s0}})}
\end{aligned}
\right\}
\qquad (6\text{-}34)
$$

由式（6-34）可见，两非故障相电压降相同，并仅包含零序分量。对于设备端所承受的电压暂降来说，电压中的零序分量一般不起作用。在同一电压等级的设备端一般很少出现电压暂降，而当电压暂降向低电压等级传播时，变压器通常会阻挡电压中的零序分量。即使故障发生在同一电压等级的设备端，设备也通常为三角形接线方式，从而不出现电压的零序分量。因此，从用电设备端来看，可忽略非故障相中的电压降。将式（6-34）加上一个零序电压，可使非故障相中的电压降消失，从而得表达式（6-35）

$$
\left.
\begin{aligned}
\dot{U}'_{\mathrm{a}} &= \dot{U}_{\mathrm{a}} + \frac{Z_{\mathrm{s0}} - Z_{\mathrm{s1}}}{(2Z_{\mathrm{F1}} + Z_{\mathrm{F0}}) + (2Z_{\mathrm{s1}} + Z_{\mathrm{s0}})} = 1 - \frac{3Z_{\mathrm{s1}}}{(2Z_{\mathrm{F1}} + Z_{\mathrm{F0}}) + (2Z_{\mathrm{s1}} + Z_{\mathrm{s0}})} \\[2mm]
\dot{U}'_{\mathrm{b}} &= \dot{U}_{\mathrm{b}} + \frac{Z_{\mathrm{s0}} - Z_{\mathrm{s1}}}{(2Z_{\mathrm{F1}} + Z_{\mathrm{F0}}) + (2Z_{\mathrm{s1}} + Z_{\mathrm{s0}})} = a^2 \\[2mm]
\dot{U}'_{\mathrm{c}} &= \dot{U}_{\mathrm{c}} + \frac{Z_{\mathrm{s0}} - Z_{\mathrm{s1}}}{(2Z_{\mathrm{F1}} + Z_{\mathrm{F0}}) + (2Z_{\mathrm{s1}} + Z_{\mathrm{s0}})} = a
\end{aligned}
\right\}
$$

$$
(6\text{-}35)
$$

为便于与式（6-33）比较，利用正序和负序系统阻抗相等，即 $Z_{\mathrm{F1}} = Z_{\mathrm{F2}}$ 的条件，故障相电压的表达式可写为

$$
\dot{U}'_{\mathrm{a}} = 1 - \frac{Z_{\mathrm{s1}}}{\frac{1}{3}(Z_{\mathrm{F1}} + Z_{\mathrm{F2}} + Z_{\mathrm{F0}}) + \frac{1}{3}(Z_{\mathrm{s0}} - Z_{\mathrm{s1}}) + Z_{\mathrm{s1}}}
\qquad (6\text{-}36)
$$

与式（6-33）比较，式（6-36）分母中增加了一项 $\frac{1}{3}(Z_{\mathrm{s0}} - Z_{\mathrm{s1}})$。可认为该阻抗是在 PCC 和故障点之间的附加阻抗。当 $Z_{\mathrm{s0}} > Z_{\mathrm{s1}}$，即该阻抗为正时，电压暂降程度将减轻。在经电阻和电抗接地系统中，$Z_{\mathrm{s0}} \gg Z_{\mathrm{s1}}$，因此即使在距 PCC 较近处发生故障，电压暂降程度仍较轻。

图 6-35 给出了三相电压分配器模型，由该模型可计算 PCC 处相对中线的电压。当

$E=1\mathrm{p.\,u.}$ 时，计算结果为

$$\left.\begin{aligned}
\dot{U}_{an} &= 1 - \frac{3Z_{s1}}{(2Z_{F1}+Z_{F0})+(2Z_{s1}+Z_{s0})} \\
\dot{U}_{bn} &= a^2 \\
\dot{U}_{cn} &= a
\end{aligned}\right\} \tag{6-37}$$

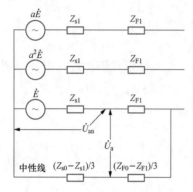

图 6-35　三相电压分配器模型

显然，式（6-37）与式（6-35）是相对应的。因此，式（6-35）中的电压与相对中性线电压对应。应注意图 6-35 中的"中性线"并不是实际的中性线，而是数学上的中性线。对于经电阻或高阻抗接地系统，实际的中性线（即变压器的星形连接点）是该"数学中性线"的一个很好的近似。上述表达式不仅适用于经电阻接地系统，而且适用于正、负序阻抗相等的所有系统。

6.6.2　相间故障

发生相间故障时，零序电压与电流为零。假设故障发生在 b 相和 c 相之间，a 相为非故障相。通常可认为正、负序系统阻抗相等，非故障相的电压不受相间故障的影响。通过故障等值电路分析可求出三相电压为

$$\left.\begin{aligned}
\dot{U}_a &= 1 \\
\dot{U}_b &= a^2 - \frac{(a^2-a)Z_{s1}}{2Z_{s1}+2Z_{F1}} \\
\dot{U}_c &= a + \frac{(a^2-a)Z_{s1}}{2Z_{s1}+2Z_{F1}}
\end{aligned}\right\} \tag{6-38}$$

6.6.3　两相接地故障

发生 b、c 相接地故障时，通过故障等值电路分析可求出三相电压为

$$\left.\begin{aligned}
\dot{U}_a &= 1 + \frac{(Z_{s2}-Z_{s1})(Z_{s0}+Z_{F0})}{D} + \frac{(Z_{s0}-Z_{s1})(Z_{s2}+Z_{F2})}{D} \\
\dot{U}_b &= a^2 + \frac{(aZ_{s2}-a^2Z_{s1})(Z_{s0}+Z_{F0})}{D} + \frac{(Z_{s0}-a^2Z_{s1})(Z_{s2}+Z_{F2})}{D} \\
\dot{U}_c &= a + \frac{(a^2Z_{s2}-aZ_{s1})(Z_{s0}+Z_{F0})}{D} + \frac{(Z_{s0}-aZ_{s1})(Z_{s2}+Z_{F2})}{D}
\end{aligned}\right\} \tag{6-39}$$

式中

$$D = (Z_{s1}+Z_{F1})(Z_{s0}+Z_{F0}+Z_{s2}+Z_{F2}) + (Z_{s0}+Z_{F0})(Z_{s2}+Z_{F2})$$

有两个因素会影响非故障相电压 U_a 的变化：正、负序系统阻抗的差值与正、零序系统阻抗的差值。当正序阻抗增加时，两个影响因素都会使非故障相电压降低。一般情况下，负序和正序阻抗值非常接近，因此，式（6-39）中 $\dot{U}_a$ 的第二项可忽略。而与正、零序系统阻抗差值相关的第三项，将会引起电压的较大改变。由于零序系统阻抗通常大于正序阻抗，所以，非故障相的电压通常会升高。类似于单相故障，当考虑相对中性线电压而非相对地电压时，可以消除该项。

6.6.4　三相不平衡电压暂降分类

前面讨论了在不同故障情况下 PCC 电压或故障点电压的计算，而一般情况下我们往往更关心用电设备端的电压。由于用电设备所在的电压等级通常较故障发生点所在的电压等级低，因此，用电设备端的电压不仅与其所连接母线的电压有关，而且和母线与设备之间变压器绕组的连接方式有关。同时，负荷的连接方式也会影响设备端的电压。

为进一步对三相不平衡电压暂降进行分析，在本节中做以下假设：

(1) 正、负序系统阻抗相等。

(2) 用电设备端无零序电压，从而可考虑相对中性线电压。

(3) 忽略故障发生前、发生期间与发生后的负荷电流。

6.6.4.1　单相故障和相间故障

(1) 单相故障。输配电系统的多数故障为单相接地故障，该故障是引起电压暂降的最主要原因。由式（6-37）可知，单相直接接地故障引起故障相电压降低，而另两相电压不变。这里仍假定 a 相发生故障，U 为故障相的电压，则相对中性线电压为

$$
\left.\begin{aligned}
\dot{U}_a &= U \\
\dot{U}_b &= -\frac{1}{2} - j\frac{\sqrt{3}}{2} \\
\dot{U}_c &= -\frac{1}{2} + j\frac{\sqrt{3}}{2}
\end{aligned}\right\} \tag{6-40}
$$

式（6-40）中假设故障相电压仅幅值减小，而无相位跳变。

不考虑变压器时，对星形连接负荷，式（6-40）即为用电设备端的电压。若负荷为三角形连接，用电设备端的电压应为线电压，可表示为

$$
\left.\begin{aligned}
\dot{U}'_a &= j\frac{\dot{U}_b - \dot{U}_c}{\sqrt{3}} \\
\dot{U}'_b &= j\frac{\dot{U}_c - \dot{U}_a}{\sqrt{3}} \\
\dot{U}'_c &= j\frac{\dot{U}_a - \dot{U}_b}{\sqrt{3}}
\end{aligned}\right\} \tag{6-41}
$$

式中，$\sqrt{3}$ 用于改变标幺值的基值，以使正常工作电压标幺值为 1。式中采用了旋转因子 j 使暂降电压沿实轴对称。去掉式（6-41）中的撇号，经整理可得

$$
\left.\begin{aligned}
\dot{U}_a &= 1 \\
\dot{U}_b &= -\frac{1}{2} - j\frac{\sqrt{3}}{2}\left(\frac{1}{3} + \frac{2}{3}U\right) \\
\dot{U}_c &= -\frac{1}{2} + j\frac{\sqrt{3}}{2}\left(\frac{1}{3} + \frac{2}{3}U\right)
\end{aligned}\right\} \tag{6-42}
$$

做如上处理后，其中一相电压保持不变，而另两相电压的幅值和相角都会发生变化。因此，当某一相故障时，三角形连接的负荷承受的为具有相位跳变的两相电压的暂降。

（2）相间故障。由式（6-38）可知，相间故障时两故障相电压相互接近，而第三相电压不变。假设故障相为 b 相和 c 相，$\sqrt{3}U/2$ 为故障相电压在虚轴上的投影，则故障期间三相电压为

$$\left.\begin{array}{l} \dot{U}_a = 1 \\[2mm] \dot{U}_b = -\dfrac{1}{2} - j\dfrac{\sqrt{3}}{2}U \\[2mm] \dot{U}_c = -\dfrac{1}{2} + j\dfrac{\sqrt{3}}{2}U \end{array}\right\} \tag{6-43}$$

式（6-43）适用于星形连接的负荷，采用式（6-41）可得三角形连接的负荷所承受的电压暂降为

$$\left.\begin{array}{l} \dot{U}_a = U \\[2mm] \dot{U}_b = -\dfrac{1}{2}U - j\dfrac{\sqrt{3}}{2} \\[2mm] \dot{U}_c = -\dfrac{1}{2}U + j\dfrac{\sqrt{3}}{2} \end{array}\right\} \tag{6-44}$$

对于星形连接的负荷，发生相间故障时有两相电压降低；而对于三角形连接的负荷，则三相电压均降低。在 $U=0$ 时，星形连接的负荷电压降到最小值 50%，而三角形连接的负荷的某一相电压则为零。

比较式（6-42）与式（6-43）可知，将式（6-43）中的 U 用 $1/3+2U/3$ 代替，即可得到式（6-42）。因此，可认为式（6-42）与式（6-43）所代表的电压暂降类型是相同的。

6.6.4.2 变压器对电压暂降的影响

变压器有很多种类型，为描述暂降在不同电压等级之间的传递，可将变压器分为以下三种类型：

（1）一、二次侧电压标幺值相等的变压器，即一、二次侧均接地的 Yy 接线变压器。

（2）去掉零序电压的变压器，变压器二次侧电压等于一次侧电压减去零序分量。属于该类型的变压器有单边或两边均不接地的 Yy 接线变压器、Dd 接线和 Dz 接线变压器。

（3）线电压与相电压互换的变压器，变压器二次侧电压等于两个一次侧电压的差。Dy、Yd 接线和 Yz 接线变压器属于该类型变压器。

三种类型变压器可分别用下列变换矩阵表示

$$\boldsymbol{T}_1 = \begin{bmatrix} 1 & 0 & 0 \\ 0 & 1 & 0 \\ 0 & 0 & 1 \end{bmatrix} \tag{6-45}$$

$$\boldsymbol{T}_2 = \frac{1}{3}\begin{bmatrix} 2 & -1 & -1 \\ -1 & 2 & -1 \\ -1 & -1 & 2 \end{bmatrix} \tag{6-46}$$

$$T_3 = \frac{\mathrm{j}}{\sqrt{3}} \begin{bmatrix} 0 & 1 & -1 \\ -1 & 0 & 1 \\ 1 & -1 & 0 \end{bmatrix} \tag{6-47}$$

当发生单相故障和相间故障时，通过对不同负荷连接（连接的负荷）和不同变压器类型情况进行电压暂降的分析可知，所有的电压暂降都可归结为式（6-40）、式（6-43）和式（6-44）三种基本类型。

例如，对单相故障、星形连接的负荷和第二种类型变压器情况进行分析，可以看到，第二种类型变压器将去掉电压中的零序分量。由式（6-40）可知，零序分量为 $(U-1)/3$，因此，负荷承受的电压为

$$\left. \begin{aligned} \dot{U}_a &= \frac{1}{3} + \frac{2}{3}U \\ \dot{U}_b &= -\frac{1}{2}\left(\frac{1}{3} + \frac{2}{3}U\right) - \mathrm{j}\frac{\sqrt{3}}{2} \\ \dot{U}_c &= -\frac{1}{2}\left(\frac{1}{3} + \frac{2}{3}U\right) + \mathrm{j}\frac{\sqrt{3}}{2} \end{aligned} \right\} \tag{6-48}$$

式（6-48）相当于式（6-40）减去零序。比较式（6-48）与式（6-44）可知，将式（6-44）中的 U 用 $1/3 + 2U/3$ 代替，即可得到式（6-48）。因此，可认为式（6-48）与式（6-44）所代表的电压暂降类型是相同的。

6.6.4.3　四种形式的电压暂降

前面讨论了由单相故障和相间故障引起的三种形式的电压暂降，分别用式（6-40）、式（6-43）和式（6-44）描述。此外，由三相故障引起的三相电压的降低，可认为是第四种形式的电压暂降，表示为

$$\left. \begin{aligned} \dot{U}_a &= U \\ \dot{U}_b &= -\frac{1}{2}U - \mathrm{j}\frac{\sqrt{3}}{2}U \\ \dot{U}_c &= -\frac{1}{2}U + \mathrm{j}\frac{\sqrt{3}}{2}U \end{aligned} \right\} \tag{6-49}$$

将四种形式的电压暂降分别命名为类型 A、类型 B、类型 C 和类型 D，对应地可用式（6-49）、式（6-40）、式（6-43）和式（6-44）表示，其相量图如图 6-36 所示，图中点划线为故障前电压相量，实线对应于 50% 电压暂降。对类型 A，三相电压降低的幅值相同；对类型 B，只有一相电压幅值降低；对类型 C，两相电压幅值降低并且相角发生变化，第三相电压不发生变化；对类型 D，两相电压幅值降低并且相角发生变化，第三相电压仅幅值降低。

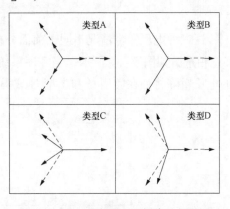

图 6-36　四种类型电压暂降的相量图

185

6.6.4.4 两相接地故障

可按前述同样的方法对两相接地故障时的电压暂降进行分析。

假设正、负、零序系统阻抗相等，由式（6-39）可求出

$$\left.\begin{aligned}\dot{U}_a &= 1 \\ \dot{U}_b &= a^2\,\frac{Z_{F1}}{Z_{s1}+Z_{F1}} \\ \dot{U}_c &= a\,\frac{Z_{F1}}{Z_{s1}+Z_{F1}}\end{aligned}\right\} \tag{6-50}$$

因此，可将两相接地故障所引起的 PCC 点相电压表示为

$$\left.\begin{aligned}\dot{U}_a &= 1 \\ \dot{U}_b &= -\frac{1}{2}U - j\frac{\sqrt{3}}{2}U \\ \dot{U}_c &= -\frac{1}{2}U + j\frac{\sqrt{3}}{2}U\end{aligned}\right\} \tag{6-51}$$

由于假设电源电压为 1p.u.，式中 $U=\dfrac{Z_{F1}}{Z_{s1}+Z_{F1}}$。

经过一个第三种类型变压器后，电压为

$$\left.\begin{aligned}\dot{U}_a &= U \\ \dot{U}_b &= -\frac{1}{2}U - j\frac{\sqrt{3}}{3} - j\frac{\sqrt{3}}{6}U \\ \dot{U}_c &= -\frac{1}{2}U + j\frac{\sqrt{3}}{3} + j\frac{\sqrt{3}}{6}U\end{aligned}\right\} \tag{6-52}$$

经过两个第三种类型变压器或一个第二种类型变压器后，电压为

$$\left.\begin{aligned}\dot{U}_a &= \frac{2}{3} + \frac{1}{3}U \\ \dot{U}_b &= -\frac{1}{3} - \frac{1}{6}U - j\frac{\sqrt{3}}{2}U \\ \dot{U}_c &= -\frac{1}{3} - \frac{1}{6}U + j\frac{\sqrt{3}}{2}U\end{aligned}\right\} \tag{6-53}$$

这三种电压暂降情况不同于前面分析的四种类型，分别称为类型 E、类型 F 和类型 G，相量图如图 6-37 所示。当零序系统阻抗大于正序系统阻抗时，两相接地故障引起的电压暂降将处在类型 C 和类型 G 或类型 D 和类型 F 之间。

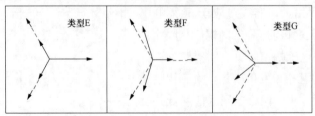

图 6-37 两相接地故障引起的三相不平衡电压暂降类型及相量图

表 6-3 和表 6-4 分别总结了故障类型、电压暂降类型、负荷连接关系以及电压暂降类型向低电压等级的变换。表 6-3 和表 6-4 可用于确定在系统某处发生故障时，三相负荷将承受哪种类型的电压暂降。

表 6-3　　　　　　　**故障类型、电压暂降类型与负荷连接关系**

故障类型 ＼ 连接方式	星形	三角形
三相故障	A	A
两相接地故障	E	F
相间故障	C	D
单相故障	B	C*

* 应将相应电压暂降表达式中的 U 用 $1/3+2U/3$ 代替。U 为 PCC 故障相（或故障相之间）的电压。

表 6-4　　　　　　　　**电压暂降类型向低电压等级的变换**

变压器连接	一次侧电压暂降类型						
	A	B	C	D	E	F	G
YN, yn	A	B	C	D	E	F	G
Yy, Dd, Dz	A	D*	C	D	G	F	G
Yd, Dy, Yz	A	C*	D	C	F	G	F

* 应将相应电压暂降表达式中的 U 用 $1/3+2U/3$ 代替。U 为 PCC 故障相（或故障相之间）的电压。

【例 6-2】　假设在图 6-38 所示的 33kV 线路分别发生单相接地故障、两相故障、两相接地故障和三相故障，且故障使相应相 PCC 电压降低到额定值的 50%，33、11kV 和 660V 母线上的负荷均为星形连接。试确定各种故障情况下，在 33、11kV 和 660V 母线上星形连接的负荷所承受的电压暂降的类型与幅值。

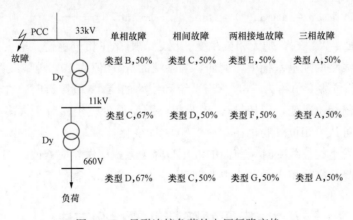

图 6-38　星形连接负荷的电压暂降变换

解　由表 6-3 和表 6-4 可知，对三相故障来说，无论负荷连接形式为星形或三角形，在所有电压等级上，负荷所承受的均为类型 A 的电压暂降，暂降幅值均为 50%。对星形连接的负荷，两相接地故障时，PCC 两故障相电压降低到额定值的 50%，33、

11kV 和 660V 母线上负荷所承受的电压暂降类型分别为类型 E、类型 F、类型 G，电压暂降幅值均为 50%。对星形连接的负荷来说，相间故障时，PCC 故障相间电压降低到额定值的 50%，33、11kV 和 660V 母线上负荷所承受的电压暂降类型分别为类型 C、类型 D、类型 C，电压暂降幅值均为 50%。单相故障时，PCC 故障相电压降低到额定值的 50%，33kV 母线上星形连接的负荷所承受的暂降类型为类型 B，电压暂降幅值为 50%；经过第一个 Dy 接线变压器后，电压中无零序分量，11kV 母线上星形连接负荷所承受的暂降类型为类型 C，电压暂降幅值为 67% 〔相应 U 值为 1/3+(2/3)×50%＝67%〕；660V 母线上星形连接的负荷所承受的电压暂降类型为类型 D，电压暂降幅值为 67%。

在本节开始时，假设零序电压不会传递到用电设备端。鉴于此，三相不平衡电压暂降中的类型 B 和类型 E 不会在用电设备端出现，用电设备端只有以下五种类型的不平衡电压暂降：

（1）由三相故障引起的类型 A 电压暂降。

（2）由单相故障和相间故障引起的类型 C 和类型 D 电压暂降。

（3）由两相接地故障引起的类型 F 和类型 G 电压暂降。

另外，故障不仅会引起公共连接点电压幅值的降低，而且会引起电压的相位跳变。电压出现相位跳变是由于系统和线路的 X/R 值不同，或不平衡电压暂降向低压系统传递引起的。在图 6 - 6 中，考虑系统与线路阻抗均为复数，忽略所有负荷电流，并假设 $U_s=1\text{p.u.}$，可知 PCC 电压为

$$\dot{U}_{sag} = \frac{Z_F}{Z_F + Z_s} \tag{6 - 54}$$

式中 $\qquad\qquad\qquad Z_s=R_s+jX_s \text{、} Z_F=R_F+jX_F$

则相位跳变角 α 为

$$\alpha = \arg(\dot{U}_{sag}) = \tan^{-1}\left(\frac{X_F}{R_F}\right) - \tan^{-1}\left(\frac{X_s+X_F}{R_s+R_F}\right) \tag{6 - 55}$$

如果 $X_s/R_s=X_F/R_F$，则无相位跳变。反之，则存在相位跳变。最大的相位跳变出现在含有电缆线路的配电系统中。例如，当系统的 X/R 值为 10，电缆线路的 X/R 值为 0.5 时，可得相位跳变角约为 $-60°$。当系统和线路的 X/R 值接近时，在配电系统可能会发生小的正值相位跳变，但超过 $+10°$ 的相位跳变很少发生。对于大多数电压暂降情况的研究中，可认为相位跳变角在 $0°\sim-60°$ 之间变化。

考虑电压发生相位跳变时，前面的电压暂降关系式应做相应修改。如对于单相故障引起的电压暂降，应将相应关系式中的 U 用 $U\cos\alpha-jU\sin\alpha$ 替代。

6.7　电压暂降特征量检测方法

利用前几节介绍的方法可以对电压暂降幅值进行计算，进而研究在不同的系统结构和故障情况下，电压暂降的特性及其在系统中的传播和用电设备的承受能力等。但对于电压暂降的实时测量及实时补偿来说，采用上述计算方法是不可行的。另外，在进行实

时测量及补偿时，还需考虑电压暂降的持续时间（起止时刻）与相位跳变。因此，对随机发生的电压暂降的幅值、持续时间（起止时刻）与相位跳变进行实时测量是非常必要的。

6.7.1 方均根值计算方法

电压暂降是指电力系统中某点工频电压方均根值突然降低的变化情况。显然，采用方均根值计算方法可以衡量电压的暂降程度。

已知，连续周期信号 $u(t)$ 的方均根值定义为

$$U_{RMS} = \sqrt{\frac{1}{T} \int_{t_0}^{t_0+T} u^2(t)\,dt} \tag{6-56}$$

式中：T 为信号的周期，s。

如果周期 T 不存在，或 T 小于被测量信号的半个周期，则采用式（6-56）计算出的方均根值不再具有原有的含义。对信号进行数字化处理之后，积分运算可采用下面的求和运算实现

$$U_{RMS} = \sqrt{\frac{1}{N} \sum_{n=0}^{N-1} u^2(n)} \tag{6-57}$$

式中：N 为 1 个周期中总的采样点数。

方均根值计算中常采用滑动平均值法。当采集到新的样本点时，顺序将最早采集的样本点去除，然后用 1 个周期的滑动采样值进行方均根运算，即可求出 1 个新的方均根值。这样，在每个采样瞬间都可得到 1 个新的方均根值。

例如，图 6-39（a）给出了在电压过零点发生电压暂降时的电压波形，电压暂降幅值为 50%，持续时间为 6 个周期。采用上述方均根值计算方法求得的电压方均根值如图 6-39（b）所示。

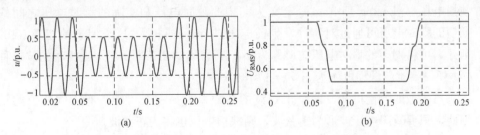

图 6-39 电压过零点发生电压暂降时的电压波形及其方均根值计算结果
（a）理想的无相位跳变电压暂降波形；（b）方均根值计算结果

从图 6-39（a）可以清楚地看到，假定的电压暂降的持续时间为 6 个周期，暂降幅值为 50%，暂降的发生和终止是瞬时的。设暂降前电压幅值以标幺值 1 表示，上述的方均根值计算结果表明，在暂降幅值达到 0.5 之前，有 1 个周期的过渡时间。同样，在暂降终止前也有 1 个周期的过渡时间。过渡时间是由于滑动平均值法中近 1 个周期的"历史"数据所引起的。因此，如果仅从方均根值判断，则电压暂降持续时间约为 7 个周期，与实际持续时间相比约有 1 个周期的误差。同时，方均根值计算结果也不能很明

确地给出电压暂降起止时刻，更无法给出电压暂降发生时可能出现的相位跳变的大小。

在 GB/T 17626.30—2012《电磁兼容　试验和测量技术　电能质量测量方法》中规定，对于 A 类测试仪器，电压暂降和暂升的基本测量值应为每个测量通道上的每半周期刷新电压方均根值 $U_{rms(1/2)}$；对于 S 类测试仪器，电压暂降和暂升的基本测量值应为每个测量通道上的 $U_{rms(1/2)}$ 或每周期刷新电压方均根值 $U_{rms(1)}$，制造商应规定采用何种测量值；对于 B 类测试仪器，由制造商规定方均根值的测量方法。$U_{rms(1/2)}$ 是指从基波的过零点开始，每半个周期更新、测量得到的整周方均根值电压值，如式（6-58）所示

$$U_{rms(1/2)}(k) = \sqrt{\frac{1}{N}\sum_{i=1+(k-1)\frac{N}{2}}^{(k+1)\frac{N}{2}} u^2(i)} \qquad (6-58)$$

式中：N 为每周期的采样点数；$u(i)$ 为第 i 次被采样到的电压波形的瞬时值；k 为被计算的窗口序号（$k=1$，2，3…），即第一个值是在一个周期内（从样本 1 到样本 N）获得的，下一个值则从样本 $\frac{1}{2}N+1$ 到样本 $\frac{1}{2}N+N$，依次计算。

$U_{rms(1)}$ 指在 1 个周期内测量得到的方均根值电压值，且每 1 个周期更新一次，公式如下

$$U_{rms(1)}(k) = \sqrt{\frac{1}{N}\sum_{i=1+(k-1)N}^{kN} u^2(i)} \qquad (6-59)$$

式中：N 为每周期的采样点数；$u(i)$ 为第 i 次被采样到的电压波形的瞬时值；k 为被计算的窗口序号（$k=1$，2，3…），即第一个值是在一个周期内（从样本 1 到样本 N）获得的，下一个值则从样本 $N+1$ 到样本 $2N$ 获得，依次计算。

6.7.2　缺损电压计算方法

缺损电压（Missing Voltage）定义为期望的瞬时电压和实际的瞬时电压之间的差值。期望的瞬时电压可通过对事件发生前电压进行外推得到，这类似于锁相环（PLL）法。因此，可将期望的瞬时电压波形称为 $u_{PLL}(t)$，即"PLL 波形"。受扰动的波形称为 $u_{sag}(t)$，任一瞬时的缺损电压为 $m(t)=u_{PLL}(t)-u_{sag}(t)$。

由三角函数的特性可知，两个正弦波的和或差为另一个可能具有不同相位的正弦波，因此，只要暂降电压波形为正弦波，则缺损电压也将为正弦波。令

$$u_{PLL}(t) = \sqrt{2}U\sin(\omega t - \varphi_a) \qquad (6-60)$$

$$u_{sag}(t) = \sqrt{2}U_{sag}\sin(\omega t - \varphi_b) \qquad (6-61)$$

式中：U、φ_a 分别为 PLL 电压的幅值（单位为 V）、相角（单位为 rad）；U_{sag}、φ_b 分别为暂降电压的幅值（单位为 V）、相角（单位为 rad）。

假设两电压的频率相同，则缺损电压可表示为 $m(t)=\sqrt{2}U_c\sin(\omega t - \varphi_c)$，式中 U_c 为缺损电压也是补偿电压的方均根值

$$U_c = \sqrt{U^2 + U_{sag}^2 - 2UU_{sag}\cos\alpha} \qquad (6-62)$$

式中，$\alpha = \varphi_b - \varphi_a$。

应补偿电压的相角 φ_c 为

$$\varphi_c = \tan^{-1}\left(\frac{U\sin\varphi_a - U_{sag}\sin\varphi_b}{U\cos\varphi_a - U_{sag}\cos\varphi_b}\right) \tag{6-63}$$

图 6-39 中的缺损电压如图 6-40 所示。从图中可以看出，缺损电压持续时间为 6 个周期，幅值为 0.5p.u.。当串联补偿装置补偿的电压为该缺损电压波形时，电压暂降可得到完全补偿。令 $U = 1\text{p.u.}$，$U_{sag} = 0.5\text{p.u.}$，$\varphi_a = 0$，$\varphi_b = 0$，可得 $\varphi_c = 0°$，$m(t) = 0.5\sin(\omega t)$。

方均根值计算方法除在计算暂降幅值和暂降起止时刻方面存在缺点外，还不能反映暂降电压的相位跳变。如图 6-41（a）所示为具有接近 60°相位跳变、持续时间为 6 个周期的暂降电压波形。采用方均根值计算方法时，可得电压暂降幅值为 0.5p.u.，如图 6-41（b）所示。而实际的缺损电压

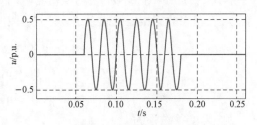

图 6-40　缺损电压波形

则为 0.83p.u.，远大于 0.5p.u.。令 $U = 1\text{p.u.}$，$U_{sag} = 0.5\text{p.u.}$，$\varphi_a = 0°$，$\varphi_b = -56°$，利用"缺损电压法"可得 $m(t) = 0.83\sin(\omega t + 30°)$，PLL 电压和暂降电压之间的相角差约为 30°，如图 6-41（c）所示。

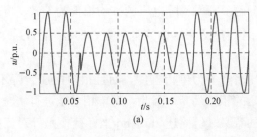

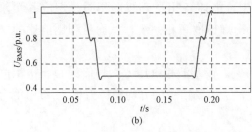

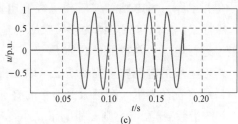

图 6-41　电压暂降波形及其方均根值计算结果和缺损电压波形
（a）60°相位跳变、持续 6 个周期的电压暂降；（b）方均根值计算结果；（c）缺损电压波形

6.7.3　瞬时电压 dq 分解法

在缺损电压法中并未解决暂降电压幅值和相位的瞬时确定问题，该方法不便直接应用于电压暂降的实时补偿，而借助 abc-dq 坐标变换则可有效地解决上述问题。

6.7.3.1　基本原理

由瞬时无功功率理论可知，三相电压变换到 dq 坐标的变换关系式为

$$\begin{bmatrix} u_\mathrm{d} \\ u_\mathrm{q} \end{bmatrix} = C \begin{bmatrix} u_\mathrm{a} \\ u_\mathrm{b} \\ u_\mathrm{c} \end{bmatrix} \tag{6-64}$$

式中

$$C = \sqrt{\frac{2}{3}} \begin{bmatrix} \sin\omega t & \sin(\omega t - 2\pi/3) & \sin(\omega t + 2\pi/3) \\ -\cos\omega t & -\cos(\omega t - 2\pi/3) & -\cos(\omega t + 2\pi/3) \end{bmatrix}$$

变换阵 C 中 $\sin\omega t$ 和 $\cos\omega t$ 是与 a 相电压同相位的正弦、余弦信号。

对于理想的三相三线制系统，假设三相电压为

$$\left. \begin{aligned} u_\mathrm{a} &= \sqrt{2} U \sin\omega t \\ u_\mathrm{b} &= \sqrt{2} U \sin(\omega t - 2\pi/3) \\ u_\mathrm{c} &= \sqrt{2} U \sin(\omega t + 2\pi/3) \end{aligned} \right\} \tag{6-65}$$

则 dq 变换结果为

$$u_\mathrm{d} = \sqrt{3} U \tag{6-66}$$

$$u_\mathrm{q} = 0 \tag{6-67}$$

由式（6-66）和式（6-67）可知，dq 变换结果中的 d 轴分量反映了电压的方均根值。即通过理想三相电压的 dq 变换，可瞬时求取电压的方均根值。对于平衡的三相电压暂降，没有相位跳变问题。若设暂降电压的方均根值为 U_sag，将暂降电压进行上述变换，仍可得到如式（6-66）和式（6-67）的结果，即 $u_\mathrm{d} = \sqrt{3} U_\mathrm{sag}$，$u_\mathrm{q} = 0$。因此，暂降电压的幅值可瞬时确定。

实际系统发生的电压暂降多为单相事件，而且很多电压暂降不仅引起 PCC 电压幅值的降低，还会引起电压的相位跳变。因此，对单相电压进行实时监测，判断是否发生电压暂降具有非常重要的意义。但前述 abc-dq 坐标变换是针对三相电路而言的，不适用于单相电路。考虑到对称三相三线制电路中，电压各相具有波形相同、相位各相差120°的特点，可以单相电源为参考电压构造一个虚拟的三相系统，从而可利用前述的坐标变换进行电压暂降特征量的分析。

考虑一般的电能质量扰动情况，以 a 相为例，设基波相电压方均根值为 U、初相位为零。若将扰动表示为高频振荡信号的叠加，h 次高频信号的方均根值为 U_h、初相角为 θ_h，并按指数 $e^{\beta_h t}$ 衰减。则 a 相电压 u_a 可表示为

$$u_\mathrm{a} = \sqrt{2} U \sin\omega t + \sqrt{2} \sum U_h \sin(h\omega t + \theta_h) e^{\beta_h t} \tag{6-68}$$

以 a 相电压 u_a 为参考，将其延时 60°可得 $-u_\mathrm{c}$，然后由 $u_\mathrm{b} = -u_\mathrm{a} - u_\mathrm{c}$ 可算出 u_b，则 u_b、u_c 分别为

$$\begin{aligned} u_\mathrm{b} = &-\sqrt{2} U \sin\omega t + \sqrt{2} U \sin\left(\omega t - \frac{\pi}{3}\right) - \sqrt{2} \sum U_h \sin(h\omega t + \theta_h) e^{\beta_h t} \\ &+ \sqrt{2} \sum U_h \sin\left(h\omega t + \theta_h - \frac{h\pi}{3}\right) e^{\beta_h \left(t - \frac{\pi}{3\omega}\right)} \end{aligned} \tag{6-69}$$

$$u_\mathrm{c} = -\sqrt{2} U \sin\left(\omega t - \frac{\pi}{3}\right) - \sqrt{2} \sum U_h \sin\left(h\omega t + \theta_h - \frac{h\pi}{3}\right) e^{\beta_h \left(t - \frac{\pi}{3\omega}\right)} \tag{6-70}$$

将式（6-68）～式（6-70）分解成基波分量和高频分量，代入式（6-64），经过三角函数运算可得

$$u_{\mathrm{d}} = \sqrt{3}U + \left[\sum U_h \sin\left(\varphi_{h-1} + \frac{\pi}{3}\right) e^{\beta_h t} - \sum U_h \sin\left(\varphi_{h-1} - \frac{h\pi}{3}\right) e^{\beta_h \left(t - \frac{\pi}{3\omega}\right)} \right]$$

$$+ \left[\sum U_h \sin\left(\varphi_{h+1} - \frac{\pi}{3}\right) e^{\beta_h t} - \sum U_h \sin\left(\varphi_{h+1} - \frac{h\pi}{3}\right) e^{\beta_h \left(t - \frac{\pi}{3\omega}\right)} \right] \quad (6\text{-}71)$$

$$u_{\mathrm{q}} = \left[-\frac{1}{\sqrt{3}} \sum U_h \sin\left(\varphi_{h-1} + \frac{\pi}{3}\right) e^{\beta_h t} - \sum U_h \cos\left(\varphi_{h-1} - \frac{h\pi}{3}\right) e^{\beta_h \left(t - \frac{\pi}{3\omega}\right)} \right]$$

$$+ \left[-\frac{1}{\sqrt{3}} \sum U_h \sin\left(\varphi_{h+1} - \frac{\pi}{3}\right) e^{\beta_h t} + \sum U_h \cos\left(\varphi_{h+1} - \frac{h\pi}{3}\right) e^{\beta_h \left(t - \frac{\pi}{3\omega}\right)} \right] \quad (6\text{-}72)$$

式中，$\varphi_{h-1} = (h-1)\omega t + \theta_h$，$\varphi_{h+1} = (h+1)\omega t + \theta_h$。

由式（6-71）和式（6-72）可知，电压的基波方均根值在 u_{d} 中表现为直流分量，第 h 次高频振荡信号则分解为 $h\pm1$ 次高频振荡信号的叠加；q 轴电压的变换结果中直流分量为零，高频振荡信号的变换结果与 d 轴相似。因此，当电压中含有较大的扰动时，u_{d} 不能表示基波电压的方均根值，此时应采用滤波技术提取出 u_{d} 中的直流分量以瞬时获得反映电压的方均根值。

当发生无相位跳变的电压暂降时，可由式（6-71）进行分析，通过直流分量的提取可求出基波相电压方均根值，由方均根值的变化即可判断电压暂降发生与否。而当发生相位跳变角度为 α 和电压方均根值为 U_{sag} 的电压暂降时，a 相电压中基波分量变为 $\sqrt{2}U_{\mathrm{sag}}\sin(\omega t + \alpha)$。设电压中仍含有如式（6-68）～式（6-70）中的高频振荡成分，仍采取上述由单相延时的方法来构造另两相电压，将构造的三相电压按式（6-64）进行变换，并将变换后的 d、q 电压分量中的直流成分 $U_{\mathrm{d}\alpha}$ 和 $U_{\mathrm{q}\alpha}$ 提取出来，则可得

$$U_{\mathrm{d}\alpha} = \sqrt{3}U_{\mathrm{sag}}\cos\alpha \quad (6\text{-}73)$$

$$U_{\mathrm{q}\alpha} = -\sqrt{3}U_{\mathrm{sag}}\sin\alpha \quad (6\text{-}74)$$

因 $U_{\mathrm{d}\alpha}$ 和 $U_{\mathrm{q}\alpha}$ 经实测计算为已知量，则由式（6-73）和式（6-74）可求出暂降电压的幅值和相位跳变分别为

$$U_{\mathrm{sag}} = \frac{\sqrt{3}}{3}\sqrt{U_{\mathrm{d}\alpha}^2 + U_{\mathrm{q}\alpha}^2} \quad (6\text{-}75)$$

$$\alpha = \sin^{-1}\left(-\frac{\sqrt{3}U_{\mathrm{q}\alpha}}{3U_{\mathrm{sag}}}\right) = \sin^{-1}\left(-\frac{U_{\mathrm{q}\alpha}}{\sqrt{U_{\mathrm{d}\alpha}^2 + U_{\mathrm{q}\alpha}^2}}\right) \quad (6\text{-}76)$$

如何快速、准确地提取 $U_{\mathrm{d}\alpha}$ 和 $U_{\mathrm{q}\alpha}$，是求解暂降电压幅值和相位跳变的关键。直流分量 $U_{\mathrm{d}\alpha}$ 和 $U_{\mathrm{q}\alpha}$ 的提取方法有低通滤波法和平均值法等。在低通滤波法中，将 dq 变换结果通过低通滤波器（LPF）进行直流分量的提取；在平均值法中，采用将若干个 dq 变换结果进行平均的方法进行直流分量的提取。平均值法中参与计算的点数不受基波频率半个周期（或其整数倍）的限制，但其点数的选取及低通滤波法中 LPF 的设计，应当考虑屏蔽掉非暂降扰动的影响及检测方法的动态特性。

为使补偿电压保持在实际装置注入能力限制之内，需要对其大小进行实时监测。根

据已求得的 U_{sag} 和 α，可由式（6-62）与式（6-63）分别求出应补偿电压的方均根值 U_c 与相角 φ_c。

6.7.3.2　控制检测算法及原理框图

以瞬时电压 dq 变换低通滤波法为例，给出了电压暂降单相控制的原理框图（见图 6-42），对三相系统只需采用三组相同的控制电路即可。

对电压暂降的补偿来说，关键是要检测出暂降的起止时刻、幅值与相位跳变，而方均根值的突然变化则是发生暂降的主要标志。

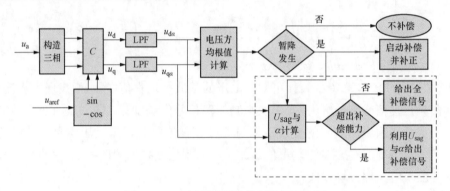

图 6-42　电压暂降单相控制的原理框图

图 6-42 中对电压暂降发生与否的判断，是通过将低通滤波后所求得的电压方均根值与设定阈值做比较来进行的。若比值超出阈值，则表明已发生电压方均根值的较大变化。为减少滤波器延迟效应带来的影响，提高动态响应速度，此时可先启动补偿，然后再进行校正（校正环节如图 6-42 虚线框中所示）。启动补偿时可先将"缺损电压"与补偿装置允许的最大补偿电压值进行比较，以决定采用缺损电压还是简单按某一小于最大补偿电压的值作为补偿信号。在随后的校正中，利用滤波后的 U_{da} 和 U_{qa} 计算 U_{sag} 和 α，并进一步计算应补偿电压的方均根值，判断补偿装置的暂降补偿能力，进而决定采用缺损电压的全补偿或不完全补偿。当进行全补偿时，缺损电压为 $u_{aref}-u_a$，其中 u_{aref} 为理想参考电压。不完全补偿时，则可利用 U_{sag} 和 α 等信息进行补偿原则的选择。

补偿信号确定后，通过对电压暂降补偿装置中的开关器件进行 PWM 控制，可使电压暂降得到补偿。

6.7.3.3　仿真验证分析

对某一相电压方均根值为 220V、频率 50Hz 的三相系统进行计算机仿真研究，仿真时采用瞬时电压 dq 变换低通滤波法。仿真中 LPF 选用 2 阶、截止频率为 100Hz 的巴特沃斯（Butterworth）滤波器。补偿装置采用串联补偿的单相全桥逆变器结构，开关切换采用单电压极性 PWM 控制方式，逆变器输出电压经滤波后通过串联变压器注入系统。

设某一相的电压在 0.06～0.1s 之间发生了具有 30°相位跳变、50% 的暂降，且暂降期间暂降电压为非正弦波，如图 6-43 所示。从图 6-43（d）、（e）可见，发生暂降扰动时，与电压方均根值对应的电压均骤然下降。为正确判断暂降并兼顾补偿的快速性，仿

真中设定 U_{sag} 下降到正常情况下额定值的 90％为启动阈值，并启动补偿装置开始补偿。图 6 - 43（g）给出了应补偿电压的方均根值 U_c 约为 136V。由图 6 - 43（e）、（f）可看出，暂降电压的方均根值为 110V，相位跳变为 30°。即表明发生了具有 30°相位跳变、50％的电压暂降，检测结果与设定的暂降情况完全相符。

图 6 - 43（a）和（b）、（c）分别给出了补偿前（波形 1）、后（波形 2）的电压波形、补偿装置应补偿电压及补偿电压波形。从图 6 - 43（a）可以看到，经短暂延迟与过渡之后，暂降电压的相位跳变、幅值下降与畸变得到了完全补偿。本例中，U_{sag} 下降到正常情况下稳态值的 90％时约需 2.3ms。图 6 - 43（a）所示为对暂降电压全补偿时的情况。当串联补偿装置的补偿能力受限，例如只有 50％额定电压方均根值的补偿能力时，则应根据敏感性负荷的特性与所计算的 U_c 和 α，采用有针对性的不完全补偿方法，比如使电压方均根值最大的补偿方法等。

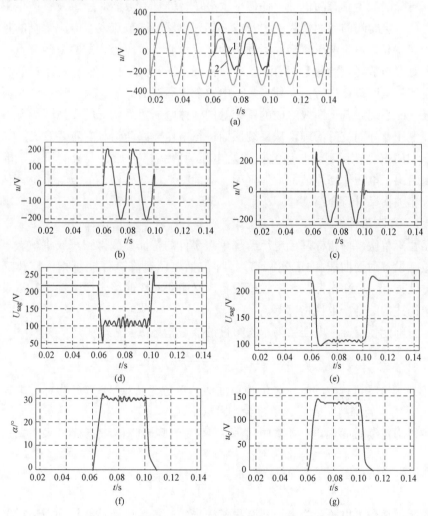

图 6 - 43　30°相位跳变、50％暂降幅值的电压暂降波形

（a）电压暂降和补偿后波形；（b）应补偿电压波形；（c）补偿电压波形；（d）U_{sag} 滤波前变化曲线；

（e）U_{sag} 变化曲线；（f）相位跳变曲线；（g）u_c 变化曲线

在前述所选低通滤波器参数下，对不同幅值和相位跳变的电压暂降的仿真分析表明，U_{sag}下降到额定值的 90% 时所需时间在 $2\sim5ms$，U_c 上升到稳态值所需的时间在 $5\sim10ms$。暂降补偿的启动是以 U_{sag} 为标志的，并通过 U_c 和相位跳变进行校正。因此，瞬时电压 dq 分解法具有良好的动态响应性，适合应用于电压暂降的实时补偿装置，如动态电压调节（恢复）器等。

6.8 电压暂降评估指标与标准

电压暂降的统计分析与影响严重程度的合理评估，是供电部门与相关用户共同关心的问题，是电压暂降敏感设备设计与生产制造、敏感用户接入电网、电压暂降治理以及优质供用电保障的重要依据。

电压暂降的发生具有随机性，任何一次电压暂降都有可能对敏感设备产生不利的影响；同时，一定时间内（通常为一个月或一年）电网不同节点发生电压暂降的频次也可能会有较大差异，对于电压暂降发生频次较多且暂降事件较为严重的电网节点，显然不适合接入对电压暂降较为敏感的用户。为此，电压暂降的评估不仅应针对单次事件进行，还应针对电网节点进行。此外，某个电力公司运营的系统、某一地理区域所属的某电压等级下的系统或若干馈线组成的系统等的整体电压暂降状况的评估，无疑对于电力公司开展电压暂降的统筹治理，从系统层面进行电压暂降防治具有重要意义。

IEC、IEEE 等国际组织与研究机构对电压暂降指标进行了大量的研究，推荐了一些指标，给出了电压暂降评估的大体框架。下面将从单次事件、节点与系统评估三个层面对部分相关指标进行介绍。

6.8.1 单次事件指标

电压暂降单次事件指标基于电压暂降单次事件的特征参数得到，或将单次事件特征参数与敏感设备耐受曲线相比较得到。指标包括电压暂降事件能量指标、暂降打分指标、严重性指标、PQI 指标、基于敏感设备广义耐受曲线的综合严重性指标以及基于多暂降阈值描述的综合严重性指标等。

（1）暂降能量指标。电压暂降单次事件的能量指标 E_{VS} 见式（6-77）

$$E_{VS} = \int_0^T \left[1 - \left(\frac{U(t)}{U_n}\right)^2\right] dt \tag{6-77}$$

式中：$U(t)$ 为暂降过程中的电压方均根值曲线，单位为伏（V）；U_n 为标称电压，单位为伏（V）；T 为暂降持续时间，单位为毫秒（ms）。

若在暂降持续时间内电压方均根值保持不变，则暂降能量指标可采用式（6-78）表示

$$E_{VS} = \left[1 - \left(\frac{U(t)}{U_n}\right)^2\right] T \tag{6-78}$$

暂降能量指标可以解释为电压暂降事件缺失的能量，该指标能较好地通过电压暂降幅值和持续时间共同反映电压暂降事件的严重程度。但需要注意的是，在这种方法中，单一的较长时间电压暂降对指标的影响要大于大量的短时扰动的影响。

（2）暂降打分指标。暂降打分指标最早出现在底特律爱迪生（Edison）电力公司与美国"三大"汽车制造商之间签订的电能质量合同中，成为电力公司为电压暂降事件赔付的依据。具体定义如下

$$S_{sag} = 1 - \frac{U_A + U_B + U_C}{3} \qquad (6-79)$$

式中：U_A、U_B、U_C 为暂降时三相电压标幺值。

暂降打分指标由一定时间的电压暂降监控数据决定，如果总计的暂降打分超过了指标值，则将进行赔付计算。暂降打分指标的特点是考核电压暂降赔付时不设定最小持续时间，任何持续时间都应考虑。该指标虽然在实际中有很好的应用，但其忽略了因暂降持续时间的不同所造成的用户损失差异。

（3）严重性指标。基于敏感设备耐受曲线（CBEMA、ITIC 和 SEMI F47 曲线等），用 S_e 表征电压暂降单次事件的严重性程度，可由式（6-80）计算

$$S_e = \frac{1 - U_{res}^*}{1 - U_{curve}(T)} \qquad (6-80)$$

式中：U_{res}^* 为残余电压标幺值；$U_{curve}(T)$ 为设备耐受曲线上对应持续时间 T 的暂降事件残余电压标幺值。

严重性指标将电压暂降单次事件与设备耐受曲线相比较，在耐受曲线上的电压暂降单次事件严重性指标值为 1，为设备正常与非正常运行的临界状态；耐受曲线之上的电压暂降单次事件严重性指标值小于 1，表明设备不会受到电压暂降单次事件的影响；耐受曲线之下的电压暂降单次事件严重性指标值大于 1，表明电压暂降单次事件会引起设备的非正常运行。残余电压越低，持续时间越长，则暂降严重性指标值越大，暂降越严重。

图 6-44 以 SEMI F47 曲线为例，给出了电压暂降严重性指标计算示例。

使用上述严重性指标的前提是已知敏感设备耐受曲线，其优点是综合考虑了电压幅值与持续时间的影响，用比值量化表示设备受电压暂降单次事件的影响大小，但对于敏感设备耐受曲线不存在或不确定的某类设备，利用上述指标无法进行计算，故其适用范围具有一定的局限性。

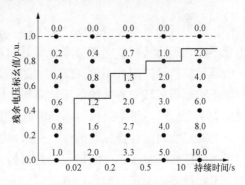

图 6-44　电压暂降严重性指标计算示例

考虑到某些特殊情况或者用户的特殊需求，可将式（6-80）中的电压标幺值"1"改为根据合同或相关规定要求的电压标幺值，进行严重性指标计算，如 PQI 指标。

（4）PQI 指标。与暂降严重性 S_e 指标类似，法国电力公司基于 ITIC 曲线制定的电能质量严重性指标 PQI（Power Quality Index）为

$$PQI = \left| \frac{U_c - U_{event}}{U_c - U_{ITIC}} \right| \times 100\% \qquad (6-81)$$

式中：U_C 为电能质量合同要求的电压值，单位为伏（V）；U_{ITIC} 为事件持续时间为 T 的 ITIC 曲线上的对应电压幅值，单位为伏（V）；U_{event} 为事件电压幅值，单位为伏（V）。

（5）基于敏感设备广义耐受曲线的综合严重性指标。大部分敏感设备的耐受曲线都存在不确定区域，如图 6-45 所示。当设备用电电压出现电压暂降时，若残余电压低于 U_{min} 且持续时间大于 T_{max}，则设备处于非正常运行区域；若残余电压高于 U_{max} 或持续时间小于 T_{min}，则设备处于正常运行区域；正常运行区域与非正常运行区域之间为不确定区域。

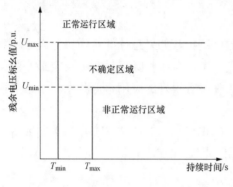

图 6-45　敏感设备广义耐受曲线

电压暂降持续时间严重性指标（Duration Severity Index，DSI）、暂降幅值严重性指标（Magnitude Severity Index，MSI）和综合严重性指标（Combined Magnitude Duration Severity Index，MDSI），考虑了不确定区域敏感设备电压暂降耐受性，如式（6-82）～式（6-84）。

$$DSI(T) = \begin{cases} 0, & T < T_{min} \\ (T - T_{min}) \times \left(\dfrac{100}{T_{max} - T_{min}} \right), & T_{min} \leqslant T \leqslant T_{max} \\ 100, & T > T_{max} \end{cases} \quad (6\text{-}82)$$

$$MSI(U_{res}^*) = \begin{cases} 0, & U_{res}^* > U_{max} \\ (U_{max} - U_{res}^*) \times \left(\dfrac{100}{U_{max} - U_{min}} \right), & U_{min} \leqslant U_{res}^* \leqslant U_{max} \\ 100, & U_{res}^* < U_{min} \end{cases} \quad (6\text{-}83)$$

$$MDSI(U_{res}^*, T) = \frac{MSI(U_{res}^*) \times DSI(T)}{100} \quad (6\text{-}84)$$

式中：T 为暂降持续时间，单位为毫秒（ms）；U_{res}^* 为残余电压标幺值；T_{min} 为敏感设备出现不确定运行状况的电压暂降持续时间最小值；T_{max} 为敏感设备出现非正常运行状况的电压暂降持续时间最小值；U_{min} 为敏感设备耐受曲线中持续时间大于 T_{max} 时，不确定与非正常运行区域交界处的电压暂降残余电压标幺值；U_{max} 为敏感设备耐受曲线中持续时间大于 T_{min} 时，正常运行与不确定区域交界处的电压暂降残余电压标幺值。

暂降综合严重性指标取值在 0～100 变化，其值为 0 时，表示暂降不严重，设备不会受到电压暂降单次事件的影响；其值为 100 时，表示暂降非常严重，电压暂降单次事件会引起设备的非正常运行；其值在 0～100 间时，表示设备处于不确定区域，越接近于 0 表明暂降越不严重，越接近于 100 表明暂降越严重，可能会引起设备的非正常运行。由定义可知，对于处于不确定区域的暂降，利用故障区间来反映其对敏感设备的影响，利用 MDSI 指标能量化其严重程度。但 MDSI 是电压暂降幅值与持续时间乘积的体现，对于跌落幅度较小但持续时间较长的暂降，其计算结果较大，但实际上某些用户对这样的暂降并不敏感；另外，对于非矩形暂降则存在过度评估的问题。

（6）基于多暂降阈值描述的综合严重性指标。由实际电压暂降单次事件的统计分析可知，电压暂降波形形状并不完全是矩形，因此采用单一的电压暂降幅值和持续时间来描述电压暂降，并进行严重程度评估，可能会造成过度评估。

暂降 s 可以描述为一个电压关于时间的函数

$$U = s(t) \text{ 或 } t = s^{-1}(U) \tag{6-85}$$

对于暂降过程中的任意电压 U_c 可以描述为 $t_c = s^{-1}(U_c)$，根据实际录波数据，可求得两个解 t_{c1}、t_{c2}。定义暂降中电压小于或等于 U_c 的时间为

$$T(U_c) = |t_{c1} - t_{c2}| \quad (0.1 \leqslant U_c \leqslant 0.9) \tag{6-86}$$

为此可将电压暂降描述为一个多暂降阈值和持续时间的序列 $T(0.9)$、$T(0.9-h)$、$T(0.9-2h)$、$\cdots$、$T(0.1)$，h 为电压间隔，可取 $0.01 \sim 0.05$。上述描述方法适用于矩形暂降和非矩形暂降，用于设备暂降免疫能力评估时，可避免出现对非矩形暂降的过度评估。

基于上述电压暂降描述的严重性综合指标 MMDSI（Multiple Combined Magnitude Duration Severity Index）定义为

$$\begin{aligned} MMDSI = \max\{ & MDSI[0.9, T(0.9)], MDSI[0.9-h, T(0.9-h)] \\ & MDSI[0.9-2h, T(0.9-2h)]\cdots MDSI[0.1, T(0.1)] \} \end{aligned} \tag{6-87}$$

相比 $MDSI$，$MMDSI$ 适用于非矩形暂降，可更精确地反映电压暂降的严重程度。

6.8.2　节点指标

电压暂降节点指标基于一定时间内的所有电压暂降单次事件的特征参数得到，一定时间内通常为一个月或一年。节点指标包括电压暂降频次、SARFI 指标、基于单次事件的指标、事件次数指标、暂降事件等效停电时间指标以及事件成本指标等。

（1）节点暂降频次。节点暂降频次用来统计节点在一定时间内相应残余电压和持续时间的电压暂降发生次数。暂降统计表格是节点电压暂降发生频次统计常用的方法，表格中的元素表示一定时间内对应残余电压和持续时间的某节点或区域电网暂降发生的次数。对于不同持续时间与残余电压的电压暂降的统计可考虑采用 UNIPEDE（国际发电行业与配电行业联盟）、IEC 61000-2-8、IEC 61000-4-11、南非 NRS048 以及 GB/T 30137—2013《电能质量 电压暂降与短时中断》中的统计表等。

表 6-5 为 UNIPEDE 推荐表，表 6-6 为 IEC 61000-2-8 技术报告推荐表（持续时间前两栏中的 0.01 和 0.02 与 50Hz 系统的半个周期和一个周期对应，对于 60Hz 系统应修改为相应的时间）。

表 6-5　　　　　　　　　　　　　　　UNIPEDE 推荐表

残余电压百分数（%）	持续时间（s）							
	$0.01 < t \leqslant 0.02$	$0.02 < t \leqslant 0.1$	$0.1 < t \leqslant 0.5$	$0.5 < t \leqslant 1$	$1 < t \leqslant 3$	$3 < t \leqslant 20$	$20 < t \leqslant 60$	$60 < t \leqslant 180$
$90 > U \geqslant 85$								
$85 > U \geqslant 70$								
$70 > U \geqslant 40$								
$40 > U \geqslant 10$								
$10 > U \geqslant 0$								

表 6 - 6　　　　　　　　　　IEC 61000 - 2 - 8 技术报告推荐表

残余电压	持续时间（s）							
百分数（%）	0.02<t≤0.1	0.1<t≤0.25	0.25<t≤0.5	0.5<t≤1	1<t≤3	3<t≤20	20<t≤60	60<t≤180
90>U≥80								
80>U≥70								
70>U≥60								
60>U≥50								
50>U≥40								
40>U≥30								
30>U≥20								
20>U≥10								
10>U≥0								

相比较 UNIPEDE 与 IEC 61000 - 2 - 8 推荐的电压暂降统计表，可以看出：在持续时间划分上，UNIPEDE 表中时间间距 100～500ms 对预估设备性能来说过宽，而这一时间范围的电压暂降较为常见，应进行细致划分较为合理；而 20ms 以内发生的电压暂降相应较少，专门进行统计必要性不大。在幅值划分上，UNIPEDE 推荐表中 40%～70%的范围太大，难以细致统计敏感设备受电压幅值影响的状况。IEC 61000 - 2 - 8 较 UNIPEDE 推荐表而言，上述区间被合理划分。此外，IEC 61000 - 4 - 11 推荐的统计方法主要用于测试设备，不适合作电压暂降事件的统计；至于南非 NRS048 推荐表，虽然其包含了不同持续时间与幅值的统计，以及暂降频次限值，但南非地区较为特殊，相关表格在南非之外很少应用。

综上所述，IEC 61000 - 2 - 8 推荐表较为合适，但因为电压暂降的典型持续时间是 0.5 周波到 1min，所以可将起始值由 1 周波改为 0.5 周波，即 0.01s；同时，将 3～20s 的统计时间进一步细分，并将统计时间限定在 1min 之内。基于上述考虑，可形成如表 6-7 所示的 GB/T 30137—2013 中的电压暂降与短时中断事件统计表。

表 6 - 7　　　　　　　GB/T 30137—2013 电压暂降与短时中断事件统计表

残余电压	持续时间（s）						
百分数（%）	0.01<t≤0.1	0.1<t≤0.25	0.25<t≤0.5	0.5<t≤1	1<t≤3	3<t≤10	10<t≤20	20<t≤60
90≥U≥80								
80>U≥70								
70>U≥60								
60>U≥50								
50>U≥40								
40>U≥30								
30>U≥20								
20>U≥10								
10>U≥0								

表 6-6 与表 6-7 中电压等级划分较多，这样虽可较详细进行事件的统计，但在实际测量中会产生许多空的单元格，当用在不同监测点或系统间的比较时，可能过于详细。

（2）节点 SARFI 指标。SARFI（系统平均方均根值变动频率 System Average RMS Frequency Index）指标，表明发生电压暂降（暂升、短时中断）事件次数的平均值，是用来反映特定时间内（例如一月或一年）某系统或某单一测点电压暂降（暂升、短时中断）发生频度的主要量化指标。

其中，"系统"即可表示单个节点，也可表示单一用户、单条馈线、单个变电站、多个变电站甚至整个供电系统。

SARFI 包括两种形式：一种是针对某一阈值电压的统计指标 $SARFI_X$，另一种是针对某类敏感设备耐受曲线的统计指标 $SARFI_{CURVE}$。

$SARFI_X$ 的计算有以下两种形式，分别为利用事件影响用户数进行统计的 $SARFI_{X-C}$ 和仅利用事件发生次数进行统计的 $SARFI_{X-T}$，分别如式（6-88）、式（6-89）所示。

$$SARFI_{X-C} = \frac{\sum N_i}{N_T} \tag{6-88}$$

式中：X 为电压方均根阈值，X 可能的取值为 140、120、110、90、80、70、50 或 10 等，用电压方均根值占标称电压的百分数形式表示，即为 $X\%$，当 $X<100$ 时，N_i 为第 i 次事件下承受电压幅值小于 $X\%$ 的电压暂降（或短时中断）的用户数；当 $X>100$ 时，N_i 为第 i 次事件下承受电压幅值大于 $X\%$ 的电压暂升的用户数。C 代表用户；N_T 为所评估节点供电的用户总数。

式（6-88）中 X 值的选取可由用户设备抗干扰特性确定，例如重要的敏感负荷，对于三相电压暂降的情况，推荐只考虑暂降深度最大的相。

仅利用事件发生次数进行统计的 $SARFI_{X-T}$ 指标按式（6-89）进行计算

$$SARFI_{X-T} = \frac{N \times D}{D_T} \tag{6-89}$$

式中：X 为电压方均根阈值，X 可能的取值为 140、120、110、90、80、70、50 或 10 等，用电压方均根值占标称电压的百分数形式表示，即为 $X\%$；T 为暂降发生次数；N 为监测时间段内电压幅值小于 $X\%$ 的电压暂降（或短时中断）或电压幅值大于 $X\%$ 的电压暂升的发生次数；D_T 为监测时间段内的总天数；D 为指标计算周期天数，可取值 30 或 365，对应指标分别表示每月或每年电压幅值小于 $X\%$ 的电压暂降（或短时中断）或电压幅值大于 $X\%$ 的电压暂升的平均发生次数，$D \leqslant D_T$。

例如，某用户 92 天的测量周期内记录了 8 次电压暂降（假定电压阈值为 X），按标准月周期（30 天）计算后，测试点 $SARFI_{X-T}=8 \times (30/92)=2.608$ 次。

$SARFI_{CURVE}$ 指标是统计电压暂降（暂升、短时中断）事件超出某一类敏感设备耐受曲线所定义的区域的概率，不同的耐受曲线对应不同的 $SARFI_{CURVE}$ 指标。例如，对于 IT 类设备，可按 $SARFI_{CBEMA}$、$SARFI_{ITIC}$ 指标统计；对于半导体类设备，可按 $SARFI_{SEMI}$ 指标统计。只有在 CBEMA、ITIC 曲线包围区域外部或 SEMI F47 曲线下方的电压暂降（暂升、短时中断）事件才考虑计入 $SARFI_{CURVE}$ 指标。

SARFI 指标的优点是：①少数 SARFI 指标易于比较不同测试点、不同系统以及每年变化情况；②计算简洁，应用广泛；③SARFI 指标只由事件总数决定。当用于量化系统性能时，SARFI 指标对于减少故障次数有很强的激励作用，同时对提高供电可靠性（停电次数）也有积极的影响。

其缺点是：①不适合评估设备免疫力；②丢失了所有电压暂降持续时间的信息。当用于量化系统性能时，SARFI 指标对缩短故障清除时间没有激励作用。

（3）基于单次事件的指标。

1）节点暂降能量指标。

节点暂降能量指标包括两种形式：一种是针对所有暂降事件的总暂降能量指标 SEI，另一种是以平均值表示的平均暂降能量指标 ASEI。

节点总暂降能量指标（SEI）是指一定时间内某一节点发生的所有暂降事件的暂降能量和，节点平均暂降能量指标（ASEI）是节点总暂降能量指标（SEI）的平均值，分别如式（6-90）、式（6-91）所示。

$$SEI = \sum_{i=1}^{n} E_{\text{VS}\_i} \tag{6-90}$$

式中：i 为暂降事件序号；n 为一定时间内某一节点电压暂降事件的数量；E_{VS_i} 为第 i 次电压暂降的能量指标，由式（6-77）确定。

$$ASEI = \frac{1}{n} SEI \tag{6-91}$$

2）节点暂降严重性指标。节点暂降严重性指标包括两种形式：一种是针对所有暂降事件的总暂降严重性指标 S_{site}，另一种是以平均值表示的平均暂降严重性指标 S_{average}。

节点总暂降严重性指标（S_{site}）是指一定时间内某一节点发生的所有暂降事件的暂降严重性指标计算结果之和，节点平均暂降严重性指标（S_{average}）是节点总暂降严重性指标（S_{site}）的平均值，分别如式（6-92）、式（6-93）所示。

$$S_{\text{site}} = \sum_{i=1}^{n} S_{\text{e}\_i} \tag{6-92}$$

式中：i 为暂降事件序号；n 为一定时间内某一节点电压暂降事件的数量；S_{e_i} 为第 i 次电压暂降的严重性，由式（6-80）确定。

$$S_{\text{average}} = \frac{S_{\text{site}}}{n} \tag{6-93}$$

3）节点暂降综合严重性指标。节点暂降综合严重性指标包括两种形式：一种是针对所有暂降事件的总暂降综合严重性指标 $\text{MDSI}_{\text{site}}$，另一种是以平均值表示的平均暂降综合严重性指标 $\text{MDSI}_{\text{average}}$。

节点总暂降综合严重性指标（$\text{MDSI}_{\text{site}}$）是指一定时间内某一节点发生的所有暂降事件的暂降综合严重性指标计算结果之和，节点平均暂降综合严重性指标（$\text{MDSI}_{\text{average}}$）是节点总暂降综合严重性指标（$\text{MDSI}_{\text{site}}$）的平均值，分别如式（6-94）、式（6-95）所示。

$$MDSI_{\text{site}} = \sum_{i=1}^{n} MDSI(U_{\text{res}}^*, T)_i \tag{6-94}$$

$$MDSI_{\text{average}} = \frac{1}{n} MDSI_{\text{site}} \tag{6-95}$$

式中：i 为暂降事件序号；n 为一定时间内某一节点电压暂降事件的数量；$MDSI(U_{\text{res}}^*,$ $T)_i$ 为第 i 次电压暂降的综合严重性指标，由式（6-84）确定。

4）事件次数指标。暂降事件是指因电压暂降而造成用户设备不能正常工作的事件。单个用户暂降事件次数 SETC（Sag Event Times of Customer）是电压暂降与用户设备暂降耐受曲线相比较得到的判断结果次数（一般以次数/年为单位）。

由于经监测点供电的不同用户设备对电压暂降敏感程度可能不一样，所以同一监测点下的不同用户的事件次数统计结果是不相同的。

应注意，在评估用户的电压暂降影响时，需要用户向监管评估单位提交其设备的暂降耐受水平的出厂试验数据和资料。当用户不能提交这些资料时，可根据用户性质分类，并依据现有标准的设备类耐受曲线以及一些设备的典型耐受值，做简化处理。

事件次数指标区分敏感用户和非敏感用户类型，考虑受电压暂降影响的敏感用户平均事件次数指标 ASETC（Average Sag Event Times of Customer）为

$$ASETC = \sum_{i=1}^{N_E} SETC(U_S)_i / N_E \tag{6-96}$$

式中：U_S 为用户设备电压暂降耐受值；$SETC(U_S)_i$ 为第 i 个用户年暂降事件次数；N_E 为所评估节点发生电压暂降事件用户数。

式（6-96）表明了所评估节点每个受暂降影响的用户在单位统计时间内（一年）经受的平均事件次数。若要计算包含非敏感用户的所评估节点供电的所有用户的平均事件次数，只需要将式（6-96）中的 N_E 用所评估节点供电的用户总数替代即可。

5）暂降事件等效停电时间指标。电压暂降现象之所以成为发达国家首要的电能质量问题，一方面是因为敏感设备在不断增加，另一方面是因为电压暂降给电力用户乃至国民经济带来了巨大经济损失。其本质是由于多发的暂降事件造成了用户突然停电且较长时间不能恢复生产。而秒级甚至毫秒级的电压暂降持续时间的统计数据并不能充分体现用户实际受到的严重影响。美国电科院对数字产业、流水生产线制造业和基础服务行业的长/短时间停电调查结果如图 6-46 所示，其中 1s 短时间停电和 3min 停电及停电成本比见表 6-8。

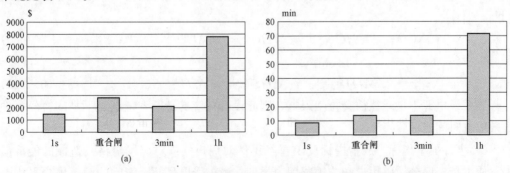

图 6-46　不同持续时间的停电成本和停产时间的调查

（a）不同持续时间暂降事件引起的平均停电成本；（b）不同持续时间暂降事件引起的平均停产时间

表 6 - 8　　　　　　　　基于图 6 - 46 的 1s 和 3min 停电及停电成本比

停电时间比	平均停产时间比	平均成本比
0.006 : 1	0.64 : 1	0.7 : 1

由上述图表可见，只有采用事件停电成本或引起的用户停产时间才能充分表征 1s 的短时间停电对电力用户的影响程度。因此在评估电压暂降时，暂降事件等效停电时间是以直接经济成本为基础，采用"经济等效停电时间"。

对大部分用户来说，1min 停电会造成设备停运，而一次电压暂降事件的成本一般大于 1s 短时停电成本，小于 1min 停电成本。对用户第 i 次暂降事件的经济等效停电时间（系数）AIHC - CS$_i$ 的定义为

$$AIHC \text{-} CS_i = \frac{CS_i}{CS_{1min}} \tag{6-97}$$

式中：CS_i 为用户第 i 次暂降事件成本（＄或 RMB/次），需经过用户财务分析和社会调查统计得出；CS_{1min} 为用户 1min 停电成本（＄或 RMB/1min）。

根据经验，用户 AIHC - CS 一般在 0.6~1.0。

经济等效停电时间指标区分敏感用户和非敏感用户类型，考虑受电压暂降影响的敏感用户平均暂降事件等效停电小时数 AIHC - S1（Average Interruption Hours of Customer caused by voltage Sags，符号中使用了 "1" 是为了和供电可靠率 RS - 1 相对应）为

$$AIHC \text{-} S1 = \frac{\sum_{k=1}^{N_E} (AIHC \text{-} CS)_k \times SETC_k}{N_E} \tag{6-98}$$

若要计算包含非敏感用户的所评估节点供电的所有用户的经济等效停电时间 AIHS - S1，只需要将式（6-98）中的 N_E 用所评估节点供电的用户总数替代即可。

在市场经济条件下，为避免在交易中发生经济纠纷，需要分清是否因非合同电力公司管辖范围内故障引起的事件责任，也相应定义了不计外界影响的暂降等效停电小时数 AIHC - S2 和 AIHS - S2。由外部故障引起电压暂降的等效平均停电小时数标识为 AIHC - SO 和 AIHS - SO，其计算方法同式（6-98），用户是否受管辖范围外电网或设施故障的影响，可通过判别故障点是否在监测点的凹陷域内且在其电力公司管辖范围外的位置来判断，即

$$AIHC \text{-} S2 = AIHC \text{-} S1 - AIHC \text{-} S0 \tag{6-99}$$

和

$$AIHS \text{-} S2 = AIHS \text{-} S1 - AIHS \text{-} S0 \tag{6-100}$$

当系统电源不足时往往会拉闸限电，因此没有对应的计及系统电源不足的暂降事件等效停电时间指标。

6）事件成本指标。成本指标反映暂降事件对用户（或对国民经济）造成的经济损失。成本指标区分敏感用户和非敏感用户类型，考虑受电压暂降影响的敏感用户平均电压暂降事件成本指标 ACSC（Average Cost of voltage Sag events of Customer）为

$$ACSC = \frac{\sum\limits_{k=1}^{N_\mathrm{E}} \sum\limits_{i=1}^{SETC_k} (CS_i)_k}{N_\mathrm{E}} \tag{6-101}$$

式中：$(CS_i)_k$ 为第 k 个用户第 i 次暂降事件的成本（\$ 或 RMB/次）。

若要计算包含非敏感用户的所评估节点供电的所有用户的成本指标，只需要将式 (6-101) 中的 N_E 用所评估节点供电的用户总数替代即可。

计算暂降事件成本的方法还有经济分析系数法、单位暂降事件成本计算法、单位功率成本计算法等，本书不再赘述。

6.8.3　系统指标

电压暂降系统指标基于一定时间内整个或某区域电网的多个节点指标得到，一定时间通常是一个月或一年。系统指标包括系统暂降统计频次、系统 SARFI 指标、系统能量指标、系统暂降严重性指标以及系统暂降综合严重性指标等。

电压暂降系统指标可采用节点指标的加权平均值与 95% 概率大值两种方法计算。

（1）加权平均值法。各节点指标加权因子可根据节点所连接用户数以及用户中设备对电压暂降的耐受特性适当选取。为了实用方便，通常采取对所有监测节点采用相同加权因子的算术平均方法确定电压暂降系统指标。

（2）95% 概率大值法。取一定时间内所评估系统中所有电压暂降监测节点指标值的95% 概率大值，作为电压暂降系统指标。以 95% 概率大值计算时，需要有合理的监测节点数量，一般情况下至少需要 20 个监测节点。当系统中的监测节点数量为 10～20 个时，可采用 90% 概率大值替代 95% 概率大值；当监测节点数量少于 10 个时，应同时计算加权平均值和最大值。

理想情况下，电压暂降系统指标的计算应基于系统内所有节点长时间的结果进行，监测周期至少是一年。但在实际系统中，计算评估所需的监测节点数与监测周期往往难以达到。这种情况下，通常只针对系统中部分节点一年的数据进行分析计算。若要得到系统内所有节点的电压暂降信息，一种可行的方法是采用电压暂降随机预估。

系统指标含义广泛，可以是某个电力公司运营的系统、某个国家或某一地理区域所属的某电压等级下的系统、若干馈线组成的系统等。

（1）系统暂降频次。系统暂降频次由一定时间内相应节点暂降频次的平均值或者95% 概率大值等计算得到。采用平均值时，可以考虑值的加权；采用 95% 概率大值时也可以考虑加权，但需监测节点达到一定的数量。

系统暂降频次统计与任何单个节点的统计不一定对应。对于单个节点，需要区间更小的细节信息来确定敏感设备与电源的兼容性；而对于系统评估，为便于进行逐年变化的分析，较大的区间范围可能更为合适，因此宜在形成系统暂降统计表格进行系统指标计算之前将节点统计表中的某些单元适当合并。

（2）系统 SARFI 指标。系统 SARFI 指标由一定时间内相应节点 SARFI 指标的平均值或 95% 概率大值等计算得到。以平均值表示的系统 SARFI 指标的计算如式（6-102）所示

$$SARFI_{X,\text{system}} = \frac{1}{N_s}\sum_{s=1}^{N_s} SARFI_{X,s} \tag{6-102}$$

式中：X 为电压方均根阈值，X 可能的取值为 90、80、70、50 或 10 等，用电压方均根值占标称电压的百分数形式表示，即为 $X\%$；s 为节点序号；N_s 为节点数量；$SARFI_{X,s}$ 为第 s 个节点的电压暂降 SARFI 指标，由式（6-88）与式（6-89）确定。

（3）系统能量指标。系统能量指标由一定时间内相应节点能量指标的平均值或 95% 概率大值等计算得到。以平均值表示的系统能量指标的计算如式（6-103）所示

$$SEI_{\text{system}} = \frac{1}{N_s}\sum_{s=1}^{N_s} SEI_s \tag{6-103}$$

式中：s 为节点序号；N_s 为节点数量；SEI_s 为第 s 个节点的总暂降能量指标，由式（6-90）确定。

（4）系统暂降严重性指标。系统电压暂降严重性指标由一定时间内相应节点电压暂降严重性指标的平均值或 95% 概率大值等计算得到。以平均值表示的系统电压暂降严重性指标的计算如式（6-104）所示

$$S_{\text{system}} = \frac{1}{N_s}\sum_{s=1}^{N_s} S_{\text{site}\_s} \tag{6-104}$$

式中：S_{site_s} 为第 s 个节点的总暂降严重性指标，由式（6-92）确定。

（5）系统暂降综合严重性指标。系统电压暂降综合严重性指标由一定时间内相应节点电压暂降综合严重性指标的平均值或 95% 概率大值等计算得到。以平均值表示的系统电压暂降综合严重性指标的计算如式（6-105）所示

$$MDSI_{\text{system}} = \frac{1}{N_s}\sum_{s=1}^{N_s} MDSI_{\text{site}\_s} \tag{6-105}$$

式中：$MDSI_{\text{site}\_s}$ 为第 s 个节点的总暂降综合严重性指标，由式（6-94）确定。

同样，由一定时间内相应节点指标的平均值或 95% 概率大值，也可得到事件次数指标、暂降事件等效停电时间指标以及事件成本指标的系统指标，本节不再一一给出。

【例 6-3】 已知某公共连接点监测的电压暂降三特征量统计表见表 6-9，用户信息见表 6-10，请计算电压暂降事件次数和事件等效停电时间指标。

表 6-9　　　　　　　　某公共连接点电压暂降三特征统计表（次/年）

残余电压百分数（%）	0～50ms	50～150ms	150～500ms	500ms～3s	合计
70～90	6	48	6	7	67
50～70	1	10	1	1	13
10～50	0	6	0	1	7
1～10	0	0	0	4	4
合计	7	64	7	13	91

表 6 - 10　　　　　　　　　　用户信息表

用户类型	总用户数	用户群敏感度（%）			暂降容限（%）	可持续时间（s）	AIHC - Si
		低度	中度	高度			
居民用户	5660	50	70	100	70	0.05	1
大用户 1	3	60	80	100	70	0.05	0.88
大用户 2	3	60	80	100	90	0.15	0.88
小工业用户	3	50	80	100	70	0.05	0.88
商业用户	135	65	80	100	70	0.05	0.81
公用办公	2	65	80	100	70	0.05	0.46

解　评估指标计算结果见表 6 - 11。

表 6 - 11　　　　　　　　电压暂降指标评估计算结果

用户群敏感度	事件次数指标（次/年）		事件等效停电小时数（min/年）	
	ASETC	ASETS	AIHC - S1	AIHS - S1
低	23	11.6	22.9	11.5
中	23	16.2	22.9	16.1
高	23	23	22.9	22.9

从上例可见，ASETS 和 AIHS - S1 是和系统内的用户群敏感度相关的，比例越大，指标值越大，说明电压暂降的影响面越大；ASETC 和 AIHC - S1 与敏感用户比例无关，只由发生电压暂降的严重程度与用户自身设备的暂降耐受能力决定。

6.8.4　供电可靠率修正指标

在电力供给紧张时期，电能质量的突出问题是供电连续性问题。长期以来，人们普遍认为，只要保证电力供给长时间不中断，供电系统就是可靠的，供电质量的优劣主要表现在供电连续性上。虽然，从定义上讲，供电可靠性是用来评估和反映供电系统对用户连续性供电的能力，但是电力行业规定并执行的用户供电可靠性指标是以统计用户长时间（一般只考虑持续时间 1、3min 或 5min 以上）电源中断来考核的，实际上它只反映了电力用户平均长时间停电情况。值得注意的是，频繁发生的短时间电压中断和暂降，也会引起敏感用户不能正常生产，甚至比偶发的长时间电压中断对生产过程及设备的影响更严重。而传统定义的供电可靠性评估指标是没有统计这类供电不连续的。

基于电压暂降等效停电小时数指标和传统用户停电时间指标，可以将电能质量含义下的电压暂降对用户造成的用电不连续的影响计入供电可靠性指标，即供电可靠率修正指标——RS*。

对应传统的供电可靠率指标 RS - 1，不计外部影响的 RS - 2 和不计电源不足的 RS - 3，修正的供电可靠率指标见式（6 - 106）～式（6 - 108）。

系统供电可靠率修正指标 RS_1^* 为

$$RS_1^* = \left(1 - \frac{AIHC\text{-}1 + AIHS\text{-}S1}{T}\right) \times 100\% \tag{6-106}$$

式中：$AIHC\text{-}1$ 为系统平均停电时间；$AIHS\text{-}S1$ 为系统平均暂降等效停电时间；T 为统计时间。

不计外部影响的系统供电可靠率修正指标 RS_2^* 为

$$RS_2^* = \left(1 - \frac{AIHC\text{-}2 + AIHS\text{-}S2}{T}\right) \times 100\% \tag{6-107}$$

式中：$AIHC\text{-}2$ 为不计外部影响的系统平均停电时间；$AIHS\text{-}S2$ 为不计外部影响的系统平均暂降等效停电时间。

不计电源不足的系统供电可靠率修正指标 RS_3^* 为

$$RS_3^* = \left(1 - \frac{AIHC\text{-}3 + AIHS\text{-}S1}{T}\right) \times 100\% \tag{6-108}$$

式中：$AIHC\text{-}3$ 为不计电源不足的系统平均停电时间。

统计时间一般是一年，即 8760h＝1 平年。

供电可靠率修正指标 RS^* 综合反映了现代供电质量的两个主要问题，即停电与电压暂降，能够从真正意义上体现系统向用户供电的连续可用能力。

【例 6-4】 假设某供电系统年供电可靠率 RS 分别为 99.9604、99.99（简称 4 个"9"）和 99.999（5 个"9"），当计入【例 6-3】中所提供的年电压暂降监测评估数据时，分别计算不同敏感用户比例下的供电可靠率修正指标以及电压暂降对供电可靠率的影响比例。

解 计算结果见表 6-12。

表 6-12 修正供电可靠率计算结果

用户群敏感度	RS-1	RS_1^*	降低值	影响比例（%）
低		99.95816	0.0022	5.2
中	99.9604	99.95730	0.0031	7.2
高		99.95600	0.0044	9.9
低		99.98829	0.0022	18.7
中	99.99	99.98742	0.0031	24.3
高		99.98613	0.0044	31.4
低	99.9990	99.99685	0.0022	69.7
中		99.99599	0.0031	76.3
高		99.99469	0.0044	82.1

通过上述算例可以看出，电压暂降对供电可靠率的影响表现在千分位上，影响程度与用户设备暂降耐受能力、敏感用户在系统中的比例、事件造成的严重性及成本等因素有关。当系统可靠性等级达到 5 个"9"及以上时，应计及电压暂降对用户连续供电的影响；只有采取相应的缓解措施，才能保证供电可靠率真正达到 5 个"9"及以上。

6.9 电压暂降与短时中断抑制技术

如前所述，电压暂降现象发生后，是否会造成事故（影响用户设备正常运行，并造成经济损失），还与用户设备对电压暂降的敏感性有很大关系。因此，为了减少因电压暂降造成的损失，需要电力公司、电力用户和设备生产厂商共同努力来减少电压暂降事件次数，降低电压暂降的严重程度，采取有效措施抑制电压暂降，降低设备对电压暂降的敏感度并在可能的情况下使敏感用户选择具有较少电压暂降问题的电源接入点。

下面将分别从供电侧、用户侧、设备本体和用户如何选择系统接入点四个切入点介绍可考虑采取的若干治理措施。

6.9.1 供电侧缓解措施

只要发生短路故障就会引起电压跌落，因此电压暂降是不可避免的。从供电侧角度，可以通过采用适当的措施，如减少故障次数、缩短故障清除时间以及改善电网结构等来减少用户电压暂降与短时中断事件次数。

（1）减少故障次数。有很多措施可减少短路故障的次数，这些措施包括：用电缆取代架空线，在架空线上采用绝缘导线，定期砍伐输电线路范围内的树木，设围栏对动物进行防范，采用专门的避雷线来保护架空线，提高绝缘水平，提高检修和定期维护的频率，清洁绝缘子等。

1）架空线入地。大部分短路故障是由恶劣的天气或其他外部影响造成的，而地下电缆线路受外界因素的影响较小，采用电缆替换架空线路，能大大减少电压暂降和短时中断发生概率。

2）架空线加外绝缘。通常，架空线为裸导体，采用外绝缘时，导体外附着一层绝缘材料。尽管这一绝缘层不一定充分绝缘，但运行实例表明，它已能十分有效地降低故障率。

3）对剪树作业严加管理。电线与树枝间的接触是导致短路的一个重要原因。特别是在重负荷情况下，导线过热会使导线下垂，这将使导线与树枝的接触更易发生。相关调查表明，高峰负荷时这类短路故障发生的概率很大。

4）装设附加的屏蔽导线。架设一两根屏蔽导线可有效减少因雷电造成的事故。屏蔽导线可将雷电引入大地，从而保护送电线路免遭雷击。

5）增加绝缘水平。绝缘水平的提高可有效减少短路故障的发生。应当注意到，许多短路的发生是由过电压或绝缘老化造成的。

6）增加维护和巡视的频度。这通常也能有效减少短路故障的发生。

需要说明，上述措施的实施可能代价很高。因此，应当通过全面衡量用户损失与各种提高供电质量措施之间的经济利益关系，来确定合理的方案。

（2）缩短故障清除时间。用户设备对电压暂降的耐受能力与持续时间有关，电压暂降的持续时间在设备能承受的范围内，用户设备就不会受到电压暂降事件的影响。缩短故障清除时间虽然不能减少电压暂降发生的次数，却能明显减少电压暂降持续时间。

电压暂降持续时间主要由熔断器、断路器和保护继电器等装置的动作时间决定，这些装置的动作是为了隔离系统内的短路故障。输电线路的短路故障清除时间较短，而配电网的故障清除时间可能较长。提高继电保护响应速度，尽量适当减少保护延时，可缩短电压暂降持续时间；在保证短路点介质绝缘恢复的前提下，采用动作时间短的断路器和重合闸装置，当故障发生时，可以很快的切除故障，在敏感负荷能够承受的时间内通过重合闸装置重新合上线路。这样，可以避免由于电压暂降时间过长而导致的停运。但重合闸装置的应用也可能会带来暂降次数的增多；为此，在缩短故障清除时间上是否配置重合闸装置，需要根据敏感负荷对电压暂降的敏感程度统筹考虑。

（3）改善电网结构。通过电网结构的改善，可以有效降低电压暂降问题的严重性。对于重要用户，供电部门可采用双回路供电、环形回路供电等，如对于双电源供电系统可采用固态切换开关 SSTS 保证敏感负荷不受其中一个电源电压暂降或其他故障的影响；随着分布式发电技术的发展，以及储能与燃料电池技术等的实用化，敏感负荷附近装设电源设备成为一种可行的方案；对于敏感负荷的 110kV 或 220kV 供电系统采用非直接接地方案，可以减小高压单相接地故障所引起电压暂降的影响；为了增加与故障点间的电气距离，还可以在系统中的关键位置安装限流线圈；另外，还可以采用母线分段或多设配电站的方法来限制同一回供电母线上的馈线数等。总之，采用这类方法时，电压质量的改善是通过增加更多的线路及配电设备达到的，考虑到投资与效益的权衡，这类方法通常仅适用于对供电质量要求高的工业和商业用户。

下面对部分缓解措施进行简要介绍。

（1）采用多电源供电方式。多电源供电方式是指对重要负荷，其连接的母线由两条或更多的较高电压的母线供电。当一条负荷母线由两条不同的母线供电时，电压暂降有一些自身的特点。

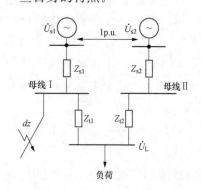

图 6-47　多电源供电系统

图 6-47 所示的系统中带有敏感负荷的母线由两条较高电压等级的母线供电。Z_{s1} 和 Z_{s2} 是高电压等级下的电源阻抗，Z_{t1} 和 Z_{t2} 是变压器阻抗，z 是每单位长度馈线的阻抗，d 是母线 I 和故障点之间的距离。两条母线 I 和 II，可以在同一个配电站，也可以在两个不同的配电站。

考虑源于母线 I 的馈线上距母线 d 远处的故障，母线 I 的电压幅值可由分压关系得到

$$\dot{U}_\mathrm{I} = \frac{zd}{zd + Z_{s1}} \tag{6-109}$$

这里忽略了第二电压源对母线 I 电压的影响。这是一个合理的假设，因为串联的 2 个变压器的阻抗将比母线 I 上电源的阻抗大得多。如果假设 2 个电压源完全独立，那么母线 II 上的电源电压就不会因为此故障而下降了，负荷母线的电压由式（6-110）得到

$$\dot{U}_\mathrm{L,sag} = \dot{U}_\mathrm{I} + \frac{Z_{t1}}{Z_{t1} + Z_{t2} + Z_{s1}}(1 - \dot{U}_\mathrm{I}) \tag{6-110}$$

通过选择不同的距离单位，可使 $z = Z_{s1}$，并假定 $Z_{t1} = Z_{t2}$，$|Z_{s1}| \ll (|Z_{t1}| + |Z_{t2}|)$，

负荷母线处的电压由式（6-111）得到

$$U_{\mathrm{L,sag}} = \frac{d+1/2}{d+1} \tag{6-111}$$

母线 I 的电压为

$$U_{\mathrm{I}} = \frac{d}{d+1} \tag{6-112}$$

对于辐射状运行系统，负荷不与母线 II 相连时，负荷母线电压与由式（6-112）得到的母线 I 的电压相等。图 6-48 比较了两种设计选择方案中，负荷母线上发生电压暂降时的电压幅值变化。非常明显，具有第二路供电母线时，电压下降的程度大为减小，最严重的电压暂降幅度也只不过 50%。这里假设第二个变压器与第一个变压器的阻抗相同，实际上这说明它们有相同的额定功率。如果第二个变压器的额定功率较小，则其阻抗一般将较高，电压暂降也将较深。

（2）母线分段并增设电抗器。采用母线分段或多设配电站的方法来限制同一回供电母线的馈线数，并在系统中的关键位置安装限流线圈来增加与故障点间的电气距离，可有效提高敏感负荷在暂降发生时的电压幅度。不过应注意，这种方法可能会使某些用户的电压暂降更加严重。图 6-49 所示为这种接线方式的示意图。

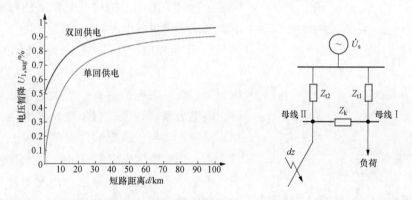

图 6-48 单回供电和双回供电的电压水平 图 6-49 采用母线分段并加装电抗器

图 6-49 中，假定短路故障发生在母线 II 出线的距离 d 处，配线单位距离的阻抗为 z，采用星角变化的方法易得到电源与母线 I 间的阻抗 Z_1 及母线 I 与短路点间的阻抗 Z_2 分别为

$$Z_1 = Z_{\mathrm{t2}} + Z_{\mathrm{k}} + \frac{Z_{\mathrm{k}} Z_{\mathrm{t2}}}{zd} \tag{6-113}$$

$$Z_2 = Z_{\mathrm{k}} + zd + \frac{Z_{\mathrm{k}} zd}{Z_{\mathrm{t2}}} \tag{6-114}$$

由此可以得到母线 I 电压为

$$\dot{U}_{\mathrm{I,sag}} = \frac{Z_1'}{Z_{\mathrm{t1}}' + Z_1'} \dot{U}_{\mathrm{s}} \tag{6-115}$$

$$Z_{\mathrm{t1}}' = Z_{\mathrm{t1}} // Z_1 \tag{6-116}$$

$$Z_1' = Z_1 // Z_2 \tag{6-117}$$

式中：Z_1 为敏感负荷的等效阻抗。

在 $d=0$ 时，$Z_1=\infty$，$Z_2=Z_k$，则

$$\dot{U}_{I,sag} = \frac{Z_1//Z_k}{Z_{t1}+Z_1//Z_k}\dot{U}_s \qquad (6-118)$$

通常，Z_1 相对于 Z_k 要大得多，Z_k 相对于 Z_{t1} 又大得多，因此，母线电压的数值不至于降得太低。显而易见，若不设电抗器，而采用单一母线，则此时的电压下降为零。

在 $d=\infty$ 时，$Z_1=Z_{t2}+Z_k$，$Z_2=\infty$，则

$$\dot{U}_{I,sag} = \frac{Z_1}{Z_{t1}//(Z_{t2}+Z_k)+Z_1}\dot{U}_s \qquad (6-119)$$

若不设电抗器，母线 I 的电压为

$$\dot{U}_{I,sag} = \frac{Z_1}{Z_{t1}//Z_{t2}+Z_1}\dot{U}_s \qquad (6-120)$$

可以看出，这种情况下，电抗器的采用反而使母线电压有一定程度的下降，但由于 Z_1 较 $Z_{t1}//Z_{t2}$ 大得多，母线 I 的电压接近电源电压。图 6-50 所示为典型系统阻抗时，不同出线距离处发生短路故障时，母线 I 在装设电抗器与不装设电抗器时的电压水平比较。

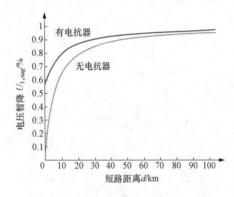

图 6-50 装设电抗器与不装设电抗器时电压水平

（3）自备电源。用户可能在下述两种情况下，考虑装设自备电源：

1）本地发电比从电力公司买电要便宜。

2）通过自备电源来防范供电中断、减轻电压暂降、提高供电质量。一些大型企业甚至能够脱离电力系统，通过自备电厂独立运行。同样，医院、学校、政府部门也常拥有一台备用发电机，当电网供电中断时接替供电任务。

这里，我们只考虑第二种情况中自备电源对电压暂降的影响。这种情况下，自备电源必须与电力系统并列运行，否则，其作用不可能消除任何电压暂降。当然，这种在线备用电源可能是处于运行状态的发电机，也可能是储能装置。而如果发电机处于冷备用状态，通过储能装置完成电力系统供电中断后最初一段时间的过渡，这种情况下，电压暂降的减缓实际上是由储能装置完成的。

图 6-51 所示为负荷装设自备电源的供电系统。其中 Z_t 是负荷母线和公共母线之间的阻抗，通常主要指配电变压器的阻抗，Z_g 是发电机的暂态阻抗（或储能装置的等效内阻），Z_s 是公共电源的等效阻抗。假定短路故障发生在母线 PCC 出线的距离 d 处，配线单位距离的阻抗为 z，则可通过仿真计算得到不同出线距离处发生短路故障时，负荷母线 I 在有自备电源和没有装设自备电源时的电压水平，如图 6-52 所示。

对于极端情况，在 $d=0$ 处发生短路时，如不设自备电源，则负荷母线电压为零，而设有自备电源时，电压可能保持在较高的水平。

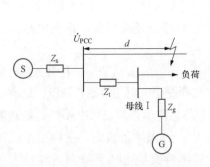
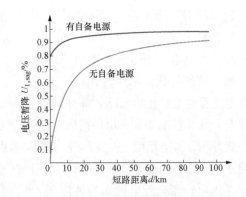

图 6-51 负荷装设自备电源的供电系统　　图 6-52 有自备电源和无自备电源时的电压水平

6.9.2 用户侧接口处的缓解措施

对于重要的电压暂降敏感用户，首先应该在选择设备时考虑到设备的敏感度问题，并在设备订货合同上向制造商明确有关的技术要求，使设备对某种程度的电压暂降有一定的抗干扰能力。

用户在购买设备时应考虑的原则有：

（1）购买新设备的用户应先衡量该设备在生产流程中的重要性。如果该设备至关重要，在选购设备时就应注意其抗电压暂降能力；如果该设备不是很重要，或生产过程中不引起主流程中断或不危害工厂设备及人身安全，可不考虑该设备的电压暂降保护措施。

（2）对于重要的设备，生产厂家应提供设备电压暂降耐受曲线，作为设备的原始评估依据。用户在购买设备时也应向厂家索要购买设备的出厂电压暂降耐受曲线。

（3）重要设备最好能承受暂降幅值 70% 的电压暂降。实际系统中发生的绝大部分电压暂降的幅值大于 70%，这样用户受电压暂降影响程度会大幅度下降。

由于用户通常很难对配电网或用电设备本身有所作为，所以目前应用最普遍的抑制电压暂降措施是在供电系统与用电设备的接口处安装缓解设备。下面是一些缓解设备的举例。

（1）配置不间断电源（Uninterruptible Power System，UPS）。UPS 是解决供电中断的有效方法，同时也能抑制电压暂降。采用在线式 UPS 可有效抑制电压暂降；采用后备方式的 UPS 时，只要转换速度足够快，当检测到电压暂降发生时，切换开关自动切换到 UPS 供电，也能够有效抑制电压暂降对设备的影响。但 UPS 容量较小，一般在 1kW 至 1MW 之间，多用于小功率设备中，很难解决大容量敏感负荷的供电质量问题。

（2）防晃电交流接触器。在工业企业中，电压暂降俗称为"晃电"，这是用户对电压暂降的一种形象比喻，因而也就有防晃电交流接触器的说法。它采用双线圈结构，吸合速度快，当有"晃电"发生使电压降到接触器的维持电压以下时，控制模块开始工作，以储能释放的形式保持接触器继续吸合，确保"晃电"期间接触器不脱扣，可有效抵御电源电压不稳造成的瞬间失电压、瞬间断电而导致的接触器释放现象。

（3）基于直流支撑技术的治理装置。对于交—直—交结构的变频器等具有直流母线的敏感设备，可以考虑采用直流母线电压稳定技术即直流支撑技术进行电压暂降治理。

典型装置包括 DC - BANK 与低电压穿越电源等，在我国工业生产中已得到成功应用。

DC - BANK 系统简称直流不间断电源，由蓄电池组作为储能单元。当市电正常时，由市电向负载供电；当市电断电时，DC - BANK 内部的静态开关导通，系统电池组向负载供电，以使负载正常运行。

低电压穿越电源也称电压暂降保护器（Voltage Sag Protection，VSP），主要由蓄电池组、VSP 模块、控制柜和馈出柜组成，拓扑结构有直流侧交错并联 BOOST 升压、隔离型全桥逆变升压、蓄电池组直接支撑等。如其应用于变频器暂降治理时，VSP 模块与负载侧变频器并联，当三相交流电压正常时，VSP 直通不工作，进入热备状态，变频器由三相交流正常供电；当交流电压出现暂降时，VSP 系统检测到交流电压下降而自动投入工作并开始计时，即 VSP 模块输出稳定的直流电给变频器的直流母线，为其提供电压支撑，确保变频器正常工作，待电网恢复正常后 VSP 系统自动退出支撑，计时结束。

（4）动态电压调节（恢复）器 ［Dynamic Voltage Regulator（Restorer），DVR］。DVR 是保证敏感负荷供电电压质量有效的补偿装置，它能在毫秒级的时间内将电压暂降补偿至正常值。

DVR 基本拓扑结构如图 6 - 53 所示。

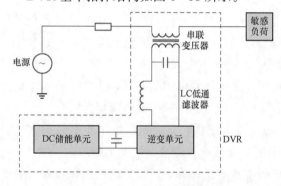

DVR 主要由储能单元、VSC 型全控型逆变器、滤波器及串接变压器、保护与控制等单元组成。储能单元具有在电压暂降期间给负载提供有功功率的作用，需要有一定的能量存储与功率交换能力，典型储能设备包括：电池、超级电容、超导储能及飞轮储能等；为降低装置造价，也可不加装储能设备，而采用并联整流电路的无

图 6 - 53　DVR 基本拓扑结构图

储能系统或直接采用较大容量的电容支撑逆变器直流侧电压。VSC 型全控型逆变器采用全控器件如 IGBT 实现。滤波器必须能够有效滤除开关谐波，保证基波幅值及相位的不失真传递，还必须能确保对低次谐波不予放大。控制单元完成信息的采集、处理、运算及驱动脉冲的产生，保护回路则实现系统短路或过负荷情况下对 DVR 主回路的保护。

DVR 与供给重要负荷电能的线路串联连接，通过变压器串联在馈线上。DVR 既可补偿电压暂降，同样也可补偿电压暂升。在正常供电状态下 DVR 处于低损耗备用状态，当供电电压发生暂降（升）时，DVR 将迅速做出响应，可在几个毫秒内产生需要的补偿电压，并通过串联变压器叠加到供电回路中，该电压与原电网暂降（升）电压相串联，来补偿暂降（升）电压与正常电压之差，从而把馈线电压恢复到正常值或其附近。

理想情况下，DVR 应使补偿后负荷电压的幅值、相位和电压暂降（升）之前完全一致，从而保证负荷电压的连续性。该种补偿策略称为完全补偿，相量图如图 6 - 54 所示。图中，$\dot{U}_{PLL}$ 为暂降（升）前的供电电源电压相量，将其作为标准参考相量；$\dot{U}_s$ 为暂降（升）发生后供电电源电压相量；$\dot{U}_{ref}$ 为补偿参考电压相量；$\dot{U}_{comp}$ 为 DVR 输出补偿电压相量；φ_s 为电压暂降（升）伴随的相位跳变值（本节中只考虑 $\varphi_s \geqslant 0$ 的情况）；φ_{comp} 为补偿电压的相位。

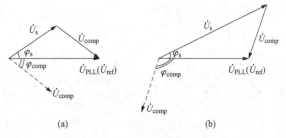

图 6-54　完全补偿策略相量图

(a) 暂降补偿；(b) 暂升补偿

为了便于分析，图中给出了补偿电压相量 $\dot{U}_{comp}$ 平移至参考相量 $\dot{U}_{PLL}$ 原点时的相量（图中虚线表示）。完全补偿电压暂降（升）时的补偿电压幅值和相位分别为

$$U_{comp} = \sqrt{U_s^2 + U_{ref}^2 - 2U_s U_{ref}\cos\varphi_s} \tag{6-121}$$

$$\varphi_{comp} = -\arccos\left(\frac{U_{comp}^2 + U_{ref}^2 - U_s^2}{2U_{comp}U_{ref}}\right) \tag{6-122}$$

假设负荷电流为 I_L，负荷功率因数角为 φ_L（本节中只考虑 $\varphi_L \geqslant 0$ 的情况），则补偿后负荷吸收的功率为

$$\widetilde{S}_L = P_L + jQ_L = U_{ref}I_L(\cos\varphi_L + j\sin\varphi_L) \tag{6-123}$$

供电电源提供的功率为

$$\widetilde{S}_S = P_S + jQ_S = U_sI_L[\cos(\varphi_L + \varphi_S) + j\sin(\varphi_L + \varphi_S)] \tag{6-124}$$

DVR 输出的功率为负荷吸收的功率与供电电源提供的功率之差，即

$$\widetilde{S}_C = P_C + jQ_C = [U_{ref}\cos\varphi_L - U_s\cos(\varphi_L + \varphi_S)]I_L + j[U_{ref}\sin\varphi_L - U_s\sin(\varphi_L + \varphi_S)]I_L \tag{6-125}$$

当电压暂降不伴随相位跳变，即 $\varphi_s = 0$ 时，DVR 输出的功率为

$$\widetilde{S}_C = P_C + jQ_C = (U_{ref} - U_s)\cos\varphi_L I_L + j(U_{ref} - U_s)\sin\varphi_L I_L = (U_{ref} - U_s)\widetilde{S}_L \tag{6-126}$$

因此，在不计电压相位跳变时，DVR 的功率输出与电压暂降幅值的大小成反比，与负荷吸收的功率成正比。

完全补偿又称暂降（升）前电压补偿，是一种最理想的补偿策略。但是该补偿策略将使 DVR 输出较大的补偿电压，对 DVR 性能要求较高。同时，由式（6-125）可知，当 $U_{ref}\cos\varphi_L < U_s\cos(\varphi_L + \varphi_S)$ 时，$P_C < 0$，有功功率会倒灌进 DVR。该种补偿策略适用于负荷对电压相位要求很高的敏感负荷。

若要以较小的补偿电压使负荷侧得到接近暂降（升）前的供电电源电压幅值，可采用如图 6-55 所示的同相补偿策略。同相补偿是以暂降（升）发生后供电电源电压幅值和参考电压幅值之差为 DVR 补偿电压的幅值，补偿后的负荷电压与暂降（升）发生后供电电源电压同相位。图中圆弧代表以补偿参考电压幅值为半径的补偿参考圆。

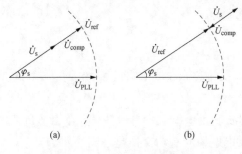

图 6-55　同相补偿策略相量图

(a) 暂降补偿；(b) 暂升补偿

由图 6 - 55 相量图可知，电压暂降和暂升，同相补偿时的补偿电压幅值 U_{comp} 及相位 φ_{comp}，分别见式（6 - 127）、式（6 - 128）

$$U_{comp} = U_{ref} - U_s \qquad (6 - 127a)$$

$$\varphi_{comp} = \varphi_s \qquad (6 - 127b)$$

$$U_{comp} = U_s - U_{ref} \qquad (6 - 128a)$$

$$\varphi_{comp} = \varphi_s - \pi \qquad (6 - 128b)$$

采用同相补偿能够使 DVR 用最小的补偿电压使负荷电压幅值达到额定值，补偿后的负荷电压相位与暂降（升）时的供电电源电压相位一致。但当供电电源电压发生相位跳变时将导致补偿后负荷侧的电压相位与暂降（升）前相位不一致，故该方法不适用于对相位跳变敏感的负荷。

当 DVR 的直流侧电容无额外储能系统或整流电路进行稳压调节时，DVR 可提供的补偿能量是有限的。一方面对于较长时间或者较深的暂降，直流侧电压随有功持续输出而降低，DVR 将不能持续地进行补偿；另一方面当供电电源发生暂升时，DVR 将从供电电源吸收有功，此时即使采用整流装置，如果该整流部分不能实现能量回馈，将导致 DVR 直流侧电容电压泵升。因此，有必要采取最小能量补偿策略，使 DVR 与外部电源的能量交换最小。

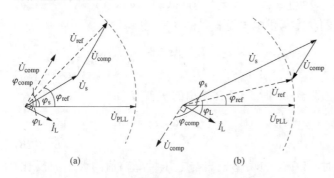

图 6 - 56　最小能量补偿策略相量图
（a）暂降补偿；（b）暂升补偿

最小能量补偿策略相量图如图 6 - 56 所示，图中给出了 $\varphi_L \geqslant 0$ 与 $\varphi_s \geqslant 0$ 时暂降（升）的补偿相量图。图中圆弧代表以补偿参考电压幅值为半径的补偿参考圆。

假设 DVR 补偿后的负荷电压 $\dot{U}_{ref}$ 的相位为 φ_{ref}，负荷功率因数角为 φ_L，则发生暂降或暂升时供电电源提供的有功为

$$P_s = U_s I_L \cos(\varphi_L - \varphi_{ref} + \varphi_s) \qquad (6 - 129)$$

补偿后负荷吸收的有功为

$$P_L = U_{ref} I_L \cos\varphi_L \qquad (6 - 130)$$

则 DVR 发出或吸收的有功为

$$P_C = U_{ref} I_L \cos\varphi_L - U_s I_L \cos(\varphi_L - \varphi_{ref} + \varphi_s) \qquad (6 - 131)$$

上式中，$P_C > 0$ 表示 DVR 发出有功，$P_C < 0$ 表示 DVR 吸收有功，$P_C = 0$ 表示 DVR 与外界无有功交换。

在特定的系统条件下（即负荷功率因数角 φ_L、供电电源参考电压幅值 U_{ref} 及负荷电流 I_L 不变），DVR 采取不同的补偿策略时与供电电源的有功交换是不同的。

对于同相补偿，$\varphi_{ref} = \varphi_s$，因此采取同相补偿时 DVR 与系统的有功交换大小仅取决于暂降（升）电压的幅值；对于完全补偿，$\varphi_{ref} = 0$，因此采取完全补偿时，DVR 与供

电电源的有功交换取决于暂降（升）电压的幅值和相位。而对于最小能量补偿，DVR 与供电电源的有功交换则同时取决于暂降（升）电压的幅值、相位以及补偿参考电压相位的选择。

分析补偿相量图可知：

（a）对于暂降补偿，应使补偿后的负荷电流相量与暂降电压相量之间的夹角尽量小，使供电电源尽可能多地提供负荷所需的有功，进而使 DVR 输出的有功功率最小，因此当负荷功率因数角大于 0 时，参考电压相量应以暂降电压相量为基准逆时针旋转至有功交换最小的点。

（b）对于暂升补偿，应使补偿后的负荷电流相量与暂升电压相量之间的夹角尽可能大，使供电电源尽可能少地提供有功，进而使 DVR 吸收的有功最小，因此当负荷功率因数角大于 0 时，参考电压相量应以暂降电压相量为基准顺时针旋转至有功交换最小的点。

若 $P_C = 0$，即 DVR 与外界无有功交换，此时有

$$\varphi_{\text{ref}} = \varphi_L + \varphi_s - \arccos\left(\frac{U_{\text{ref}}\cos\varphi_L}{U_s}\right) \tag{6-132}$$

补偿电压相量与负荷电流相量垂直，即负荷所需的有功全部由系统提供。分析式（6-132）可知，只有当满足条件 $U_s \geqslant U_{\text{ref}}\cos\varphi_L$ 时，上式才成立。对于暂升，该条件恒定成立，因此在不考虑 DVR 补偿电压约束的情况下，所有暂升均可实现零有功交换。而对于暂降，当暂降过深导致不能满足该条件时，DVR 必须输出有功，此时

$$\frac{\partial P_C}{\partial \varphi_{\text{ref}}} = -U_s I_L \sin(\varphi_L - \varphi_{\text{ref}} + \varphi_s) \tag{6-133}$$

由于暂降补偿时 $P_C = 0$，因此当 $\partial P_C / \partial \varphi_{\text{ref}} = 0$ 时，P_C 最小，此时

$$\varphi_{\text{ref}} = \varphi_L + \varphi_s \tag{6-134}$$

负荷电流与暂降电压同相位，即由供电电源尽可能多地提供负荷所需的有功功率。

对于电压暂降和暂升，DVR 补偿电压的相位见式（6-135a）和式（6-135b）

$$\varphi_{\text{comp}} = \varphi_{\text{ref}} + \arccos\left(\frac{U_{\text{comp}}^2 + U_{\text{ref}}^2 - U_s^2}{2U_{\text{comp}}U_{\text{ref}}}\right) \tag{6-135a}$$

$$\varphi_{\text{comp}} = \varphi_{\text{ref}} - \arccos\left(\frac{U_{\text{comp}}^2 + U_{\text{ref}}^2 - U_s^2}{2U_{\text{comp}}U_{\text{ref}}}\right) \tag{6-135b}$$

此时，补偿电压幅值为

$$U_{\text{comp}} = \sqrt{U_s^2 + U_{\text{ref}}^2 - 2U_s U_{\text{ref}}\cos(\varphi_{\text{ref}} - \varphi_s)} \tag{6-136}$$

最小能量补偿虽然能最大程度减少 DVR 的有功输出，延长 DVR 补偿时间，但与同相补偿相似，不能进行相位跳变的有效补偿；同时，采用纯无功补偿时，补偿电压的幅度可能会大得多，这意味着补偿器的容量也可能要大得多，这样可能反而造成整个设备造价的升高。因此，补偿方案应将储能设备的容量与逆变器等其他主回路设备的容量结合起来考虑，采取技术上和经济上都比较合理的方案。

上述补偿策略适用于单相补偿，与单相补偿策略不同，三相补偿策略具有其特殊性。第一，三相补偿应考虑三相电压的对称问题，如果要求补偿后的三相电压对称，同

相补偿策略将不再适用，因为当供电电源电压发生相位变化时，同相补偿将导致补偿后的三相电压不对称。第二，DVR 的直流模块结构的不同将使最小能量补偿策略有所不同，当 DVR 直流模块为三相共用结构时，最小能量补偿只需考虑三相总体与外部交换能量最小即可，能量在 DVR 内部三相之间可以相互流通；而当 DVR 直流模块为三相独立结构时，最小能量补偿则需分别考虑各相与外部系统的能量交换都尽可能小。第三，当供电电源为三相四线制或三相三线制时，补偿策略也会有所不同。三相四线制系统要保证补偿后三相相电压对称，而三相三线制系统则要保证补偿后的三相线电压对称。此外，当负荷不对称时，DVR 各相与外部供电电源的能量交换将有所不同，因此负荷不对称情况下的最小能量补偿策略将更为复杂。

同时需要说明的是，DVR 的补偿策略一直是研究的热点，研究工作者从不同角度考虑提出了相应的补偿策略，具体可参见相关文献。

（5）超导磁储能系统（Superconducting Magnetic Energy Storage，SMES）。SMES 将电网交流电源转换成直流后利用超导线圈以磁能的形式储存起来，需要时再将储存的磁能转换为电能送回电网，其返回率极高，可达 90％～95％，只需几十毫秒，这使得利用 SMES 来避免电压突变和瞬时停电对用户的干扰、抑制电网电压的瞬时波动，从而改善配电网的供电质量、提高供电可靠性成为可能。

（6）固态切换开关（Solid State Transfer Switch，SSTS）。SSTS 是一种基于电力电子技术的无机械触点的开关，能够在一个甚至半个周波之内完成双电源高速切换，与传统的切换设备有着实质性的区别。SSTS 串联在电压暂降敏感负荷与主、备用电源之间，正常运行时，主电源通过 SSTS 的晶闸管模块给敏感负荷供电；当主电源发生电压暂降并且电压暂降的幅值超过敏感负荷正常运行所能承受的限值时，SSTS 的控制系统发出切换指令，将敏感负荷切换至备用电源。

另需说明的是，并联型电压暂降治理的研究与应用也逐渐引起关注。如多功能电压暂降治理装置 MPC（Multiple Power Compensator）与并联型动态电压调节器，这类装置由高速电力电子开关（IGBT 或晶闸管）、逆变单元与储有单元组成。正常运行时，串接于电源与负载之间的高速开关为闭合状态，由电网为负载供电；当发生电压暂降时，高速开关快速动作使电网电压与负载隔离，由储能系统通过逆变单元向负载提供稳定的供电电压，保证负载可靠供电。

6.9.3 设备本体缓解措施

从技术和经济角度出发，最先进的解决方案之一就是使用有足够的电能质量扰动过渡耐受（也称为免疫力）能力、能够适应预期工作环境的设备。这是消除由电压暂降（较小程度上的短时中断）引起的不必要断电的一种有效方法。对指定深度和持续时间的电压暂降的免疫能力已越来越多地成为制造商报价的基础，也成为其产品成功的决定因素之一。

由于设计和制造出对所考虑的扰动有更强免疫能力的设备是可行的，因此在设备的设计阶段就可以考虑电压暂降和短时中断的影响。增加设备免疫力的几种嵌入式解决方案已引起了广泛的关注，因为从理论上讲，它们不需要任何额外的功率调节装置，而是在设备设计中使用更具鲁棒性或改进的部件。这些方案包括：

（1）对于单相设备，采用可以承受更大范围供电电压变动的高精度的 DC/DC 电源来保证特定设备的运行。使用可以接在相间的通用输入开关电源也是可行的。通用输入型电源的交流电压范围一般为 110～400V。

（2）由于直流电源对大部分电压暂降的耐受能力与负荷直接相关，因此，直流电源不应该工作在它们的最大容量下。增大直流电源的设计容量如使其为预期负荷的 2 倍，就可使电源在多数电压暂降时仍能正常工作。

（3）在设计设备控制电路的布局时，应强化电源控制，由通用电源或可能情况下的备用电源供电。这样，只需一个小的电力调节器即可使设备对电压暂降不太敏感。

（4）设计设备时，选用高免疫能力的部件，例如使用合格的继电器、接触器和电动机启动器等，使用具有鲁棒性的逆变器驱动。避免使用交流供电通用继电器。在设备设计中若使用逆变器驱动，要求采用对电压暂降具有耐受力的单元模块。为快速重启、动能缓冲和直流母线设定更低电压的跳闸点是必不可少的。

（5）避免设备电压不匹配。如果设备不符合预期的输入标称电压，该设备会更容易受到电压暂降的影响。这通常发生在变压器的二次电压和所连接设备的额定电压不匹配的情况。

（6）断路器和熔断器的选择应考虑到由于电压暂降等电能质量问题引起的更高的浪涌电流。在可能的情况下，不选择有瞬间跳闸特性的断路器。

（7）相位监测继电器不应用在联锁电路里。这些设备在有电压暂降发生时很容易跳闸。

（8）采用非易失性存储器。对设备控制器来说，这类备用技术能确保控制系统在电压暂降事件中不丢失其记忆。

（9）软件和控制程序的问题应予以考虑。不管是设备还是系统设计员都应考虑电压暂降时的工艺参数波动。某些工艺参数的带宽应该扩大或者采用有时间延迟的滤波器，以避免进程终止。

提高用电设备的抗扰能力，是解决由于电压暂降引起设备跳闸的最有效方法，但就目前的状况和水平来看，提高设备的电压暂降抵御能力还有一定的局限性。

6.9.4　敏感用户系统接入点选择

传统的电压暂降缓解措施是从电力系统输电、供电环节及补偿设备、用电设备等方面考虑来减小电压暂降影响的。对于一个已知的电压暂降敏感用户，若在其建厂之初具有一定的选择接入点的可能，则应该结合其设备情况，对可能接入点的电网情况进行电压凹陷域仿真分析。接入点的分析应由供电部门或相关技术与管理部门进行，包括为用户提供每个可接入的电力供应点的电压暂降特征、确定系统中严重电压暂降发生的区域、找出敏感用户所能承受的电压暂降阈值并预估用户接入系统的经济损失等。若能使敏感用户在规划阶段就能结合供电方和自身情况进行可能的合理位置的选择，则可减小暂降对敏感用户的影响，减少用户由此遭受的经济损失。

用户接入点的选择可以通过下面三个阶段实现：

（1）系统的电压暂降水平评估。结合实测数据，采用统计的预测方法获得可能接入点的电压暂降情况。

（2）用户敏感设备的电压暂降敏感度评估。通过从制造商处获得的设备信息或通过测试分析的方法进行评估。

（3）通过相关评估指标如用户每年的电压暂降次数指标、暂降损失指标等确定用户接入后的潜在影响。

第 7 章

电力谐波与间谐波

7.1 概　　述

一般而言，理想电力系统应具有单一频率，单一波形，若干电压等级的电能属性。当电压、电流同为正弦波形、同频同相位时为电能传输的最高效率模式。这同样也是电力产品生产、输送、转换力求保证的最佳电能形式。

随着现代工业技术的革命性进步，电力系统对电能形式提出了新的要求，具体表现为：借助电力电子装置引入功率变换技术，对电能量的流动进行有目标的通断控制，以满足用户对不同频率、电压、电流、波形及相数的需求，向用户提供适合于用电负载的最佳形式电能。自二十世纪八十年代以来，随着先进功率器件和功率变换技术的迅猛发展，电力电子应用领域不断扩大，已由传统的用电侧拓展到发电单元和电力输配的各个环节，电力系统电力电子化的发展趋势十分明显。

然而，由于电力电子变换固有的非线性特性，在实现功率控制和处理的同时，将不可避免地产生谐波电流注入公用电网，造成公共连接点（PCC）的电压波形畸变，严重时将对电力系统的安全可靠、高效经济运行构成威胁，给周围电气环境带来谐波污染，其影响面大、范围广，被公认为是电力系统的一大危害。

电压和电流波形畸变并不是一个新问题。早在二十世纪二十年代，德国就已提出静态整流器引起的谐波发射问题，只是其规模和影响十分有限。二十世纪五十、六十年代，由于高压直流输电技术的发展，在晶闸管换流器谐波问题的研究方面有大量文章发表。进入二十世纪七十年代后期，由于各种功率变换器开始普遍使用，人们开始担心电力系统是否有承受谐波危害的能力，并且已经感受到电力谐波问题严峻地摆在了科技研究人员和运行管理者面前。这一工程实际的重大需求极大推动了世界各国对于谐波问题的高度重视与关注，促进了电力谐波领域研究工作的深入开展。从此许多国家和一些著名的国际组织，如美国电气与电子工程师协会（IEEE）和国际电工委员会（IEC）等先后启动和制定了包括发电、输配电系统、供用电设备以及大量家用电器在内的有关谐波的标准与技术规范。在我国，1993 年 7 月，GB/T 14549—1993 颁布，并于 1994 年 3 月正式推荐实施，我国谐波管理工作启动并逐渐走向科学化、规范化和法制化。时至今日，由于谐波发生的多源性、传播的广泛性和复杂性，它仍然是包括我国在内的许多国家面对的突出的电能质量问题，对其特性的认识和治理方法的研究工作仍在不断深入之中。

在这里特别指出，从定义讲，电力谐波是一个稳态周期电气量的一系列正弦波分量，其频率为基波频率的整倍数。然而，许多波动性负载，如电弧炉、电焊机、轧机等，其电气量（电压或电流，包括幅值和相角）的变化在几毫秒或几十毫秒内就能观察到。在这种情况下，对于系统工频下的"周期性"前提已不存在，采用傅里叶理论分解出的"谐波"显然不符合或不完全符合实际，可能出现的基波频率非整数倍的"谐波"（已规范为"间谐波"）与通常意义上的谐波特性完全不同。随着越来越多分布式电源与波动性负载接入电网，间谐波含量呈增加趋势，其影响不容忽视。同时，随着宽禁带器件与电力电子换流技术的不断发展，开关频率几千、几十千甚至几百千赫兹电力电子变换装置的应用越来越多，致使注入电网的谐波向高频化方向延伸，其中 2～150kHz 的高频畸变所对应的超高次谐波（supra - harmonics）也逐渐引起关注。

作为电能质量体系中的波形质量问题，谐波与间谐波问题需要加以充分的讨论。本章将概括地介绍有关正弦波形畸变的基本知识、概念定义和特性分析，电力谐波、间谐波与超高次谐波造成的危害和影响，限制谐波的主要治理技术等。

7.2　波形畸变的基本概念

在电力系统中，发电厂出线端电压一般具有很好的正弦波特性，但在靠近负荷端，由于负荷的非线性，电压可能出现一定程度的畸变。对于某些负荷，电流波形只是一个近似的正弦波，特别是对于电力电子功率变换器，其开关作用可将电流斩切为任意形状。但在绝大多数情况下，畸变并不是任意的，多数畸变是周期性的，属于谐波和间谐波范畴。

7.2.1　波形畸变

波形畸变是由电力系统中的非线性设备引起的，流过非线性设备的电流和加在其上的电压不成比例关系。图 7-1 给出了在一个简单的非线性电阻上施加正弦电压的例子，非线性电阻上电压和电流的关系随所给出的特性曲线变化。虽然该电阻上所加电压是理想正弦波，但流过其中的电流却是非正弦的，即出现了不再保持正弦函数的波形畸变问题。在某种特性下，当电压有较小增加时，电流可能会有较大增加，并且其波形也将发生变化。

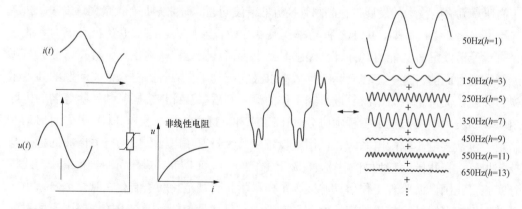

图 7-1　非线性电阻引起的电流畸变　　　图 7-2　畸变波形的傅里叶级数表示

图 7 - 2 表明，任何周期性的畸变波形都可用正弦波形的和表示。也就是说，当畸变波形的每个周期都相同时，则该波形可用一系列频率为基波频率整数倍的理想正弦波形的和来表示。其中，频率为基波频率整数倍的分量称为谐波，而一系列正弦波形的和称为傅里叶级数。GB/T 32507—2016 中对于谐波的定义为："对非正弦周期量进行傅里叶级数分解，得到的频率为基波频率整数倍的正弦分量"。

GB/T 24337—2009《电能质量　公用电网间谐波》中对于间谐波的定义为："对周期性交流量进行傅里叶级数分解，得到频率不等于基波频率整数倍的分量"。间谐波的频率通常高于基波频率，对于频率低于基波频率的特殊间谐波，其周期大于基波周期 T。早期称为次谐波，现今国际标准主张将其称为"次同步频率分量"或"次同步间谐波"。

需说明的是，间谐波是指非整数倍基波频率的谐波，这类谐波仍是用傅里叶分析方法求取的，只不过分析的周期采用波动（或调幅波）的周期。例如一个以 10 个工频周期为波动周期的交流量，可以在 200ms 的时间窗口（10×20ms＝200ms）内进行傅里叶分析，得到 5Hz 频率分辨率的频谱成分，也就是可以分析出 5、10、15、…、50、55、…、100、…的成分。可以看出，这里有工频成分（50Hz），也有谐波成分（100、150Hz、…），还有间谐波成分（5、10Hz、…）。

关于工程实际中出现的波形畸变现象与谐波性质等问题还需明确以下几点：

（1）所谓谐波，其次数 h 必须为基波频率的整数倍。如我国电力系统的额定频率（也称为工业频率，简称工频）为 50Hz，则基波频率为 50Hz，2 次谐波频率为 100Hz，3 次谐波频率为 150Hz 等。

（2）谐波和暂态现象。在许多电能质量问题中常把暂态现象误认为是波形畸变。暂态过程的实测波形是一个带有明显高频分量的畸变波形，但该高频分量与基波频率无关，电力系统仅在受到突然扰动之后，其暂态波形才呈现出高频特性，因此暂态和谐波是两个完全不同的电气现象，它们的分析方法也是不同的。

谐波按其定义来说是在稳态情况下出现的，并且其频率是基波频率的整数倍。产生谐波的畸变波形是连续的，或至少持续数秒钟，而暂态现象则通常在几个周期后就消失了。暂态常伴随着系统的改变，例如投切电容器组等，而谐波则与负荷的连续运行有关。

需要指出，在某些情况下也存在两者难以区分的情形，例如变压器投入时的充能过程，此时对应于暂态现象，但电流波形发生畸变却持续数秒，并可能引起系统谐振。

（3）短时间谐波。在工程实际中，对于短时间的冲击电流，例如变压器空载合闸的励磁涌流，按周期函数分解，将包含谐波抑或间谐波，对此应称为短时间谐波电流或快速变化谐波电流，应将其与电力系统稳态和准稳态下的谐波区别开。

（4）陷波，即换流装置在工作过程中会导致换相电压波形出现的缺口。三相电压变换引起的波形畸变虽然也是周期性的，其特征也可通过电压波形频谱来表示，但它不属于谐波范畴，采用电压缺口深度和缺口面积等畸变限值更能有效反映其特征。

7.2.2　方均根值和总谐波畸变率

假设发电机母线仅包含基波电压，非线性负荷注入的谐波电流流过系统阻抗时仍将引起各次谐波电压降，因此在负荷母线上会出现电压畸变。电压畸变的程度取决于系统阻抗和谐波电流的大小。同一谐波负荷在系统中两个不同位置时将可能引起两个不同的电压畸变值。

在频域分析中,将畸变的周期性电压和电流分解成傅里叶级数形式

$$u(t) = \sum_{h=1}^{M} \sqrt{2} U_h \sin(h\omega_1 t + \alpha_h) \tag{7-1}$$

$$i(t) = \sum_{h=1}^{M} \sqrt{2} I_h \sin(h\omega_1 t + \beta_h) \tag{7-2}$$

式中:ω_1 为工频(即基波)的角频率,rad/s;h 为谐波次数;U_h、I_h 分别为第 h 次谐波电压和电流的方均根值,V、A;α_h、β_h 分别为第 h 次谐波电压和电流的初相角,rad;M 为所考虑的谐波最高次数,由波形的畸变程度和分析的准确度要求来决定,通常取 $M \leqslant 50$。

畸变周期性电压和电流总方均根值仍可根据方均根值的定义确定,可表示为

$$U = \sqrt{\frac{1}{T} \int_0^T u^2(t) \mathrm{d}t} = \sqrt{U_1^2 + \sum_{h=2}^{M} U_h^2} \tag{7-3a}$$

$$I = \sqrt{\frac{1}{T} \int_0^T i^2(t) \mathrm{d}t} = \sqrt{I_1^2 + \sum_{h=2}^{M} I_h^2} \tag{7-3b}$$

即非正弦周期量的方均根值等于其各次谐波分量方均根值的平方和的平方根值,与各分量的初相角无关。如式(7-1)和式(7-2)所示,虽然各次谐波分量方均根值与其峰值之间存在 $\sqrt{2}$ 的比例关系,但是非正弦周期量的峰值与它的方均根值之间却不存在这样简单的比例关系。例如图 7-3(a)、(b)所示的两个畸变电流波形,它们都只含有基波和 3 次谐波两个分量,且其幅值分别相等,因而其方均根值也相等。但由于 3 次谐波分量的初相角不同,故畸变电流波形明显不同,其峰值也不相同。

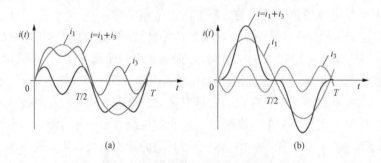

图 7-3　谐波初相角对波形的影响

(a) 3 次谐波初相角与基波的相同;(b) 3 次谐波初相角与基波的相差 180°

某次谐波分量的大小,常以该次谐波的方均根值与基波方均根值的百分比表示,称为该次谐波的含有率 HR_h,h 次谐波电压和电流的含有率 HRU_h 和 HRI_h 为

$$HRU_h = \frac{U_h}{U_1} \times 100\% \tag{7-4a}$$

$$HRI_h = \frac{I_h}{I_1} \times 100\% \tag{7-4b}$$

类似的，周期性交流量中含有的第 i_h 次间谐波分量的方均根值与基波分量的方均根值的百分比，称为该次间谐波的含有率，此处不再特殊说明。

畸变波形因谐波引起的偏离正弦波形的程度，以总谐波畸变率 THD 表示。它等于各次谐波方均根值的平方和的平方根值与基波方均根值的百分比。电压和电流总谐波畸变率 THD_U 和 THD_I 为

$$THD_U = \frac{\sqrt{\sum_{h=2}^{M} U_h^2}}{U_1} \times 100\% \qquad (7\text{-}5a)$$

$$THD_I = \frac{\sqrt{\sum_{h=2}^{M} I_h^2}}{I_1} \times 100\% \qquad (7\text{-}5b)$$

提高电能质量，对谐波进行综合治理，防止谐波危害，就是要把谐波含有率和总谐波畸变率等限制到国家标准规定的允许范围之内。THD 是衡量谐波畸变程度的重要指标，但也存在局限性，如其不能表征如图 7-3 所示的畸变波形的峰值状况等。

值得注意的是，为了测量谐波和间谐波，计算谐波方均根值和总畸变率值，IEC 61000-4-30 电能质量测量方法国际标准采用了 10 周波（50Hz）/12 周波（60Hz）矩形测量窗（200ms）的离散傅里叶变换（DFT）计算。以 50Hz 系统为例，测量方法给出了每个矩形测量窗 DFT 输出频谱的谐波集和间谐波集的分组原则，如图 7-4 所示，对计及间谐波的 h 次谐波方均根值的定义见式（7-6）。

$$G_{g,h}^2 = \frac{C_{k-5}^2}{2} + \sum_{i=-4}^{4} C_{k+i}^2 + \frac{C_{k+5}^2}{2} \qquad (7\text{-}6)$$

式中：$G_{g,h}$ 为 h 次谐波电压/电流集的方均根值；C_{k+i} 为 DFT 输出频域幅值，$k=Nh$（N 为矩形测量窗所取的信号周波数，50Hz 系统时，$N=10$；60Hz 系统时，$N=12$）。

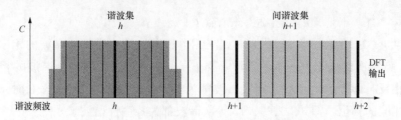

图 7-4　谐波集和间谐波集分组原则

当分别测量谐波和间谐波时，采用谐波子集和间谐波子集的分组原则，如图 7-5 所示，h 次谐波和间谐波子集方均根值的定义见式（7-7）和式（7-8）。

$$G_{sg,h}^2 = \sum_{i=-1}^{1} C_{k+i}^2 \qquad (7\text{-}7)$$

$$G_{isg,h}^2 = \sum_{i=2}^{8} C_{k+i}^2 \qquad (7\text{-}8)$$

式中：$G_{sg,h}$ 为 h 次谐波电压/电流子集的方均根值；$G_{isg,h}$ 为 h 次间谐波电压/电流子集的方均根值；C_{k+i} 为 DFT 频域电压/电流幅值，$k=Nh$（N 为矩形测量窗所取的信号周波

数，50Hz 系统时，$N=10$；60Hz 系统时，$N=12$）。

在利用式（7-3）～式（7-5）计算时，需注意采用相应的集或子集的方均根值。

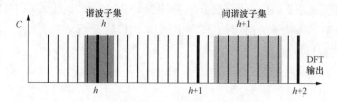

图 7-5　谐波子集和间谐波子集分组原则

7.2.3　三相电路中的谐波

在对称三相电路中，各相电压（电流）变化规律相同，但在时间上依次相差 1/3 周期（$T/3$）。

设 A 相电压可表示为

$$u_a = u(t) \tag{7-9a}$$

则 B、C 相电压可分别表示为

$$u_b = u\left(t - \frac{T}{3}\right) \tag{7-9b}$$

$$u_c = u\left(t + \frac{T}{3}\right) \tag{7-9c}$$

三相对称非正弦电压也符合这种关系。设 A 相电压所含第 h 次谐波电压为

$$u_{ah} = \sqrt{2}U_h\sin(h\omega_1 t + \varphi_h) \tag{7-10a}$$

考虑到 $\omega_1 T = 360°$，则 B、C 相第 h 次谐波电压分别为

$$u_{bh} = \sqrt{2}U_h\sin(h\omega_1 t + \varphi_h - h \times 120°) \tag{7-10b}$$

$$u_{ch} = \sqrt{2}U_h\sin(h\omega_1 t + \varphi_h + h \times 120°) \tag{7-10c}$$

当 $h=3k+1(k=0,1,2,\cdots)$ 时，三相电压谐波的相序都与基波的相序相同，即 1、4、7、10 等次谐波都为正序性谐波。当 $h=3k+2$ 时，三相电压谐波的相序都与基波的相序相反，即 2、5、8、11 等次谐波都为负序性谐波。当 $h=3k+3$ 时，三相电压谐波都有相同的相位，即 3、6、9、12 等次谐波都为零序性谐波。

与电压情况相同，电流的各次谐波同样具有不同的相序特性。

上述结论是在三相基波电压完全对称、三相电压波形完全一样的条件下得到的。实际电力系统不完全符合以上两个假设条件。从我国电力系统的实测结果和对谐波源谐波电流的产生及零序分量通路的分析可知，在实际电力系统中，$3k+1$ 次谐波以正序分量为主，也存在较小的负序分量；$3k+2$ 次谐波以负序分量为主，也存在较小的正序分量；$3k+3$ 次谐波经常是模值相近的正序分量和负序分量，仅在三相四线制的低压配电网中才有较大的零序分量。

不对称三相系统各次谐波的相序特性与对称时不同，各次谐波都可能不对称，可用对称分量法将它们分解为零序、正序和负序三个对称分量系统进行研究。

7.3　供用电系统典型谐波与间谐波源

系统中产生谐波的设备即谐波源，是具有非线性特性的用电设备。电力系统的谐波源，就其非线性特性而言主要有三大类。

（1）铁磁饱和型：各种铁芯设备，如变压器、电抗器等，其铁磁饱和特性呈现非线性。

（2）电子开关型：主要为各种交直流换流装置、双向晶闸管可控开关设备以及 PWM 变频器等电力电子设备。

（3）电弧型：交流电弧炉和交流电焊机等。

这些设备，即使供给它理想的正弦波电压，它取用的电流也是非正弦的，即有谐波电流存在。其谐波电流含量基本取决于它本身的特性和工作状况以及施加给它的电压，而与电力系统的参数关系不大，因而常被看作谐波恒流源。

很多非线性用电设备往往既是谐波源，又是间谐波发生源，如电弧炉、电焊机以及变频调速装置等。

7.3.1　磁饱和装置

该类装置包括变压器和其他带有铁芯的电磁设备以及电机等。它们铁芯的非线性磁化特性将引起谐波。

变压器的励磁回路实质上就是具有铁芯绕组的电路。当变压器运行点在磁化饱和特性曲线"拐点"下方时，处于线性状态；而当其运行点位于"拐点"上方时，铁芯为非线性，即使外加电压是纯正弦波，电流也要发生畸变，从而产生低次的谐波电流，如图 7-6 所示。

虽然在额定运行电压下变压器励磁电流中含有丰富的谐波电流，但一般情况下它小于额定满载电流的 1%。变压器不像功率换流器和电弧装置那样受人们关注，这些装置所产生的谐波电流可达到其额定值的 20% 或更高。但是，变压器的影响较为显著，特别是对于变压器较多的配电系统。通常，在凌晨负荷较小、电压较高，三倍频谐波电流有较大幅值的增加。这是由于负荷量小和电压升高引起变压器励磁电流增大所致。

单相或三相星形接线中性点接地变压器电流中含有大量的 3 次谐波电流。三角形接线和星形接线中性点不接地变压器，可防止像三倍频谐波那样的零序性谐波电流的流通。

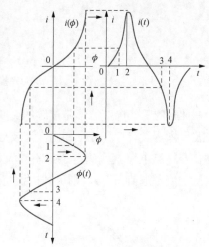

图 7-6　电压磁通为正弦波时变压器
励磁电流波形

须注意到，某些变压器专门在饱和区运行，例如用于感应炉的三倍频变压器。

一般情况下电机电流的影响较小，但过励时其电流也有某种程度的畸变。某些单相小容量电机的电流波形近似为三角波，其中含有大量的 3 次谐波电流。

7.3.2 整流器

电力系统中最重要的非线性负荷是能产生谐波电流并具有相当容量的功率换流器。换流器是指将电能从一种形态转变成另一种形态的电气设备，如典型的 AC/DC 整流器、DC/AC 逆变器以及变频设备等。各种各样的换流器遍布于电力系统的各个电压等级。这里以整流器为例，分析交直流换流装置的谐波特征。

7.3.2.1 单相全控桥式整流器

中小容量整流装置中常采用的单相全控桥式整流电路如图 7-7（a）所示。假设直流侧电感足够大，稳态工作时 $i_d(t) \approx I_d$ 为常数。在电源电压过零变正后的某一时刻（$\omega t = \alpha$），给 V1 和 V2 加上触发信号，V1 和 V2 导通，有电流通过负载。当电源电压过零进入负半波时，V3 和 V4 虽已承受正电压，但因未受触发控制仍关断，此时，电感上的感应电动势使 V1 和 V2 继续导通。在 $\omega t = \pi + \alpha$ 时，给 V3 和 V4 加上触发信号，V3 和 V4 导通，致使 V1 和 V2 关断。工作的电压、电流波形如图 7-7（b）所示。

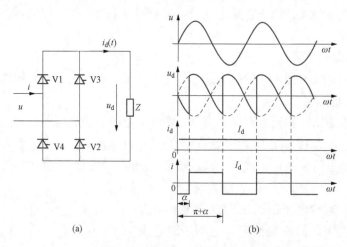

图 7-7 单相全控桥式整流大电感负载电路及其波形
(a) 原理接线图；(b) 电压、电流波形

此时的工作电流波形是连续的交变方波，正负半周的波形完全相同，幅值均为 I_d。这种波形将不含有直流分量和偶次谐波分量，仅含有奇次谐波分量，谐波含有率为 $1/h$。

若整流电路直流侧电感量不够大，则电流将出现波动。当电感中储存的能量不足以维持电流导通到 $\pi + \alpha$，则负载电流将出现间断，如图 7-8 所示。

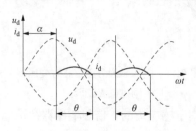

图 7-8 单相全控桥式整流，电感量不够大时的负载电压、电流波形

当负载为蓄电池、直流电动机等时，形成具有反电动势的整流电路，如图 7-9（a）所示。显然只有当 $\omega t \geqslant \sin^{-1} \dfrac{E}{\sqrt{2}U}$ 时，晶闸管才具备导通条件。考虑主回路中的电感，在 $\alpha > \sin^{-1} \dfrac{E}{\sqrt{2}U}$ 时的负载电流波形如图 7-9（b）所示。此时电源供出的电流也是正负半周完全相同的波形。

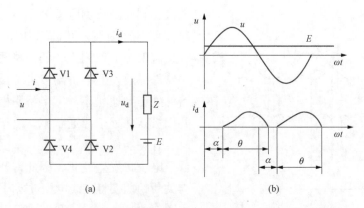

图 7 - 9 具有反电动势负载的单相全控桥式整流电路及其波形

(a) 原理接线图；(b) 电压、电流波形

由图 7 - 9（a）可知，当晶闸管导通时，回路方程为

$$L\frac{\mathrm{d}i_\mathrm{d}}{\mathrm{d}t} + Ri_\mathrm{d} = \sqrt{2}U\sin\omega t - E \tag{7-11}$$

其解为

$$i_\mathrm{d} = Ae^{-\frac{R}{\omega L}\omega t} + \frac{\sqrt{2}U}{\sqrt{R^2 + (\omega L)^2}}\sin(\omega t - \varphi) - \frac{E}{R} \tag{7-12}$$

当 $\omega t = \alpha$ 时，$i_\mathrm{d} = 0$，可得

$$i_\mathrm{d} = \frac{\sqrt{2}U}{R}\left\{\left[\frac{E}{\sqrt{2}U} - \frac{R}{Z}\sin(\alpha - \varphi)\right]e^{-\frac{R}{\omega L}(\omega t - a)} + \frac{R}{Z}\sin(\omega t - \varphi) - \frac{E}{\sqrt{2}U}\right\} \tag{7-13}$$

导通角可由 $\omega t = \theta + \alpha$ 时 $i_\mathrm{d} = 0$ 求得，并可在求得导通角后，求出各次谐波电流的大小。

7.3.2.2 三相全控桥式整流器

三相整流器可使整流电压脉动较小，脉动频率较高，而且由于三相平衡，对电力系统的影响较小。三相整流器与单相整流器的主要区别还在于，三相整流器不产生 3 次谐波电流。由于 3 次谐波所占比例最大，因此这是三相整流器非常显著的一个优点。由于以上原因，容量较大的整流器通常采用三相整流方式。三相整流方式分三相半波、三相半控桥式、三相全控桥式等。下面以常见的三相全控桥式整流器为例，分析交直流换流装置的谐波特征。

图 7 - 10 所示的三相全控桥式整流电路，上半桥 V1、V3 和 V5 接成共阴极，下半桥 V4、V6 和 V2 接成共阳极。三相整流电路一般在直流侧串有电感足够大的平波电抗器，使得直流电流 $i_\mathrm{d}(t) \approx I_\mathrm{d}$ 为常数。为简化分析，忽略交流侧电感。

（1）控制角为零情况：此时相当于二极管

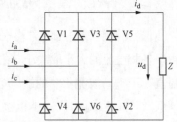

图 7 - 10 三相全控桥式整流电路原理接线图

229

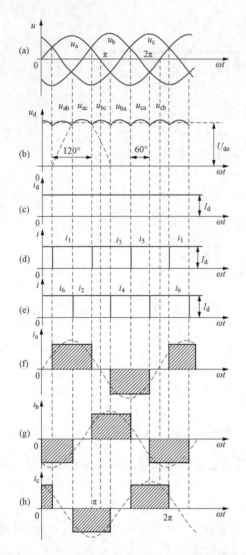

图 7-11 三相全波不控整流波形（理想情况）

（a）电源电压；（b）整流电压；（c）直流电流；

（d）、（e）整流元件电流；（f）、（g）、（h）交流侧电流

整流。假设交流侧电感为零，并设电源三相对称且不含谐波，其波形如图 7-11 所示。在交流电源的作用下，任一瞬间都有两个开关器件导通，上半桥阳极电位最高的共阴极器件处于导通状态，下半桥阴极电位最低的共阳极器件处于导通状态。由于线电压过零时，开关器件阳极（阴极）承受的最高（最低）电位将发生变化，因此，开关器件导通与关断的切换将在线电压过零时进行。例如，在图 7-11 中，在 u_a 和 u_c 的正半波交点之前 $u_c > u_a > u_b$，因此，上半桥与 u_c 相接的 V5 处于导通状态，下半桥与 u_b 相接的 V6 处于导通状态，即 V5、V6 导通。在 u_a 和 u_c 的正半波交点之后，$u_a > u_c > u_b$，因此，上半桥与 u_a 相接的 V1 处于导通状态，下半桥仍为与 u_b 相接的 V6 处于导通状态，即 V6、V1 导通。在线电压过零处，V5 和 V1 的状态发生转换。以此类推，在下一线电压过零处，状态发生转换的开关器件为 V6 和 V2。因此，开关器件导通情况依次为：V5、V6→V6、V1→V1、V2→V2、V3→V3、V4→V4、V5→V5、V6，与此相对应的直流侧电压 u_d 依次为 $u_{cb} \rightarrow u_{ab} \rightarrow u_{ac} \rightarrow u_{bc} \rightarrow u_{ba} \rightarrow u_{ca} \rightarrow u_{cb}$，即直流侧电压 u_d 根据开关器件的导通情况交替为各个线电压，以 60° 为变化周期，在每个基波周期变换 6 次，因而将该整流电路称为三相 6 脉动整流电路。直流侧平均电压为

$$U_{d0} = \frac{1}{T}\int_0^T u_d \mathrm{d}t = \frac{3}{\pi}\int_{\pi/6}^{\pi/2} u_{ab}\mathrm{d}t = \frac{3\sqrt{6}}{\pi}U = 1.35U_1 \tag{7-14}$$

式中：U_1 为交流侧线电压的方均根值，V。

由于各相电流的大小取决于与之相连的两个开关器件的工作状态，因此 i_a、i_b、i_c 分别为幅值等于 I_d、波宽 120° 的缺口矩形波，缺口宽度为 60°，如图 7-11 所示。当以 A 相电压零点做时间基准点时，A 相电流波形对原点对称，不含余弦项，傅里叶分解系数为

$$a_h = 0 \tag{7-15}$$

$$b_h = \frac{1}{\pi}\int_0^{2\pi} i_a \sin h\omega_1 t \mathrm{d}\omega t = \frac{2}{\pi}\int_{\pi/6}^{5\pi/6} I_d \sin h\omega_1 t \mathrm{d}\omega t = \frac{4I_d}{h\pi}\sin\frac{h\pi}{2}\sin\frac{h\pi}{3} \tag{7-16}$$

b_h 与 h 的对应关系见表 7 - 1。

表 7 - 1　　　　　　　　　　　　b_h **与** h **的对应关系**

h	1	2	3	4	5	6	7	...
b_h	$\dfrac{2\sqrt{3}}{\pi}I_d$	0	0	0	$-\dfrac{2\sqrt{3}}{\pi}I_d \times \dfrac{1}{5}$	0	$-\dfrac{2\sqrt{3}}{\pi}I_d \times \dfrac{1}{7}$	...

即只有 $6k\pm1$ 的特征谐波存在，i_a 的表达式为

$$i_a = \frac{2\sqrt{3}I_d}{\pi}\left(\sin\omega_1 t - \frac{1}{5}\sin5\omega_1 t - \frac{1}{7}\sin7\omega_1 t + \frac{1}{11}\sin11\omega_1 t + \frac{1}{13}\sin13\omega_1 t\right.$$
$$\left. - \frac{1}{17}\sin17\omega_1 t - \frac{1}{19}\sin19\omega_1 t + \cdots\right) \tag{7 - 17}$$

基波电流方均根值为

$$I_1 = \frac{2\sqrt{3}}{\pi}I_d / \sqrt{2} = \frac{\sqrt{6}}{\pi}I_d = 0.78I_d \tag{7 - 18}$$

h 次谐波电流方均根值为

$$I_h = \frac{I_1}{h} \quad (h = 6k\pm1, k = 1,2,3,\cdots) \tag{7 - 19}$$

（2）控制角不为零情况：控制角 α 从线电压过零处开始计算，开关器件在控制角为 α 的触发脉冲处进行导通和关断的切换。直流侧电压仍为线电压的包络线，但其形状发生了变化，如图 7 - 12 所示。其平均值为

$$U_{d\alpha} = \frac{1}{T}\int_0^T u_d \mathrm{d}t = \frac{3}{\pi}\int_{\pi/6+\alpha}^{\pi/2+\alpha} u_{ab}\mathrm{d}t$$
$$= \frac{3\sqrt{6}}{\pi}U\cos\alpha = U_{d0}\cos\alpha$$
$$= 1.35U_1\cos\alpha \tag{7 - 20}$$

交流侧电流 i_a、i_b、i_c 仍为幅值等于 I_d、波宽 $120°$ 的缺口矩形波，且缺口宽度为 $60°$，只是移动了一个 α 角，相当于将坐标原点左移一个 α 角，其电流表达式与 $\alpha=0$ 时相同。

由于控制角 $\alpha\neq0$，因此基波电流滞后于电压 $\varphi_1 = \alpha$ 角，整流电路从电力系统吸取无功功率，使其功率因数降低。

假设电源电压为纯正弦波，则有功

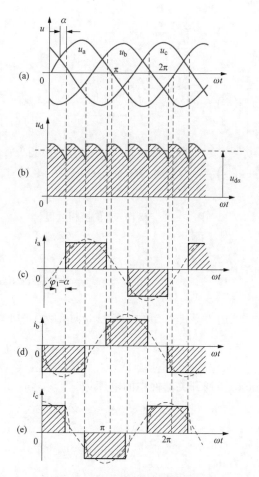

图 7 - 12　三相全波全控整流波形
(a) 电源电压；(b) 整流电压；(c)、(d)、(e) 交流侧电流

功率只有基波分量 P_1，即

$$P = P_1 = 3U_1 I_1 \cos\varphi_1 = 3U I_1 \cos\varphi_1 = \frac{3\sqrt{6}}{\pi} U I_{\mathrm{d}} \cos\varphi_1 \qquad (7-21)$$

直流功率为

$$P_{\mathrm{d}} = U_{\mathrm{d}\alpha} I_{\mathrm{d}} = \frac{3\sqrt{6}}{\pi} U I_{\mathrm{d}} \cos\varphi_1 \qquad (7-22)$$

因此，若忽略整流电路的电阻，则交流侧的有功功率等于直流侧的功率，电路中的能量守恒。

通常电力系统中装设的并联补偿电容器，可对相移功率因数 *DPF* 进行校正，但畸变所引起的功率因数降低只能通过减小谐波含有率得到改善。

当计及交流侧变压器漏抗等电感（合计为交流侧电感 L_{s}）的影响时，晶闸管电流不能突变，而是有一个变化的过程，这个过程称为换相过程，对应的时间以角度 γ 表示，称为换相重叠角。换相过程中有三个开关器件同时导通，其中一个开关器件通过的电流由原来的 I_{d} 逐渐减小到零，另一个则由零逐渐增大直到 I_{d}。

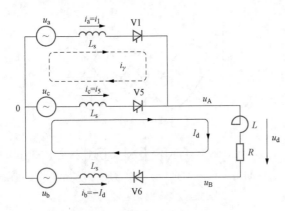

图 7 - 13 V5 向 V1 的换相过程

图 7 - 13 为 V5 向 V1 的换相过程，忽略开关器件导通时的正向压降，可得

$$u_{\mathrm{a}} - L_{\mathrm{s}} \frac{\mathrm{d}i_{\mathrm{a}}}{\mathrm{d}t} = u_{\mathrm{c}} - L_{\mathrm{s}} \frac{\mathrm{d}i_{\mathrm{c}}}{\mathrm{d}t} \qquad (7-23)$$

而 $i_{\mathrm{a}} + i_{\mathrm{c}} = i_{\mathrm{d}}$，代入式（7 - 23）得

$$2L_{\mathrm{s}} \frac{\mathrm{d}i_{\mathrm{a}}}{\mathrm{d}t} = u_{\mathrm{a}} - u_{\mathrm{c}} \qquad (7-24)$$

$$\mathrm{d}i_{\mathrm{a}} = \frac{u_{\mathrm{ac}}}{2L_{\mathrm{s}}} \mathrm{d}t = \frac{\sqrt{6}U \sin\left(\omega t - \frac{\pi}{6}\right)}{2X_{\mathrm{s}}} \mathrm{d}\omega t \qquad (7-25\mathrm{a})$$

$$i_{\mathrm{a}} = -\frac{\sqrt{6}U}{2X_{\mathrm{s}}} \cos\left(\omega t - \frac{\pi}{6}\right) + C \qquad (7-25\mathrm{b})$$

考虑到边界条件，当 $\omega t = \frac{\pi}{6} + \alpha$ 时 $i_{\mathrm{a}} = 0$，可确定常数

$$C = \frac{\sqrt{6}U}{2X_{\mathrm{s}}} \cos\alpha \qquad (7-26)$$

因此，导通开关器件中的电流为

$$i_{\mathrm{a}} = \frac{\sqrt{6}U}{2X_{\mathrm{s}}} \left[\cos\alpha - \cos\left(\omega t - \frac{\pi}{6}\right)\right] \qquad (7-27)$$

当 $\omega t = \frac{\pi}{6} + \alpha + \gamma$ 时，换相过程结束，此时

$$i_{\mathrm{a}} = I_{\mathrm{d}} = \frac{\sqrt{6}U}{2X_{\mathrm{s}}} \left[\cos\alpha - \cos(\alpha + \gamma)\right] \qquad (7-28)$$

由式（7 - 28）可求得重叠角为

$$\gamma = \cos^{-1}\left(\cos\alpha - \frac{2I_d X_s}{\sqrt{6}U}\right) - \alpha \tag{7 - 29}$$

可见，重叠角 γ 与许多因素有关，且当直流电流 I_d 和交流侧电感 L_s 一定时，γ 将随控制角 α 的增加而减小。计及换相重叠后，交流侧电力系统三相电流的波形如图 7 - 12（c）～（e）中虚线所示。

将交流侧电流波形用傅里叶级数展开，可求得谐波电流的方均根值为

$$I_h = \frac{I_1}{h[\cos\alpha - \cos(\alpha + \gamma)]} \times \sqrt{S_1^2 + S_2^2 - 2S_1 S_2 \cos(2\alpha + \gamma)} \tag{7 - 30}$$

$$S_1 = \frac{\sin(h+1)\dfrac{\gamma}{2}}{h+1}, S_2 = \frac{\sin(h-1)\dfrac{\gamma}{2}}{h-1}$$

谐波电流与 α 和 γ 都有关系，但受 γ 角的影响较大，γ 角的增大使谐波电流减小得快些。例如，当 $\alpha = 15°$，$\gamma = 0°$ 时，$I_5 = 20\% I_1$；而 $\gamma = 60°$ 时，$I_5 = 6.2\% I_1$。当 $\gamma = 0°$ 时，α 无论为何值，谐波电流的含有率都相同，且等于其最大值。

由式（7 - 23）和式（7 - 24）可得换相期间换流器端口电压

$$u_p = u_a - L_s \frac{di_a}{dt} = u_a - \frac{u'_a - u_c}{2} = \frac{u_a + u_c}{2} \tag{7 - 31}$$

换相期间的整流电压为

$$u_d = u_p - u_b = \frac{u_a + u_c}{2} - u_b = \frac{u_{ab} + u_{cb}}{2} \tag{7 - 32}$$

因此，计入重叠角后换相过程的整流电压、电流波形如图 7 - 14 所示。

由于换相过程影响，整流电压的平均值将由原来的 $U_{d\alpha}$ 减少 $\dfrac{3\omega L_s}{\pi} I_d$，因此

$$U_{d(\alpha,\gamma)} = U_{d\alpha} - \frac{3\omega L_s}{\pi} I_d \tag{7 - 33}$$

整流电压的平均值还可表示为

$$\begin{aligned} U_{d(\alpha,\gamma)} &= \frac{3\sqrt{6}U}{2\pi}[\cos\alpha + \cos(\alpha + \gamma)] \\ &= \frac{U_{d0}[\cos\alpha + \cos(\alpha + \gamma)]}{2} \end{aligned} \tag{7 - 34}$$

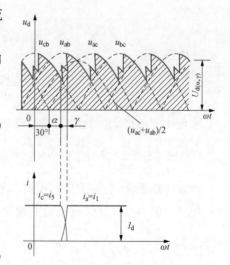

图 7 - 14　换相过程的整流电压、电流波形

此时的基波有功功率与功率因数角为

$$P = U_{d(\alpha,\gamma)} I_d = P_d \tag{7 - 35}$$

$$\varphi_1 = \tan^{-1}\left[\frac{-\sin\gamma\cos(2\alpha + \gamma) + \gamma}{\sin\gamma\sin(2\alpha + \gamma)}\right] \tag{7 - 36}$$

若 γ 较小，可认为 $\gamma \approx \sin\gamma$，代入式（7 - 36）可得

$$\varphi_1 \approx \alpha + \frac{\gamma}{2} \qquad\qquad (7\text{-}37)$$

即基波功率因数（相移功率因数）近似为

$$\cos\varphi_1 \approx \cos\left(\alpha + \frac{\gamma}{2}\right) \qquad\qquad (7\text{-}38)$$

此外，基波功率因数（相移功率因数）还可近似表示为

$$\cos\varphi_1 \approx \frac{\cos\alpha + \cos(\alpha + \gamma)}{2} \qquad\qquad (7\text{-}39)$$

因此，由式（7-34），整流电压的平均值也可表示为

$$U_{d(\alpha,\gamma)} = \frac{3\sqrt{6}U}{2\pi}[\cos\alpha + \cos(\alpha + \gamma)] = \frac{3\sqrt{6}U}{\pi}\cos\varphi_1 \qquad (7\text{-}40)$$

【例 7-1】 某一三相 6 脉动晶闸管整流器接于 10kV 交流系统，已知 10kV 母线的短路容量为 150MVA，整流器直流侧电流 $I_d = 400\text{A}$，晶闸管控制角 $\alpha = 15°$。试求重叠角 γ，功率因数，整流器直流侧电压，三相有功功率、无功功率及交流侧基波电流，截止到 25 次的各特征谐波电流的大小与电流总谐波畸变率，并与 $\gamma = 0°$ 时的谐波电流计算结果相比较。

解 可由短路容量求出系统阻抗 $X_s = \dfrac{10.5^2}{150} = 0.735(\Omega)$

重叠角 γ 为

$$\gamma = \cos^{-1}\left(\cos\alpha - \frac{2I_d X_s}{\sqrt{6}U}\right) - \alpha = \cos^{-1}\left[\cos15° - \frac{2\times400\times0.735}{\sqrt{6}\times(10.5/\sqrt{3})\times10^3}\right] - 15°$$

解得

$$\gamma = \cos^{-1}(\cos15° - 0.0396) - 15° = 7.13°$$

功率因数角

$$\varphi_1 = \tan^{-1}\left[\frac{-\sin\gamma\cos(2\alpha + \gamma) + \gamma}{\sin\gamma\sin(2\alpha + \gamma)}\right] = 18.79°$$

本例中 γ 较小，因此由上式计算的结果与近似计算 $\varphi_1 \approx \alpha + \dfrac{\gamma}{2} = 18.57°$，以及 $\varphi_1 \approx$

$\cos^{-1}\left[\dfrac{\cos\alpha + \cos(\alpha + \gamma)}{2}\right] = 18.89°$ 的结果非常接近。

由功率因数角可求得基波功率因数（相移功率因数）为 0.95。

由式（7-34），整流电压的平均值为

$$U_{d(\alpha,\gamma)} = \frac{3\sqrt{6}U}{2\pi}[\cos\alpha + \cos(\alpha + \gamma)] = \frac{3\sqrt{2}\times10.5}{2\pi}[\cos15° + \cos22.13°] = 13.42(\text{kV})$$

基波有功功率为

$$P = U_{d(\alpha,\gamma)}I_d = 13.42\times400 = 5368(\text{kW})$$

由 $\cos\varphi_1 = \dfrac{P}{\sqrt{P^2 + Q^2}}$，可求得无功功率

$$Q = P\tan\varphi_1 = 1826(\text{kvar})$$

基波电流方均根值为

$$I_1 = \frac{P}{3U\cos\varphi_1} = \frac{P}{\sqrt{3}U_1\cos\varphi_1} = \frac{5368}{\sqrt{3}\times10.5\times0.95} = 310.70(\text{A})$$

基波电流方均根值也可由式（7 - 18）近似求得为

$$I_1 = \frac{2\sqrt{3}}{\pi}I_\text{d}/\sqrt{2} = \frac{\sqrt{6}}{\pi}I_\text{d} = 311.88(\text{A})$$

由式（7 - 30）可求得截至 25 次的各特征谐波电流的大小，见表 7 - 2，表中同时给出了 $\alpha=15°$、$\gamma=0°$ 时的谐波电流计算结果。

表 7 - 2　　　　　　　　　截至 25 次的特征谐波电流（A）

谐波次数 h	5	7	11	13	17	19	23	25
谐波电流（$\gamma=7.13°$）	61.15	43.01	26.12	21.41	15.09	12.84	9.40	8.04
谐波电流（$\gamma=0°$）	62.14	44.39	28.25	23.90	18.28	16.35	13.51	12.43

由表 7 - 2 可知，考虑重叠角 γ 后的谐波电流值比 $\gamma=0°$ 时的谐波电流值小。

由表 7 - 2 可求出 $\alpha=15°$、$\gamma=7.13°$ 时，总谐波电流方均根值为 85.30A；$\alpha=15°$、$\gamma=0°$ 时，总谐波电流方均根值为 90.22A。从而可由式（7 - 5）求得总谐波畸变率分别为 27.45% 和 29.04%。

考虑谐波后，可求得两种情况下整流器的功率因数分别为 0.916 和 0.912。

7.3.2.3　双三相桥式整流器

双三相桥式整流，通过分别采用 Yy（或 Dd）和 Yd11 接线的整流变压器，使桥侧电源电压移相 $\pi/6$（即 30°），组成 12 脉动整流器，接线如图 7 - 15 所示。变压器绕组接线不同时，其电流波形将会不同。对于变比 1：1 的 Yy12（或 Dd12）接线的整流变压器，其一、二次侧电流相同，电流表达式如式（7 - 17）所示。对于相绕组间匝数比为 $\sqrt{3}$：1 的 Yd11 接线的整流变压器，其相电流之比为 1：$\sqrt{3}$，电力系统侧 A 相电流为 $i_\text{A}=(i_\text{a}-i_\text{b})/\sqrt{3}$。取电力系统侧 A 相电压为参考相量，则星形侧电压将滞后 $\pi/6$，i_a、i_b 也将右移 $\pi/6$，将此关系代入前面的关系式求出 i_a、i_b，进而可求得

$$i_\text{A} = \frac{2\sqrt{3}I_\text{d}}{\pi}\Big(\sin\omega_1 t + \frac{1}{5}\sin5\omega_1 t + \frac{1}{7}\sin7\omega_1 t + \frac{1}{11}\sin11\omega_1 t$$
$$+ \frac{1}{13}\sin13\omega_1 t + \frac{1}{17}\sin17\omega_1 t + \frac{1}{19}\sin19\omega_1 t + \cdots\Big) \tag{7 - 41}$$

比较式（7 - 17）与式（7 - 41）可知，它们含有相同幅值的谐波分量，但应注意 5、7、17、19 等次谐波符号相反。显然，将上述两组不同的变压器组合起来，其电力系统侧的总电流中将不再含有这些次数的谐波，而只含有 $12k\pm1$ 次的特征谐波，即为 12 脉动整流，如图 7 - 15（c）所示，电力系统侧 A 相电流为

$$i_\text{A} = 2\times\frac{2\sqrt{3}I_\text{d}}{\pi}\Big(\sin\omega_1 t + \frac{1}{11}\sin11\omega_1 t + \frac{1}{13}\sin13\omega_1 t$$
$$+ \frac{1}{23}\sin23\omega_1 t + \frac{1}{25}\sin25\omega_1 t + \cdots\Big) \tag{7 - 42}$$

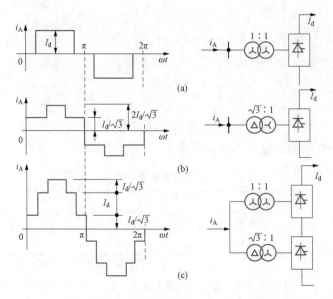

图 7 - 15　变压器不同接线方式时整流电路电力系统侧电流波形
(a) 变压器采用 Yy 接线的 6 脉动三相桥式整流器电力系统侧电流波形；
(b) 变压器采用 Yd11 接线的 6 脉动三相桥式整流器电力系统侧电流波形；
(c) 12 脉动双三相桥式整流器电力系统侧电流波形

7.3.3　电力机车

电气化铁路的电力机车牵引负荷，为波动性很大的大功率单相整流负荷，具有不对称、非线性、波动性和功率大的特点，将产生高次谐波和基波负序电流。

电气化铁路的供电，一般由电力系统 220kV 或 110kV 双电源，经铁路沿线建立的若干牵引变电所降压到 27.5kV 或 55kV 后通过牵引网（接触网）向电力机车供电。电力机车采用架空接触导线和钢轨之间的 25kV 单相工频交流电源，经过全波整流后驱动直流牵引电动机。图 7 - 16 为电气化铁路供电系统简图。为了减轻其不对称性，各牵引变电所的高压侧在接入系统时要进行换相，使负荷尽可能平衡分配在系统各相上。

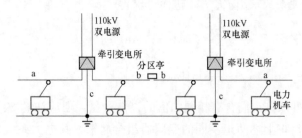

图 7 - 16　电气化铁路供电系统简图

7.3.3.1　交直型电力机车

我国电气化铁路上使用的电力机车分为交直型和交直交型。韶山系列（SS1、SS3、SS4、SS6 等）为典型的交直型电力机车，该类机车采用相控整流技术，使得交直型机车功率因数较低，低次谐波含有率较高。

如图 7 - 17 所示的 SS6B 型电力机车主电路，采用牵引变压器低压侧三段半控桥晶闸管相控整流无级调压方式。网侧高压 25kV 经电力机车牵引变压器降压至二次侧绕组 a1 - b1 - x1 分段绕组和 a2 - b2 固定绕组，其中 a1 - b1、b1 - x1 和 a2 - b2 绕组的空载额定电压分别为 347.75V、347.75V 和 695.5V，三个绕组以及大功率晶闸管和二极管构成了不等分三段半控整流桥。若 U_d 为三绕组电压之和，即调压整流装置输出总电压，则有 $U_{a1b1}=U_{b1x1}=U_d/4$，$U_{a2b2}=U_d/2$，即组成 $U_d/4$、$U_d/4$ 和 $U_d/2$ 的三段不等分比例。当晶闸管 VT9 和 VT10 触发导通移相控制，即 a2 - b2 绕组投入，整流电压可在 $0\sim1/2U_d$ 之间调节；顺序触发相应晶闸管使其处于满开放或移相控制方式，使 a1 - b1 绕组和 b1 - x1 绕组投入，则可实现整流电压分别在 $1/2U_d\sim3/4U_d$ 以及 $3/4U_d\sim U_d$ 之间调节。

交直型机车整流桥工作时会产生较大的 3 次谐波且功率因数较低。为此，机车内部经常装设功率因数补偿（PFC）装置，以滤除部分 3 次谐波并提高功率因数。但实际运行中功率因数补偿装置可能会因为过电流、过电压等原因不能正常投运。

类似于 SS6B 型电力机车，其他交直型机车工作时也会形成大功率晶闸管和二极管构成的整流电路，从而产生丰富的谐波电流。交直型

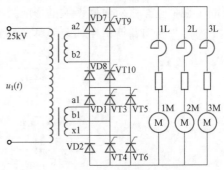

图 7 - 17　SS6B 型电力机车主电路

机车所产生谐波电流的特征谐波次数为 $h=2k\pm1$，$k=1$，2，3，…。除 $h=1$ 的基波外，特征谐波全部为奇次谐波。谐波电流大小与机车运行的级位、速度、轻载与重载状况等有关，随机车不同运行状况而变化。如不考虑机车内部装设的 PFC 装置的滤波，SS6B 型电力机车在较大牵引负载时 3 次谐波电流含有率可能高达 20% 以上，5 次谐波也会达到 10% 以上，7 次和 9 次谐波有可能达到 5% 或更高，11 和 13 次谐波则会在 3% 左右。

7.3.3.2　交直交型电力机车

交直交型电力机车分为动力集中型和动力分散型两类。动力集中型是将动力装置集中安装到 1 节车厢上，主要车型为 HXD（如 HXD1、HXD2、HXD3 等）系列；动力分散型是将动力装置分布在整个列车的不同位置，能够实现较大的牵引力，主要车型为 CRH（如 CRH1、CRH2、CRH3、CRH5、CHR6、CHR380 等）系列高速动车组。交直交型电力机车采用脉宽调制整流技术（PWM），与交直型电力机车相比，低次谐波含有率大大降低，但部分高次谐波含量有所增大。

如图 7 - 18 所示为 CRH2 动车组主电路系统。动车组采用 8 辆编组，4 动 4 拖，由两个动力单元组成，每个动力单元由 2 个动车和 2 个拖车组成。主电路基本动力单元由 1 台牵引变压器，2 台牵引变流器（包括脉冲整流器、中间直流环节、牵引逆变器），8 台牵引电机构成，4 台牵引电机由 1 台牵引变流器驱动，4 台牵引电机并联使用。

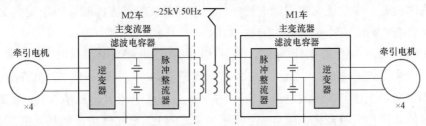

图 7 - 18　CRH2 动车组主电路系统

　　动车组牵引电机为交流电机，牵引系统从电网中引入单相交流电，经过四象限PWM整流器变为稳定的直流，再经PWM逆变器逆变成三相交流电供给牵引电机。

　　动车组车型不同，其整流单元电路结构不同，但都采用四象限PWM整流器。如CRH1动车组采用两电平四象限整流器，CRH2动车组采用三电平四象限整流器，CRH5动车组采用经并联二重化的两电平四象限整流器。对不同的整流器进行分析，可推断出整个动车组对电网谐波的影响。

　　通过分析可得两电平四象限整流器输入电流的表达式为

$$
\begin{aligned}
i_s =\pm & \frac{\sqrt{(MU_d)^2-2U_N^2}}{\omega_m L_s}\cos(\omega_m t+\beta)- \\
& \sum_{m=2,4,\cdots}^{\infty}\sum_{n=\pm1,\pm3,\cdots}^{\infty}\left[\frac{4U_d}{m\pi L_s(m\omega_c+n\omega_m)}J_n\left(\frac{mM\pi}{2}\right)\right. \\
& \left.\cos\frac{m}{2}\pi\sin\frac{n}{2}\pi\sin(m\omega_c t+n\omega_m t+n\beta+m\alpha)\right]
\end{aligned} \tag{7-43}
$$

式中：L_s 为牵引变压器牵引绕组漏感，H；M 为调制度；ω_m、ω_c 为调制波（基波）和载波的角频率，rad/s；J_n 为 n 阶贝塞尔函数；β、α 为调制波和载波的相位，rad。

　　其中，牵引工况时取"+"号，再生制动时取"−"号。

　　三电平四象限整流器输入电流的表达式为

$$
\begin{aligned}
i_s =\pm & \frac{\sqrt{(MU_d)^2-2U_N^2}}{\omega_m L_s}\cos(\omega_m t+\beta)- \\
& \sum_{m=2,4,\cdots}^{\infty}\sum_{n=\pm1,\pm3,\cdots}^{\infty}\left[\frac{2U_d}{m\pi L_s(m\omega_c+n\omega_m)}J_n(mM\pi)\right. \\
& \left.\sin\frac{n}{2}\pi\sin(m\omega_c t+n\omega_m t+n\beta+m\alpha)\right]
\end{aligned} \tag{7-44}
$$

　　电流 i_s 中包含基波与各次谐波分量，基波电流幅值为 $\dfrac{\sqrt{(MU_d)^2-2U_N^2}}{\omega_m L_s}$，谐波次数为 $(m\omega_c/\omega_m+n)$ 次，其中 $m=2$，4，6，$\cdots$，$n=\pm(1$，3，5，$\cdots)$。可见，谐波成分仅存在于当 m 为偶数，n 为奇数的情况下，谐波分布在载波频率的偶数倍附近，次数与载波和基波频率都有关，以奇数边带频率出现。谐波幅值与载波频率 ω_c 和调制度 M 相关，与载波和调制波相位 α 和 β 无关，但这两个相位影响谐波相位。比较上面两式可知，两电平和三电平四象限变流器的网侧电流谐波分布规律一致，但是三电平四象限变流器的网侧电流谐波幅值总体上小于两电平四象限变流器，这体现了三电平四象限变流器的优点。

　　需说明的是，除载波频率附近谐波外，由于控制技术等方面的原因，交直交型电力机车仍然含有少量3、5、7等低次谐波。

　　以CRH2-200型动车组为例，其采用单相三电平PWM整流器，载波频率1250Hz，特征谐波主要是3、5、7、9次等低次谐波和47、49、51、53次等高次谐波。统计结果表明，上述各次谐波电流含有率的分布与基波电流方均根值存在一定的关系，呈较明显的非线性衰减变化。图7-19所示为某CRH2-200型动车组基波电流为118A时的实测电流波形。

电力机车的谐波是经由接触网和牵引变电所的变压器注入电力系统的。接触网与牵引变压器的不同，也将影响电力机车注入电力系统电流的谐波情况。PWM 四象限整流器在交流侧产生的高次谐波虽然幅值较小，但当机车与牵引网参数不匹配时可能会引发车网谐波谐振，对供电系统产生不利影响，相关研究还需深入开展。

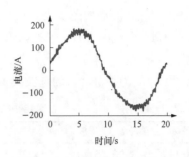

图 7 - 19 某 CRH2 - 200 型动车组基波电流 118A 时的实测电流波形

7.3.4 电弧炉

电弧炉炼钢在技术、经济上具有优越性，因而它在炼钢工业中发展很快。其供电系统原理接线图如图 7 - 20 所示。

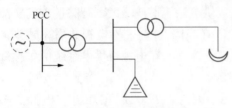

图 7 - 20 电弧炉供电系统原理接线图

电弧炉在炉料的熔化阶段电弧极不稳定，电弧电流具有数值大而且不平衡、畸变和不规则波动的特点。特别是在熔化期的初期，畸变和波动更为严重。在后一阶段的精炼期，电弧电流比较稳定，波动大为减小，电流的数值相对较小且比较平衡，畸变也较小。

根据对电弧炉实测电流的分析，电弧炉电流中主要含有 2、3、4、5、7 次谐波成分。典型电弧炉谐波电流含有率统计结果参见表 7 - 3。

表 7 - 3 典型电弧炉谐波电流含有率

谐波次数		2	3	4	5	7
谐波含有率（％）	熔化期（活动电弧）	7.7	5.8	2.5	4.2	3.1
	精炼期（稳定电弧）	—	2.0	—	2.1	—

交流电弧炉为三相不平衡的谐波电流源，冶炼过程中还有基波负序电流注入系统。此外，三相电流的剧烈波动，还会引起 PCC 的电压变动，导致灯光闪烁，并对电视机、电子设备产生有害影响，即所谓的电压波动引起的闪变问题。

7.3.5 家用电器

随着城市供用电系统的发展和人们生活水平的提高，家用电器给供电系统带来的问题已不可忽视。家用电器中采用的电子电路多种多样，下面介绍产生谐波对系统影响比较大的两种电子电路。

（1）桥式整流电容平波电路。该整流电路广泛用于电视机等家用电器中，如图 7 - 21 （a）所示。由于该整流电路采用电容平波，整流

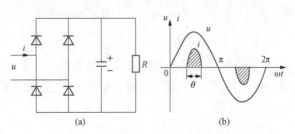

图 7 - 21 电容平波的单相全波整流
(a) 整流电路；(b) 交流侧波形

元件要等到整流电压大于电容器的储能电压时才能导通，故交流侧的电流 i 只有正弦波

的波头部分，波形如图 7 - 21 （b） 所示。电视机中的平波电容较大，波宽 $\theta=0.16\pi\sim$ $0.36\pi\mathrm{rad}$，电流中含有大量奇次谐波。当整流回路中加入晶闸管控制时，其谐波含有率更大。

表 7 - 4 为某电视机的基波及主要谐波电流幅值与含有率。

表 7 - 4　　　　　　　　某电视机的基波及主要谐波电流含有率

h		1	3	5	7	9
I_h	幅值（A）	0.80	0.67	0.48	0.29	0.09
	含有率（%）	100	83.8	60.0	36.3	11.3

电视机的谐波特点是谐波的峰值与基波峰值重合，同一相电压供电的多台电视机产生的谐波相位相同，而且同时间的使用率高，造成供电系统谐波增大。有关谐波的实测调查表明，在具有大量电视机负荷的供电系统中，在晚间 20 时左右电视收看率达到高峰的时间段内，各级电压的谐波畸变率也相应升高。此外，在电视机供电系统的中性线内，因 3 次谐波电流相加而使中性线电流大幅升高。

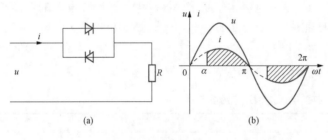

图 7 - 22　电力调节电路及电流、电压波形
（a）电路图；（b）波形图

（2）电力调节电路。该电路用于照明调光及电热调温等家用电器中，通过用晶闸管切除正弦电流的一部分来调节负载电流的大小。电力调节电路及电流、电压波形如图 7 - 22 所示。表 7 - 5 给出了不同控制角 α 时的谐波电流含有率。

表 7 - 5　　　　电力调节装置不同控制角 α 时的谐波电流含有率（%）

h	1	3	5	7	9	11	13	15
$\alpha=45°$	100	17.2	12.9	8.1	4.9	4.1	4.1	3.5
$\alpha=90°$	100	53.7	17.9	17.9	10.7	10.7	7.8	7.8
$\alpha=135°$	100	86.8	64.7	41.0	24.6	20.9	20.7	17.5

7.3.6　间谐波源

电弧炉与电焊机等波动负荷、变频装置、感应电机、通断控制的电气设备以及新能源并网逆变器等，在实际运行中除会产生整数倍谐波外，还会生成很多非整数倍的间谐波。

7.3.6.1　波动负荷

工业电弧炉、电焊机、晶闸管整流供电的轧钢机等快速变化的冲击性电力负荷，运行过程中会产生频谱丰富的间谐波成分。

假定某一调幅波电压 $M\cos\Omega t$ 对稳态电压 $\sum\limits_{h=1}^{\infty} A_h\cos(h\omega t + \varphi_h)$ 进行调制，调制电压为

$$u(t) = \sum_{h=1}^{\infty}(1 + m_h\cos\Omega t)A_h\cos(h\omega t + \varphi_h) \qquad (7-45)$$

式中：m_h 为调幅波对 h 次谐波幅值的调制系数，$m_h = \dfrac{M}{A_h}$；A_h 为 h 次稳态谐波电压的幅值，h 为正整数；Ω 为调幅波的角频率；ω 为工频角频率；φ_h 为 h 次谐波初相角。

对式（7-45）进行变换，可得

$$u(t) = \sum_{h=1}^{\infty} A_h\cos(h\omega t + \varphi_h) + \sum_{h=1}^{\infty}\frac{M}{2}\cos[(h\omega \pm \Omega)t + \varphi_h] \qquad (7-46)$$

由式（7-46）可以看出，经角频率为 $\Omega(\Omega < \omega)$ 的调幅波电压 $M\cos\Omega t$ 调制后，除了原有稳态电压中角频率 $h\omega$ 成分外，各次谐波（包括基波）中增加了旁频（$h\omega \pm \Omega$）成分，其幅值均为 $\dfrac{M}{2}$。

实际上，调幅波很可能存在多个频率成分（设为 n 个），按式（7-45）调制的结果为各次谐波（包括基波）均增加 n 对（即 $2n$ 个）旁频成分，这些旁频成分就是间谐波。工业上有些负载的波动具有不规则性（例如电弧炉、电焊机），产生的间谐波的频谱（幅值和频率）也就具有不确定性，频谱往往呈现连续状态。

需要说明的是，当间谐波为调幅波与基波是调制关系时，调制波会出现新的频率分量；而当间谐波与基波是叠加关系时，叠加后的波形各频率成分不变。例如，50Hz 基波与 20Hz 间谐波叠加，叠加后的波形除了基波，仍然只含 20Hz 间谐波，频率不变；而当它们是调制关系时，就会出现 70Hz 和 30Hz 的间谐波，而不是 20Hz 的间谐波了。

7.3.6.2 变流装置

各种各样的变流装置广泛应用于电力系统中。以交-直-交变频装置为例，主要由整流器、直流环节和逆变器等构成。对变频器整流侧进行谐波分析时，通常只考虑直流环节对整流侧的作用，而忽略逆变器输出的交流信号通过直流连接环节对整流侧的影响。一般认为，整流电路输出直流电流时，开关器件的换相会使整流侧产生谐波电流。实际上，逆变电路也会在直流侧产生整数倍输出频率的脉动电流分量，具体表现为直流电流中的纹波。对整流侧而言，这些纹波电流经过工频相控整流电路开关操作的耦合，会被工频分量调制而产生间谐波。

变频调速装置产生的谐波和间谐波频率可统一表示为

$$f_h = (pk \pm 1)f_1 \pm lmf_0 \qquad (7-47)$$

式中：p 为输入换流器脉动数；l 为输出换流器脉动数，和变频器负载相数有关的系数，$l=6$ 为三相负载，$l=2$ 为单相负载；f_1 为电源输入的基波频率；f_0 为变频器输出频率；$k=0, 1, 2, \cdots$；$m=0, 1, 2, \cdots$。

由式（7-47）可知，供电电流的谐波频率并不全是输入频率 f_1 与输出频率 f_0 的整数倍，而是这两种频率的和或差。其中有一般整流装置所具有的特征谐波（当 $m=0$），

但次谐波与特征谐波附近的旁频谐波（间谐波）幅值也很大，尤其是频率很高的旁频谐波引起的电流畸变不容忽视。

7.3.6.3 感应电动机

感应电动机产生的间谐波主要源于三个方面，其一，感应电动机定子和转子中的线槽会因铁芯饱和而产生不规则的磁化电流，从而向电网注入间谐波电流；其二，感应电动机的转子绕组若存在不对称，也会向电网注入间谐波电流；其三，与所带的负载变动特性有关，例如，锻造传动装置、锻造锤、冲压机、电锯、空压机、往复活塞泵等都可能是不同的间谐波源，当所带的机械负载发生波动时，感应电动机转子的转速会随之出现波动，致使感应电动机的反电动势产生波动，从而在感应电动机的定子电流中将出现间谐；并且，频率较低的机械负荷转矩的波动，会引起幅值较大的间谐波。

7.3.6.4 通断控制的电气设备

各种对设备工作电压进行通断控制、电压调整的电气设备工作过程中将产生间谐波。例如电烤箱、熔炉、火化炉、点焊机、通断控制的调压器等。

以图 7-23（a）所示整周波控制的晶闸管交流调功电路为例，这种控制方式不是每个周期通过晶闸管触发角控制对输出电压波形进行控制，而是将负载与交流电源接通几个整周波，再断开几个整周波，通过改变接通周波数与断开周波数的比值来调节负载所消耗的平均功率。

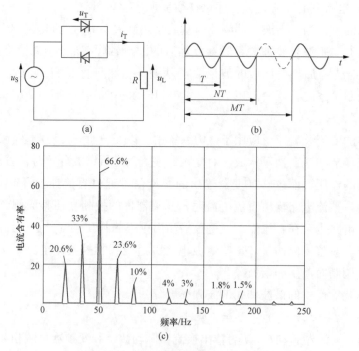

图 7-23 整数周波控制装置

（a）基本电路；（b）负载电流的波形（$N=2$，$M=3$）；（c）电流频谱（$N=2$，$M=3$）

在交流电源接通期间，负载电压电流都是正弦波，不对电网电压电流造成通常意义的谐波污染。在这种情况下，电源的基波频率不能用作傅里叶分析的基础。因为所产生的对应重复周期的最低频率是可变的次谐波频率。

若导通的周波数为 N，重复波形所经历的周波数为 M，假设 f 为电源频率，则低频率 f/M 成为基本频率。以此最低频率为基准，进行傅里叶分析，可以得到电流的谐波成分。图 7-23（b）、（c）所示为采用该控制策略时的负载电流波形和电流频谱（$N=2$、$M=3$）。可以看出，主要分量是电源电压频率的谐波和频率为（$2f/3$）的次（间）谐波，而工频基波（$f=50\mathrm{Hz}$）整数倍的谐波（例如 $f=100\mathrm{Hz}$、$150\mathrm{Hz}$、…）均为零。

7.3.6.5　新能源并网逆变器

随着新能源并网容量的快速增加，其对电网影响越来越引起关注。以双馈型风电机组为例，其主要由感应发电机和 AC/DC/AC 变流器系统组成。电网侧非整数倍间谐波成分来源于直流母线电压的非整数倍波动频率与电网侧基波频率调制的结果，而电网侧的整数倍谐波分量则来源于直流电压的整数倍波动频率与电网侧基波频率调制的结果。在网侧变流器中，特征频率表达式为

$$\omega_{\mathrm{dc}}^{m'd} = |\, m'\omega_{\mathrm{r}} + n'\omega_0 \,| \quad m',n' = 0,1,2,\cdots \tag{7-48}$$

式中：ω_{r} 为转子侧角频率；ω_0 为网侧角频率。

双馈型风电机组选用 6 脉波变流器，且整流器和逆变器均采用相控方式。直流电压的特征频率分别为 $6k\omega_{\mathrm{r}}$、$6k\omega_0$ 和 $|\,6k\omega_{\mathrm{r}} \pm 6k\omega_0\,|$，网侧间谐波特征频率可表示为

$$f_h = 6k(1-s)f_0 \pm f_0 \quad k = 1,2,3,\cdots \tag{7-49}$$

式中：s 为双馈型风电机组的转差率。

光伏逆变器在运行中也会产生间谐波。直流扰动电压是光伏阵列产生间谐波的主要原因之一。引起直流电压扰动的因素有很多，例如，光照和温度的随机变化会引起直流扰动电压，电网不平衡电压跌落将导致按对称控制的光伏发电输出功率和直流电压发生波动等。直流扰动电压经过并网逆变器，受其控制系统的传递与调制，最终在光伏并网逆变器输出端口产生间谐波电流，传播至电网。相关研究表明：①某一频率的直流扰动电压会同时产生幅值相同的两个频率的间谐波电流，它们的频率之差或和为 2 倍基频，频率小于 $100\mathrm{Hz}$ 的直流扰动电压，会同时产生次同步和超同步频率的间谐波电流。②光伏逆变器直流扰动电压引起的间谐波电流幅值，由直流扰动电压幅值、逆变器控制参数和电网阻抗参数共同决定，与直流扰动电压的相角无关；其相角由直流扰动电压的相角、逆变器控制参数和电网阻抗参数决定，与直流扰动电压的幅值无关。③低频率直流扰动电压作用下，并网逆变器输出间谐波电流幅值更大，所对应的间谐波电流相位也会更大。当直流电压扰动频率低于 $50\mathrm{Hz}$ 时，电压外环比例系数、电流内环的比例和积分系数对间谐波电流幅值的影响较大；当直流电压扰动频率超过 $50\mathrm{Hz}$ 时，仅电流内环比例系数对间谐波电流幅值有明显影响。

7.3.7　超高次谐波源

随着宽禁带器件与电力电子换流技术的不断发展，开关频率几千、几十千甚至几百千赫兹电力电子变换装置的应用越来越多，致使注入电网的谐波向高频化方向延伸，其中 $2\sim150\mathrm{kHz}$ 的高频畸变引起了相关研究人员与国际标准化组织的高度关注。自 2000 年以来，上述高频畸变在国际电工委员会（IEC）、欧洲电工技术标准化委员会（CEN-

ELEC）、国际大电网会议（CIGRE）、国际供电会议（CIRED）以及 IEEE 等国际组织中均开展研究。在 2013 年的 IEEE 电力与能源国际会议上，将电力系统电压、电流中的这部分高频成分定义为超高次谐波（supra - harmonics）。超高次谐波易造成电气设备故障或损坏、电力线数据传送错误、电能计量误差等问题，其频谱跨度宽、起因多样、传播交互作用复杂，正迅速衍生成为新型电能质量问题。

超高次谐波源主要包括含电力电子高频开关电路的设备、电力线载波通信（PLC，Power Line Communication）以及高频谐振等。其中，产生超高次谐波成分的电力电子设备主要包括电动汽车充电装置、光伏逆变器、开关电源、照明装置，以及电磁炉、洗衣机、电吹风等家用电器等。

（1）电动汽车充电装置。电动汽车充电装置等电力电子装置是典型超高次谐波源。某研究对充电装置产生的超高次谐波的测试表明，电动汽车充电装置发射的谐波电流在 3～29kHz 频段，且开关频率处的谐波电流最大，可达到电动汽车最大充电电流的 9%，随着频率的升高，超高次谐波电流呈下降趋势，但在开关频率及其整数倍频率附近会出现电流陡升现象。

（2）光伏逆变器。光伏逆变器会在 2～20kHz 频率范围产生较大谐波电流，开关频率处的谐波电流最大，可达到基波分量的 2%。当频率大于 45kHz 后，谐波电流较小，但开关频率整数倍频率附近会出现电流升高现象。光伏逆变器开关频率通常小于 20kHz，小功率单相逆变器的开关频率接近上限，大功率三相逆变器的开关频率通常低于 5kHz。

（3）照明装置。LED 灯、高压钠灯、紧凑型节能灯等类型的照明电器是超高次谐波源。照明装置采用不同类型整流器时，产生的超高次谐波频率、发射水平均有差异。照明装置在主要频带产生的超高次电流谐波含量约占基波分量的 1%～4%。同类型照明装置产生的谐波受灯具数量影响较大，照明装置之间存在谐波抵消现象。因此，在评估多谐波源导致的超高次谐波发射水平时，应考虑谐波源之间的相互抑制作用。

（4）电力线载波通信（PLC）。随着智能电能表的引入，以高频载波通过架空线/地下电缆/建筑物布线在公用电网实现数据传输，基于 PLC 的自动抄表应用越来越普遍。在配电网中，电力线载波通信频率范围为 3kHz～148.5kHz，其中 9kHz～95kHz 为电力部门专用频带。因此，PLC 可以被视为一种特殊情况下的超高次谐波发射源，以受控的方式在预定的频率下由外部注入。

此外，超高次谐波还可能出现谐波放大或谐振问题。如相关研究发现，某光伏逆变器和电视机共同工作时，该光伏逆变器 16kHz 频率处的超高次电流幅值增加了 2 倍；另一研究发现，当某光伏逆变器和多个家用电器组成的负荷连接时，光伏逆变器开关频率处的谐波电流幅值增加了 5 倍。出现这一现象的原因是超高次谐波的发射具有原生与次生的特性。原生发射是指被测电气设备单独存在时自身产生的发射，主要影响因素包括电气设备的拓扑结构、连接点阻抗以及谐振等，其幅值通常并不大。而次生发射是指被测电气设备受其他电气设备发射激发后产生的发射，主要受邻近的其他电气设备发射强度以及被测电气设备阻抗与电网阻抗和其他设备阻抗的关系等因素的影响，其幅值可能为原生发射的几倍。

7.4　谐波与间谐波的影响和危害

电力系统与用电设备具有一定的承受包括谐波与间谐波在内的扰动冲击的能力，但当相关扰动较为严重时，将对电力系统与用电设备产生显著的影响。谐波的影响往往具有潜在性，如谐波会使得旋转电机等很多电气设备产生附加谐波损耗与发热、缩短使用寿命，加速绝缘材料与电气设备的绝缘老化等，但这类影响通常在累积一定时间之后其危害才能显现出来；谐波也会产生即时的危害，如引起自动控制与保护装置不正确动作、引起谐波谐振过电压进而造成电气元件及设备的故障与损坏等。电气设备使用寿命缩短与损坏等毫无疑问都会引起相应的经济损失，但即使是未出现任何问题的用户，也可能会受到谐波的影响而产生经济损失，其影响途径是关乎用户缴纳电费的计量表计，在谐波较为严重的环境下，电能计量可能产生一定的误差，从而使用户产生直接经济损失。谐波还可能对通信系统产生电磁干扰，使电信质量下降。谐波的影响还具有远距离与快速传播特点，某一电压等级中的谐波源产生的谐波，会通过变压器与线路传递到另一电压等级，在传递过程中可能会由于线路上电感与电容之间的谐振引起谐波的放大，加剧谐波污染。同时，谐波发生源自身可能也会是受害者，其产生的谐波可能危害到自身的正常运行。

很多谐波源同时也是间谐波和超高次谐波源。间谐波电压电流的存在，也会引起电网电压电流波形的畸变、造成功率因数下降，同时还可能引起电压波动与闪变等。同样，超高次谐波也会造成电气设备故障或损坏、电力线数据传送错误、电能计量误差等问题，具有频谱跨度宽与传播交互作用复杂等特点。

7.5 节将专门分析谐波引起的谐振与放大问题，本节将对谐波在其他方面的一些影响和危害进行分析，并简要介绍间谐波和超高次谐波的若干影响和危害。

7.4.1　谐波对变压器的影响

变压器用于把所需功率传送给它所连接的不同电压等级的负荷。按照传统理论可知，变压器在基波频率时的损耗最小，但其附加发热受电压畸变影响较大，同时还受电流畸变的较大影响。

负荷电流含有谐波时，将在三个方面引起变压器发热的增加：

（1）方均根值电流。如果变压器容量正好与负荷容量相同，那么谐波电流将使得方均根值电流大于额定值。总方均根值电流的增加会引起导体损耗增加。

（2）涡流损耗。涡流是由磁链引起的变压器的感应电流。感应电流流经绕组、铁芯以及变压器磁场环绕的其他导体时，会产生附加发热。这部分损耗引起涡流的谐波电流的频率的平方增加。因此，该损耗是变压器谐波发热损耗的重要组成部分。

（3）铁芯损耗。铁芯损耗的增加取决于谐波对外加电压的影响以及变压器铁芯的设计。电压畸变的增加将使得铁芯叠片中涡流电流增加，总的影响取决于铁芯叠片的厚度以及钢芯的质量。由谐波引起的这部分损耗的增加，与前两种情况下相比通常较小。

对通过较高频率的变压器的设计可采用不同的原则。例如，可用连续换位导线替代实心导线，并采用较多的散热管。通常，电流畸变超过 5% 的变压器的出力应降低。IEEE C57.110—2018 标准规范了向非正弦负荷供电的变压器运行容量，定义了用以反映变压器绕组的涡流谐波损耗因子 F_{HL}，如式（7-50）所示

$$F_{HL} = \frac{\sum_{h=1}^{N} I_h^2 h^2}{I^2} = \frac{\sum_{h=1}^{N} \left(\frac{I_h}{I_1}\right)^2 h^2}{\sum_{h=1}^{N} \left(\frac{I_h}{I_1}\right)^2} \quad (7-50)$$

式中：I_h 为 h 次谐波电流方均根值；N 为所考虑的最大谐波次数；I 为畸变总负荷电流方均根值。

当仅考虑涡流谐波发热损耗时，可利用 F_{HL} 来计算变压器向非正弦负荷供电时的运行容量。以干式变压器为例，在额定条件下允许的最大非正弦负荷电流方均根值的标幺值可按式（7-51）进行计算

$$I_{max} = \sqrt{\frac{P_{LL-R}}{1 + F_{HL} P_{EC-R}}} \quad (7-51)$$

式中：P_{LL-R} 为额定负荷损耗，p.u.；P_{EC-R} 为额定绕组涡流损耗，p.u.。

某些变压器可能会在制造厂家通过了发热试验，甚至过载试验的情况下，在实际运行中却达不到试验指标。这是因为在不充分考虑机械冷却问题时，很有可能在磁场中存在某些受谐波磁链影响的导电单元，其中三种可能性为：

（1）三铁芯变压器（配电变压器最常见类型），零序磁链将"泄漏"出铁芯外。因此，如果绕组接线允许零序电流流动，则这些谐波磁链将在箱体、铁芯压板等处引起附加发热，而这些情况在进行三相平衡试验或单相试验时是难以发现的。例如 8% 的 3 次线电流谐波在中线上的含量为 24%，这将在箱体、变压器油以及气隙中引起相当大的漏磁，从而在箱体上会出现有炭化或气泡现象，以及在插入式熔丝管的末端或套管末端引起过热（熔丝没有熔断）两个征兆。

（2）电流中的直流分量也能引起磁链"泄漏"出铁芯。例如，正负半波不完全对称时，铁芯处于轻度饱和状态，由于偶然因素或设计上的原因，许多功率换流器的电流波形不对称，这将在变压器的负荷侧产生小的直流分量（不能在电源侧测量）。对于多数电力变压器，较小的直流分量就可能引起问题。

（3）可能有离磁场太近的钳位结构、套管末端或其他某些导电单元。这些因素可能较小，它们在基波频率下对杂散损耗没有明显影响，但在谐波磁链时却可能产生较多的热量。

7.4.2 谐波对电机的影响

电机受谐波电压畸变的影响较大。电机末端的谐波电压畸变，在电机里表现为谐波磁链。谐波磁链对电机转矩没有太大影响，但是它以与转子同步频率不同的频率旋转，在转子中感应出高频电流，其影响类似于基波负序电流的影响。谐波电压畸变将引起电机的效率下降、发热、振动和高频噪声。

在谐波频率下，电机可以用与系统相连的钳制转子电抗来表示。通常，低次谐波电压分量对电机来说是最重要的，因为低次谐波的幅值较大，对应的视在电机阻抗较小。

如果低压系统电压畸变率小于 5%，任何单次谐波电压含有率均小于 3%，则通常没有必要降低电机的出力。当电压畸变率达到 8%～10% 或更高时，将会出现过度发热问题。为延长电机的使用寿命，应采取措施降低电压畸变值。

从谐波电流角度看，电机与系统阻抗并联，使得等效电感减小，从而使系统谐振点升高。这种情况是否对系统不利，与电机投入前系统的谐振点有关。根据钳制转子电路的 X/R 值的不同，电机也可能对某些谐波起阻碍作用。在具有很多小容量电机的系统中，X/R 值较小，有利于降低谐波谐振的可能性。但是，这种情况不适用于大型电机。

7.4.3　谐波对电气元件使用寿命的影响

在非正弦条件下，电气设备的绝缘性能往往因受到电、热应力影响，会使其使用寿命降低。其中，电应力主要是谐波电压电场力的作用，热应力是指谐波电流和谐波电压引起设备发热并使其变形或老化。

相关研究发现，即使目前电力系统的波形畸变（包括各次谐波含量及总谐波畸变率）控制在标准的限值范围内，但谐波污染的存在仍然会损坏电气元件，首先是损坏设备绝缘。相比于额定正弦条件下的绝缘使用寿命，在波形畸变条件下的使用寿命可采用式（7-52）进行估算

$$L_{NS} = L_S K_p^{-n_p} K_f^{-n_f} K_{rms}^{-n_r} \exp(-BS_T) \tag{7-52}$$

式中：L_{NS} 为畸变条件下电气元件的使用寿命；L_S 为正弦条件下，额定电场强度 E_S 和温度 T_S 下的电气元件的使用寿命；K_p 为峰值因子；K_f 为波形因子；K_{rms} 为方均根值因子；n_p、n_f、n_r 为峰值、波形及方均根值因子的对应指数；B 为绝缘材料耐热特性的基本参数；S_T 为设备运行温度条件变量，有时直接称为传统热应力。

B 正比于设备绝缘热降解过程的活化能 A_E，如式（7-53）所示。

$$B = \frac{A_E}{K} \tag{7-53}$$

式中：A_E 为设备绝缘热降解过程的活化能，单位为 eV，$1eV = 1.602 \times 10^{-19} J$；$K$ 为玻尔兹曼常数，取 $1.38 \times 10^{-23} J/K$。

畸变条件下 S_T 的计算公式为

$$S_T = \frac{1}{T_N} - \frac{1}{T_h} \tag{7-54a}$$

$$T_N = T_A + \Delta T_N \tag{7-54b}$$

$$T_h = T_A + \Delta T_1 + \Delta T_h = T_1 + \Delta T_h \tag{7-54c}$$

$$\Delta T_1 \approx \frac{\Delta T_N}{P_N} P_1 \tag{7-54d}$$

$$\Delta T_h \approx \frac{\Delta T_N}{P_N} \sum P_h \tag{7-54e}$$

式中：T_N 为额定功率 P_N 条件下设备最热点温度，K；T_h 为设备在运行负荷功率为 P_1 且谐波损耗为 $\sum P_h$ 运行条件下的设备最热点温度，K；T_A 为环境温度，K；ΔT_N 为设备厂家提供的额定运行功率条件下设备最热点的温升，K；T_1 为运行负荷功率为 P_1 下

设备最热点温度，K；ΔT_1 为负荷功率 P_1 引起的设备最热点温升，K；ΔT_h 为谐波损耗 $\sum P_h$ 引起的设备最热点温升，K。

以 p、r、f 为下标的因子与电压电应力有关，电应力对寿命降低的影响是主要的，包括以下三部分：

（1）峰值因子 K_p 为畸变电压峰值 $\hat{U}_p$ 与额定基波峰值 $\hat{U}_{p1,N}$ 的比值。经式（7-55）分解推导，其包含谐波峰值因子 $K_{p,h}$ 和基波方均根值因子 $K_{1,N}$，即

$$K_p = \frac{\hat{U}_p}{\hat{U}_{p1,N}} = \frac{\hat{U}_p}{\hat{U}_{p1}} \times \frac{\hat{U}_{p1}}{\hat{U}_{p1,N}} = \frac{\hat{U}_p}{\hat{U}_{p1}} \times \frac{U_1}{U_{1,N}} = K_{p,h} \times K_{1,N} \tag{7-55}$$

式中：U_1 为基波电压方均根值；$U_{1,N}$ 为额定基波电压方均根值；$\hat{U}_{p1}$ 为基波电压峰值。

（2）波形因子 K_f 为畸变电压相对时间的变化率与基波额定正弦电压相对时间的变化率的方均根值的比值。推导如下：

假设畸变条件下电压瞬时值 $u(t)$ 与基波额定电压 $u_{1N}(t)$ 为

$$u(t) = \sum_{h=1}^{N} \sqrt{2} U_h \sin(h\omega t + \varphi_h) \tag{7-56a}$$

$$u_{1N}(t) = \sqrt{2} U_{1,N} \sin(\omega t + \varphi_1) \tag{7-56b}$$

则畸变电压变化率及变化率的方均根值为

$$\frac{du(t)}{dt} = \sqrt{2}\omega \sum_{h=1}^{N} h U_h \cos(h\omega t + \varphi_h) \tag{7-57a}$$

$$\frac{du(t)}{dt}\Big|_{rms} = \omega \sqrt{\sum_{h=1}^{N}(hU_h)^2} \tag{7-57b}$$

基波变化率及变化率的方均根值为

$$\frac{du_{1N}(t)}{dt} = \sqrt{2}\omega U_{1,N} \cos(\omega t + \varphi_1) \tag{7-58a}$$

$$\frac{du_{1N}(t)}{dt}\Big|_{rms} = \omega U_{1,N} \tag{7-58b}$$

由此获得波形因子 K_f 为

$$K_f = \frac{\dfrac{du(t)}{dt}\Big|_{rms}}{\dfrac{du_{1N}(t)}{dt}\Big|_{rms}} = \frac{\omega \sqrt{\sum_{h=1}^{N}(hU_h)^2}}{\omega U_{1,N}} = \sqrt{\sum_{h=1}^{N} h^2 \left(\frac{U_h}{U_{1,N}}\right)^2} \tag{7-59}$$

式中：U_h 为 h 次谐波电压方均根值。

将式（7-59）分解，可得到谐波波形因子 $K_{f,h}$ 和基波方均根值因子 $K_{1,N}$，即

$$K_f = \sqrt{\sum_{h=1}^{N} h^2 \left(\frac{U_h}{U_{1,N}}\right)^2} = \frac{\sqrt{\sum_{h=1}^{N} h^2 U_h^2}}{U_1} \times \frac{U_1}{U_{1,N}} = K_{f,h} \times K_{1,N} \tag{7-60}$$

（3）方均根值因子 K_{rms} 为畸变电压方均根值与额定基波方均根的比值。经式（7-61）分解推导，其包括谐波方均根值因子 $K_{rms,h}$ 和基波方均根值因子 $K_{1,N}$，即

$$K_{rms} = \frac{U}{U_{1,N}} = \frac{U}{U_1} \times \frac{U_1}{U_{1,N}} = K_{rms,h} \times K_{1,N} = \sqrt{1 + THD_U^2} \times K_{1,N} \tag{7-61}$$

式中：U 为总谐波电压方均根值。

由式 (7-55)、式 (7-60) 和式 (7-61) 可知，式 (7-52) 中的三个电应力的影响因子均包括两部分，即谐波影响因子和基波方均根值影响因子。

寿命模型中，n_p、n_r、n_f 指数值可由实验得到，表 7-6 收集了部分文献中的数据。从表 7-6 可以看出，电压峰值因子对电气设备使用寿命的影响比重是最大的。

表 7-6   部分电气设备电应力因子的指数值表

指数 测试对象	n_p	n_r	n_f	L_S（年）
低压自愈电容器	6.1	2.6	0.5	14.8
聚丙烯电容器	5.3	2.0	0.8	15.9
中压交联聚乙烯电缆	14.8	1.2	4.9	30
变压器	9	—	—	40
电机	11	—	—	40
白炽灯	—	13	—	1

7.4.4 谐波对通信的干扰

配电系统或终端用户设备中的谐波电流，将对同一路径中的通信线路产生干扰。谐波电流在相应并联导线中感应的电压频率通常在音频范围内。一般情况下，540Hz（9 次，基波频率为 60Hz）至 1200Hz 范围内的谐波产生的干扰危害性较大。在三相四线系统中三倍频谐波（3、9、15 次）最容易引起问题。因为这些谐波在三相中相位相同，它们在中性线直接相加，从而对通信线路产生很大的干扰。

配电系统中的谐波电流，可通过感应或直接传导的方式与通信线路耦合。通过感应方式与通信线路耦合的情况，在以前架空明线电话线路广泛应用的时期是一个严重的问题。随着电话线路屏蔽和绞线技术的广泛应用，这种耦合的影响已明显减小。若在电话线路屏蔽层中感应电流的幅值较大，则感应耦合仍然是不容忽视的问题。

屏蔽电流也可由直接传导产生。这种情况下，屏蔽层与配电系统的地线平行。受接地条件的影响，在屏蔽层中也有可能产生相当大幅值的电流。

人耳听觉对各种频率的噪声或各次谐波干扰的敏感程度不同。一般，人的听觉对 800~1200Hz 的噪声，或对 16~24 次谐波的噪声较为敏感。国际电报电话咨询委员会（CCITT）用噪声加权系数 p_{fh} 计入各次谐波对电信的干扰，见表 7-7，电话谐波波形系数 $THFF$ 用来衡量谐波在长输电线引起的干扰，即

$$THFF = \sqrt{\sum_{h=1}^{50}\left(\frac{f_h}{800} \times \frac{p_{fh}}{1000} \times \frac{U_h}{U_1}\right)^2} \times 100\% \tag{7-62}$$

式中：f_h 为第 h 次谐波频率，Hz；p_{fh} 为第 h 次谐波的噪声加权系数；U_h 为第 h 次谐波电压的方均根值，kV；U_1 为基波电压（或额定电压）的方均根值，kV。

例如，500kV 葛洲坝—上海直流输电线规定 THFF 不超过 1%，轻负荷时不超过 1.8%。

表 7-7　　　　　　　　　噪声加权系数 p_{fh}

f_h	p_{fh}	f_h	p_{fh}	f_h	p_{fh}	f_h	p_{fh}
16.66	0.056	1000	1122	2050	698	3100	501
50	0.71	1050	1109	2100	689	3200	473
100	8.91	1100	1072	2150	679	3300	444
150	35.5	1150	1035	2200	670	3400	412
200	89.1	1200	1000	2250	661	3500	376
250	178	1250	977	2300	652	3600	335
300	295	1300	955	2350	643	3700	292
350	376	1350	928	2400	634	3800	251
400	484	1400	905	2450	625	3900	214
450	582	1450	881	2500	617	4000	178
500	661	1500	861	2550	607	4100	144.5
550	733	1550	842	2600	598	4200	116.0
600	794	1600	824	2650	590	4300	92.3
650	851	1650	807	2700	580	4400	72.4
700	902	1700	791	2750	571	4500	56.2
750	955	1750	775	2800	562	4800	26.3
800	1000	1800	760	2850	553	5000	15.9
850	1035	1850	745	2900	543		
900	1072	1900	732	2950	534		
950	1109	2000	708	3000	525		

7.4.5　谐波对电能计量的影响

图 7-24 所示为简化的电网中基波和谐波有功功率潮流分布。发电机为基波功率源，发出功率为 P_{1G}，线性电力用户和谐波源用户吸收功率分别为 P_{1M} 和 P_{1R}；谐波负载为谐波功率源，送出功率 P_{hR}，线性电力用户和发电机各吸收功率为 P_{hM} 和 P_{hG}。送变电设备的功率损耗都归并到两条线路上，即基波损耗 ΔP_{1M} 和 ΔP_{1R}，谐波损耗 ΔP_{hM} 和 ΔP_{hGM}。功率平衡关系为

$$P_{1G} = P_{1M} + P_{1R} + \Delta P_{1M} + \Delta P_{1R} \tag{7-63}$$

$$P_{hR} = P_{hGM} + \Delta P_{hGM} = P_{hG} + P_{hM} + \Delta P_{hM} + \Delta P_{hGM} \tag{7-64}$$

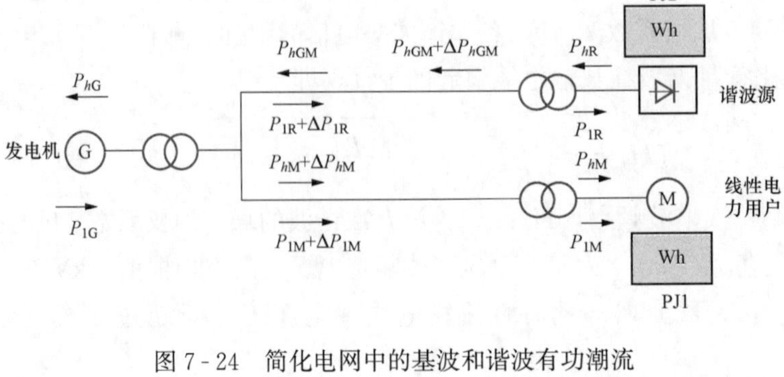

图 7-24　简化电网中的基波和谐波有功潮流

基波功率中的 P_{1M} 和 P_{1R} 是被用户利用的有用功率，而从 P_{1R} 转化成的 P_{hR}，即全部谐波功率是无用的损耗，它可能引起设备附加发热、振动、噪声等不利影响。

通过两个用户处电能表 PJ1 和 PJ2 的功率应为

$$PJ1 = P_{1M} + P_{1R} \tag{7 - 65a}$$

$$PJ2 = P_{1R} - P_{hR} \tag{7 - 65b}$$

考虑谐波影响产生的误差时，两电能表所反映的功率则为

$$PJ1 = K_{1M}P_{1M} + K_{hM}P_{1R} \tag{7 - 66a}$$

$$PJ2 = K_{1R}P_{1R} - K_{hR}P_{hR} \tag{7 - 66b}$$

对于感应式电能表，当存在谐波分量时，K_{1M} 和 K_{1R} 仍旧逼近理想值 1；当 THD_1 在 50% 以下时，K_1（K_{1M} 和 K_{1R}）完全在 1 ± 0.05 范围内。K_1 稍微偏离 1 的原因主要表现为：

（1）感应式电能表的铁磁元件使得在输入纯工频正弦波电压和电流时，其绕组和圆盘中仍会出现谐波电流或涡流。因此，即便仅有输入电压或只有输入电流存在谐波分量时，作用于圆盘的转矩仍有谐波分量，使电能表反映出谐波功率，但其值不大。这种谐波功率有随机性，有时是正值，有时是负值，长时期的累计的电能误差较小。

（2）谐波的存在及其发热效应，会或多或少地影响电能表内某些元件的磁、电和机械性能；但在实际遇到的输入电压和电流的畸变情况下，这种影响也很小。

根据试验，K_h（K_{hM} 和 K_{hR}）偏离 1 的幅度，主要取决于谐波功率产生的圆盘转矩小于等值基波工频功率产生的圆盘转矩，h 越大、转矩越小、K_h 值也越小。对某些感应式电能表的试验结果表明，当输入电能表的电压和电流的 THD 都为 20% 时，$K_3\approx 0.6$，$K_5\approx0.4$，$K_7\approx0.28$。

传统观念对基波功率和谐波功率是等量齐观的，故要求 K_h 也尽量逼近 1；K_h 小于 1，则认为电能表的误差较大。但实际情况是，谐波功率及其电能是有害的，不能把它们和基波功率及其电能同等看待。发电机所消耗的燃料或水能只和所发出的基波电能成正比，不会由于得到从谐波源送来的谐波电能而节省；电动机所做的功只和它从电网得到的基波电能成正比，也不会由于得到从谐波源送来的谐波电能而多做功。因此，当 K_1 的平均值是 1 时，电能表 PJ2 少计量电能，其值为 $\int K_{hR}P_{hR}\mathrm{d}t$；而 PJ1 多计量电能，其值为 $\int K_{hM}P_{hM}\mathrm{d}t$。电网中谐波功率的实际分布为

$$P_{hR} \gg P_{hM} \tag{7 - 67}$$

所以从动能经济的角度来看，谐波的影响使少计的电量 $\int K_{hR}P_{hR}\mathrm{d}t$ 远大于多计的电量 $\int K_{hM}P_{hM}\mathrm{d}t$，两者的差额主要表现为供电线损率有所增大。综上所述，可知 K_h 越小，电能计量才越能真实反映实际的电力平衡，即基波功率的平衡；而 K_h 越大，即越接近于 1，电能计量越不能反映真实的电力平衡，从而导致供电部门和线性电力用户受到经济损失。

电子式电能表对谐波功率的响应和对基波功率的响应相同，即 $K_h=1=K_1$。传统观念认为电子式电能表在输入波形畸变的电压和电流时，仍旧计量最精确。但根据前面

的论述可知，电子式电能表把有害谐波功率和有益的基波功率等量齐观，所以它的计量误差大于感应式电能表，该误差在经济上有利于非线性用户而不利于供电部门。

7.4.6 间谐波的影响和危害

间谐波电压电流的存在，同样会引起电网电压电流波形的畸变、造成功率因数下降，具有谐波引起的所有危害。一般来说其危害主要表现在下述方面：引起电压波动与闪变，无源滤波器过载，影响以电压过零点为同步信号的控制设备以及某些家用电器的正常工作，导致显示屏闪烁，引起机电系统低频振荡，引起通信干扰与导致电能计量结果出现误差等。

（1）引起电压波动和闪变。间谐波叠加在正常供电电压上，会造成电压幅值的波动。由于间谐波与基波（谐波）不是同步变化的，电压信号的波形包络线就会以 $f_{beat} = |f_{ih} - f_h|$ 的频率波动，其中 f_{ih} 为间谐波频率，f_h 是与 f_{ih} 最接近的谐波频率。

假设工频电压中含有单个间谐波分量，则电压信号为

$$u(t) = U_{1m}[\sin(2\pi f_1 t) + m\sin(2\pi f_{ih} t + \theta_{ih})] \tag{7-68}$$

式中：U_{1m} 为基波电压峰值；f_1 为基波频率；m 为间谐波电压与基波电压幅值之比；f_{ih} 为间谐波电压频率；θ_{ih} 为间谐波电压相角。

含间谐波电压的方均根值可由式（7-69）计算

$$U_{RMS} = \sqrt{\frac{1}{T_1} \int_0^{T_1} U_{1m}^2 \{\sin(2\pi f_1 t) + m\sin[2\pi(f_1 + \Delta f)t + \theta_{ih}]\}^2 dt} \tag{7-69}$$

式中，$\Delta f = f_{ih} - f_1$，$T_1 = f_1^{-1}$。

与基波相比，间谐波幅值通常很小，即 $m \ll 1$，忽略 m 的二次方项，得到

$$U_{RMS}^2 = \frac{1}{2} U_{1m}^2 \left[1 + \frac{2}{\pi \Delta f T_1 (1 + \Delta f T_1/2)} \times m\sin(\pi \Delta f T_1)\cos(\theta_{ih} + \pi \Delta f T_1) \right] \tag{7-70}$$

由于 θ_{ih} 在 $0 \sim 2\pi$ 之间波动，可得电压最大和最小方均根值为

$$U_{RMS\_max} = \frac{U_{1m}}{\sqrt{2}} \sqrt{1 + \left| \frac{2m\sin(\pi \Delta f T_1)}{\pi \Delta f T_1 (1 + \Delta f T_1/2)} \right|} \tag{7-71}$$

$$U_{RMS\_min} = \frac{U_{1m}}{\sqrt{2}} \sqrt{1 - \left| \frac{2m\sin(\pi \Delta f T_1)}{\pi \Delta f T_1 (1 + \Delta f T_1/2)} \right|} \tag{7-72}$$

定义波动水平为

$$\left. \frac{\Delta U}{U} \right|_x = \frac{(U_{x\_max} - U_{x\_min})/2}{U_{1\_x}} \times 100\%$$

式中，下标 x 表示方均根值或峰值。

考虑到 $m \ll 1$，并且有 $|\sin(x)/x| \leqslant 1$，则电压方均根值波动水平可近似表示为

$$\left. \frac{\Delta U}{U} \right|_{RMS} \approx \left| \frac{m}{(1 + \Delta f T_1/2)} \frac{\sin(\pi \Delta f T_1)}{\pi \Delta f T_1} \right| = m \left| \frac{\sin\alpha}{\alpha\left(1 + \frac{\alpha}{2\pi}\right)} \right| \tag{7-73}$$

式中，$\alpha = \pi \Delta f T_1$。

从上式可以看到电压方均根值的波动大小与间谐波的幅值成比例关系。此外，Δf 对电压的波动水平也起很重要的作用。

当 $m\ll 1$，$t=n/(4f_1)$，$n=1$，3，5，$\cdots$时，式（7-68）电压峰值为

$$U_{\text{peak}} = \left| U_{1m}\left[1 \pm m\sin\left(\frac{n\pi}{2}\frac{f_{\text{ih}}}{f_1} + \theta_{\text{ih}}\right)\right] \right| \tag{7-74}$$

电压峰值将在 $U_{1m}(1+m)$ 和 $U_{1m}(1-m)$ 之间波动，电压峰值波动量 $(\Delta U/U)_{\text{peak}}$ 为 m。值得注意的是，电压峰值的波动量与间谐波频率没有关系。

（2）引起无源滤波器过载。由电容、电感和电阻构成的无源滤波器仅对某几次主要谐波有明显的滤波效果，而且很可能对间谐波有放大作用。在严重的情况下，会使滤波器因间谐波放大而过载不能正常运行，甚至加速损坏。因此，在有间谐波的场合，使用无源滤波器时，应进行充分论证。

（3）使电压波形过零点偏移。间谐波既可能使波形过零点偏移，又可能使正负半波幅值发生变化。间谐波因改变电压过零点，从而影响任何与电源电压过零点同步的设备或自动控制系统的正常工作，甚至使其误动造成事故，而且还会影响传统谐波测量的结果和准确度，使计量仪器产生附加误差等。

（4）对旋转电机的影响。为了避免机械共振问题，要非常关注旋转电机（特别是汽轮发电机组）附近的间谐波（主要是次谐波）。因为旋转机械转矩的相互作用涉及次谐波电流。将流入任何发电机的次谐波电流限制到非常小的值是有必要的。在有些涉及机械共振的场合，间谐波标准中所推荐的 0.2% 间谐波电压限值也许要减小，或者可由发电机制造商决定是否有可能改变控制系统，以免发生潜在的机械共振。

7.4.7　超高次谐波的影响和危害

有关超高次谐波的影响和危害等，目前尚在研究探讨之中。超高次谐波会给配电网电气设备和通信带来许多不利的影响，主要分为以下四类：

（1）干扰配电网电气设备的正常使用，如导致电动汽车充电中断、干扰触摸式调光灯、干扰居民用户用电设备正常工作等。如由数控铣床逆变器引起的频率 8kHz、幅值 5V 的电压畸变，引起了附近居民用户的咖啡机故障、理发店吹风机非人为关断等，同时数控铣床本身也不能正常运行。

（2）造成设备故障或损坏，如增加二极管、直流侧电容等元件额外的过流热应力，影响电气设备的使用寿命。

（3）设备或安装点处的噪声增大，实测数据说明噪声水平随超高次谐波的频率和电压幅值的增加而增加。

（4）干扰通信，由于串/并联谐振，末端用户设备形成低阻抗通路，导致电力线通信故障，例如，电力线数据传送错误、造成电能计量误差等。

7.5　谐波谐振与放大

在电力系统中，系统的谐波响应特性与谐波源有同等的重要性。一方面，注入系统的谐波电流在系统阻抗上将产生谐波压降。当系统谐波阻抗较小时，电力系统具有较强地承受负荷所产生的谐波电流的能力。另一方面，在具有并联电容器补偿的系统中，系

统阻抗在某一频率下可能与并联补偿电容器发生谐振，从而引起谐波源注入系统和电容器组谐波电流的放大，对系统和电容器组产生严重影响。

7.5.1　系统阻抗

基频时，电力系统主要为感性，有时将系统等值阻抗简称为短路电抗。电容器安装点的系统短路阻抗 Z_d 是电力系统谐波分析中最常用到的参数之一，该参数的值可由短路计算中的短路容量或短路电流求出。

从理论上讲，Z_d 由电阻和电抗组成。但若短路数据中没有给出相位，则通常假定阻抗为纯电抗。对工业用电系统、母线距电源较近的系统以及其他多数电力系统来说，上述假设是合理的。

阻抗中感性电抗随频率线性变化，h 次谐波时的电抗可由基波电抗 X_1 表示为

$$X_h = hX_1 \qquad\qquad (7\text{-}75)$$

系统谐波阻抗的准确估算，对于系统谐波谐振分析、无功功率补偿、滤波器设计与滤波效果评估、系统与用户谐波水平评估等具有重要意义。在近似估算中，通常忽略系统各元件的阻性成分，进而采用基波三相短路容量推算系统基波电抗，利用式（7-75）进行谐波电抗计算。但由于实际系统的复杂性，上述忽略电容与电阻影响的计算方法可能误差较大。

当然，系统谐波阻抗还可通过建立系统各元件模型，采用解析方法计算。但是由于负荷、电网参数以及系统运行的不断变化，基于系统基波元件参数的谐波阻抗计算方法仍难以保证计算的准确性。通过向系统强迫注入谐波电流或间谐波电流，测量相应产生的谐波电压，可计算出谐波阻抗，但注入谐波电流必须是系统本身所不存在的。利用可测量的谐波电流与电压参数估计谐波阻抗的方法逐渐得到了人们的关注，在这类方法中，有波动量法、参考阻抗法、双线性回归估计法、稳健回归法、二元回归估计法以及偏最小二乘回归方法等，这些方法各有特点，其具体的实现方法，请读者查阅相关文献。

7.5.2　谐波电流放大与谐振

7.5.2.1　基本原理

无论是用户端用于功率因数校正的并联电容器还是配电系统中的并联电容器，它们都对系统的阻频特性影响很大。电容器并不产生谐波电流，但电容器却可能引起严重的谐波电流放大。

供电系统的谐波源主要是电流源。电容器引起的谐波电流放大的基本原理可用图7-25 所示的简化接线图和等值电路图进行分析。设谐波源 h 次谐波电流为 I_h，注入主系统的电流为 I_{sh}，注入电容器的电流为 I_{Ch}。在 $I_{sh} > I_h$ 时，称为系统谐波电流放大；在 $I_{Ch} > I_h$ 时，称为电容器谐波电流放大；在 $I_{sh} > I_h$ 和 $I_{Ch} > I_h$ 同时发生时，称为谐波电流严重放大。

设电容器、电抗器和主系统的基波电抗分别为 X_C、X_L 和 X_s，其 h 次谐波电抗分别为 X_{Ch}、X_{Lh} 和 X_{sh}，电容器支路和主系统支路并联的基波电抗和 h 次谐波电抗分别为 X_s' 和

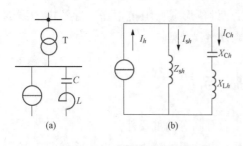

图 7-25　系统简化分析图

(a) 系统简化接线图；(b) 等值电路图

X'_{sh}。再设 $s = X_s/X_C$，$k = X_L/X_C$，s 和 k 分别是以 X_C 为基值的系统电抗率和电抗器电抗率。可以导出电容器和主系统的谐波电流关系式为

$$I_{Ch} = \frac{X'_{sh}}{X_{Lh} - X_{Ch}} I_h = \frac{hX_s}{hX_s + hX_L - X_C/h} I_h = \alpha_{Ch} I_h \tag{7-76}$$

$$I_{sh} = \frac{X'_{sh}}{X_{sh}} I_h = \frac{hX_L - X_C/h}{hX_s + hX_L - X_C/h} I_h = \alpha_{sh} I_h \tag{7-77}$$

$$\alpha_{Ch} = \frac{I_{Ch}}{I_h} = \frac{s}{s + k - 1/h^2} \tag{7-78}$$

$$\alpha_{sh} = \frac{I_{sh}}{I_h} = \frac{k - 1/h^2}{s + k - 1/h^2} \tag{7-79}$$

式中：α_{Ch}、α_{sh} 分别为电容器和主系统的谐波电流分配系数。

由式（7-78）和式（7-79）可以看出：

(1) 在 $h = 1/\sqrt{s+k}$ 时，$\alpha_{Ch} = \infty$，$\alpha_{sh} = \infty$。在 $I_h > 0$ 时，不论 I_h 为何值，$I_{Ch} = \infty$，$I_{sh} = \infty$（由于实际上存在电阻，α_{Ch}、α_{sh}、I_{Ch} 和 I_{sh} 实际上是有限大值）。这种情况是谐波谐振状况，其谐波谐振次数为 h_0，即

$$h_0 = \sqrt{\frac{X_C}{X_s + X_L}} = \frac{1}{\sqrt{s+k}} \tag{7-80}$$

(2) 在 $h = 1/\sqrt{k}$ 时，$\alpha_{Ch} = 1$，$\alpha_{sh} = 0$，$I_{Ch} = I_h$，$I_{sh} = 0$。这种情况是电容器全谐振状况，其谐波谐振次数为 h_k，即

$$h_k = \sqrt{\frac{X_C}{X_L}} = \frac{1}{\sqrt{k}} \tag{7-81}$$

(3) 在 $h = 1/\sqrt{2s+k}$ 时，$\alpha_{Ch} = -1$，$\alpha_{sh} = 2$，$I_{Ch} = -I_h$，$I_{sh} = 2I_h$。这种情况是谐波严重放大的第一临界状况，其谐波次数为 h_1，即

$$h_1 = \sqrt{\frac{X_C}{2X_s + X_L}} = \frac{1}{\sqrt{2s+k}} \tag{7-82}$$

(4) 在 $h = 1/\sqrt{s/2+k}$ 时，$\alpha_{Ch} = 2$，$\alpha_{sh} = -1$，$I_{Ch} = 2I_h$，$I_{sh} = -I_h$。这种情况是谐波严重放大的第二临界状况，其谐波次数为 h_2，即

$$h_2 = \sqrt{\frac{X_C}{X_s/2 + X_L}} = \frac{1}{\sqrt{s/2+k}} \tag{7-83}$$

由式（7-80）～式（7-83）可以看出：$h_1 < h_0 < h_2 < h_k$。在 $h > h_k$ 时，$I_{Ch} < I_h$，$I_{sh} < I_h$，电容器和主系统均分担谐波源电流。在 $h_0 < h < h_k$ 时，电容器不仅是吸收谐波源电流，而且吸收主系统谐波电流。在 $h < h_0$ 时，电容器使主系统分担的谐波电流大于谐波源电流。在 $h_1 < h < h_2$ 时，是谐波严重放大范围。在 $h = h_0$ 时，发生谐波谐振。表 7-8 列出谐波电流放大倍数的典型状况。图 7-26 为 $s = 3\%$，$k = 6\%$ 的谐波电流放大曲线，其中 $h_1 = 2.89$，$h_0 = 3.33$，$h_2 = 3.70$，$h_k = 4.08$。

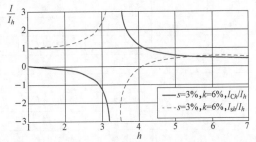

图 7-26 谐波电流放大曲线

表 7 - 8　　　　　　　　　　　　谐波电流放大的典型状况

谐波次数	谐波电流放大状况	主系统电流	电容器电流
$1\sim h_1$	轻度放大	$1\sim 2$	$0\sim -1$
$h_1\sim h_0$	严重放大	$2\sim +\infty$	$-1\sim -\infty$
h_0	谐振	$\pm\infty$	$\pm\infty$
$h_0\sim h_2$	严重放大	$-\infty\sim -1$	$+\infty\sim 2$
$h_2\sim h_k$	轻度放大	$-1\sim 0$	$2\sim 1$
h_k	完全滤波	0	1
$>h_k$	分流	$0<\alpha_{sh}<1$	$0<\alpha_{Ch}<1$

由式（7 - 80）和式（7 - 81）可以看出：增大 k 值，可以相应减小 h_0 和 h_k，改变谐波放大的情况，反之亦然。目前，国内并联电容器配置的电抗器的电抗率，主要有以下四种类型：$<0.5\%$、4.5%、6% 和 12%。表 7 - 9 列出了这四种电抗率的电容器组在通常使用容量范围的 h_0、h_1、h_2 和 h_k 的数据，供参考。

表 7 - 9　　　　　　　　　　　　特殊谐波次数的比较

$k=X_L/X_C$（%）	0.5			4.5		
h_k	14.14			4.71		
$s=X_s/X_C$（%）	h_1	h_0	h_2	h_1	h_0	h_2
0.5	8.16	10.00	11.55	4.26	4.47	4.59
1	6.32	8.16	10.00	3.92	4.26	4.47
1.5	5.35	7.07	8.94	3.65	4.08	4.36
2	4.71	6.32	8.16	3.43	3.92	4.26
2.5	4.26	5.77	7.56	3.24	3.78	4.17
3	3.92	5.35	7.07	3.09	3.65	4.08
3.5	3.65	5.00	6.67	2.95	3.54	4.00
4	3.43	4.71	6.32	2.83	3.43	3.92
4.5	3.24	4.47	6.03	2.72	3.33	3.85
5	3.09	4.26	5.77	2.63	3.24	3.78
$k=X_L/X_C$（%）	6			12		
h_k	4.08			2.89		
$s=X_s/X_C$（%）	h_1	h_0	h_2	h_1	h_0	h_2
0.5	3.78	3.92	4.00	2.77	2.83	2.86
1	3.54	3.78	3.92	2.67	2.77	2.83
1.5	3.33	3.65	3.85	2.58	2.72	2.80
2	3.16	3.54	3.78	2.50	2.67	2.77
2.5	3.02	3.43	3.71	2.43	2.63	2.75
3	2.89	3.33	3.65	2.36	2.58	2.72
3.5	2.77	3.24	3.59	2.29	2.54	2.70
4	2.67	3.16	3.54	2.24	2.50	2.67
4.5	2.58	3.09	3.48	2.18	2.46	2.65
5	2.50	3.02	3.43	2.13	2.43	2.63

图 7 - 27 为电容器对系统谐波电流放大的曲线。其电容器容量与系统短路容量的比值，亦即 s 为 3%，四种电抗器的电抗率分别为 $k=0$，$k=0.5\%$，$k=4.5\%$ 和 $k=6\%$。从图 7 - 27 曲线可以看出：没有电抗器和 0.5% 电抗率的电容器组与系统阻抗参数匹配的谐振谐波次数在 6 次左右，对系统 5 次谐波电流放大严重，分别是谐波源电流的 4 倍和 7 倍。4.5% 和 6% 电抗率的电容器组可以减小系统 5 次谐波电流约

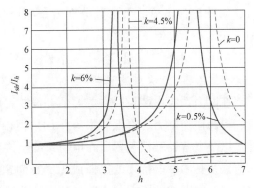

图 7 - 27　系统谐波电流放大曲线

70% 和 50%。前者与后者相比较，电抗器容量小，抑制 5 次谐波电压效果好，对 3 次谐波的放大程度小。对于 3 次谐波电压较大的变电所，其并联电容器应配置 12% 电抗率的电抗器。

【例 7 - 2】　某 10kV 变电站母线的最小短路容量为 35MVA，加装有 600kvar、额定电压为 $11/\sqrt{3}$kV 的补偿电容器组。实测 10kV 变电站母线未投电容器组时的 5、7、11、13 次谐波电流分别为 6、4、3A 和 2A，投入电容器后 5、7 谐波电流发生放大问题。请计算谐波电流的放大程度，并计算在电容器组中串联 6% 电抗器后是否仍存在放大问题。

解　由短路容量可求出系统基波等值电抗为

$$X_\mathrm{s} = \frac{10.5^2}{35} = 3.15(\Omega)$$

由电容器组额定参数可求出电容器组每相基波容抗为

$$X_\mathrm{C} = \frac{11^2 \times 1000}{600} = 201.67(\Omega)$$

因此，系统电抗率为

$$s = X_\mathrm{s}/X_\mathrm{C} = 0.01562$$

电抗器电抗率

$$k = X_\mathrm{L}/X_\mathrm{C} = 0$$

由式 (7 - 76) ～式 (7 - 79)，可求出电容器组投入后注入系统的 5、7、11、13 次谐波电流放大倍数分别为 1.64、4.26、−1.12、−0.61，相应的谐波电流值分别为 9.84、17.04、−3.36、−1.22A。注入电容器组的 5、7、11、13 次谐波电流放大倍数分别为 −0.64、−3.26、2.12、1.61，相应的谐波电流值分别为 3.84、13.04、6.36、3.22A。

由计算结果可知，电容器组投入后，注入系统的 5、7、11 次谐波电流与注入电容器组的 7、11、13 次谐波电流均发生不同程度的放大情况。

在电容器组中串联 6% 电抗器后，同样由式 (7 - 76) ～式 (7 - 79)，可求出电容器组投入后注入系统 5、7、11、13 次谐波电流放大倍数，分别为 0.44、0.72、0.77、0.78，相应的谐波电流值分别为 2.64、2.88、2.31、1.56A。注入电容器组的 5、7、

11、13 次谐波电流放大倍数分别为 0.56、0.28、0.23、0.22，相应的谐波电流值分别为 3.36、1.12、0.69、0.44A。

可见，串联 6% 电抗器后，谐波电流的放大得到了有效抑制。

7.5.2.2 三次谐波问题

在电力系统中装设并联电容器补偿装置可以起到提高系统的功率因数、改善电压质量、提高输送能力、降低线损等作用。但由于电力谐波存在的普遍性、复杂性和随机性，以及电容器补偿装置所在电力系统结构与特性的差异，使得电容器补偿装置的谐波响应以及其串联电抗率的选择成为疑难问题。在变电站并联电容器补偿装置的设计中，应重视 3 次谐波的影响与串联电抗率的选择。

通常认为，3 及其倍数次谐波分量在变压器的三角形绕组中短路、环流，线路中没有这些分量。事实上变压器本身就是一个以 3、5 次谐波为主的谐波源。由于 Yd 接线变压器的三相磁路并不完全对称，同时三相电源电压不仅在幅值上有差别，而且在相位上也不是准确地相差 120°，这样变压器三相铁芯饱和程度不同，各相产生的 3 次谐波大小及相位也不相同，所以在变压器三角形绕组侧的线电压、线电流中仍存在 3 次谐波分量（为 3 次正序分量和负序分量）。此外，电力机车、电弧炉以及家用电器等也是 3 次谐波发生源。因此，在我国电力系统中，3 次谐波实际上是普遍存在的。

在电容器补偿装置中串接 5%～6% 电抗率的电抗器后，可以对电力系统 5 次及以上谐波有抑制作用，但对 5 次以下谐波却有放大作用。忽视 3 次谐波的影响，电容器补偿装置盲目串接 5%～6% 电抗率的电抗器投入电力系统后，可能会引起 3 次谐波较为严重的放大甚至发生谐振。电容器补偿装置串联电抗率应根据电力系统谐波的实际情况进行合理选择，以避免可能发生的谐波放大等问题。

7.6 电容器与串联电抗器的电压和电流

并联电容器是最常用的无功功率补偿方式。如 7.5 节所述，在电容器补偿装置中通常会串联某一电抗率的电抗器，电容器与电抗器串联将使电容器承受的电压高于其所接入的母线电压；当电容器补偿装置应用于谐波含量较大的场景时，电容器与电抗器中通过的电流还应考虑谐波电流，其承受的电压也应考虑谐波的影响。

7.6.1 无功功率补偿引起的母线电压升高

采用并联电容器进行无功功率补偿后，将引起母线稳态运行电压的升高，升高值 ΔU 可由式（7-84）决定

$$\Delta U = \frac{Q_{\mathrm{C}} X_{\mathrm{d}}}{U_{\mathrm{N}}} \tag{7-84}$$

式中：U_{N} 为母线额定电压，kV；Q_{C} 为补偿容量，kvar；X_{d} 为母线短路阻抗，Ω。

式（7-84）还可写成

$$\Delta U = \frac{Q_{\mathrm{C}}}{U_{\mathrm{N}}/X_{\mathrm{d}}} = \frac{Q_{\mathrm{C}} U_{\mathrm{N}}}{U_{\mathrm{N}}^2/X_{\mathrm{d}}} = \frac{Q_{\mathrm{C}} U_{\mathrm{N}}}{S_{\mathrm{d}}} \tag{7-85}$$

式中：S_d 为母线短路容量，MVA。

对于可认为是由无限大容量系统供电的用户，若变压器的额定容量为 S_N，阻抗电压为 $U_k\%$，低压系统的总补偿容量为 Q_C，则补偿后低压母线处的电压升高值为

$$\Delta U = \frac{U_k\%}{100} \times \frac{Q_C}{S_N} \times U_N \tag{7-86}$$

7.6.2　电容器与串联电抗器的电压和电流

在电容器支路串联电抗器后，电容器的额定电压应考虑电抗率的影响。设电容器与串联电抗器的基波电抗分别为 X_C 和 X_L，母线、电容器和电抗器的基波电压分别为 U_1、U_{C1} 和 U_{L1}，电容器的基波电流为 I_1，则

$$I_1 = \frac{U_1}{X_C - X_L} \tag{7-87}$$

$$U_{C1} = I_1 X_C \tag{7-88}$$

$$U_{L1} = I_1 X_L \tag{7-89}$$

U_{C1} 和 U_{L1} 也可用电抗率 k 表示为

$$U_{C1} = \frac{U_1}{1-k} \tag{7-90}$$

$$U_{L1} = \frac{U_1}{1/k - 1} = \frac{kU_1}{1-k} \tag{7-91}$$

电容器串联电抗器后，无功功率的补偿量也将发生变化。此时，电容器的基波容量为

$$Q_{C1} = U_{C1} I_1 = \frac{U_1^2}{X_C} \times \frac{1}{(1-k)^2} \tag{7-92}$$

电抗器消耗的基波无功功率为

$$Q_{L1} = U_{L1} I_1 = k Q_{C1} \tag{7-93}$$

因此，电容器支路向电力系统提供的基波无功功率为

$$Q_1 = Q_{C1} - Q_{L1} = (1-k)Q_{C1} = \frac{U_1^2}{X_C} \times \frac{1}{1-k} \tag{7-94}$$

对于谐波电流含量较小的无功功率补偿，电容器的额定电压 U_{CN} 的选择可仅考虑基波电压的影响。按电容器承受 1.1 倍过电压考虑，则单台电容器的 U_{CN} 应满足

$$U_{CN} \geqslant \frac{U_1}{1.1\sqrt{3}(1-k)S} \tag{7-95}$$

式中：U_1 为并联电容器支路所在母线最高运行线电压，kV；S 为电容器每相串联个数。

考虑谐波电流的影响时，电容器与电抗器承受的电压进一步升高。

假设流入电容器支路的第 h 次谐波电流为 I_h，它与基波电流 I_1 的比值为谐波电流含有率 HRI_h，则流入电容器支路的总电流为

$$I_C = \sqrt{I_1^2 + \sum_{h=2}^{\infty} I_h^2} = I_1 \sqrt{1 + \sum_{h=2}^{\infty}(HRI_h)^2} \tag{7-96}$$

设电容器、电抗器上 h 次谐波电压分别为 U_{Ch} 和 U_{Lh}，总合成电压分别为 U_C 和 U_L，工频加谐波算术和电压分别为 U_{MC} 和 U_{ML}，则

$$U_{Ch} = I_h X_{Ch} = \frac{1}{h} I_h X_C = \frac{1}{h} HRI_h \times U_{C1} \qquad (7\text{-}97)$$

$$U_{Lh} = I_h X_{Lh} = h I_h X_L = h HRI_h \times U_{L1} \qquad (7\text{-}98)$$

$$U_C = \sqrt{U_{C1}^2 + \sum_{h=2}^{\infty} U_{Ch}^2} = U_{C1} \sqrt{1 + \sum_{h=2}^{\infty} \left(\frac{1}{h} HRI_h\right)^2} \qquad (7\text{-}99)$$

$$U_L = \sqrt{U_{L1}^2 + \sum_{h=2}^{\infty} U_{Lh}^2} = U_{L1} \sqrt{1 + \sum_{h=2}^{\infty} (h HRI_h)^2} \qquad (7\text{-}100)$$

$$U_{MC} = U_{C1} + \sum_{h=2}^{\infty} U_{Ch} = U_{C1} \left(1 + \sum_{h=2}^{\infty} \frac{1}{h} HRI_h\right) \qquad (7\text{-}101)$$

$$U_{ML} = U_{L1} + \sum_{h=2}^{\infty} U_{Lh} = U_{L1} \left(1 + \sum_{h=2}^{\infty} h HRI_h\right) \qquad (7\text{-}102)$$

按方均根值方法计算的电压和电流用于研究发热引起的后果，按算术和计算的电压峰值，更可充分反映出电容器和电抗器的过电压状况。

7.7 谐波抑制技术

从谐波源内部考虑采取适当的措施减少谐波注入量，无疑是谐波抑制的根本，如对于某些用户中的大容量整流器，可通过增加其脉动数有效减少注入电网的谐波；此外，采用 PWM 整流技术也是一种有效抑制整流器谐波的方法。但对于很多谐波源，难以从内部采取有效措施，为防止谐波注入电网对电网以及包括谐波源自身在内的用户产生危害，需要在谐波源处或电网中加装无源或有源等补偿装置进行谐波的治理。下面分别从增加整流器脉动数、PWM 整流技术、无源电力滤波器以及有源电力滤波器几个方面对电力谐波抑制技术给予介绍。

7.7.1 整流器与谐波控制

7.7.1.1 增加整流器的脉动数

整流器产生的特征谐波电流次数与脉动数 p 有关，$h = kp \pm 1 (k = 1, 2, 3, \cdots)$。当脉动数增多时，整流器产生的谐波次数也增高，而谐波电流近似与谐波次数成反比，因此，一系列次数较低、幅度较大的谐波得到消除，谐波源产生的谐波电流将减小。

以脉动宽度为 $60°$的 6 脉动三相整流桥为基本单元，利用 m 组整流桥，使每个整流桥的交流侧电压依次移相 $\beta = 60°/m$，则可以组成直流侧整流电压脉动数为 $p = 6 \times m$ 的多相整流桥。其脉动数 p 和组数 m 及移相角 β 见表 7-10。组成的多相整流桥每个脉动的宽度即等于移相角 β。

表 7-10　　　　　　　　　　　　　多相整流桥的组成

p	m	β	p	m	β
12	2	30°	36	6	10°
18	3	20°	48	8	7.5°
24	4	15°			

比较 6 脉动和 $p=12$、18、24 脉动整流器，在电源阻抗为零、直流负载为恒电阻情况下产生的特征谐波电流，见表 7-11。

表 7-11　　　　　　　　　　多脉动整流器产生的特征谐波电流 I_h（%）

h	1	3	5	7	8	11	13	15	17	19	21	23	25
$p=6$	100	—	20	14.3	—	9.1	7.7	—	5.8	5.3	—	4.3	4.0
$p=12$	100	—	—	—	—	9.1	7.7	—	—	—	—	4.3	4.0
$p=18$	100	—	—	—	—	—	—	—	5.8	5.3	—	—	—
$p=24$	100	—	—	—	—	—	—	—	—	—	—	4.3	4.0

$p=18$ 及以上时的移相角 β 可通过整流变压器采用曲折绕组（Z 接线）实现，每组绕组通过不同的连接方式和不同匝数比的配置形成不同的移相角。每组绕组应具有相同的变比，使其一、二次侧的基波电压分别相同。例如，图 7-28 为 $p=18$ 时整流装置的组成。三个二次绕组的接线采用一个星形接线和两个分别前移和后移 $20°$ 的 Z 接线，使整流电压依次移相 $20°$，把原来的 $60°$ 脉动变成三个 $20°$ 脉动。图 7-29 为 $p=24$ 时整流装置的组成。二次侧四个 Z 接线绕组分别移相 $15°$，把原来的 $60°$ 脉动变成四个 $15°$ 脉动。

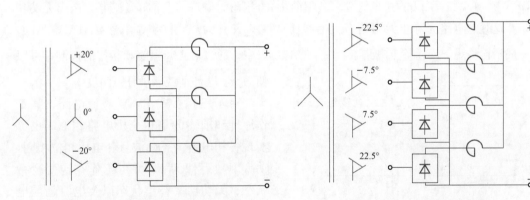

图 7-28　$p=18$ 时整流电路　　　　　　图 7-29　$p=24$ 时整流电路

7.7.1.2　采用全控 PWM 整流技术

将逆变电路中的 SPWM（正弦波 PWM）技术应用于全控器件构成的整流电路，就形成了 PWM 整流电路。通过对 PWM 整流电路的适当控制，可以使其输入电流非常接近正弦波，且电流和电压同相位，功率因数近似为 1。

PWM 整流电路可分为电压型和电流型两大类，目前研究和应用较多的是电压型 PWM 整流电路。图 7-30 所示为单相全桥电压型 PWM 整流电路。

按照正弦信号波和三角波相比较的方法对图 7-30 中的 V1～V4 进行正弦波 PWM（SPWM）控制，就可以在桥的交流输入端 AB 产生一个 SPWM 波 u_{AB}，u_{AB} 中含有和正弦信号波同频率且幅值成比例的基波分

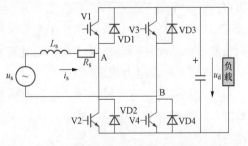

图 7-30　单相全桥电压型 PWM 整流电路

261

量，以及和三角波载波有关的频率很高的谐波，而不含有低次谐波。由于电感 L_s 的滤波作用，i_s 脉动很小，可以忽略，所以当正弦信号波的频率和电源频率相同时，i_s 也为与电源频率相同的正弦波。在交流电源电压 u_s 一定的情况下，i_s 的幅值和相位仅由 u_{AB} 中基波分量 u_{ABf} 的幅值及其与 u_s 的相位差来决定。改变 u_{ABf} 的幅值和相位，就可以使 i_s 和 u_s 同相位、反相位，i_s 比 u_s 超前 90°，或使 i_s 与 u_s 的相位差为所需的角度。

图 7-31 的相量图说明了这几种情况。图中 $\dot{U}_s$、$\dot{U}_L$、$\dot{U}_R$ 和 $\dot{I}_s$ 分别为交流电源电压 u_s、电感 L_s 上的电压 u_L、电阻 R_s 上的电压 u_R 以及交流电流 i_s 的相量，$\dot{U}_{AB}$ 为 u_{AB} 的相量。图 7-31 (a) 中，$\dot{U}_{AB}$ 滞后 $\dot{U}_s$ 的相角为 δ，$\dot{I}_s$ 和 $\dot{U}_s$ 同相位，电路工作在整流状态，且功率因数为 1，这是 PWM 整流电路最基本的工作状态。图 7-31 (b) 中，$\dot{U}_{AB}$ 超前 $\dot{U}_s$ 的相角为 δ，$\dot{I}_s$ 和 $\dot{U}_s$ 反相位，电路工作在逆变状态。这说明 PWM 整流电路可以实现能量正反两个方向的流动，既可以运行在整流状态，从交流侧向直流侧输送能量，也可以运行在逆变状态，从直流侧向交流侧输送能量；而且，这两种方式都可以在单位功率因数下运行。这一特点对于需要再生制动运行的电机调速系统是很重要的。图 7-31 (c) 中，$\dot{U}_{AB}$ 滞后 $\dot{U}_s$ 的相角为 δ，$\dot{I}_s$ 超前 $\dot{U}_s$ 的相角为 90°，电路向交流电源送出无功功率，这时的电路为静止无功功率发生器（SVG），又称为静止同步调节器（STATCOM），一般不再称为 PWM 整流电路了。图 7-31 (d) 中，通过对 $\dot{U}_{AB}$ 幅值和相位的控制，可以使 $\dot{I}_s$ 比 $\dot{U}_s$ 超前或滞后任意角度 φ。

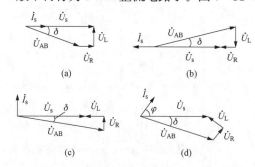

图 7-31 PWM 变流器运行方式相量图

(a) 整流运行；(b) 逆变运行；

(c) 无功补偿运行；(d) $\dot{I}_s$ 超前角为 φ

对于三相桥式 PWM 整流电路，其工作原理和前述的单相全桥电路相似，也可实现各相电流为正弦波且和电压相位相同，功率因数近似为 1，并可工作在逆变运行状态、无功功率补偿状态以及电流超前电压某一所需角度状态。

在大功率应用场合，PWM 整流电路还有中点钳位型三电平以及五电平、七电平等更多电平型式。PWM 整流电路已在很多领域得到应用，如 7.3 节中所述的动车组牵引系统，其从电网中引入单相交流电，经过四象限 PWM 整流器变为稳定的直流，再经 PWM 逆变器逆变成三相交流电供给牵引电机。动车组车型不同，其整流单元电路结构不同，但都采用四象限 PWM 整流器。如 CRH1、CRH2 和 CRH5 动车组分别采用两电平、三电平和并联二重化的两电平四象限整流器，从而使得动车组注入交流电网的低次谐波含量大大降低。

7.7.2 无源电力滤波器

电容元件与电感元件按照一定的参数配置、一定的拓扑结构连接，可形成无源电力滤波器，能够有效滤除某次或某些次的谐波。图 7-32 所示为典型无源电力滤波器的拓扑结构。

图 7-32（a）为单调谐滤波器，由电容与电感串联而成。它具有与某低次谐波频率一致的谐振频率，可用来消除该低次谐波。图 7-32（b）为双调谐滤波器，由调谐在不同谐振频率的两组电容与电感串联而成；对应于两种谐振频率，滤波器呈现低阻抗。图 7-32（c）为高通滤波器，用来滤除某高次谐波及该次频率以上的谐波。

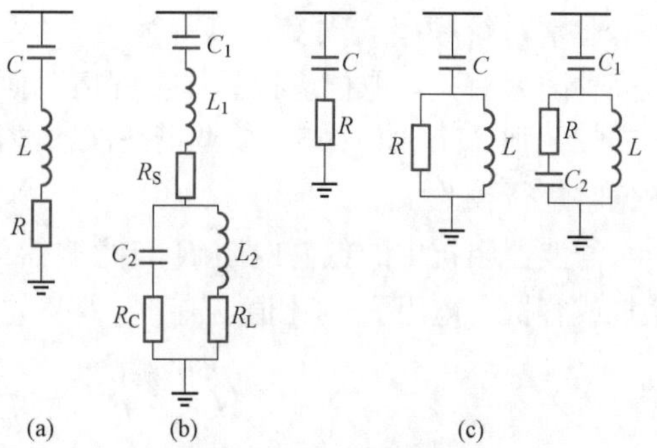

图 7-32 典型无源电力滤波器的拓扑结构
（a）单调谐滤波器；（b）双调谐滤波器；
（c）高通滤波器

7.7.2.1 单调谐滤波器

单调谐滤波器通常以调谐频率为出发点进行设计。令基波频率为 f_1（对应角频率为 ω_1），对应于谐振频率，有

$$X_{\mathrm{L}h} = h\omega_1 L = hX_{\mathrm{L}} = X_{\mathrm{C}h} = \frac{1}{h\omega_1 C} = \frac{X_{\mathrm{C}}}{h} \tag{7-103}$$

发生谐振的频率为

$$f_0 = hf_1 = \frac{1}{2\pi\sqrt{LC}} \tag{7-104}$$

所消除的谐波的次数为

$$h = \frac{f_0}{f_1} = \frac{1}{\omega_1\sqrt{LC}} \tag{7-105}$$

对于任意 h 次谐波，滤波器的阻抗为

$$Z_{\mathrm{F}}(h) = R + \mathrm{j}\left(hX_{\mathrm{L}} - \frac{X_{\mathrm{C}}}{h}\right) \tag{7-106}$$

在理想调谐情况下，调谐频次的谐波电流将主要通过低值电阻 R 来分流，而很少流入系统中，因而系统中的该次谐波电压大为降低。但实际上，滤波器在运行过程中往往会产生失谐问题，进而影响滤波器的滤波效果。失谐问题主要由系统频率偏差 $\Delta\omega$、电感值偏差 ΔL 和电容值偏差 ΔC 引起。令

$$\delta_{\omega} = \frac{\Delta\omega}{\omega_1}, \ \delta_{\mathrm{L}} = \frac{\Delta L}{L}, \ \delta_{\mathrm{C}} = \frac{\Delta C}{C}$$

则可求出在调谐点电抗值的偏差为

$$\begin{aligned}
\Delta X_{fh} &= h\omega L - \frac{1}{h\omega C} = h(\omega_1 + \Delta\omega)(L + \Delta L) - \frac{1}{h(\omega_1 + \Delta\omega)(C + \Delta C)} \\
&= \left[(1+\delta_{\omega})(1+\delta_{\mathrm{L}}) - \frac{1}{(1+\delta_{\omega})(1+\delta_{\mathrm{C}})}\right]h\omega_1 L \\
&\approx (2\delta_{\omega} + \delta_{\mathrm{L}} + \delta_{\mathrm{C}})h\omega_1 L
\end{aligned}$$

$$\tag{7-107}$$

δ 为等值频率偏差

$$\delta = \delta_{\omega} + \frac{\delta_{\mathrm{L}}}{2} + \frac{\delta_{\mathrm{C}}}{2}$$

其最大值用 δ_{m} 表示。

通常系统频率最大变化范围为±1%，所以 $\delta_\omega = \pm 0.01$。电容值和电感值的偏差与多种因素有关，取值应视具体工程情况而定。例如，在某工程中取 $\delta_L = \pm 0.01$、$\delta_C = \pm 0.02$，则 $\delta_m = \pm 0.025$。单调谐滤波器滤波效果通常应在系统额定频率和最大正、负频偏时进行校验。

滤波器阻抗中的低值电阻 R 与滤波器的品质因数有关。品质因数为在调谐频率处感抗或容抗与电阻 R 的比值，有

$$Q = \frac{h\omega_1 L}{R} = \frac{1}{h\omega_1 CR} = \sqrt{\frac{L}{C}} / R \tag{7-108}$$

Q 决定了滤波器调谐的敏锐度。Q 越大，则 R 越小，滤波器的调谐越敏锐。Q 过大，会使被滤除谐波频率的频带过窄，当系统频率或滤波电容器、电抗器参数发生偏差时容易发生失谐；Q 过小，会使滤波器的损耗增大。品质因数的典型取值为 30～60。

7.7.2.2 双调谐滤波器

双调谐滤波器是调谐到两个串联谐振频率的滤波器，由串联谐振和并联谐振回路串接而成，有如图 7-33 所示的几种型式。考虑元件内阻的基本型式的双调谐滤波器如图 7-34 所示。

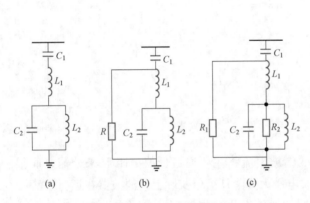

图 7-33　双调谐滤波器结构　　图 7-34　考虑元件内阻的基本型式的

(a) 基本型式的双调谐；(b)、(c) 带有并联电阻的双调谐　　　　　　双调谐滤波器

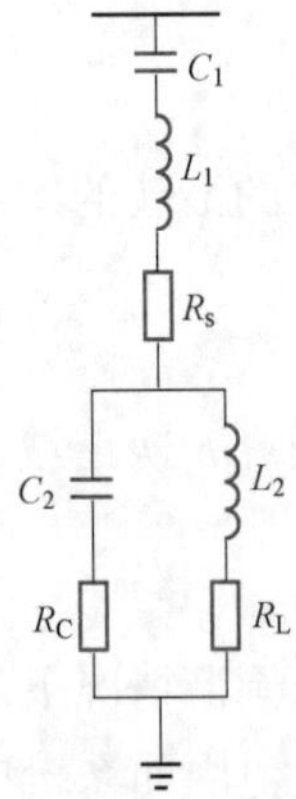

图 7-34 中，串联回路阻抗

$$Z_s = R_s + j(\omega L_1 - 1/\omega C_1) \tag{7-109}$$

设串联回路调谐频率为 ω_{01}，则

$$\omega_{01} = \frac{1}{\sqrt{L_1 C_1}} \tag{7-110}$$

图 7-34 中，设并联回路调谐频率为 ω_{02}，则

$$\omega_{02} = \frac{1}{\sqrt{L_2 C_2}} \sqrt{\frac{L_2/C_2 - R_L^2}{L_2/C_2 - R_C^2}} \tag{7-111}$$

因 R_L、R_C 一般为电感内阻、电容内阻，阻值较小，则

$$\omega_{02} = \frac{1}{\sqrt{L_2 C_2}} \tag{7-112}$$

串并联回路的调谐频率可选得接近或相等，即有

$$\omega_{01} = \omega_{02} = \omega_0 \tag{7-113}$$

忽略 R_L、R_C，则并联回路阻抗为

$$Z_P = \frac{j\omega L_2}{1 - \omega^2 L_2 C_2} \tag{7-114}$$

ω 在 $(0, \omega_0)$ 区间时，$Z_P \in (0, +j\infty)$，呈感性；ω 在 (ω_0, ∞) 区间时，$Z_P \in (-j\infty, 0)$，呈容性。基波频率时，并联回路阻抗很小。因此，并联回路所能承受的电压较低。

双调谐滤波器的阻频特性如图 7-35 所示。由图可见，双调谐滤波器的阻频特性类似于两个单调谐滤波器组合的阻频特性。因此，双调谐滤波器可替换两个单调谐滤波器。图 7-35 中，曲线 1、2—2′ 和 3—3′ 分别为双调谐串联回路、双调谐并联回路与双调谐滤波器的阻频特性。双调谐滤波器有两个串谐点、一个并谐点。图中，ω_{h1}、ω_{h2} 为双调谐的两串联谐振频率，即双调谐的两调谐频率，ω_0 为双调谐并联谐振频率。

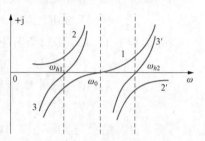

图 7-35　典型双调谐滤波器的
阻频特性

带有并联电阻的双调谐滤波器的阻频特性类似于基本型式的双调谐滤波器的特性。

设双调谐滤波器的并联谐振频次为 h_0（$\omega_0 = h_0 \omega_1$），滤波器补偿的基波无功功率为 Q_{S1}，滤波器装设处的母线电压为 U。因滤波器设计时 ω_{h1} 和 ω_{h2} 已知，则可由下列关系求解 ω_0、C_1、L_1、C_2 和 L_2

$$\omega_0 = \sqrt{\omega_{h1}\omega_{h2}} \tag{7-115}$$

$$C_1 = \frac{Q_{S1}}{U^2 \omega_1 h_0^2 / (h_0^2 - 1)} \tag{7-116}$$

$$L_1 C_1 = L_2 C_2 = \frac{1}{\omega_0^2} \tag{7-117}$$

对谐振频率 ω_{h1} 有

$$\omega_{h1}\left(L_1 + \frac{L_2}{1 - \omega_{h1}^2 L_2 C_2}\right) = \frac{1}{\omega_{h1} C_1} \tag{7-118}$$

对谐振频率 ω_{h2} 有

$$\omega_{h2}\left(L_1 + \frac{L_2}{1 - \omega_{h2}^2 L_2 C_2}\right) = \frac{1}{\omega_{h2} C_1} \tag{7-119}$$

双调谐滤波器中，并联电阻可起到防止过电压、降低并联谐振幅值、降低滤波器间及滤波器与系统间发生谐振的可能性，并可使滤波器获得较好的高通滤波性能等。但并联电阻加大了两串谐点附近的阻抗，对低次谐波的滤波效果有所影响，增加了谐波有功损耗。并联电阻应根据过电压实验或经验选取阻值，并同时考虑滤波等的要求。

对于高电压、大容量的滤波与无功功率补偿来说，采用双调谐滤波器代替两单调谐或高通滤波器，具有技术上和经济上的优越性。但由于双调谐滤波器构成复杂、调谐困难，在较低电压时是否应用，应通过相应的技术经济比较来决定。

【例 7-3】 葛洲坝—上海直流输电工程中，葛洲坝换流站交流侧额定电压为 525kV，共装设了 6 组双调谐滤波器，每组基波无功功率补偿容量均为 67Mvar。其中 2 组为 11/12.94 双调谐，1 组为 23.8/26.2 双调谐，试计算这些双调谐滤波器各元件参数。

解 按上述双调谐滤波器参数选择方法，利用式（7-115）～式（7-119），可求得 11/12.94 双调谐各元件参数为

$$C_1 = 0.768\mu F, L_1 = 92.65mH, C_2 = 29.058\mu F, L_2 = 2.45mH$$

23.8/26.2 双调谐各元件参数为

$$C_1 = 0.773\mu F, L_1 = 15.22mH, C_2 = 4.330\mu F, L_2 = 2.72mH$$

实际工程中 11/12.94 双调谐各元件参数为

$$C_1 = 0.768\mu F, L_1 = 92.66mH, C_2 = 29.053\mu F, L_2 = 2.45mH$$

23.8/26.2 双调谐各元件参数为

$$C_1 = 0.773\mu F, L_1 = 15.21mH, C_2 = 4.312\mu F, L_2 = 2.72mH$$

可见，计算结果与实际工程中双调谐各元件参数的取值一致。

7.7.2.3 二阶减幅滤波器

二阶减幅滤波器是在实际工程中应用最广泛的高通滤波器，如图 7-36 所示。

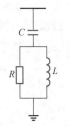

定义高通滤波器的截止频率为

$$f_0 = \frac{1}{2\pi RC} \tag{7-120}$$

对应的截止谐波次数 h_0 为

$$h_0 = \frac{f_0}{f_1} = \frac{1}{2\pi f_1 CR} = \frac{X_C}{R} \tag{7-121}$$

图 7-36 二阶减幅
滤波器

在无限大至 f_0 的频率范围内，高通滤波器的阻抗是一个与它的电阻 R 同数量级的低阻抗，从而使得高通滤波器对截止频率以上的高次谐波形成一个公共的电流通路，有效滤除这些谐波。对于大容量的谐波滤除工程，往往采用若干组单调谐滤波器与一组（或多组）高通滤波器配合使用的方案。为与单调谐滤波器配合，高通滤波器的截止谐波次数应比单调谐滤波器滤除的最高滤波次数至少大 1，以免高通滤波器过多地分流单调谐滤波器的谐波。同时，截止谐波次数也不应选得过低，以免有功功率损耗增加太大。

高通滤波器的阻抗为

$$Z_h = \frac{1}{jh\omega_1 C} + \left(\frac{1}{R} + \frac{1}{jh\omega_1 L}\right)^{-1} \tag{7-122}$$

为了确定和计算有关的参数方便起见，引入参数 m

$$m = \frac{L}{R^2 C} \tag{7-123}$$

m 的数值一般在 0.5～2。

高通滤波器的品质因数为

$$Q = \frac{R}{X_{Lh}} = \frac{R}{hX_L} = \frac{h_0}{mh} \tag{7-124}$$

规定当 h 满足 $X_{Lh} = X_{Ch}$ 时的 Q 值为高通滤波器的品质因数，则

$$Q = R / \sqrt{\frac{L}{C}} = \frac{1}{\sqrt{m}} \qquad (7-125)$$

Q 的典型值为 $0.7 \sim 1.4$。

7.7.2.4 滤波装置设计的工程方法与实例

滤波装置设计的基本任务是在确定的系统和谐波源的条件下，以最少的投资使得母线电压畸变率和注入系统的各次谐波电流符合规定的指标，并满足无功功率补偿的要求，从而保证装置安全、可靠和经济地运行。

（1）滤波装置的方案确定。根据谐波源的特点，确定采用几组单调谐或双调谐滤波器，选取高通滤波器的型式和截止频率，并决定用什么方式满足无功功率补偿的要求。

（2）参数选择。根据滤波器应提供的无功功率补偿的需求，可采用不同的原则进行各滤波器无功功率的初步分配，进而由滤波器参数间的关系初步确定滤波电容器、电抗器与电阻的参数值。由于篇幅所限，具体的无功功率分配方法请读者参阅相关文献。需指出的是，在滤波器参数初步确定后，其参数的最终确定需结合滤波效果与无功功率补偿的要求等进行修正，同时，还应进行滤波电容器过电压、过电流与过负荷校验，滤波器与系统之间以及滤波器组内谐振的校验。

由于系统阻抗往往呈现为感性，为防止对调谐点谐波电流的放大，单调谐滤波器的调谐次数应偏离所要滤除的主要谐波的次数。一般情况下，可选取调谐次数为所要滤除的主要谐波的次数的 $0.96 \sim 0.98$ 倍。

（3）滤波装置设计实例。某研究所中频变换装置为典型三相 6 脉动谐波源。中频变换装置由 630kVA（10kV/0.4kV）变压器供电。为补偿用电设备所需的无功功率，在变压器低压侧装设了补偿电容器。在电容器投运期间，曾多次发生电容器的熔断器炸裂事故，致使电容器无法投入。

图 7-37 和图 7-38 分别给出了不加补偿装置时，在变压器低压侧实测的谐波电压和电流的典型波形，谐波含量以 5、7、11、13 次为主。

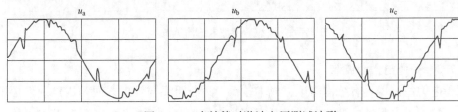

图 7-37 未补偿时谐波电压测试波形

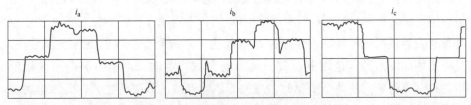

图 7-38 未补偿时谐波电流测试波形

根据谐波源的特点，设计了 5、7、11 次三组单调谐滤波器，其参数为 5 次滤波器（实际调谐次数为 4.92 次）电容器 1616.6μF，电抗器 0.2589mH；7 次滤波器（实际调谐次数为 6.85 次）电容器 808.2μF，电抗器 0.2672mH；11 次滤波器（实际调谐次数为 10.88 次）电容器 808.2μF，电抗器 0.1058mH。图 7-39 和图 7-40 分别给出了滤波装置投运后谐波电压和电流的典型测试波形。

由测试波形可知，滤波装置的补偿效果非常显著。电压总谐波畸变率约从补偿前的 9.5％～9.9％下降到 5％，谐波电流得到了有效补偿。以 A 相为例，5、7、11、13 次谐波电流分别从补偿前的 122、48、48A 和 25A 降低到 42、19、8A 和 8A，均低于按该工程滤波装置所接 380V 母线最小短路容量 10.94MVA 计算得到的谐波电流允许值。功率因数由补偿装置投运前的 0.7～0.8，提高到了 0.9～0.92。上述测试波形是在中频变换装置变换功率较大、畸变程度严重的情况下得到的。对于变换功率较小时的运行方式，可采取切除 11 次（或与 7 次）滤波器的方法，保证不向系统倒送无功功率。当然，增大滤波装置的补偿容量，可以进一步改善补偿效果，但从经济性出发，补偿后的各项指标只要满足相应标准要求即可，而不必过分追求过高的补偿效果。

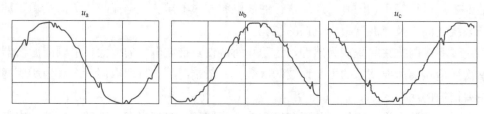

图 7-39　滤波后谐波电压测试波形

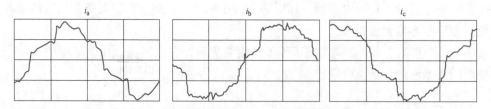

图 7-40　滤波后谐波电流测试波形

7.7.3　有源电力滤波器

无源电力滤波器具有结构简单、成本较低、运行可靠与维护方便等优点。但由于电容器、电抗器和电阻器的参数变化以及系统频率的偏差，滤波器的实际调谐点可能高于或低于设计的调谐点，从而使得滤波器的滤波特性不稳定。此外，滤波器的滤波效果与系统运行情况密切相关，随系统运行条件的变化和不同滤波器组的投切，在特定情况下无源电力滤波器还可能与系统发生谐振，引起注入系统和滤波器的谐波电流发生放大，严重时将损坏滤波器和其他用电设备。无源电力滤波器适合用于谐波电流较稳定的场合，当负载电流有较大的动态变化时，滤波器滤除谐波的效果将变差。无源电力滤波器的设计是工程性质的，对具体工程应进行专门设计，即所谓的"量体裁衣"，虽可适合相应工程情况，但不便于像其他电气产品一样规格化生产，以便于推广应用。再者，无源电力滤波器体积较大，占地面积大。

有源电力滤波器（Active Power Filter，APF）具有补偿性能好、动态响应速度快、适应能力强与体积小等优点。APF 不会与系统发生谐振，滤波效果较稳定。适用于负载谐波电流有较大动态变化的场合，在此情况下滤波器滤除谐波的效果不会变差。与无源电力滤波器工程性质的设计不同，APF 既可针对具体工程进行专门设计，也可像其他电气产品一样规格化设计、生产，以便于推广应用。APF 中没有无源电力滤波器中的电力电容器与电阻器，从而可使体积减小，占地面积减小。

7.7.3.1　基本原理

图 7 - 41 为并联型三相三线 APF 系统电路图。图中 i_{sa}、i_{sb}、i_{sc} 为三相电源电流，i_{La}、i_{Lb}、i_{Lc} 为三相负载电流，i_{ca}、i_{cb}、i_{cc} 为三相 APF 补偿电流；U_{dc} 为 APF 直流侧电容电压。其基本工作原理是实时地检测出负载中的谐波电流作为指令电流 i_c^*，通过控制电路产生 APF 主电路中开关器件的动作信号，控制 APF 向电网注入与指令电流大小相等、方向相反的补偿电流 i_c，使电网只提供负载所需的基波正弦电流，从而达到抑制谐波的目的。

由图 7 - 41 可知，要实现谐波的有效补偿，需要进行负荷中谐波无功的快速准确检测，并采取合适的措施进行 APF 中开关器件的控制等。

7.7.3.2　谐波检测方法

对于 APF 而言，实时准确地检测出谐波电流是非常关键的，谐波检测环节的快速性、准确性、灵活性与可靠性直接决定 APF 的补偿性能。适宜的谐波检测方法的研究一直是 APF 相关研究中的热点，迄今为止，国内外学者已经提出了很多方法并在实际装置中得到应用。

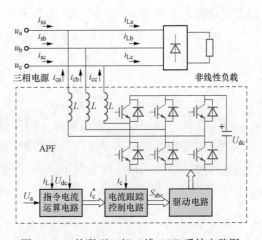

图 7 - 41　并联型三相三线 APF 系统电路图

这些方法包括基于 Fryze 传统功率定义的谐波电流检测法、基于离散傅里叶变换（DFT）或快速傅里叶变换（FFT）的谐波电流检测法、基于瞬时无功功率理论的谐波电流检测法、自适应谐波电流检测法、同步检测法、基于调制的检测方法、基于 ANN 的检测法、基于 FBD（Fryze，Buchholz，Depenbrock）的检测法等，各种方法不断涌现，各有特色，其研究也在不断深入。

1984 年日本学者赤木泰文提出了瞬时无功功率理论。该理论突破了以平均值为基础的传统功率的定义，系统定义了瞬时有功功率、瞬时无功功率等瞬时功率。基于瞬时无功功率理论，可以将不希望出现和不合需要的物理分量从理想系统中除去，以仅保留电源传送给负载需要的最优功率流，基于上述思想，可以得到应用于三相三线 APF 的谐波和无功电流实时检测方法，称为 p、q 运算方式，原理图如图 7 - 42 所示。

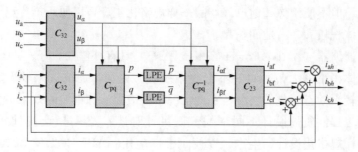

图 7 - 42 p、q 运算方式原理图

图 7 - 42 中，$\boldsymbol{C}_{32} = \sqrt{\dfrac{2}{3}} \begin{bmatrix} 1 & -\dfrac{1}{2} & -\dfrac{1}{2} \\ 0 & \dfrac{\sqrt{3}}{2} & -\dfrac{\sqrt{3}}{2} \end{bmatrix}$，$\boldsymbol{C}_{pq} = \begin{bmatrix} u_\alpha & u_\beta \\ u_\beta & -u_\alpha \end{bmatrix}$，图中上标"-1"表

示矩阵的逆，$\boldsymbol{C}_{23} = \boldsymbol{C}_{32}^{\mathrm{T}}$，LPF 为低通滤波器。

该运算方式中，根据定义（参见附录 A）算出瞬时有功功率 p 与瞬时无功功率 q，经低通滤波器（LPF）后得到 p、q 中的直流分量（平均功率项）$\bar{p}$ 和 $\bar{q}$。电网电压波形无畸变时，$\bar{p}$ 为基波有功电流与电压作用所产生，$\bar{q}$ 为基波无功电流与电压作用所产生。因此，由 $\bar{p}$ 和 $\bar{q}$ 即可计算出被检测电流 i_a、i_b、i_c 的基波分量 i_af、i_bf、i_cf 为

$$\begin{bmatrix} i_\mathrm{af} \\ i_\mathrm{bf} \\ i_\mathrm{cf} \end{bmatrix} = \boldsymbol{C}_{23} \boldsymbol{C}_{pq}^{-1} \begin{bmatrix} \bar{p} \\ \bar{q} \end{bmatrix} = \frac{1}{u^2} \boldsymbol{C}_{23} \boldsymbol{C}_{pq} \begin{bmatrix} \bar{p} \\ \bar{q} \end{bmatrix} \tag{7 - 126}$$

将 i_af、i_bf、i_cf 与 i_a、i_b、i_c 相减，即可得出 i_a、i_b、i_c 中的谐波分量 i_ah、i_bh、i_ch。

当有源电力滤波器同时用于补偿谐波和无功功率时，就需要同时检测出补偿对象中的谐波和无功电流。在这种情况下，只需断开图 7 - 42 中计算 q 的通道即可。这时，由 $\bar{p}$ 即可计算出被检测电流 i_a、i_b、i_c 的基波有功分量 i_apf、i_bpf、i_cpf 为

$$\begin{bmatrix} i_\mathrm{apf} \\ i_\mathrm{bpf} \\ i_\mathrm{cpf} \end{bmatrix} = \boldsymbol{C}_{23} \boldsymbol{C}_{pq}^{-1} \begin{bmatrix} \bar{p} \\ 0 \end{bmatrix} = \frac{1}{u^2} \boldsymbol{C}_{23} \boldsymbol{C}_{pq} \begin{bmatrix} \bar{p} \\ 0 \end{bmatrix} \tag{7 - 127}$$

将 i_apf、i_bpf、i_cpf 与 i_a、i_b、i_c 相减，即可得出 i_a、i_b、i_c 中的谐波分量和基波无功分量之和 i_ad、i_bd、i_cd。

由于采用了低通滤波器（LPF）求取 $\bar{p}$ 和 $\bar{q}$，故当被检测电流发生变化时，需经一定延迟时间才能得到准确的 $\bar{p}$ 和 $\bar{q}$，从而使检测结果有一定延时。因此，低通滤波器（LPF）的设计非常重要，既要考虑检测的快速性又要考虑检测的准确性。但当只检测无功电流时，则不需低通滤波器，而只需直接将 q 反变换即可得到无功电流，这样就不存在延时了，得到的无功电流如下式所示

$$\begin{bmatrix} i_\mathrm{aq} \\ i_\mathrm{bq} \\ i_\mathrm{cq} \end{bmatrix} = \frac{1}{u^2} \boldsymbol{C}_{23} \boldsymbol{C}_{pq} \begin{bmatrix} 0 \\ q \end{bmatrix} \tag{7 - 128}$$

电网电压波形无畸变时，采用 p、q 运算方式可以准确进行式（7 - 126）中被检测电流 i_a、i_b、i_c 的基波分量 i_{af}、i_{bf}、i_{cf} 的提取，从而进行谐波电流的补偿。但当电网电压波形畸变时，因 u_a、u_β 含有谐波，使得 $\overline{p}$ 和 $\overline{q}$ 中多了由各次谐波电压、电流相作用的成分，从而使得 i_{af}、i_{bf}、i_{cf} 中也含有谐波，进而使得 p、q 运算方式检测结果出现误差。

为避免上述误差的出现，一种可行的方法是不采用实际的电网电压参与运算，而是将电网电压的相位信息提取出来，利用相位信息将图 7 - 42 中 p、q 的计算转化为有功电流 i_p 和无功电流 i_q 的计算，进而进行谐波和无功电流的检测。这种方法称之为 i_p、i_q 运算方式，原理图如图 7 - 43 所示。

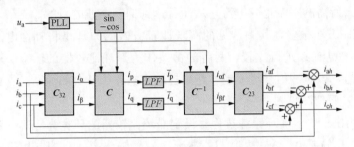

图 7 - 43　i_p、i_q 运算方式原理图

图 7 - 43 中，$C = \begin{bmatrix} \sin\omega t & -\cos\omega t \\ -\cos\omega t & -\sin\omega t \end{bmatrix}$，PLL 为锁相环。

该运算方式中，需用到与 a 相电网电压 u_a 同相位的正弦信号 $\sin\omega t$ 和对应的余弦信号 $-\cos\omega t$，它们由一个锁相环（PLL）和一个正、余弦信号发生电路得到。有功电流 i_p 和无功电流 i_q 由下式计算

$$\begin{bmatrix} i_p \\ i_q \end{bmatrix} = \boldsymbol{C}\boldsymbol{C}_{32}\begin{bmatrix} i_a \\ i_b \\ i_c \end{bmatrix} = \begin{bmatrix} \sin\omega t & -\cos\omega t \\ -\cos\omega t & -\sin\omega t \end{bmatrix}\boldsymbol{C}_{32}\begin{bmatrix} i_a \\ i_b \\ i_c \end{bmatrix} = \begin{bmatrix} \sin\omega t & -\cos\omega t \\ -\cos\omega t & -\sin\omega t \end{bmatrix}\begin{bmatrix} i_\alpha \\ i_\beta \end{bmatrix}$$

$$(7 - 129)$$

经 LPF 滤波可得 i_p、i_q 的直流分量 $\overline{i}_p$、$\overline{i}_q$。由 $\overline{i}_p$、$\overline{i}_q$ 可计算出被检测电流 i_a、i_b、i_c 的基波分量 i_{af}、i_{bf}、i_{cf} 为

$$\begin{bmatrix} i_{af} \\ i_{bf} \\ i_{cf} \end{bmatrix} = \boldsymbol{C}_{23}\boldsymbol{C}\begin{bmatrix} \overline{i}_p \\ \overline{i}_q \end{bmatrix} = \boldsymbol{C}_{23}\begin{bmatrix} \sin\omega t & -\cos\omega t \\ -\cos\omega t & -\sin\omega t \end{bmatrix}\begin{bmatrix} \overline{i}_p \\ \overline{i}_q \end{bmatrix} \qquad (7 - 130)$$

将 i_{af}、i_{bf}、i_{cf} 与 i_a、i_b、i_c 相减，即可得出 i_a、i_b、i_c 中的谐波分量 i_{ah}、i_{bh}、i_{ch}。

与 p、q 运算方式相似，当有源电力滤波器同时用于补偿谐波和无功功率时，就需要同时检测出补偿对象中的谐波和无功电流。在这种情况下，只需断开图 7 - 43 中计算 i_q 的通道即可。而如果只需检测无功电流，则只要对 i_q 进行反变换即可。

采用 i_p、i_q 运算方式检测时，由于只取 $\sin\omega t$、$-\cos\omega t$ 参与运算，畸变电压的谐波

成分在运算过程中不出现，因而检测结果不受电压波形畸变的影响。

上述检测方法是针对三相三线系统的，将其拓展后，还可应用于单相与三相四线系统任意次谐波的正序、负序和零序分量的检测等。基于瞬时无功功率理论的谐波和无功电流检测方法得到了广为关注，国内外很多学者基于该方法在不同层面提出了改进的方法。

7.7.3.3 控制方法

根据检测环节得到的补偿电流指令信号和实际补偿电流之间的相互关系，得出控制APF主电路中开关器件通断的PWM信号，通过控制电路产生APF主电路中开关器件的动作信号，控制APF向电网注入与指令电流大小相等、方向相反的补偿电流 i_c，使电网只提供负载所需的基波正弦电流，从而可达到抑制谐波的目的。

APF的控制方法很多，其中常见的滞环比较方式的原理是将补偿电流的指令信号 i_c^* 与实际的补偿电流 i_c 进行比较，两者的偏差作为滞环比较器的输入，通过滞环比较器产生脉冲信号，该脉冲信号经驱动电路来控制主电路中开关的通断，从而控制补偿电流 i_c 的变化。其原理图见图 7-44。

图 7-45 给出了电流滞环跟踪过程。设定滞环比较器的环宽为 $2H$，其中 H 为最大电流偏移 i_c^* 与 i_c 的差值。Δi_c 达到 H，滞环比较器输出翻转，控制相应的电力电子器件开通或关断，这样就迫使补偿电流不断跟踪给定电流的波形，仅在允许偏差范围内稍有波动。

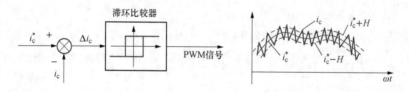

图 7-44 滞环比较方式原理图　　　　图 7-45 电流滞环跟踪

滞环比较控制法的优点是硬件电路简单，响应快，属于实时控制法。因为不使用载波，所以输出中不含特定频率谐波分量。若滞环的宽度固定，则电流跟随误差也较为固定，但这种方式下电力电子器件的开关频率是变化的。针对这一缺点，一种解决的方法是将滞环比较器的宽度 H 设计成可随 i_c 的大小而自动调节的；另一种方法是采用定时比较方式。

APF控制策略还包括三角波比较方式、电压空间矢量控制、电压空间矢量和滞环控制相结合的控制方式等，与谐波检测方法相似，该方面的研究成果也是层出不穷，各有特色，其研究也在不断深入。

7.7.3.4 混合APF拓扑及应用

按接入电网的方式不同，可将APF分为并联型和串联型。并联型APF主要用于补偿可以看作电流源的谐波源，如直流侧为阻感特性的整流负载，APF工作时向电网注入补偿电流，抵消谐波源产生的谐波，使电源电流为正弦波；串联型APF主要用于补偿可以看作电压源的谐波源，如电容滤波型整流负载，APF工作时输出补偿电压，抵消由负载产生的谐波电压，使供电点电压波形为正弦波。并联型 APF 已得到较多应用，本节仅讨论并联型 APF 的相关内容。

图 7-41 所示为并联型三相三线 APF 系统电路图，在低压配电系统应用时，很多场合需要三相四线 APF，三相四线 APF 主要有三桥臂和四桥臂两种结构。此外，虽然APF 能够基本上克服无源电力滤波器（PF）的缺点，但要实现大容量的谐波与无功功率补偿，采用常规的 APF 需要其具有较大的装置容量，从而增加了 APF 的成本并增加了其实现难度。为克服常规 APF 的缺点，采用有源与无源相结合、多重化与多电平等技术构成的各种混合型有源滤波器在国内外得到广泛研究。

图 7-46 所示为 APF 与 PF 并联型的混合有源电力滤波器。

在这种拓扑结构中，有源和无源滤波器均与负载并联，APF 和 PF 共同补偿谐波。为了减小 APF 的容量，PF 可用来补偿含量大的低次谐波，而 APF 用来补偿高次谐波。这种拓扑中 APF 与 PF 并联构成谐波通道，APF 产生的谐波电流可能通过 PF 中，容易造成 APF 和 PF 过载。由于 APF 仍然要承担基波电压，在一定程度上，该拓扑的 APF容量并没有降低很多。

图 7-47 所示为 APF 与 PF 串联混合有源电力滤波器。

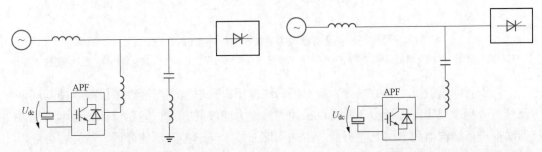

图 7-46　APF 与 PF 并联型的混合有源电力滤波器　　图 7-47　APF 与 PF 串联混合有源电力滤波器

这种混合有源滤波器与单纯的有源滤波器相比主要的优势是 APF 接入点的基波电压很低，可以降低直流侧电容电压，从而降低 APF 的容量。但由于 APF 和 PF 之间串联的拓扑，流过 PF 的谐波补偿电流和无功补偿电流都要流经 APF，使得 APF 的补偿电流增加。对此，可通过在 APF 输出端并联电感或基波谐振支路的方式，降低通过APF 的基波电流。此外，采用电容与电感谐振注入式结构、APF 与 PF 电感并联结构的混合有源电力滤波器等，也得到关注，具体分析请参见相关文献。

图 7-48 所示为图 7-47 拓扑的混合有源电力滤波器实际电流测试波形。图 7-48（a）为负荷电流（波形 1）、系统电流（波形 2）的实验波形，补偿后系统电流接近正弦波。统计到第 25 次谐波并取 3s 平均，系统电流谐波总畸变率由补偿前的 26.8% 下降到补偿后的 4.9%。其中 5、7、11、13 次谐波电流含有率分别从 22.26%、10.30%、7.39%、4.27% 下降到 1.45%、2.56%、1.71%、0.24%。混合有源电力滤波器工作时会产生开关频率附近的高频分量，需要加装高通吸收回路加以滤除，在研制的混合有源电力滤波器中加装了 RC 高通滤波器，图 7-48（b）为 RC 高通滤波器前（波形 1）、后（波形 2）的混合有源电力滤波器补偿电流的实验波形。

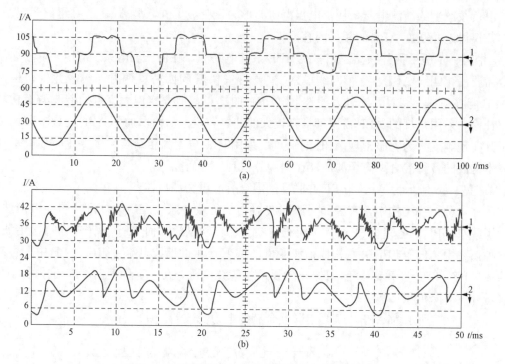

图 7-48 混合有源电力滤波器实际电流测试波形
(a) 负荷电流、系统电流的实验波形；(b) RC 高通滤波器前、后的混合有源电力滤波器补偿电流的实验波形

对于有间谐波发生源的场合，应对间谐波源用户采取监测与治理等措施，使其间谐波值符合标准规定。进行治理时可以采用无源电力滤波的方式，但在设计无源电力滤波器时应进行滤波器和电网之间可能产生的间谐波放大与谐振问题的分析，滤波器可能需要设计成具有高阻尼特性或宽频带特性，如采用截止频率较低的低通宽频带滤波器，使得低于截止频率的电流成分能流通，而高于截止频率的电流成分被滤去。采用 APF 也是一种有效的治理方法，但采用 APF 治理时包含间谐波与谐波的统一检测方法，以及间谐波所带来的 APF 控制的复杂性需要加以特殊考虑。此外，在产生间谐波的波动性负载和电源之间加装串联电压补偿器，通过电压波动的快速补偿为负载提供稳定的正弦电压，也可以有效抑制间谐波。

对于超高次谐波的治理，可从设备自身、设备之间、外部治理三个角度考虑。从设备自身角度，考虑设备制造时在内部进行滤波或者优化电力电子开关频率，减少超高次谐波的原生发射；从设备之间的角度，根据不同设备之间的影响，优化设备的布点和连接方式，切断干扰途径，抑制次生发射；对于外部治理，考虑阻抗、次生发射和谐振等多方面的影响，加装抑制超高次谐波的装置。

第 8 章

电能质量指标评估与经济评估

8.1 概　述

电能质量指标评估是基于系统电气运行参数的实际测量或通过建模仿真获得的基本数据，对电能质量各项技术特性参数做出评价和对其是否满足规范要求进行考查与推断的过程。电能质量经济评估是对电能质量问题相关各方受到的影响程度进行经济损失分析与计算，对电能质量监测与改善措施的成本及效益进行评价。在整个电能质量管理体系中，指标评估和经济评估是电能质量技术经济分析的两个重要分支。

电力系统电能质量指标评估，实质上是对电力系统运行水平和电力供应能力的技术综合评价，了解所管辖区域电力供应质量的等级水平，并确定所提供的质量等级是否满足接入的电力用户正常工作的需要。为了科学、准确地反映电能质量实际水平，电能质量指标评估应遵循以下几点基本原则：

(1) 评估指标物理意义明确，且与其对设备或系统的影响严重性紧密相关。

(2) 指标的统计应实现在时间上的特征对比，以及不同监测点或系统在空间上的特征对比。

(3) 剔除无关信息的干扰，且又不损失必要的信息，以真实地反映实际质量水平。

(4) 定义的指标和评估方法应简约、可操作，有利于广泛的工程应用。

(5) 评估结果应与选定的相关标准限值进行比较。

本书第3～7章分别讨论了各类电能质量问题造成的物理性危害，例如增加附加电力与电能的损耗、缩短电气设备使用寿命、降低供电系统设备有效传输能力，破坏产品生产过程等。也就是说，电能质量扰动对电能传输、转化被利用的发生地点造成了不利影响，由此会带来非常严重的经济损失，增加电网和用户的经济活动成本，降低企业经济效率。这正是电能质量扰动经济价值的体现，人们有必要增强对电能质量经济损失（成本）的认识与分析。面向电能质量扰动引起的企业成本增加，开展电能质量经济损失的分析与评估是不可或缺的。

另外，解决电能质量扰动带来的影响是一个双边问题，需要同时考虑供电的特性和负载设备的敏感性。因此，往往以减小生产过程的经济损失、节能降耗和提高电能的利用效率为根本目标，提出技术上满足指标限值要求、经济上合理的折中的电能质量治理和缓解措施，实现电力供给和用户负载间的兼容。一般针对电能质量问题，可采取的治理技术和解决措施很多，它们的成本和效率不尽相同。基于电能质量监测和经济损失分析，开展电能质量改善方案的投资评价也是十分重要的。

因此，以经济学基本理论为基础，有必要开展电能质量经济性分析，包括电能质量经济性成本的核算、量化与预测，电能质量治理优化成本决策以及执行后的成本考核等。通过电能质量经济成本的管理工作，由此实现以经济为驱动力，激励全社会对电能质量管理的意识和认知，促进协调治理，提升电能质量水平和能源综合利用效率，降低电能质量成本并提高其经济活动效益。因此，电能质量经济评估应遵循原则如下。

（1）系统性：经济性评估工作是一项系统性工作，应以技术有效、合理为前提，保证统计科学准确。

（2）客观性：应结合电力用户实际情况，以用户电能质量检测数据及相关生产统计数据为基础。

（3）实用性：成本统计应在企业规定的成本构成范围内。

本章首先阐述了电能质量的指标评估流程和主要方法，介绍了普遍采用的电能质量各种指标评估方式；然后结合电能质量的经济成本构成，介绍了电能质量的经济性损失评估方法，并给出了国际上典型电能质量经济性损失调查结果和某电力用户实例，最后结合资金的时间价值，讨论了几种电能质量治理措施的投资分析方法。

8.2　指标评估流程及组合计算方法

本节介绍电能质量指标评估的一般流程，分析和对比指标评估中不同时间组合和相数组合的数学处理方法以及它们的适用场合，这些都是正确评估电能质量指标的基础。

8.2.1　指标评估流程

电力系统电能质量指标评估是在对电力系统电压、电流参数采集与特征提取基础上，量化指标并与限值比较，进而做出评价的过程。基于电能质量监测数据的指标评估一般流程如图 8-1 所示。通过建模仿真获得电压、电流基本参数数据后进行指标评估的流程与之相仿。

由图可见，测量装置采集监测点的电气参数，并提取关注的电能质量问题的特征量后，进入评估过程的特征量相数组合和时间组合，计算出监测点指标值或评价等级，与相应限值比较，给出监测点评估判断。基于监测点指标计算结果，采取合理的加权原则或经状态估计求取系统内非监测点的质量指标，再计算系统指标或等级，与相应限值或协议要求比较，给出系统评估结果。

本节按电能质量的分类，着重介绍特征量的相数组合和时间组合的概念和计算方法，下节再介绍电能质量评估的不同方式。

8.2.2　时间组合及计算方法

电能质量指标评估的时间组合是指将按时间变化的电能质量各参数用不同的时间长度进行组合的计算过程，从而达到既真实反映实际质量水平，又可以有效地压缩监测数据的目的。

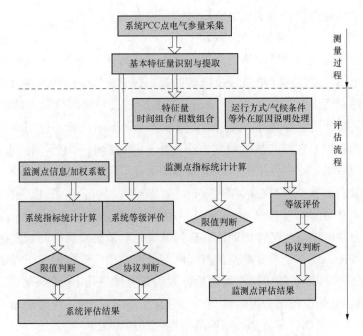

图 8-1　基于电能质量监测数据的指标评估一般流程

8.2.2.1　利用时间组合提取必要信息

大部分连续变化型电能质量问题，尤其是谐波、负序等对电气设备的影响主要表现在热效应上。如对电导型负荷，谐波的 THD 指标，就反映了谐波的热效应在时间上的累积。假设 ΔT 是谐波的短时间组合长度（如 3s 或 10min），U_{hj} 是第 j 个组合后得到的谐波电压，$THD_{\mathrm{U}j}$ 是总谐波畸变率，如果在 T 监测时段内，有 m 个组合值，则这段时间内总谐波发热量为

$$Q_{\mathrm{H}} = U_1^2 G \sum_{j=1}^{m} \sum_{h} \left(\frac{U_{hj}^2}{U_1^2} \Delta T \right) = U_1^2 G \sum_{j=1}^{m} (THD_{\mathrm{U}j}^2 \Delta T) \tag{8-1}$$

式中：Q_{H} 为 T 时段内谐波的总发热量；U_1 为基波电压；G 为负荷电导值（忽略集肤效应，G 取常数）。

再假设在 T 时间段内，将 $THD_{\mathrm{U}j}$ 按其范围分为 N 等间距，各区间内 $THD_{\mathrm{U}j}$ 值的个数是 $f(THD_{\mathrm{U}k})$，则有，$f(THD_{\mathrm{U}k}) \Delta T = T_k$，可用 $THD_{\mathrm{U}k}$ 表示在 k 区间上的时间累积。因此，T 时段内的谐波总发热为

$$Q_{\mathrm{H}} = U_1^2 G \sum_{k=1}^{N} THD_{\mathrm{U}k}^2 T_k \tag{8-2}$$

时间组合计算突出了谐波发热过程在时间上的累积效果。另外，电能质量监测往往需要较长时间（至少一周）连续采集，由此积累的监测数据量是巨大的。仅以 IEC 61000-4-30《电磁兼容（EMC）试验和测量技术　电能质量测量方法》推荐的标准 200ms 测量窗宽的谐波 DFT 分析为例，每天一路（三相电压和电流）采集并处理后的数据（基波，2～40 次谐波及 THD 值）就会占用 $32\mathrm{bit} \times 6 \times 41 \times 5 \times 60 \times 60 \times 24 \approx 3.4\mathrm{GB}/24\mathrm{h}$ 存储容量。经过合理的时间组合，既能够提取必要的特征量，同时还可以

精简数据，节约存储空间，以实现电能质量的长期有效监测。

8.2.2.2　干扰特征的时间组合选择

（1）连续变化型电能质量的特征。以准稳态谐波为例，受谐波干扰的设备可以分为两类：一类是电缆、变压器、电机以及电容器等，它们长期受到谐波热效应影响。例如导线或电缆的热时间常数一般是 8～10min。当谐波超过一定限值且持续时间大于或等于 10min，将引起电气设备温升，甚至达到警戒界限，影响设备的使用寿命。另一类是含有电子电路的装置。它们的热时间常数比较短，对持续时间小于或接近 3s 的短时间发生的谐波比较敏感，往往因谐波造成电路工作紊乱，装置不能正常工作。基于此，谐波的短时间热效应累积一般对应两种时间长度，即 3s 和 10min，在 IEC 的 EMC 标准中分别将其称为非常短时间（very short time）组合和短时间（short time）组合。

另外，结合用电设备的工作周期性，选择并设定合适的监测时间长度，计算并分析谐波源的发射特征。以下是部分典型含有间歇型谐波源用电设备的工作周期：

1）温控型空调压缩机的工作实测周期一般为几分钟或几十分钟一个往复。

2）单台涂层强化设备每炉可以镀 2000 片数控刀片，每炉工作周期 6.5～7h。

3）电弧炉为冲击性功率负荷，每炉的冶炼过程约为 1h。

4）烧结炉负荷以每炉料的一个完整加工过程为周期，依炉料材质和数量不同，周期为 15～30h。

由于连接在公共连接点（PCC）的供电负荷工作状态多是由人工操作或控制的，变化型电能质量的特征往往也与人们的工作习惯相关联，呈现出一定的日或周的周期性。因此，除了秒（3s）和分钟（10min）的短时间组合外，电能质量在评估指标的定义上还有日和周的时间组合，且一般标准推荐的监测时间至少是持续一周。

（2）事件型电能质量的特征。对于事件型电能质量而言，时间组合概念表现为在时间轴上的频次统计，反映了事件对用户的影响次数。以电压暂降为例，当相邻线路断路器一次或多次重合在永久性故障上时，会在较短时间内引起 PCC 处电压发生一次或多次暂降，图 8-2 是对某 10kV 母线实际捕捉到的因三相一次重合失败造成连续两次暂降的典型波形。

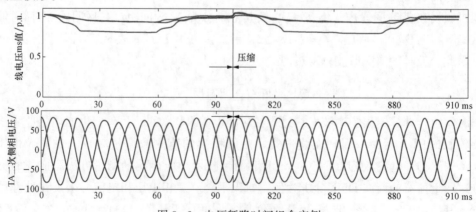

图 8-2　电压暂降时间组合实例

（方均根值变化图和瞬时值波形图）

大多数情况下，对于在一个较短时间内发生的多次电压暂降，敏感设备可能在第一次暂降时就会跳闸，或者就根本没有受到影响。如果设备在第一次暂降时引起断电，设备恢复运行的时间要远远大于线路重合闸的时间。因此，从设备已受到影响角度考虑，在统计电压暂降事件时需要有相应的时间组合规定，即在很短时间（秒级）内发生的连续电压暂降，只统计为一次暂降事件。由于电压暂降定义的持续时间为 0.5 周波～1min，其组合时间一般设定为 1min。

8.2.2.3　变化型和事件型在时间上的不相交性

在 IEC 61000—4—30 电能质量测量方法的国际标准中引入了"标志（flagging）"概念，即将电压暂降、暂升或者中断过程中的连续监测记录的变化型电能质量的基本参数给出一个标志。统计变化型电能质量时，将不包含这些带标志的特征量。这样，就防止出现单一事件以不同的变化参量重复记录的问题。

由此可以看到，事件型和变化型电能质量现象在各自的时间组合区间上具有不相交性，如图 8-3 所示。正是由于这种不相交性，当进行电能质量的统计和评估时，我们可以按两种类型采用不同的时间组合方法。

图 8-3　事件型和变化型时序不相交性示意图

8.2.2.4　时间组合计算方法

在变化型电能质量指标的定义中，需要明确这些基本参量的时间组合计算方法，可选用方均根值法、平均值法、最大值法和概率大值法四种算法。以下仍以谐波指标计算方法为例，讨论和比较这些方法。

（1）方均根（rms）值法。假设组合时间段内监测的 n 个测量窗的基本量为 C_i，则方均根值 C_{rms} 为

$$C_{rms} = \sqrt{\frac{1}{n}\sum_n C_i^2} \Rightarrow C_{rms}^2 = \frac{1}{n}\sum_n C_i^2 \qquad (8-3)$$

可见，以此时段内的监测数据为样本，方均根值的平方就是样本的二阶原点矩，在物理上体现了该特征量在此时间段内的平均功率。因此，方均根值算法一般用于评估电力扰动带来的热效应。

当测量窗值按短时间长度组合时，方均根值法还有按时间阶梯等效组合的特点。以 IEC 61000—4—30 中 10min 时间组合值为例，其直接由 10/12 周波（对应 50Hz/60Hz 下的 200ms）测量窗组合的计算结果［见式（8-4）］与经 10/12 周波测量窗 3s 组合的结果［见式（8-5）］是一致的。推导如下

$$C_{10min} = \sqrt{\frac{1}{3000}\sum_{3000} C_{10/12}^2} \qquad (8-4)$$

$$C_{10min} = \sqrt{\frac{1}{200}\underbrace{\left(\frac{1}{15}\sum_{15} C_{10/12}^2 + \frac{1}{15}\sum_{15} C_{10/12}^2 \cdots + \frac{1}{15}\sum_{15} C_{10/12}^2\right)}_{\text{按时序组合的200个3s的平方和}}} = \sqrt{\frac{1}{200}\sum_{200} C_{150/180}^2}$$

$$(8-5)$$

不难看出，基于方均根值在时间上的组合有如图8-4的数据聚集效果，因此它间接起到了节约监测仪器的存储空间和计算空间的作用。

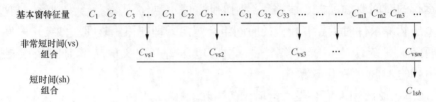

图8-4　时间组合数据聚合效果图

图8-5是对某用户现场电能质量监测的数据按不同时间长度（200ms、3s、1min、10min）组合的方均根值的统计结果对比。从图中可见，随着组合时间的加长，方均根值的CP95值逐步被"平均"化而减小。其中200ms/rms值与3s/rms值比较接近，但和10min/rms值相差较大。

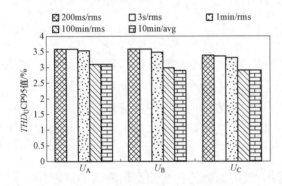

图8-5　不同时间组合的方均根值对比

当采用方均根值法用于评估谐波热效应时，其组合时间长度应尽量考虑大多数发热设备的热时间常数，如前述，一般取3s或10min的短时间组合。

（2）平均值法。由抽样统计学知道，不论总体变量是何种分布，样本平均值（当样本＞30时）总是趋近于正态分布的。因此，算术平均值受抽样变动的影响较小，是总体平均水平的最好估计值。平均值法往往作为可重复性试验（测量）条件下减小测量误差的一种有效方法。当测试单台设备谐波电流发射水平时，测量满足可重复性要求，即满足相同的测试设备、等同的测试条件和测试系统。因此，一般评估和测量某台设备（或某生产线）发射谐波电流的水平时，采用计算FFT（或DFT）测量窗值的算术平均值作为评估指标，如IEC 61000—3—2所规定的。

在系统谐波电压的评估中，平均值法可以有效地剔除一些极值发生的偶然性，并且在时间组合上也具有图8-4的数据聚合效果。图8-5实测数据的计算结果中，10min平均值和10min方均根值非常接近。平均值法在评估实时的变化型电能质量时存在一定的合理性，例如欧洲EN 50160《公共供电系统的电压特性》标准和GB/T 12325—2008对电压偏差指标都采用了10min内测量参数的平均值计算。

对比方均根值和平均值两种算法，可作如下推导：假设时间组合的算术平均值为C_{av}，方均根值为C_{rms}，则有

$$C_{av} = \frac{1}{n}\sum_{i=1}^{n} C_i \tag{8-6}$$

$$C_{rms} = \sqrt{\frac{1}{n}\sum_{i=1}^{n} C_i^2} \tag{8-7}$$

再假设 $D_i = C_i - C_{av}$，则 $C_i = C_{av} + D_i$；代入有

$$C_{rms}^2 = \frac{1}{n} \sum_{i=1}^{n} C_i^2 = \frac{1}{n} \sum_{i=1}^{n} (C_{av} + D_i)^2 = \frac{1}{n} \sum_{i=1}^{n} (C_{av}^2 + 2C_{av}D_i + D_i^2) \tag{8-8}$$

$$= C_{av}^2 + \frac{2}{n} C_{av} \sum_{i=1}^{n} D_i + \frac{1}{n} \sum_{i=1}^{n} D_i^2$$

可进一步简化为

$$C_{rms}^2 \approx C_{av}^2 + \frac{1}{n} \sum_{i}^{n} D_i^2 \tag{8-9}$$

如果以某时间段内测量窗监测结果为一组样本，式（8-9）中右边第一项的算术平均值 C_{av} 就是一阶原点矩，右边第二项是样本的二阶中心矩即方差。因此，式（8-9）左边的方均根值大于或等于算术平均值，不仅包含了监测数据的均值，而且还反映了监测值偏离均值的程度。

与方均根值法相比较，平均值法有其局限性。首先，平均值是统计学的范畴，只表征随机变量取值的平均水平，即只确定了"中心"位置或"集中"位置。其次，在一段监测时间内，按短时间平均组合计算的平均值与整体平均值结果相等，其物理意义不明确，甚至该平均值在测量记录中极有可能不存在。另外，对于时变的测量环境（条件），电能质量的干扰往往是超过特定值时，才可能发生质量事件，即使干扰影响在绝大部分时间内都很小，但其间发生的几个周期的大干扰有可能会造成比较严重的后果，而平均值法不能反映电能质量的这种时变的干扰大值特性。

（3）最大值法。一段时间内的最大值可以反映特征量的极值，一般使用在两个层次上：

一是观察短时间内测量窗的各次谐波及 THD 值的最大值，即取各测量窗值的极值。如果需要检测谐波源瞬态影响，则需要观察单个 DFT 测量窗 C_h 的最大值 $C_{h,max}$。最大值法在短时间组合上也有图 8-4 的聚合效果。

二是在指标统计时间内（如日/周）的 3s 或 10min 方均根值的最大值，它反映了统计时间内的短时间组合方均根值的最大值分布情况，常用来定义规划指标。

（4）概率大值法。例如 CP95 概率大值的计算方法如下：以监测周期至少一周得到的 10min 方均根值电能质量参数为基础，采用式（8-10）计算。简单的处理方法为：将一周测量的 1008 个 10min 值排序，去掉最大的 50 个值后的最大值就是一周内 10min 方均根值的 CP95 值。

$$\frac{\sum_{0}^{C_{x,sh,CP95}} f(C_{x,sh})}{\sum_{0}^{\infty} f(C_{x,sh})} = 0.95 \tag{8-10}$$

式中：$C_{x,sh}$ 为电能质量测量参数的 10min 方均根值，假设其值域在 $[0, \infty]$，其中 x 代表测量的电能质量参数类别，如谐波电压 HRU_h 或 THD，sh 表示 10min 组合值；$f(C_{x,sh})$ 是 $C_{x,sh}$ 一周 10min 方均根值构成的密度分布函数；$C_{x,sh,CP95}$ 即为该电能质量参数的周 CP95 概率大值。

计算 CP99 概率大值的方法与式（8-10）类似，只是将等式的右边改为 0.99。

在电能质量评估中采用概率大值计算方法，有以下几点考虑：

1）电能质量指标的动态性。有些电力扰动的发生是随机的，图 8-6 是向某电铁牵引站供电的 110kV 母线 A 相电压的 THD 值在监测时间上的随机分布情况和排序统计结果。由于非线性负荷运行方式的随机变化，导致系统内的谐波（电压或电流）具有不可避免的时变特性。在对这种电能质量现象进行评估时，需采用概率统计方法来处理。

2）抗扰能力的多样性。设备对电能质量的敏感程度或其抗扰能力是多种制约因素决定的，不同类型的设备对不同电能质量问题的敏感程度不同，即使是同类的设备，由于其制造工艺、组件、参数等不同，敏感程度也不一样；即使同一台设备在不同的运行工况下，敏感程度也不一样。如暂降前的运行电压对设备的暂降耐受能力就有很大的影响。因此，受扰设备的抗干扰能力也需要采用概率统计的方式。

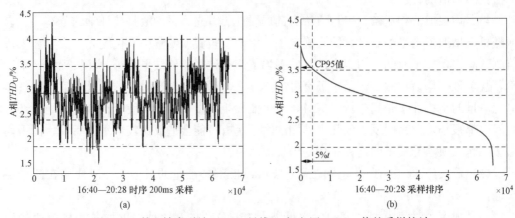

图 8-6　某电铁牵引站 110kV 母线 A 相电压 THD_U 值的采样统计

（a）时序趋势图；（b）排序统计图

3）电磁兼容性。由 IEC 61000 系列电磁兼容标准对兼容水平的相关描述可知，从干扰和被干扰的兼容性和经济性考虑，兼容水平也是电能质量干扰限值的一类，是以 95％的概率大值（CP95）规定的。许多国家和地区的电能质量标准也多以 CP95 值规定公用电网限值。值得注意的是，这样定义的兼容水平也对用电设备性能提出了相应的要求，即电气设备不仅应能在规定的标准值之内正常运行，而且应具备承受有限（5％）短时超标运行的能力。

为了能与电能质量的限值水平进行比较，电能质量评估指标也需要以概率大值的形式给出。这样既可以剔除偶然大值的影响，又可以发现较常出现并足以引起潜在问题的特征量值，还可检验电力部门和电力用户之间在电能质量方面是否满足高概率兼容的要求。

电能质量评估的时间组合使得每个单位时间内计算得到一个特征量。在对整个监测时段内的特征量进行统计时，对于单方向变化越小越好的电能质量指标，如谐波分量或 THD 值，以及电压不平衡度等，只要剔除 5％的大值，就可以得到概率大值作为电能质量的评估指标。也就是说，在这个监测时段内，95％时间的电能质量干扰是在概率大值范围内的，如果此值不超过限值要求，那么该项电能质量指标是满足与被干扰设备之间 95%兼容概率要求的。

以对谐波评估为例，谐波干扰引起用电设备性能降低，通常是由于长时间持续畸变的结果。若较大的 THD 在相对较短的时间后开始降低，则可能不会对终端用户和用电设备产生大的影响。采用 CP95 概率大值正好可以忽略这些基本不会造成影响的波形畸变。

4）小概率事件和显著性水平。依据数理统计学给出的经验值，一般认为 95%概率以外的部分可视为小概率事件，其显著性水平 $\alpha=5\%$，可以认为在实际中一般是不会发生的。根据统计数据精确度原理，α 值也可变动。显著性水平 α 越小，否定的原假设就越有说服力。但 α 值并非越小越好，要根据检验事物的重要性和可接受的经济性投入来选择适宜的显著性水平，一般取值为 1%~5%。

需要注意的是，在设置大干扰负荷发射限值或评价接入新设备后所有干扰负荷对电力系统的影响时，往往需要采用规划指标和规划水平。考虑到可以不经评估接入系统的许多低压或小容量设备的影响以及系统发展规划的限制，不仅要求规划水平比兼容水平要小些，而且规划指标概率值定义的显著性水平也要高些。如国际大电网会议组织 CI-GRE C4.07 就推荐了 CP99 值，$\alpha=1\%$，以便评估由脉冲或空调启动等类型设备引起的短时间周期性的高发射水平的影响。

（5）时间组合计算方法的选择。

在考虑设备的热效应时间常数的短时间内，采用方均根值法适合于电能质量对设备造成的热效应影响评估，其物理意义比较明确。因此，在短时间（10min）和非常短时间（3s）内，常用电压和电流方均根值作为基本特征量。

当以日/周为监测周期时，为了反映电能质量基本特征量的时变特性及其与设备的兼容性，适宜采用概率统计值评估电能质量在长时间监测的分布特征。对更长或长期监测的月/年评估，以周或日评估指标为基础样本，多采用平均值法，以反映电能质量总体平均水平，以及逐年的变化趋势。

如果是评估或试验单台设备发射水平，则可以采用重复性测试结果的平均值法，以减少测量误差；如果考核某个用户向电力系统的干扰发射水平时，宜采用最大值法，以便有效地比较发射限值并控制干扰发射量。

8.2.3　相数组合及计算方法

一般电力系统为三相电源系统，往往需要评估相互关联的三相系统的质量水平。目前电能质量采集数据多采用单相检测方法，为了反映三相系统电能质量指标，习惯上采用一个代表值，这就需要对三相电能质量评估结果进行相数组合处理。

按照不同条件下（特征量时间组合、监测点指标计算、系统指标计算）进行相数结合，可以有三种基本方式：

（1）特征量计算中的相数组合。以变化型电能质量问题谐波为例，当特征量取 3s 或 10min 组合时，假设组合的 DFT 测量窗个数为 N，同时加入三相的组合，则参与计算的特征量的个数就增加了三倍。当采用方均根值法时，得到在组合时间段内的三相综合方均根值，见式（8-11）；当采用最大值时，见式（8-12），得到组合时间段内的三相最严重值。

$$C = \sqrt{\frac{1}{3N}\left(\sum_N (C_{hAk}^2 + C_{hBk}^2 + C_{hCk}^2)\right)} = \sqrt{\frac{1}{3N}\left(\sum_l^{ABC}\left(\sum_N C_{hlk}^2\right)\right)}$$

$$= \sqrt{\frac{1}{3}\left(\frac{1}{N}\sum_N C_{hAk}^2 + \frac{1}{N}\sum_N C_{hBk}^2 + \frac{1}{N}\sum_N C_{hCk}^2\right)}$$

(8 - 11)

式中，C_{hAk}、C_{hBk}和C_{hCk}为第k个测量窗三相h次谐波测量值。

$$C = \max_N(\max_N(C_{hAk}), \max_N(C_{hBk}), \max_N(C_{hCk})) = \max_N(\max(C_{hAk}, C_{hBk}, C_{hCk}))$$

(8 - 12)

由上述两式可知，在特征量组合过程中，当时间组合和相数组合采用一致的计算方法时，其结果是不会受到计算层次影响的，即先进行相数组合再进行时间组合，还是先进行时间组合再完成相数组合的计算结果是相等的。最大值法只适合监测谐波瞬态极值影响；方均根值法是一种三相平均的方法，如果是不平衡谐波，往往掩盖了最严重相的危害性，对其后计算概率值的结果有很大影响。

事件型电能质量的相数组合比较简单。以电压暂降为例，一次暂降的持续时间定义为任意一相电压方均根值低于设定门槛值到三相电压方均根值都恢复到门槛值以上的持续时间，而暂降的深度取该过程中三相的最小值。由此可见，电压暂降是在特征量的提取时，同时进行时间组合与相数组合的。

（2）监测点指标评估的相数组合。在监测点指标计算中，常采用最大值法或概率统计法，如果采用最大值法，则三相组合得到的是三相中最严重相的计算值，不管是先分相按时间组合计算还是先三相组合，求最大值是一样的效果。

如果采用概率统计法计算，求取三相在所有统计时间内的 3s 或 10min 的概率大值（如 CP95）与先求各相的概率大值再采用相数组合（平均值或最大值）的结果通常是不一样的。表 8 - 1 是连续记录的 300 个 THD 的 3s 的概率统计结果，其三相组合的 CP95 值与分相指标统计值显然是不相同的。

表 8 - 1 THD 的分相统计和相数组合统计

概率大值	U_a	U_b	U_c	三相组合
CP95 值	3.6201	2.8371	3.1572	3.158

（3）系统指标评估的相数组合。在计算监测点的指标时，各相单独评估，可分别得到各相的指标值。当评估系统指标时，将三相当作独立的三个监测点参与计算。这样计算的缺点很明显，因为系统内三相功率的流动往往并不是相互独立的。

经以上分析可知：对事件型电能质量，尤其是不对称的电压暂降和短时中断，建议按第一种方式进行相数组合，以突出单次事件中的最严重相；对于连续变化型电能质量，一般按第二种方式进行相数组合，即在监测点指标计算时先分相计算以反映各相相对独立的扰动程度，最后再取三相中的最大值作为监测点指标值，以体现三相中电能质量最大严重程度。

8.3　电能质量指标评估方法

8.3.1　指标评估方式的分类

将现有的研究文献和在标准中普遍采用的各种电能质量指标评估方式归纳起来，按照不同评估需求分类，有电能质量指标评估方式分类如图 8-7 所示。

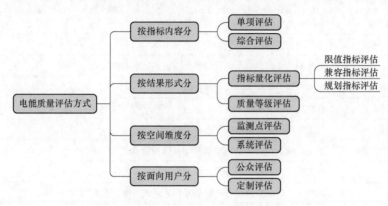

图 8-7　电能质量指标评估方式分类

8.3.2　单项评估和综合评估

按照电能质量所包含的具体指标内容进行评估是最常见的和普遍采用的方法，它可分为单项评估和综合评估两种。

8.3.2.1　单项评估

电能质量的单项评估是指针对某一个电能质量问题或对其某个特征进行量化而得到考核值的过程。结果的表现形式可以是该项电能质量单项指标的量化值或等级。

如第 1 章所述，电能质量包括的内容很多，大致可以分为连续型和事件型。并且已知，产生同一电力扰动的主要原因可能是不同的，见表 8-2。对庞大的电力系统而言，电力负荷是由许多个独立的用户个体组成的，这些个体的运行规律有其随机性，每一时刻的功耗水平以及电力污染源的发射水平是变化的；另外，自然气候灾害、人为因素等事件的诱因也具有随机性。依据统计规律和电力系统运行经验，这些相对独立的随机原因同时发生的概率是比较小的。不论是事件型还是连续型电能质量，在某一时刻或某段时间内，使电气设备（元件）的某一个或某部分特性参数在电力扰动的影响下表现突出。例如由故障引起电压暂降的同时，还可能伴随着高频振荡和电压不对称，但在此过程中，电气设备运行状态受到的影响主要由电压暂降程度决定，而暂时的波形畸变和电压不平衡等对设备的影响很小，此时需要重点关注和评估的是电压暂降问题。

用电设备的品种繁多，对电力干扰的敏感度各有不同，用户因电能质量问题引起的损失也大小不一。如传统的照明、加热和电动机负荷对短时间的电压变化基本上没有反应，而经二极管整流供电的电子型负荷、接触器等受电压暂降和短时中断影响很大。因此，对个别或部分电力干扰（如谐波、电压暂降等）有特殊要求的用户，需要有对应的单项干扰衡量指标及限值约束。

另外，在对现场电能质量问题进行诊断时，也需要将多元化的电能质量问题分解，以突出引起电气设备不能正常工作的主要电力扰动问题，以便对症下药，专项治理，实现电能质量目标控制，有效地解决实际存在的问题。

表 8-2 主要电能质量现象及起因

电能质量现象	起因
公用电网谐波	非线性负荷和系统的非线性电气元件
电压波动和闪变	功率波动性或间歇性新能源发电负荷
三相电压不平衡	负荷不平衡或电力系统元件参数不对称，分布式发电不平衡
电压偏差	无功功率不平衡，调压措施动作等
频率偏差	有功功率不平衡
电压暂降	系统故障、重负荷或大型电机启动
短时间电压中断	伴随自动重合闸和备用电源自动投切装置动作
长时间停电	系统检修、线路或设备永久性故障、供需不平衡
过电压	电力系统中线路及设备的投切操作、系统参数不稳定或雷电等

综上分析，对电能质量按现象和特征逐一进行单项评估，量化各单一现象的电能质量指标是十分必要的。现有的国际和国家标准都首先针对某一电能质量现象建立其单项评估指标，这些指标均考虑了电能质量在时间上的随机变化特点。以我国电能质量标准为例，其单项评估指标见表 8-3。目前开展的电能质量评估都是针对这些单项的电能质量指标逐一量化，形成一份全面的电能质量评估报告。

表 8-3 我国主要电能质量标准及其部分单项指标

电能质量现象	评估标准	单项评估指标
公用电网谐波	GB/T 14549—1993	每周各 HRU_h 的 10min 值的 95% 概率大值
电压波动和闪变	GB/T 12326—2008	每周 P_{lt} 的最大值
三相电压不平衡	GB/T 15543—2008	每周 ε_u 的 10min 值的 95% 概率大值
电压允许偏差	GB/T 12325—2008	年电压合格率
频率允许偏差	GB/T 15945—2008	年频率合格率
电压暂降与短时中断	GB/T 30137—2013	年 $SARFI_X$

8.3.2.2 综合评估

一般而言，电能质量指标彼此间是相对独立的，但其间仍存在着相互依存的内在联系。电能质量综合评估就是在分析单项指标的基础上，把部分或全部电能质量问题以及某项电能质量的多个特征量按属性合成一个有机的整体，进而得到其考核值的过程，其结果可以是电能质量的综合指标或综合等级。根据评估所包括的内容又可以分为单项电能质量多参数综合评估和多项电能质量综合评估。

（1）单项电能质量多参数综合评估。对于有些单项电能质量问题，衡量它的性能指标比较多，例如，电力谐波对大部分电气设备的影响主要表现在秒级或分钟级的热效应上。因此，对于谐波热效应的评估可以基于能量合成原理，采用包含各次谐波影响的综合性指标，如电压/电流总谐波畸变率（THD），它能满足大部分应用场合的需要，且便于操作。

（2）多项电能质量综合评估。从实际物理过程来看，存在以下现象，要采用多项电能质量综合评估。在同一时间，诸多电能质量参数施加在同一电气设备上的，设备的工作状态和所受影响可能由该时段的这些电能质量多项特性共同决定，电力扰动对设备性能的影响结果是需要综合多项特征来评估的。例如，负序性谐波和基波负序分量对同步发电机造成的影响很类似，当衡量谐波电流引起同步发电机的附加损耗和发热时，往往折算成等效的基波负序电流来考核。这就相当于把谐波电流和负序电流综合起来，与发电机的负序电流容限值比较。

对电力用户调查结果显示，除了部分电力用户对他们特别敏感的某些电能质量问题十分关心，并提出对应的单项指标要求外，绝大多数用户是不愿意因对电力扰动限制而增加任何附加费用的，他们更注重选择电能质量综合性能较好的电力供应。因此，对应的更普遍意义上的电能质量综合评估是包括已定义的所有电能质量现象，在各单项电能质量指标评估基础上，进行全面的电能质量评估，以简化为一个综合的评估结果，反映供电点或系统的电压、频率、波形，甚至连续性等的全面质量水平，以此来增强大众的可接受度，也便于不同供电电网节点或网络之间的电能质量水平整体横向对标，评比排序，以促进整体电能质量水平的提高。

对电能质量综合评估的研究焦点是如何科学、客观地将一个多指标问题综合成单一的性能参数问题，国内外已经有较多文献对电能质量综合评估方法进行了探讨。这里只介绍针对所有连续型电能质量现象的法国电能质量综合指标 I_G 和澳大利亚研究理事会提出的统一电能质量指标 UPQI。

这两个综合指标评估的基础步骤相同，包括三步：

1）测量并评估电能质量标准中定义的各项连续型电能质量现象的指标，类似如表 8-3 所示的指标。

2）归一与合并。归一是指以标准中规定的各指标限值水平作为基准值，将各评估指标值进行归一化处理，即计算相对于限值水平的标幺值。合并是指某一类电能质量现象的指标标幺值合并，例如谐波有多项指标，HRU_h 与 THD 等，将它们的标幺值合并为一个谐波指标值 I_H，见式（8-13）

$$I_H = \max(THD, HRU_h \mid h = 2, 3 \cdots) \tag{8-13}$$

3）定义并计算综合指标。两种方法的不同主要体现在综合指标定义上。法国电能质量综合指标 I_G 的定义为各单一扰动标幺值的最大值，也就是扰动最大的那项电能质量超过限值的程度，见式（8-14）

$$I_G = \max(I_x \mid x = 1, 2, 3 \cdots) \tag{8-14}$$

式中：I_x 为各类电能质量指标的标幺值，x 代表各类连续型电能质量的指标。

澳大利亚推荐的 UPQI 的计算考虑两个层次：

其一，当所有合并后的各类电能质量标幺值都小于 1，UPQI 如式（8-14）计算，即取最大值。

其二，当一个或多个合并后的标幺值大于 1 时，UPQI 等于 1 加上超限量的综合，如式（8-15）计算

$$UPQI = 1 + \sum_n (I_i - 1) \qquad (8-15)$$

式中：I_i 为合并后标幺值大于 1 的值，n 为超过标准限值的电能质量类型数。

以表 8-4 为示例的两个 110kV 母线供电点的电能质量实测评估结果，可以发现，综合指标可以显性量化出两个供电点的整体质量水平的优劣。

表 8-4　　　　　　　　　　　　电能质量综合评估示例

指标项	110kV 限值（%）	算例 1		算例 2	
		评估（%）	I_i	评估（%）	I_i
THD_U	2	5.06	2.53	1.38	0.69
HRU_3	1.6	2.26	1.41	0.39	0.24
HRU_5	1.6	2.83	1.77	1.25	0.78
HRU_7	1.6	2.39	1.49	0.53	0.33
HRU_9	1.6	2.81	1.76	0.14	0.09
HRU_{11}	1.6	2.46	1.54	0.11	0.07
HRU_{13}	1.6	0.79	0.49	0.11	0.07
ε_u	2	3.81	1.91	0.37	0.19
P_{lt}	0.8	0.45	0.56	0.55	0.68
综合指标 I_G	—	2.53		—	0.78
综合指标 $UPQI$	—	3.44		—	0.78

注：算例1中 I_i 列合并值为 2.53；算例2中 I_i 列合并值为 0.78。

由上述可知，综合指标的意义明显，易于操作，便于比较；突出了电能质量中存在的主要问题，尤其 UPQI 还可以表现累计超过限值的严重程度；便于实现不同区域电网横向对比。

8.3.3　指标量化评估和质量等级评估

为了满足不同应用环境的需要，电能质量指标评估方式按评估结果形式可以分为指标量化评估和质量等级评估。

8.3.3.1　指标量化评估

指标量化评估是将各标准规定的电能质量指标进行数值化计算，得到的结果是一些具体数值，分别可以直接与标准规定的某项限值水平、合同规定的限值水平、兼容水平或规划水平进行比较与评价。例如，通过监测评估得到的某低压（380V/220V）配电系统公共连接点处的电压总谐波畸变率一周 10min 值的 95% 概率大值为 9.22%，而国标中对应限值是 5%，经直接比较就很容易得出该公共连接点的谐波电压严重超标的结论。

为了保证供电电能质量，往往建立标准来定义和规定描述公共低压、中压和高压交流电网在正常运行状态下对用户供电终端的主要电压特征量及其限值，因此有限值指标评估。

国际电工委员会 IEC 在电磁兼容标准中就电气设备或系统的抗干扰能力和（干扰）发射程度，提出了它们之间的兼容水平和规划水平，以反映和衡量电能质量的不同水平

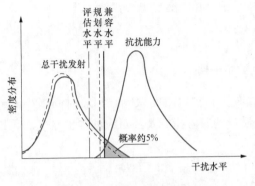

图 8-8　系统电磁兼容概念图

要求和应用场所，如图 8-8 所示。兼容水平是用来协调组成供电网络的设备或由供电网络供电的设备干扰发射和抗扰度的参考值，以保证整个系统的电磁兼容性。规划水平是在规划时评估所有用户负荷对供电系统的影响所采用的，可以作为供电公司内部的质量目标，在干扰负荷接入系统时作为限值考核的依据，一般规划水平低于或等于兼容水平。为了将实际电力系统的电能质量与规定的兼容水平和规划水平

进行比较，分别规定了兼容指标和规划指标。因此就有兼容指标评估和规划指标评估。

（1）限值指标评估。国际电工委员会的技术规范 IEC TS 72649-2015《电能质量评估—公用电网供电特征》、CIGRE JGW C4.07 国际大电网会议组织 CIGRE C4.07 电能质量评估工作组和欧洲公用电网电压特征标准 EN 50160 定义了系统在正常运行条件下，低、中、高压公用电网的电压特征指标及限值。

以谐波电压评估为例，限值指标包括：

1）每周各次（2～50 次）谐波电压 10min 值的 CP95 值必须小于对应限值。

2）每周总谐波电压畸变率 10min 值的 CP95 值小于对应限值。

由于其限值是以 HRU 和 THD 形式来规定的，因此需要基于测量的各次谐波电压值来计算 HRU 和 THD 的周统计值。

假设采用图 8-9 指标的表现形式，依据上述对谐波等连续型电能质量限值指标的规定，限值指标的评估方法步骤如下。

步骤一：在基本测量窗的基波和各次谐波电压值基础上，按照 10min 时间组合周期，将周期内各基本窗的电压值分别按式（8-3）计算方均根值，即为基波电压和各次谐波电压的 10min 值；

步骤二：基于基波和各次谐波电压的 10min 值，分别计算 HRU 和 THD 的 10min 值；

步骤三：基于测量周期内（一般取整周）的 HRU 和 THD 的 10min 值，按式（8-10）统计 CP95 值，得到 $HRU_{h,\text{sh},w,\text{CP95}}$ 和 $THD_{U,\text{sh},w,\text{CP95}}$ 限值指标值；

步骤四：将限值指标值与标准或规范中的限值进行比较，得到是否满足要求的评价。

限值指标评估往往是供用电双方之间协定的电能质量水平的鉴定与评估，也是公用电网供电质量特征量化并发布的基础，是电能质量指标评估中的重要部分和主要形式。

（2）兼容指标评估。兼容指标是为了把实际质量水平与兼容水平相比较而设定的衡量参数，实现用电设备和供电系统之间的兼容性评价，反映公共电网中电力用户和中、低压电力网的电磁兼容环境。若评估的兼容指标在兼容水平限制以内，能保证用户设备以较高概率（95%）维持在正常运行状态。

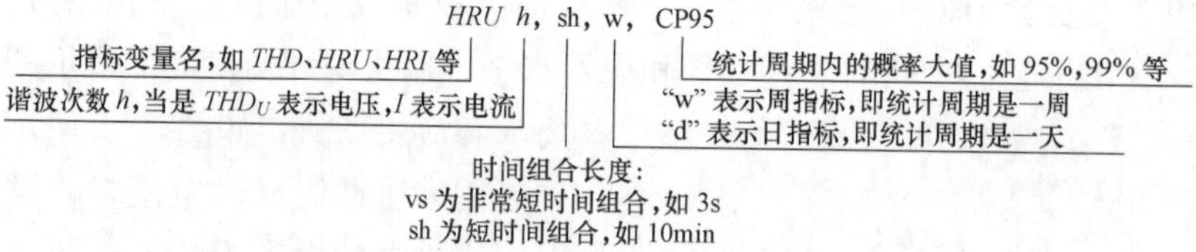

$$HRU\ h,\ sh,\ w,\ CP95$$

指标变量名,如 THD、HRU、HRI 等 ── 统计周期内的概率大值,如 95%,99% 等
谐波次数 h,当是 THD_U 表示电压,I 表示电流 ── "w" 表示周指标,即统计周期是一周
"d" 表示日指标,即统计周期是一天
时间组合长度:
vs 为非常短时间组合,如 3s
sh 为短时间组合,如 10min

图 8-9 指标标识方式

IEC 61000-2-2 与 IEC 61000-2-12 均从非常短时间（3s）和短时间（10min）两个时间组合尺度，分别定义了连续型电能质量的兼容指标及其对应的限值水平。仍以谐波电压为例，兼容指标包括：

1）基于每周的 10min 值的 CP95 指标（$HRU_{h,sh,w,CP95}$ 和 $THD_{U,sh,w,CP95}$）。

2）基于每周的 3s 值的 CP95 指标（$HRU_{h,vs,w,CP95}$ 和 $THD_{U,vs,w,CP95}$）。

评估兼容指标的方法步骤跟评估限值指标类似，只是需要注意集合的时间尺度。观察谐波电压的限值指标和兼容指标可知，兼容指标中不仅包含了基于 10min 值的限值指标，而且还从非常小时间尺度对谐波扰动进行约束，因此考量更加细致和全面。

（3）规划指标评估。规划指标是为了比较实际质量水平与规划水平而设定的衡量参数，一般是电网企业约束内部网络质量水平的指标。

仍以谐波电压为例，IEC 61000 系列标准与国际大电网会议组织 CIGRE JGW C4.07/CIRED 都分别规定了不同时间尺度集合和统计的规划指标及对应限值。

IEC 61000-3-6：2008 规定的规划指标有：

1）基于每周的 10min 值的 CP95 指标 $HRU_{h,sh,w,CP95}$ 和 $THD_{U,sh,w,CP95}$。

2）基于每日的 3s 值的 CP99 指标 $HRU_{h,vs,d,CP99}$ 和 $THD_{U,vs,d,CP99}$。

CIGRE JGW C4.07/CIRED 推荐的规划指标有：

1）基于每日的 3s 值的 CP95 指标 $HRU_{h,vs,d,CP95}$ 和 $THD_{U,vs,d,CP95}$。

2）基于每周的 10min 值的 CP99 指标 $HRU_{h,sh,w,CP99}$ 和 $THD_{U,sh,w,CP99}$。

3）基于每周的 3s 值的 CP99 指标 $HRU_{h,vs,d,CP99}$ 和 $THD_{U,vs,d,CP99}$。

由以上可知，不同的标准组织定义了不同的规划指标。对比于限值指标和兼容指标，规划指标考虑的时间尺度更全面，统计考核的要求也更高。监测中的规划指标评估方法步骤跟限值指标评估类似，只是要注意对应不同的时间尺度进行集合和统计。

需要注意的是，我国国标中总谐波电压畸变率指标的限值等同于 IEC 标准中规定的规划水平，而欧洲 EN 50160 标准中总谐波电压畸变率指标的限值等同于 IEC 标准中规定的兼容水平。

实际上，基于电能质量实际运行状况评估的较高概率值（如 CP99 值等）的规划指标，不仅可用于电网企业系统内部比较与控制目标，以保证实际运行时的质量充裕度，还可以作为特殊负荷接入系统评估时的背景测量值。将待接入的非线性用户设备发射值引起的谐波电压与背景值进行叠加，作为负荷接入系统后的质量预估值，该值不应超过规定的谐波电压规划水平，来确定该用户是否可以接入。

上述指标量化评估能够直接反映电能质量问题的严重性，且便于专业人员将其结果作为电能质量目标控制和改善电力设计的参量，是电能质量指标评估的最主要方式。

8.3.3.2　质量等级评估

我们知道，用户电力设备的类型、型号及其电气参数决定了其产生电力扰动的程度或对电能质量的敏感程度，也就决定了其对接入系统节点处的电压质量的要求等级。在电力市场条件下，电力用户会根据自身设备要求提出不同等级的电能质量需求；在附加经济投入的基础上，系统可以提供不同质量等级的电能以适应不同需求，由此实现市场化的"按需择货，按质定价"。当进行电能质量评估时，人们发现，由于自然气候条件、网络结构以及系统内的负荷特性及其分布特点的不同，电力系统内各节点质量指标的量化分布较广，如果仅以量化值作为电力市场供需交易与定价的度量准则，会增加实际操作上的难度。因此，除了指标量化评估之外，还需要面向市场的不同电能质量需求层次建立质量等级评估。另外，等级化的质量表现形式也便于工业企业工程人员得到质量水平的直观感受。

电能质量等级评估首先需要针对各个评估指标形成公认的划分等级，然后，在指标量化评估的基础上，将实际评估水平对照已划分的等级界限来得到评价等级。需要明确的是，如何科学合理地划分等级界限是个困难而复杂的问题。目前，可直接供参考的 IEC 61000 - 2 - 4：2002 标准给出了对电力系统节点电能质量的兼容水平 3 级等级划分，见表 8 - 5。例如，按该表的等级划分界限，当上述低压母线电压总谐波畸变率为 9.22% 时，其质量等级是第三级。

表 8 - 5　　　　　　　　　兼容水平等级划分（LV/MV）

电磁环境	第一级	第二级	第三级	备注
电压不平衡度 U_2/U_1（%）	2	2	3	
频率变动（Hz）	±1	±1	±1	相对隔离的网络为±2
电压偏差（%）	±8	±10	±10 长时间 −15 1min 以内	
THD（%）	5	8	10	
2 次谐波（%）	2	2	3	
3 次谐波（%）	3	5	6	
4 次谐波（%）	1	1	1.5	在实际系统中，由于非线性大容量负荷的存在，第三级为表中取值的 1、2 倍。在这种情况下，应优先考虑设备的敏感度。而在 PCC 处，应当优先考虑 IEC 61000 - 2 - 2 和 IEC 61000 - 2 - 12 的兼容水平
5 次谐波（%）	3	6	8	
6 次谐波（%）	0.5	0.5	1	
7 次谐波（%）	3	5	7	
8 次谐波（%）	0.5	0.5	1	
9 次谐波（%）	1.5	1.5	2.5	
10 次谐波（%）	0.5	0.5	1	
11 次谐波（%）	3	3.5	5	
13 次谐波（%）	3	3	4.5	
17 次谐波（%）	2	2	4	

我国优质电力园区供电技术规范行业标准 DL/T 1412—2015 在稳态型电能质量满足国标的基础上，考虑供电可靠性、短时中断和电压暂降（暂升）的供给差异性，定义了三种供电质量等级，见表 8‑6。

表 8‑6　　　　　　　DL/T 1412—2015 定义的优质电力园区供电质量等级

指标类型	供电质量等级		
	A	AA	AAA
稳态电能质量指标，包括供电频率偏差，供电电压偏差，谐波/间谐波三相电压不平衡，电压波动与闪变	满足国标要求	满足国标要求	满足国标要求
供电可靠性	平均停电时间小于 4h/（户年）RS 为 99.95%	平均停电时间小于 1.7h/（户年）RS 为 99.98%	平均停电时间小于 5min/（户年）达到 99.999%
短时电压中断	—	单路电源故障，停电小于 20ms；双路电源故障，停电小于 20s	不出现短时中断
电压暂降/暂升	—	持续时间不超过 20ms	持续时间不大于 5ms

表 8‑5 和表 8‑6 分别从稳态电能质量和暂态电能质量角度进行了指标限值的分级。在实际中，考虑到部分设备对电力扰动非常敏感，部分设备对电力扰动则具备较强的免疫力，因此，在参考现有文献后表 8‑7 给出了五级电能质量等级划分的建议。

表 8‑7　　　　　　　　　　　　五级电能质量等级划分

PQ 种类	应用电压范围	第Ⅰ级	第Ⅱ级	第Ⅲ级	第Ⅳ级	第Ⅴ级
频率合格率（%）	LV‑HV	＞99.999	[99.999, 99.9)	(99.9, 99]	(99, 95]	＜95
电压合格率（%）	LV‑HV	＞99.99	[99.99, 98)	(98, 95]	(95, 92]	＜92
供电可靠率（%）	LV‑HV	≥99.999	(99.999, 99.99]	(99.99, 99.9]	(99.9, 99]	＜99
u_2（%）CP95	LV—HV	[0, 1)	[1, 1.5]	(1.5, 2]	(2, 3]	＞3
THD_U（%）CP95	LV‑MV	[0, 3)	[3, 5]	(5, 8]	(8, 10]	＞10
	HV	[0, 2)	[2, 3]	(3, 5]	(5, 8]	＞8
HRU_3（%）CP95	LV‑MV	[0, 2)	[2, 3]	(3, 5]	(5, 6]	＞6
	HV	[0, 1.5)	[1.5, 2]	(2, 3.2]	(3.2, 6]	＞6
HRU_5（%）CP95	LV‑MV	[0, 2)	[2, 3]	(3, 6]	(6, 8]	＞8
	HV	[0, 1.5)	[1.5, 2]	(2, 4]	(4, 6]	＞6
HRU_7（%）CP95	LV‑MV	[0, 2)	[2, 3]	(3, 5]	(5, 7]	＞7
	HV	[0, 1.5)	[1.5, 2]	(2, 2.5]	(2.5, 3.2]	＞3.2
HRU_9（%）CP95	LV‑HV	[0, 1)	[1.0, 1.2]	(1.2, 1.5]	(1.5, 2.5]	＞2.5

PQ 种类	应用电压范围	第Ⅰ级	第Ⅱ级	第Ⅲ级	第Ⅳ级	第Ⅴ级
HRU_{11}（％）CP95	LV - MV	[0, 2)	[2, 3]	(3, 3.5]	(3.5, 5]	>5
	HV	[0, 1)	[1, 1.5]	(1.5, 1.7]	(1.7, 3.2]	>3.2
HRU_{13}（％）CP95	LV - MV	[0, 2)	[2, 2.5]	(2.5, 3]	(3, 4.5]	>4.5
	HV	[0, 1)	[1, 1.5]	(1.5, 1.7]	(1.7, 3.2]	>3.2
P_{lt}CP95	LV - MV	[0, 0.6)	[0.6, 0.7]	(0.7, 0.8]	(0.8, 1.0]	>1.0
	HV	[0, 0.4)	[0.4, 0.6]	(0.6, 0.8]	(0.8, 1.0]	>1.0

注　1. 表中第Ⅱ，Ⅲ和Ⅳ级基本上分别与表 8-5 的 IEC 61000-2-4 国际标准的第 1、2、3——对应。

2. 频率合格率和电压合格率采用国家电网技术监督的统计方法，即未超过标准规定范围的时间与总监测时间的百分比。水平选择的依据是电力企业创一流和规划目标要求。

3. 供电可靠率指标可采用相关文献的修正可靠性指标，可以计及电压暂降对用户设备或生产线连续运行的影响。

4. 表中均采用衡量电压特征的兼容指标，95％概率大值（CP95）、合格率和供电可靠率指标均体现了指标值在时间上的累积效果，因此，不再需要对时间指标的统计。

5. 表中规划水平主要依据 IEC 61000 电磁兼容系列标准、英国 G5/5 谐波电压畸变和非线性设备接入输电系统和配电网的规划值标准和国际大电网会议 CIGRE 的 C4.07 工作组的推荐限值。

不难想象，随着供用电技术的发展，电能质量按等级供电、按等级协商电费是必然趋势，因此质量的等级评估将会是检验和执行合同的基础，而协商等级的划分将是关键。

8.3.4　监测点评估和系统评估

按电能质量评估的空间维度来分，电能质量评估方式可以分为监测点评估和系统评估。

8.3.4.1　监测点评估

监测点评估是对某监测点电能质量基本特征量的检测与分析，计算出该监测点实际质量水平。根据实际监测项目的需求，评估的内容可以是某类或全部电能质量现象对应的各单项评估，也可能是监测点整体的电能质量水平的综合评估；评估的结果形式可以表现为监测点指标量化评估，也可以表现为质量等级评估。

其中指标量化评估是监测点评估的重要内容和重要环节。监测点指标是在一个特定监测周期内表征该监测点电能质量特性的指标，可作为下一步系统指标计算的依据。

当选择限值指标（或兼容指标）评估时，电能质量监测点往往是选择 PCC 处或用户与电力公司协商的指定节点，典型的监测周期主要是周，也可能是月(季)、年等；评估结果能准确反映由该 PCC 处供电的各电力用户的实际电能质量水平，可为执行供电合同的质量条款提供考核依据，同时也可为监测点之间的质量对比和用户选择接入点提供基本评价数据。当选择规划指标评估时，电能质量监测点可能是 PCC 也可能是电网内部的节点，作为电力公司的内部质量考核目标；当是 PCC 时，评估结果可为扰动型电力用户接入系统评估的背景数据基础。

8.3.4.2　系统评估

系统评估是通过对某局域供电系统各监测点评估，经过再统计或再处理，得到对整个系统质量性能的评价。系统评估结果可用来评判不同网络类型或任何一个被监测系统的典型干扰水平，便于系统的逐年质量对比，有利于促进电力公司改善系统运行条件，也为实现质量目标控制和优质经济运行提供信息支撑。

从经济性考虑，电力公司不可能在每个节点都安装电能质量监测装置，但要反映系统的电压质量水平，只有一个监测点又是不够的。这就需要在各安装监测点评估基础上，对收集到的系统数据进行再处理（或进行状态估计），从而得到一个较为完整的反映系统供电质量的评估结果。系统评估虽然不能精确描述提供给每个独立用户的供电质量，但是可将它看作一个参考水平，以便与不同系统或系统内不同区域的质量水平进行比较，也为用户选择接入系统内的具体区域提供参考。

系统评估是按质量类别收集网络内各监测点的特征值来计算的，其表现形式与监测点指标基本相同。系统指标可以是各监测点指标的平均值，也可以是各监测点指标的概率大值，例如依据国际大电网会议第 C4.07 工作组/国际供电会议（CIGRE JGW C4.07/CIRED）推荐的系统谐波电压指标，可表示为系统总谐波畸变率 CP95 值（STHD95），即代表各个监测点电压总谐波畸变率 $THD_{U,\text{CP95}}$ 的系统 CP95 值。STHD95 值由式（8-16）定义，即

$$\frac{\sum\limits_{0}^{STHD95} f_t(THD_{U,\text{CP95},s})}{\sum\limits_{0}^{\infty} f_t(THD_{U,\text{CP95},s})} = 0.95 \tag{8-16}$$

（注：式中没有给出监测周期和时间组合的下标识，可根据实际评估指标相应表达）

式中：$THD_{U,\text{CP95},s}$ 为第 s 个监测点的 THD_U 的 CP95 值；$f_t(THD_{U,\text{CP95},s})$ 为系统内所有监测点的 $THD_{U,\text{CP95},s}$ 值的概率分布函数。

当考虑到没有被监测到的站点情况时，有时也采用对监测点指标进行加权处理的方式，加权因子可以有如下选择：

1）根据监测点在系统的重要性不同，按监测点类型直接规定权重系数。例如第 3 章考核电力系统电压偏差程度时，定义了系统电压合格率指标。该指标对 A 类监测点平均电压合格率赋予权重 1/2，对 B、C、D 三类监测点的平均电压合格率分别赋予相同的 1/6 权重。

2）按每个监测点供电的用户数赋权，权重为 $N_i/\sum\limits_{n} N_j$。n 为系统内监测点数，N_i 和 N_j 分别为 i、j 监测点供电的用户数。如第 3 章介绍的用户平均故障停电时间（AIHC）就采用此权重方法。按用户数赋权的缺点是将该监测点所连接用户看作无差别用户，不管大用户还是小用户，不管敏感用户还是非敏感用户，都属于相同权重级别。

3）按监测点的平均负荷容量或用户额定容量赋权。这是在电能质量评估中常用的赋权方法，如美国电科院在其配电网电能质量调查（DPQ）项目中定义的谐波系统指标就采用了此权重法。

仍以电压总谐波畸变率 THD 的系统指标为例，按照监测点供给的负荷容量确定加

权系数，则系统平均总谐波畸变率兼容指标 $SATHD_{U,\mathrm{sh},w,\mathrm{CP95}}$ 为

$$SATHD_{U,\mathrm{sh},w,\mathrm{CP95}} = \frac{\sum\limits_{s=1}^{k} L_s \times THD_{U,\mathrm{sh},w,\mathrm{CP95}}}{L_\mathrm{T}} \tag{8-17}$$

$$L_\mathrm{T} = \sum_{s=1}^{k} L_s \tag{8-18}$$

式中：k 为监测点数；L_s 为 s 监测点供给负荷容量，kVA。

按负荷容量赋权区别了大用户和小用户的权重，从电能的供给量上基本体现了监测点在系统的地位和作用。

4）按负荷的重要性或用户的电能质量经济损失赋权。这种赋权方式是最适合体现电能质量问题的严重性的，但是，因为需要对用户展开详细的设备性能及经济损失的调查，并且要规范和统一核算方法，这就导致该赋权方式实施起来比较困难。

8.3.5　公众评估和定制评估

随着电网和各类电力用户对电能质量的深入认识，用户可逐渐分为两类。第一类为普通的大众化用户，虽然他们可能认识或没认识到电能质量问题，但是不愿为电能质量支付额外的电费，因此只要求电能质量能满足国家标准规定的公用电网供电质量水平。另一类是对电能质量有特殊要求的干扰型或敏感型电力用户。据 Electric Power 电力期刊 1999 年公布的对大工业用户电力供应的一个社会调查结果显示，有 87% 的电力用户关注电能质量，他们是愿意以高的电价付出来得到定制电力服务的。因此，在对供电终端进行电能质量评估时，面向这两类电力用户，出现了公众评估和定制评估的概念。

公众评估是面向对电能质量无特别要求的电力用户，一般是公众用户（包括居民用户等），全面评估国家标准已规定的各项电能质量指标，并评价执行情况。因此，公众评估是典型的多项限值指标量化评估，或在此基础之上的综合评估与质量等级评估，反映了消耗电能的普遍质量水平，也是衡量电力部门优质服务水平和质量管理水平的基准指标，其结果是一个国家工业文明和社会文明程度的标志之一。衡量公众电能质量水平，其评估方法和结果形式既要统一，又要简明，而质量等级的形式最容易被公众理解和接受。

定制评估是在公众评估和供用电双方商定的协约基础上，针对电力用户关心的电力扰动问题，按需要的表现形式进行的评估过程。它既可以衡量供电部门向敏感用户提供的电力能否满足质量需求，又可以考量电网是否能承受干扰型用户的电力扰动发射程度，因此定制评估是有效地监督和促进定制电力合同执行的基础。电能质量定制评估和定制电力供给一样，一般只是对生产有特殊要求的用户和少数大用户而言的。这些特殊用户或大用户，往往是生产效率比较高，对国民经济贡献比较大，或者是和人民生活息息相关的产业或部门，电能质量问题对他们造成的经济损失和社会影响不容忽视。因此，定制电力供给和定制电力评估在电能质量研究中都是非常重要的。根据用户关心的电能质量内容，在公众评估的基础上，定制评估可以是单项评估，也可以是综合评估，但更多的是多项电能质量的综合评估；其评价限值可能是协议的合同值，也可能是公共标准的限值。

8.4 电能质量经济损失评估方法

8.4.1 电能质量经济损失的成本构成

各类电能质量问题的影响和危害必然会给受影响的电力用户和电网带来经济损失性支出，而这些支出归属于企业经济活动中的成本开支。

广义的成本是指企业生产经营过程中所发生的全部耗费，包括产品生产成本和为生产经营而发生的经营管理费用。狭义的成本仅指产品的生产成本或制造成本，即生产产品过程中所发生的各种耗费。

在实际工作中，为了使各企业成本计算内容一致，防止乱计乱摊成本，中华人民共和国财政部统一制定了成本费用开支范围，明确规定了哪些开支允许列入成本费用，哪些开支不应列入成本费用。综合企业成本管理条例及有关财务制度规定，企业的成本费用开支范围包括以下各项：

（1）生产经营过程中实际消耗的各种原材料、辅助材料、备用品配件、外购半成品、燃料、动力、包装物、低值易耗品的价值和运输、装卸、整理等费用。

（2）固定资产的折旧、租赁费和修理费用。

（3）企业研究开发新产品、新技术、新工艺所发生的新产品设计费，工艺规程制定费，设备调试费，原材料和半成品的试验费、技术图书资料费，为纳入国家计划的中间试验费、研究人员的工资、设备折旧、与产品试制和技术研究有关的其他费用，以及委托其他单位进行的科研试制费用和试制失败损失等。

（4）按国家规定列入成本费用的职工工资、福利费和奖金。

（5）产品包修、包换、包退的费用，废品损失、削价损失以及季节性、修理期间的停工损失等损失性支出。

（6）财产和运输保险，契约、合同的公证费和签证费，咨询费，专有技术使用费以及应列入的成本费用的排污费。

（7）企业生产经营过程中发生的利息支出（应减去利息收入）等筹资所发生的其他财务费用。

（8）销售商品发生的运输费、包装费、销售服务费等。

（9）试验检验费、劳动保护费、劳动保险费、办公差旅费和存货的盘亏、损毁与报废等损失。

（10）其他按规定列入成本的按比例提取的职工教育等费用。

分析电能质量问题对企业正常生产经营活动的后果及其货币价值体现，应根据企业成本会计原则，对应上述成本开支范围及其成本要素（或成本项），进行相应的归集与分配。反之，这些成本要素也可以根据电能质量的扰动过程及后果分析、监测与治理等环节进行分类。

电能质量经济损失是指电能质量扰动对系统运行、社会经济活动过程造成的直接及间接的经济损失。其中，直接经济损失是因电能质量扰动造成的现有人力、设备、财产直接受到的损失以及产出为废品的成本支出。间接经济损失是因电能质量丧失的在一定范围内的可得利益。

8.4.1.1　电能质量直接经济损失

对照上述企业成本支出范围，电能质量扰动带来的直接经济损失构成包括以下项目，各类电能质量问题带来的直接经济损失一般均考虑在这些成本项范围内。

（1）废品损失（C_1）。废品是指由于电能质量问题造成的产品质量不符合技术标准、不能按原定用途使用或者需要额外加工修理后才能按原定用途使用的在产品、半成品和产成品。

废品损失（C_1）是指电力用户由于产生废品而发生的损失，包括不可修复废品的成本（$C_{1.1}$）及可修复废品的修复费用（$C_{1.2}$）。

1）不可修复废品的成本（$C_{1.1}$）。不可修复废品指不可维修，也不能在后续过程中使用或作为质量较低的产品销售的废品。不可修复废品的成本可包括：

a. 原材料成本，直接材料成本与产品报废价值或残值之差。

b. 直接人工成本，已消耗的工时与人工单价的乘积。

c. 能源动力费用，已消耗的能源与动力支出。

d. 分摊的制造费用，例如，产出不可修复废品时间内固定资产按规定计提的折旧费、从外部租赁的各种固定资产的租金等。

例如，假设某工业企业某车间生产甲种产品 100 件，生产过程中发现其中 1 件因电能质量问题造成的不可修复废品。该产品成本明细账所记合格品和废品共同发生的生产费用为：原材料费用 25000 元，工资及福利费 2000 元，制造费用 5000 元，合计 32000 元。100 件产品的原材料是在生产开始时一次投入的，实际生产工时为 320h，该件废品累计消耗 20h，废品回收的残料计价 40 元。

根据上述资料，可编制不可修复废品损失计算表，见表 8-8。由表可知，其原材料成本为 210 元，直接人工成本为 125 元，分摊的制造费用为 312.5 元。不可修复废品总损失为 647.5 元。

表 8-8　　　　　　　　　　不可修复废品成本计算表（元）

项目	直接材料	生产工时	直接人工	制造费用	合计
实际生产费用	25000	320	2000	5000	32000
费用分配率	25000/100＝250 每件材料		2000/320＝6.25 每工时人工	5000/320＝15.625 每工时费用	
废品生产成本	250	20	6.25×20＝125	15.625×20＝312.5	687.5
废品残值	40				
废品净损失	250－40＝210		125	312.5	647.5

2）可修复废品的修复费用（$C_{1.2}$）。可修复废品指技术上可以修复且修复费用在经济上是合理的废品。可修复废品的修复费用可包括：修复所需的人工成本和直接材料费用，以及修复废品时间内分摊的制造费用，如固定资产按规定计提的折旧费、从外部租

赁的各种固定资产的租金等。

（2）停工损失（C_2）。电能质量问题会造成电力用户经济活动中断，使参与经济活动的人被迫停止工作。停工持续时间指从电能质量问题发生开始，到全部经济活动恢复正常为止的持续时间。停工损失（C_2）指在停工期间发生的各项费用，可包括停工时间内的人工成本，因不能长期存放的原材料过期造成的损失和停工期间分摊的制造费用。

（3）额外检验费用（C_3）。额外检验费用指因受电能质量影响，电力用户为剔除废/次品，确保产品质量而增加产品检验次数和检验范围所产生的额外费用，可包括：

1）因电能质量问题导致用户设备或流程无法正常运行，相关产品需要计划外检验，从而产生的额外检验费用。

2）因电能质量问题导致产品质量下降，为保证产品总体质量，需增加计划内检验次数和范围，从而产生的额外检验费用。

（4）生产补救费用（C_4）。生产补救费用指因电能质量问题导致用户经济活动效率降低，需通过加班等措施补救，从而产生的额外费用，可包括加班人工成本和加班期间额外的费用，如加班补贴、运行成本、为向用户及时交货而需要运输加急的补贴等。

（5）重启成本（C_5）。如电压暂降等电能质量问题造成电力用户基本生产过程突然中断后，往往需要对基本生产过程进行清理，才能达到可重启动的条件。如果某基本过程中断，其他诸如加热、冷却、供气和过滤等辅助过程也可能停止；这些辅助过程必须在基本生产过程重启动前重新进行设置、检查并确认恢复到重新运行状态，才能确保基本生产过程重启动成功。

因此，重启成本指电能质量问题导致用户经济活动中断后，为使经济活动重启，恢复正常，需要投入的成本，包括额外人工成本，基本过程和辅助过程重新校验、维修、设置与启动的费用及相应的水、气等消耗费用，中断过程自备电源的发电费用，以及重启时的工具租赁或使用费、生产残余物质运输费、清洗费等。

（6）设备成本（C_6）。电能质量问题会造成电力用户或电网内的设备损坏调换、修理、加速老化等，形成设备成本，它包括设备损坏调换成本、设备修理成本和加速老化成本等。

1）设备损坏调换成本（$C_{6.1}$）。设备损坏调换成本应包括原有设备报废成本和调换设备成本。其中，原有设备完全损坏无法维修而报废的设备成本为其固定资产所有余下的折旧费减去设备报废残值，而调换设备成本的计算式如下

$$C_{6.1} = P_{ES} \frac{i(1+i)^n}{(1+i)^n - 1} L_{RES} \qquad (8-19)$$

式中：P_{ES} 为调换设备初始成本现值，若调换设备为新设备，P_{ES} 取新设备初始成本，包括购置费、运输安装费、调试与试验费，并减去预计残值，若非新设备，P_{ES} 为调换设备的净值与调换安装运输调试费之和。L_{RES} 为按正常折旧年限，原有损坏设备尚未提折旧的年数；i 为设备折旧采用的折现率；n 为调换设备经济寿命年限。

2）设备修理成本（$C_{6.2}$）。设备修理成本包括：

a. 设备故障现场检修成本，如检修人工、维修材料、检修工具租赁使用、修后测

试等成本。

b. 设备返厂修理引起的费用，如土建及环境破坏后修复费用、设备起吊费用、运输费用和修理费用等。

c. 因缩短大修和小修周期而引起的费用。

对于缩短的大修和小修周期而引起的修理费用，可以按实际发生的年平均维修费减去正常大小修的年平均维修费。例如某变压器，正常大修周期 20 年，每次大修费用 50000 元，平均每年大修费用 2500 元；现因谐波或不平衡引起绕组发热，提前 10 年进行大修，则年平均大修费为 5000 元。因电能质量引起的变压器大修费用增加了 2500 元/年。

3）设备加速老化年成本（$C_{6.3}$）。电能质量问题会使设备的有效使用寿命缩短。例如，7.4.3 节讨论了谐波对电气设备电热应力作用下使用寿命的影响。可见，因设备被加速老化，从而增加了设备年成本。其计算式为

$$C_{6.3} = A_O - A_N \tag{8-20}$$

其中

$$A_N = \frac{\text{固定资产原值} - \text{固定资产净残值}}{\text{设备或装置正常折旧年限}}$$

$$A_O = \frac{\text{开始受影响时固定资产净值} - \text{固定资产净残值}}{\text{从受电能质量影响开始至设备提前报废的折旧年限}}$$

例如某一电机固定资产原值减净残值后价值为 150000 元，正常折旧周期是 15 年，每年的折旧计提 A_N 是 10000 元。因为在非正弦工作条件下，折旧周期变为 10 年，则每年的折旧 A_O 提高到 15000 元，则因谐波造成的设备年折旧费增加了 5000 元/年，即为电机加速老化年成本。

4）与设备更换或修理相关的其他耗费（$C_{6.4}$）。例如检修设备需要放弃的原已蓄置的为保持设备正常运行的水、油、气、热等。

（7）额外电能损耗成本（C_7）。对电力用户而言，我国普遍采用电度电价计算形式，即根据电力用户实际耗电度数计算的电费。电能质量问题给电力用户带来额外电能损耗，增加了额外电度电费。对电网运营主体而言，因额外功率损耗，增加了电网的网损及其成本。因此，额外电能损耗成本计算式为

$$C_7 = P \times \sum_{j=1}^{N_{TI}} \sum_{k=1}^{N_{TC}} (\Delta P_{\Sigma,k,j} \times T_{k,j}) \tag{8-21}$$

式中：P 为单位电价，计算电力用户的额外电能损耗成本取电度（分时）电价，计算电网的额外电能损耗成本时取售电单价；$\Delta P_{\Sigma,k,j}$ 为第 k 类电能质量第 j 超标时段内引起的各设备功率损耗之和；N_{TI} 为一年内电能质量超标的时段数；N_{TC} 为引起额外功率损耗的电能质量现象类型的数量；$T_{k,j}$ 为第 k 类电能质量第 j 超标时段的持续时间。

（8）变压器额外容量成本（C_8）。变压器将电功率分配给它所连接的不同电压等级的负荷。非线性负荷产生的谐波电流流经变压器时，产生附加的谐波损耗，造成变压器油温或绕组温度上升，往往危及变压器的使用寿命和安全运行。系统内非线性负荷比例还在不断增加，为保证变压器的安全运行，对拟新投运的变压器可采用计及损耗的特殊设计，或对运行中的普通变压器采用降容量（出力）运行。这使得相比于正弦运行条件变压器的容量不能充分利用，而造成额外的容量成本。计算式如下

$$C_{8.1} = A_{\mathrm{B}} \times \frac{S_{\mathrm{R}}}{S_{\mathrm{N}}} \times \frac{\sum\limits_{j=1}^{N_{\mathrm{TI}}} T_j}{T_{\mathrm{OP}}} \tag{8-22}$$

式中：A_{B} 为变压器初始安装成本年值；S_{N} 为变压器额定容量；S_{R} 为降额容量，当基于式（7-51）的最大非正弦负荷电流方均根值的标幺值时，$S_{\mathrm{R}} = (1 - I_{\max}^{F_{\text{标}}}) S_{\mathrm{N}}$，$T_{\mathrm{OP}}$ 为变压器年运行时间；T_j 为变压器第 j 超标时段的持续时间。

除了上述变压器非充分利用的额外容量成本外，对于我国的大工业企业，为了刺激电力用户提高用电设备或最大负荷的利用率，一般采用两部制电价，即在电度电价基础上，增加基本电价，且基本电价有两种计算形式，可由电力用户自行选择：一种是按变压器容量计算基本电价，另一种是按照最大需量计算基本电价。当电力用户按变压器容量计算基本电价时，因电能质量问题造成用户变压器降额运行的额外基本电费也为额外容量成本，计算式为

$$C_{8.2} = P_{\mathrm{PC}} \times S_{\mathrm{R}} \tag{8-23}$$

式中：P_{PC} 为基本（容量）电费电价；S_{R} 为降额容量。

当电力用户按最大需量计算基本电费时，因电能质量问题造成用户最大需量超过核准协议需量的额外基本电费也为额外容量成本，计算式为

$$C_{8.3} = P_{\mathrm{UC}} \times S_{\mathrm{U}} \tag{8-24}$$

式中：P_{UC} 为超约容量电价；S_{U} 为用户超越容量，等于用户因电能质量问题造成最大需量超过核准协议需量部分减去用户协议容量。

需要注意的是，电力用户的这部分电费成本均是以月为单位的，当计算到年值时，需要对各月的对应成本求和。

（9）额外电能质量测量成本（C_9）。额外电能质量测量成本是指因受到电能质量影响引发的电网或电力用户的非定期电能质量检测或第三方检测，而支出的检测设备租赁费、运输费及检测人工成本等。当统计中以年为周期时，表现为年额外测量成本 A_9。

（10）电能质量经济赔偿（C_{10}）。扰动发生源主体（电力用户或电网）因对其他经济主体造成电能质量损失，根据相关条款需进行的赔偿。

（11）其他直接成本（C_{11}）。因电能质量问题引起的其他直接成本可包括：

1）因未履行合同或超过合同期限而产生的罚款。

2）员工与设备的疏散成本。

3）因员工受伤而导致运行或生产不能进行的成本。

4）响应电能质量相关的投诉而产生的费用，例如应急服务等费用。

5）环境罚款或惩罚。

6）因竞争力、声誉、顾客满意度和员工的容忍度等影响导致的后续获利机会的丧失等。

（12）责任补偿收益（C_{12}）。电能质量扰动受体（电力用户或电网）获得的扰动责任方提供的补偿费用。因此在电能质量成本核算中，责任补偿收益应为减项。

（13）被动节省费用（C_{13}）。被动节省费用（C_{13}）指因电能质量问题导致用户经济活

动中断后，有可能被迫节省费用或延后费用支出，可包括未付工资、节省的能源费用等。在电能质量成本核算中，被动节省费用也应为减项。

8.4.1.2　电能质量间接经济损失

间接损失产生的机制是电能质量问题破坏了生产者、经营者与作为生产、经营资料的财物构成的生产、经营关系中的物质条件，使生产、经营者不能正常地利用这一生产、经营资料进行生产、经营活动，造成了可得利益的减少和丧失。

对电力用户来说，间接经济损失（C_{14}）主要体现在因电能质量问题造成的应得而未得的利润，包括减产和生产为次品（或降低销售量，减少服务量及服务水平）的利润损失，计算如式（8-25）

$$C_{14} = (N_{PI} - N_{PR}) \times P_{SP} + N_{PUG} \times (P_{SP} - P_{SUG}) \tag{8-25}$$

式中：N_{PI}为受电能质量影响减产的产品数量；N_{PR}为补救生产的产品数量；N_{PUG}为次品数量；P_{SP}为电力用户单个正品产品的平均利润；P_{SUG}为电力用户单个次品产品的平均利润。

例如，假设某工厂正常情况日均生产产品 100 件，每件利润 20 元，因当日电能质量问题，实际生产 80 件，则造成的利润损失见表 8-9。

表 8-9　利润损失计算简化表

项目	数量（件）	单位利润（元）	小计（元）
计划应生产或正常可生产平均数	100	20	2000
实际生产产品数	80		
利润损失	20	20	400

对电网而言，间接经济损失包括因电能质量扰动导致售电量减少而造成的利润损失，可如式（8-26）计算

$$C_{14} = \Delta E \times P_P \tag{8-26}$$

式中：ΔE为售电量减少量；P_P为单位电度售电利润。

需要注意的是，电能质量扰动还会间接增加系统电磁环境污染的排放。而这些间接的、长期的效应可以归结为外部性，它们更难以从经济上加以量化。

8.4.2　引起经济活动中断的经济损失评估

短时中断和电压暂降事件引起敏感设备中断运行，谐波/三相电压不平衡严重超标、过电压等烧坏运行设备，会造成企业的经济活动全部或局部的中断。这类电能质量现象及其后果往往是显性的，经济性损失评估一般按每次事件为基础进行核算和统计。下面先以制造业为重点，介绍引起经济活动中断的损失评估，再讨论其他行业应注意的特点。

（1）制造业。根据在生产中使用的物质形态，制造业可划分为流程制造业和离散制造业。流程制造业的被加工对象是不间断地通过生产设备的，按产品是否可分离分为重复型和连续型，典型的组织形式如图 8-10 所示。离散制造业往往以不同车间（或子工厂）为组织形式，其产品由多个零件经过一系列并不连续的工序的加工最终装配而成，各车间之间存在物流传输，而车间内部的组织形式也往往可归纳为单一产品且单一过程

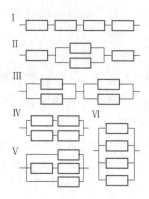

图 8-10　制造业过程的六种典型组织形式

的方式。

对于单一产品/单一过程的行业，其过程相对简单，电能质量引起该过程中断，则全部经济活动中断。

对于单一产品/多个过程构成生产过程串联方式，例如图 8-10 中 I 类型所示；对于"多种产品/多种过程"的工业，其流程对应图 8-10 中 II～VI 类型，一般为过程的串并联混合。

如果串联的过程形成流水线连续作业且无并联支路，即生产过程没有缓冲，各串联环节过程都相互依赖，任一个过程因电能质量问题出现故障，会导致整个生产线停产，因此须密切注意过程中断的电能质量经济损失性支出的计算。

如果串联的各过程是重复型或离散型生产，过程间存在产品的缓存与物流，当一个过程因电能质量问题出现故障时，不一定马上影响下一过程的生产，此时为局部经济活动中断；若该过程中断后恢复时间较长，则会扩大局部中断范围，造成经济损失的增大。当生产有并联过程时，一个过程因电能质量问题出现中断时，不一定会使其他过程停止，此时也会形成局部中断。因此，对于这种类型的制造业应特别关注对电能质量敏感的关键过程，除了统计和核算该过程中断的电能质量成本外，还需要考虑其他过程因该过程中断造成的生产效率下降。

引起经济活动中断的电能质量经济损失评估按事件次数进行统计，主要评估的指标包括单次事件损失和事件年损失。

单次事件损失为该次电能质量问题引起的经济活动中断而支出的成本项之和，一般包括：

1）废品损失。

2）停工损失。

3）额外监测费用。

4）生产补救费用。

5）重启成本。

6）设备成本（设备损坏调换成本、修理成本和其他耗费等）。

7）变压器额外容量成本（主要指事件造成企业最大需量超过核准协议需量的额外基本电费）。

8）电能质量经济赔偿。

9）其他直接成本。

10）间接损失。

11）责任补偿收益，此项为减去项。

12）被动节省费用，此项为减去项。

当核算实际发生的经济活动中断的事件年损失时，即将全年所有单次事件损失进行累积统计。当预估经济活动中断的年经济损失时，可以历史单次事件损失的统计数据为

基础，按不同电能质量现象类型进行估算，如式（8-27）所示

$$A_{EE} = \sum_{j=1}^{N_T} S_{E.j} N_{AE.j} \qquad (8-27)$$

式中：A_{EE} 为经济活动中断的经济损失估计年值；N_T 为引起经济活动中断的电能质量类型数；$N_{AE.j}$ 为第 j 类电能质量类型现象造成的事件次数；$S_{E.j}$ 为第 j 类电能质量现象单次事件平均经济损失。

（2）商品流通类企业。商品流通企业的基本经济活动与制造业不同，其没有产品的生产过程，主要是商品的采购、储存和销售。电能质量问题对经济活动造成的影响主要体现在：

1）因电能质量问题不能维持商品储存条件，造成商品在存储过程中作废、贬值等。核算损失时，在成本分项的废品损失、停工损失、额外检测费用和设备成本的基础上进行适当合并，重点在于作废商品和削价处理商品的购买成本损失、设备成本、商品额外检测费用以及这些商品在储存过程中应分摊的折旧等费用。

2）重启成本的计算，主要包括清除变质作废商品和恢复商品储存条件的人工及分摊费用。

3）补救成本的计算，主要包括补救购买商品的人工及其相关费用。

4）其他成本，特别是因为延迟或不能销售、顾客满意度降低导致的收入损失以及罚款等。

5）因电能质量问题造成商品在存储过程中作废或贬值而导致的间接损失。

输配电公司也可以属于这类企业，其特殊性在于，流通商品单一，即电能，且电能商品难以储存。

商品流通类企业经济活动中断的经济损失评估的指标和制造业类似，只是在计算中需要考虑上述特点。

（3）服务业。对于服务业，没有制造业的生产过程，也没有商品流通企业的商品盘存过程。如果其经济活动受到电能质量问题的影响，则后果主要是：

1）当进行中的服务被中断时，例如信息化服务行业需要恢复数据、重新处理和重复传输，这类损失核算可以在成本分项的废品损失、停工损失和设备成本的基础上进行适当合并，重点在于服务中断过程和恢复过程中应分摊的折旧等费用。

2）重启成本的计算，主要包括服务中断响应及重启动并恢复服务应包括的相应人工成本、检测费用和差旅费用等。

3）其他成本，特别是因为服务中断或顾客满意度降低导致的收入损失以及罚款等。

服务业经济活动中断的经济损失评估的指标也和制造业类似，只是在计算中需要考虑上述特点。

8.4.3　未引起经济活动中断的电能质量经济损失评估

对于诸如谐波、三相电压不平衡、非深度电压暂降、过电压、长期电压偏低（低电压）等电能质量问题，可能并不会引起经济活动中断，其影响往往表现为隐性，例如设备提前老化更换、造成废品或次品，电压波动与闪变容易造成人的情绪不稳定，从而引

起生产效率下降等。与这些电能质量问题相关的经济损失性支出表现得也比较隐性。因而，相比于造成经济活动中断的事件来说，这部分的经济损失评估分析比较困难，但也可以逐渐鉴别、理清，并以年为单位开展统计。

各电能质量扰动可能引起的非中断经济损失各有其侧重点。因企业经济活动组织形式的配置不同，事件型电能质量可能并不会导致全局或局部性的经济活动中断，但电压暂降和短时中断事件有时会引起敏感设备的非正常运行，导致废品、减产或设备维修等支出；瞬态和暂时过电压有时虽未导致经济活动中断，但可能引起设备的非正常运行和绝缘老化、造成次品等。因此未引起经济活动中断的事件型电能质量可考虑的经济损失成本项见表 8-10。在事件型电能质量非经济活动中断的经济损失核算和统计中，往往以年为单位，将各次事件扰动的损失求和。

表 8-10 　　　　　　　　非经济活动中断的不同电能质量类型经济损失可参考项

分类	类型	成本项	类型	成本项
事件型电能质量	电压暂降与短时中断	(1) 废品损失。 (2) 额外检验费用。 (3) 生产补救费用。 (4) 设备维修成本。 (5) 其他直接成本。 (6) 间接损失	瞬态和暂时过电压	(1) 额外检验费用。 (2) 设备成本。 (3) 次品造成的利润损失等间接损失
连续型电能质量	谐波/间谐波	(1) 设备加速老化成本。 (2) 额外电能损耗成本。 (3) 变压器额外容量成本。 (4) 额外电能质量测量成本。 (5) 电能质量经济赔偿（加项）或责任补偿收益（减项）。 (6) 减产或次品造成的利润损失等间接损失	三相不平衡	(1) 设备加速老化成本和提前检修成本。 (2) 变压器额外容量成本。 (3) 额外电能质量测量成本。 (4) 电能质量经济赔偿（加项）或责任补偿收益（减项）。 (5) 减产或次品造成的利润损失等间接损失
	电压偏差	(1) 设备加速老化成本。 (2) 额外电能质量测量成本。 (3) 次品造成的利润损失等间接损失	频率偏差	(1) 设备修理成本。 (2) 次品造成的利润损失等间接损失

连续型电能质量扰动除非引起运行设备烧毁或击穿，否则不会引起经济活动的中断。谐波/间谐波易加速设备的绝缘老化，增加电量损耗、设备容量，造成减产或产生次品等；三相不平衡易加速设备的绝缘老化，增加电量损耗、设备容量，引起电机振动，降低劳动效率或产生次品等，电压正偏差或负偏差易引起设备的绝缘老化或效率降低，甚至产生次品等；频率正偏差或负偏差更易引起设备非正常工作，产生次品等。上述连续型电能质量类型可考虑的经济损失成本项汇总见表 8-10 中所示，当然，根据实际具体情况，会有些增项或减项。电压波动与闪变引起的经济损失更加隐性，难以衡

量。当电压波动与闪变造成照明闪烁，容易使人的心理和生理疲劳，降低劳动效率和质量，从而可考虑的主要是减产或次品造成的利润损失等间接损失。在连续型电能质量非经济活动中断的经济损失核算和统计中，一般以年为单位，将各超标时段内的损失成本项进行累计。

值得注意的是，开展电能质量经济损失的评估需要以电能质量事件次数与电能质量指标评估为基础，这些数据可以基于监测的统计评估或采用确定型和概率型的估计方法，具体可参考相关文献。

8.4.4　电能质量经济损失调查

随着电能质量及其引起的经济损失增大，世界各电力公司、咨询机构、电力监管机构和研究机构等已独立开展了各种研究，以评估电能质量问题给社会带来的经济损失。目前系统性给出电能质量经济损失数据的，主要是基于数据调查的统计研究结果。

电能质量经济性调查属于研究性的社会问题调查，且具有很强的技术性。由于覆盖面广，往往采取非全面调查方式，即对对象总体的一部分进行调查，包括抽样调查、典型调查和个案调查等方式。电能质量经济性调查的任务和功能就是搜集调查样本的电能质量实际情况以及经济损失的真实资料，准确地描述调查对象；采用统计分析、相关性分析、回归分析等方法，确定样本因电能质量问题造成的经济损失数据；采用合适的外延评估方法，对经济损失数据开展外延分析，获得行业或全社会因电能质量问题造成经济损失的外延评估数据。由此让人们可以科学地认识和评估电能质量的经济损失，以促进全社会的电能质量技术与经济监督、管理工作的科学发展。

电能质量经济性调查涉及电能质量类型多，调查对象涵盖社会的各行各业，调查数据包括电力用户的基本情况、电能质量事件记录以及财务记录等，是一项复杂的系统工程，需要行业管理机构及企业内部各部门间的积极配合。

电能质量经济性调查统计分析的基本流程如图 8-11 所示。

目前，国际上开展的大规模电能质量经济性社会调查研究包括：

（1）美国电科院/支持数字化社会电力基础设施协会（EPRI/CEIDS）于 2001年完成的美国工业和数字化经济企业电力扰动成本调查研究，问卷调查样本 985 个。

图 8-11　电能质量经济性调查统计分析的
基本流程

（2）莱昂纳多电能质量（LPQI：Leonardo Power Quality Initiative）工作组在 2005—2006 年实施的欧洲电能质量调查，面访样本 62 个。

（3）由国家发改委发起的 2011 年在我国上海开展的"需求侧管理中的电能质量经济性调查分析"，问卷调查样本 147 个，面访样本 37 个。

相比于欧美是在电力用户运行经验基础上采取了假设电能质量情景下经济数据的调查，我国上海的电能质量经济性调查是对用户已发生的实际电能质量事件及其经济性数据进行调查、收集、归类和统计。

上述三个电能质量经济损失调查案例的部分数据请见附录 D。

8.5 电能质量治理投资分析方法

8.5.1 电能质量治理相关成本与投资方案经济性评价流程

8.5.1.1 电能质量治理成本和监测成本

由于电能质量带来了经济损失，引起了人们的关注，有必要开展电能质量监测，采取治理或缓解措施，从而给电力用户和电网带来了电能质量的监测和治理成本。

电能质量扰动给电网和电力用户带来的经济损失，增加了企业成本，降低了生产经营活动的效率。电网和电力用户可以恰当地采取电能质量扰动治理措施或缓解方法，以减小这部分经济损失。目前已有很多定制化的电力装置实现了市场化，表 8-11 是典型定制电力装置的功能表。

表 8-11　　　　　　　　　　　典型定制电力装置的功能表

项目 ＼ 设备	动态电压恢复器（DVR）	固态切换开关（SSTS）	配电静止同步补偿器（DSTATCOM）	静止无功补偿器（SVC）	统一电能质量调节器（UPQC）	有源电力滤波器（APF）	储能系统（ESS）
电压暂降/暂升	※	※	●	●	※		※
电压短时中断		※					※
过电压	●	●	●	●	●		●
欠电压	●	●	●	●	●		●
电压波动和闪变			※	※	●		●
电压不平衡	●		●	●	※		
谐波	●		※	※	※	※	
功率因数			※	※	※	※	

注　※表示该设备的典型应用，●表示该设备可实现的功能。

当需要采取见表 8-11 所示的一些电能质量治理措施时，必然给治理投资主体带来电能质量治理成本。

电能质量治理成本 C_{16} 是指实施电能质量治理工程的成本，包括初始成本、运维成本和退役处置成本。

（1）初始成本，包括治理工程设计、设备及配套设施购买、运输、安装改造及调试投运费用等。

（2）运维成本，包括电力消耗费用、检查与测试费用和维护费用，设备维修和器件更换等。

（3）退役处置成本，为治理设备退役处置费用减去残值。

在分析电能质量问题过程中，为解决电力企业和电力用户的相关争议，执行特殊供电质量要求协议或检验电能治理效果，需要开展电能质量测量。电力用户的电能质量监测方式主要有连续监测、定时巡回监测、专项监测三种方式。

（1）连续监测：当电网和电力用户均对供用电分界点的电能质量非常关注，需要执行供用电协议中相关的电能质量条款，有必要对分界点的电能质量实行连续监测。监测的主要技术指标包含：供电频率、电压偏差、三相电压不平衡度、负序电流、电网谐波/间谐波、电压暂降、短时中断、电压暂升、功率、功率因数等。连续监测任务主要由安装在分界点的电能质量在线分析仪来完成。

（2）定时巡回监测：适用于需要掌握供电电能质量而不需要连续监测或不具备连续监测条件的监测方式。例如当电力用户有多路电源供电且只有一套电能质量监测分析仪时，一般各电源的供用电分界点采用定时巡回监测。

（3）专项监测：主要适用于干扰源设备接入电网（或容量变化）前后的监测方式，用以确定电网电能质量指标的背景状况和干扰发生的实际量或验证技术措施效果。另外当电网和电力用户间出现电能质量问题争执时，也需要采用专项监测。此类监测任务一般由便携式电能质量分析仪完成。

由此可见，开展电能质量监测必然带来对监测设备的购买、安装及后期的运行维护等工作，从而带来了电能质量的监测成本。

电能质量监测成本（C_{15}）可包括监测设备及配套设施的初始成本、运维成本和退役处置成本。

（1）初始成本，包括监测设备及配套设施购置成本、运输和安装改造及调试投运费用等。

（2）运维成本，包括电力消耗费用、检查与测试费用和维护费用、装置维修或器件更换费用等。

（3）退役处置成本，为监测设备退役处置费用减去残值。

8.5.1.2　电能质量治理投资评价流程

由表 8-11 可知，治理电能质量扰动，可选择治理方案往往不止一个，因此在多个电能质量治理方案中，需要开展电能质量治理投资方案的经济性评价，确定选择技术有效、合理、经济的治理方案。

电网和电力用户投入电能质量治理成本，采取治理措施或缓解方法减小电能质量经济损失，从而表现为治理电能质量后得到了收益。这一过程即为电能质量治理投资。投资是指投资主体为了获得预期收益，投入一定数量的货币并使其不断转化为资产的经济活动。电能质量治理投资方案的优劣不仅取决于技术性能及指标，还取决于投资的经济效益，只有技术上行且经济上合理的治理方案才可能被广泛采纳。

治理投资方案经济性分析需要充分考虑投资成本、补偿装置的寿命周期费用、治理前后的损失等经济因素，然后通过合理的投资分析评价方法对各治理方案进行经济效益的评估与比较，从而确定最终的治理措施，以实现电能质量治理的科学性和高效性，其基本评估流程如图 8-12 所示。

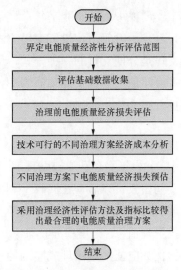

图 8-12　电能质量治理投资方案
经济性评价流程

8.5.2 投资与资金的时间价值

电能质量治理投资方案经济性评价中，当前拥有的一定数额货币的价值会超过未来可能收到的同样数额货币的价值，因为当前的可用货币可以通过投资获得收益，并产生比将来相同数额货币更高的价值。资金的时间价值是描述在不同时间上等额资金在价值上的差异关系，也称为货币时间价值，在数学上是对一定数额的货币按时间的推移而进行的价值量化，其间取决于投资所能获得的收益率或利率。

资金的时间价值有两种概念，即终值和现值。另外，考虑现在投资在未来数年内等额回收成本的方式，还有等额年值的概念。

（1）一次性支付现金流的终值。终值是指在一定利率条件下当前的投资在未来增长到何种程度。如果当前投资用于赚取特定利率，那么一次性支付现金流的终值可表示为在未来的某个时候该资本增长后的总量。

按照年复合利率的计算方法，若已知最初投资资金和预期年复合利率，则最初投资资金在未来的任意时间点的终值可由式（8-28）求得

$$F_t = P_0(1+r)^t \tag{8-28}$$

式中：F_t 为 t 年末的终值；P_0 为最初的投资本金；r 为年复合利率；t 为年数。

（2）一次性支付现金流的现值。现值是在一定利率条件下未来要收到某给定数额的货币相当于今天货币价值的多少。由此可见，未来现金流的现值所表示的是当前的资金量。求取现值的过程称为贴现，而用于计算现值的利率也称为贴现率。对比终值的定义，若未来要收到的货币就是终值，贴现率等于投资预期年复合利率，那么贴现就是终值计算的逆过程。当给定贴现率、未来年数及其未来获取现金流，则一次性支付未来现金流的现值（一般以大写字母 P）计算式如式（8-29）所示。

$$P = \frac{F_t}{(1+r)^t} \tag{8-29}$$

式中：F_t 为从现在算起 t 年后的未来现金流；r 为年复合利率或贴现率；t 为年数。

（3）等额年值。投资支付方式上，除了一次性整额支付外，还有分期支付形式。等额支付是分期支付的一种方式，即各期支付的现金额相同，一般取支付周期为年，为支付等额年值。当投资的现值为 P_0，支付的等额年值（一般以大写字母 A 表示）的计算式见（8-30）

$$A = P_0 \frac{r(1+r)^t}{(1+r)^t - 1} \tag{8-30}$$

式中：r 为年复合利率或贴现率；t 为等额支付的年数。

初始投资以后，在回收本利的方式上，除了一次性回收外（即现金流终值），还有分期的每年年末等额回收方式，为回收等额年值。其计算式同式（8-30），其中 P_0 为初始投资现值，r 为年基准收益率，t 为等额回收年数。

例如电能质量治理或监测的初始成本可表现为等额年值的资金回收形式。

【例8-1】 公司投资某治理工程 10000 元，在 10 年内按 6％年利率等额回收收益，问回收年值是多少？

解　$A = P_0 \dfrac{r(1+r)^t}{(1+r)^t - 1}$

$A = 10000 \times \dfrac{0.06(1+0.06)^{10}}{(1+0.06)^{10} - 1} = 1358.6(元)$

则该治理工程收益回收年值为 1358.6 元。

8.5.3　电能质量治理投资评价方法

电能质量治理和缓解是为了改善生产经营条件，因此其投资属于生产性投资。按投资性质，可分为固定资产投资和流动资金投资。当资金用于加装电能质量治理装置时，例如设计和安装有源滤波器、抑制电压暂降的定制电力装置等，为固定资产投资，投资资金量与这些装置的容量和额定功率紧密相关；当利用现有人力和物力，将资金用于加强维护和管理，例如增加设备巡视等，或者资金用于电能质量治理装置的运行和维护等，均属于流动资金投资。

电能质量治理投资评价站在投资主体的角度，在治理技术合理的前提下，分析投资效益，衡量项目在经济上的合理性。电能质量治理方案往往不止一种，在各互斥方案中，只有一个最好的投资方案才被采纳，因此需要有比选的方法及其量化指标。在实际应用中，一般采用以现金流贴现思想为基础的传统的项目投资评价方法和指标，主要有全寿命周期成本法、净现值法、投资回收期法和内部收益率法等。这些方法充分考虑资金的时间价值，将投资项目的不同时期的现金流入和流出按某一可比贴现率换算成现值，据此评价投资收益。

（1）治理设备全寿命周期成本分析法（LCC 法）。全寿命周期成本指电能质量治理装置在有效使用期间所发生的与该装置有关的所有成本，即电能质量治理成本，包括初始成本、运维成本和退役处置成本。LCC 分析和计算的目的是将初始成本和后期运维成本结合起来，开展治理装置在性能、可靠性、维修性和经济性等诸多因素的综合权衡。考虑资金的时间价值，全寿命周期成本取治理设备全寿命周期内各成本的现值，计算式为

$$LCC = P_{16.1} + P_{16.2} + P_{16.3} \tag{8-31}$$

式中：$P_{16.1}$、$P_{16.2}$ 和 $P_{16.3}$ 分别为治理装置初始成本、运维成本和退役处置成本的现值。其中在寿命周期内各年的运维成本和最终的退役处置成本需要由当年终值贴现为现值，计算式见式（8-29）。

全寿命成本分析法以计算 LCC 值为基础，适用于不同方案治理效果基本一致时的方案比选，当寿命周期相等时，以 LCC 值最小的方案为最优治理方案；当寿命周期不相等时，宜采用 LCC 的年值 ALCC，根据式（8-31），可得到式（8-32），其中 i_0 为基准贴现率。ALCC 最小的方案为最优。

$$ALCC = LCC \dfrac{i_0(1+i_0)^n}{(1+i_0)^n - 1} \tag{8-32}$$

（2）净现值法（NPV 法）。净现值指标考察方案寿命期内每年发生的现金流量，是按一定的贴现率将各年净现金流量折现到建设期初的现值之和。净现值的表达式为

$$NPV = \sum_{t=0}^{n} (CI_t - CO_t)(1+i_0)^{-t} \tag{8-33}$$

式中：i_0 为基准贴现率；$(CI_t - CO_t)$ 为第 t 年的净现金流量；CI_t 为第 t 年的现金流入量，为该年治理前经济损失与治理后经济损失的差值；CO_t 为第 t 年的现金流出量，为电能质量监测成本和治理成本的等额年值和。

$$CO_t = A_{16.1} + A_{16.2} + A_{16.3} \tag{8-34}$$

式中：$A_{16.1}$、$A_{16.2}$ 和 $A_{16.3}$ 分别为治理装置初始成本、运维成本和退役处置成本的等额年值，其计算为：首先将治理的运维成本和退役处置成本分别按式（8-29）换算为现值，再将治理成本的初始成本、运维成本和退役处置成本的现值分别按式（8-30）换算为对应的年值。若治理方案内包含电能质量监测投资，则在式（8-34）中还要加上电能质量监测的初始成本、运维成本和退役处置成本的等额年值，其计算过程类似于治理成本的年值计算。

净现值法以计算不同电能质量治理方案的 NPV 值为基础，计及项目周期的全部现金流量，其经济效益评价相对更为全面，且决策标准符合财务管理目标——企业价值最大化的要求。评价准则为：净现值不小于零的治理方案为可行方案。

由于 NPV 值不能体现初始投资的效率，不能从动态的角度直接反映投资项目的真实收益率及回收期。只有当无资金约束时，NPV 值才越大越好；而当资金紧缺时，更加需要注重初始投资的效益，因此不宜采用 NPV 法，而宜采用后续的内部收益率法（IRR 法）评价。

（3）投资回收期法（PB 法）。投资回收期（T_P）是指治理方案投建后，在正常经营条件下用来收回项目总投资所需的时间，即从治理方案投建开始算起，到治理方案的净现金流量现值累计等于零所需的时间。

T_P 的计算采用净现金流量现值累计至零时，已经考虑了资金的时间价值，属于动态投资分析，计算式为

$$\sum_{t=0}^{T_P} P_t = \sum_{t=0}^{T_P} (CI_t - CO_t)(1+i_0)^{-t} = 0 \tag{8-35}$$

式中：P_t 为第 t 年的净现金流量的现值。

当不考虑资金的时间价值时，T_P 的计算仅累计每年的净现金流量，为静态投资分析，计算式为

$$\sum_{t=0}^{T_P} (CI_t - CO_t) = 0 \tag{8-36}$$

投资回收期法以不同电能质量治理方案的投资回收期 T_P 计算为基础。其评价准则为：投资回收期小于基本投资回收期为可行方案，投资回收期最短为最优方案，抗风险能力强。

投资回收期仅关注回收投资的年限，未能直接表征治理方案的获利能力及整个寿命周期的盈利水平。因此，一般推荐在治理方案初选时使用投资回收期法，作为辅助决策手段。

（4）内部收益率法（IRR 法）。内部收益率（*IRR*）是指在治理投资寿命年限内，与项目资本金相关的净现金流量现值累计等于零时的贴现率，是项目投资的盈利率，反映了投资的使用效率。计算式为

$$\sum_{t=0}^{n}(CI_t - CO_t) \times (1 + IRR)^{-t} = 0 \tag{8-37}$$

内部收益率法以不同电能质量治理方案的内部收益率计算为基础。其评价准则为：内部收益率大于基准贴现率，则认为符合投资利益要求；内部收益率最大为最优治理方案。

对某半导体制造厂进行了电压暂降经济损失调查分析，并应用上述方法开展了电能质量治理投资评价，详见附录 D.4。

【学习材料】

附录 A　代表性功率理论体系综述	附录 B　电压暂降与短时中断监测数据分析	附录 C　谐波和间谐波限值	附录 D　电能质量经济性调查案例

参 考 文 献

［1］肖湘宁，等. 电能质量分析与控制. 北京：中国电力出版社，2010.

［2］Roger C. Dugan, et. al. Electric Power System Quality. McGraw‐Hill，1996.

［3］Math H. J. Bollen. Understanding Power Quality Problems，Voltage Sags and Interruptions. IEEE PRESS，2000.

［4］Wilson E. Kazibwe, et al. Electric Power Quality Control Techniques. Temple University，1993.

［5］G. T. Heydt. Electric Power Quality. Stars in a Circle Publications，1991.

［6］J. Arrillaga，N R Watson. Power System Quality Assessment. John Wiley&Sons，2000.

［7］Arrilaga，etc. Power System Harmonics. John Wiley and Sons Ltd，1985.

［8］J. Wakileh. Power System Harmonics‐Fundamentals，Analysis and Filter Design. Springer，2001.

［9］Hadi Swadat. Power system analysis. McGraw‐Hill，1999.

［10］J. P. Agrawai. Power Electronics Systems，theory and designs. Prentice‐Hall，2001.

［11］Math H. J. Bollen, Irene Yu‐hua Gu. Signal processing of power quality disturbances. John Wiley&Sons，2006.

［12］Emanuel A E，Ebrary I. Power definitions and the physical mechanism of power flow. Power Definitions and the Physical Mechanism of Power Flow. Wiley‐IEEE Press，2010.

［13］Baggini A. Handbook of Power Quality. 2008.

［14］肖湘宁，罗超，陶顺. 电气系统功率理论的发展与面临的挑战. 电工技术学报，2013，28（09）：1‐10.

［15］肖湘宁. 新一代电网中多源多变换复杂交直流系统的基础问题. 电工技术学报，2015，30（15）：1‐14.

［16］H. Akagi, Y. Kanazawa, A. Nabae. Generalized theory of the instantaneous reactive power in three‐phase circuits. International Power Electronics Conference (IPEC 83)，Tokyo，Japan，1983.

［17］Czarnecki L S. Considerations on the Reactive Power in Nonsinusoidal Situations. IEEE Transactions on Instrumentation and Measurement，1985，34（3）：399‐404.

［18］Czarnecki L S. Orthogonal decomposition of the currents in a 3‐phase nonlinear asymmetrical circuit with a nonsinusoidal voltage source. IEEE Transactions on Instrumentation and Measurement，1988，37（1）：30‐34.

［19］Czarnecki L S, Haley P M. Unbalanced Power in Four‐Wire Systems and Its Reactive Compensation. IEEE Transactions on Power Delivery，2015，30（1）：53‐63.

［20］魏天彩，陶顺，罗超，等. 电流物理分量理论的认识与分析. 电测与仪表，2016，01：8‐14.

［21］E. O. 布赖姆. 快速傅里叶变换. 上海科学技术出版社，1979.

［22］马维新. 电能质量技术丛书 第一分册 电力系统电压. 北京：中国电力出版社，1998.

［23］蔡邠. 电能质量技术丛书 第二分册 电力系统频率. 北京：中国电力出版社，1998.

［24］吕润馀. 电能质量技术丛书 第三分册 电力系统高次谐波. 北京：中国电力出版社，1998.

［25］孙树勤. 电能质量技术丛书 第四分册 电压波动与闪变. 北京：中国电力出版社，1999.

［26］林海雪. 电能质量技术丛书 第五分册 电力系统的三相不平衡. 北京：中国电力出版社，1998.

［27］吴竞昌，孙树勤，等. 供电系统谐波. 北京：中国电力出版社，1998.

［28］孙树勤，林海雪. 干扰性负荷的供电. 北京：中国电力出版社，1999.

［29］张一工，肖湘宁. 现代电力电子技术原理与应用. 北京：科学出版社，1999.

［30］韩安荣. 通用变频器及其应用. 北京：机械工业出版社，2001.

［31］孙树勤. 无功补偿的矢量控制. 北京：中国电力出版社，2000.

［32］张直平. 城市电网谐波手册. 北京：中国电力出版社，2001.

［33］王世一. 数字信号处理. 北京：北京理工大学出版社，1993.

［34］华智明，张瑞林. 电力系统. 重庆：重庆大学出版社，1997.

［35］王兆安，杨君，刘进军. 谐波抑制和无功功率补偿. 北京：机械工业出版社，2002.

［36］宋文南，刘宝仁. 电力系统谐波分析. 北京：水利电力出版社，1995.

［37］许业清. 实用无功功率补偿技术. 北京：中国科学技术大学出版社，1998.

［38］林海雪. 电能质量讲座. 北京：中国电力出版社，2017.

［39］王兆安，刘进军. 电力电子技术. 北京：机械工业出版社，2013.

［40］徐永海，陶顺，肖湘宁. 电网中电压暂降和短时间中断. 北京：中国电力出版社，2015.

［41］徐永海，姚宝琪. 无功补偿与谐波治理方案设计及案例分析. 北京：中国水利水电出版社，2016.

［42］Hirofumi Akagi，等. 瞬时功率理论及其在电力调节中的应用. 徐政，译. 北京：机械工业出版社，2009.

［43］A. E. Emanuel. 功率定义及功率流的物理机制. 车延博，等，译. 北京：中国电力出版社，2014.

［44］Grzegorz Benys，等. 功率理论与电能质量治理. 陶顺，等，译. 北京：机械工业出版社，2014.

［45］Baggini A. 电能质量手册. 肖湘宁，等，译. 北京：中国电力出版社，2010.

［46］R. C Dugan. 电力系统电能质量. 林海雪，肖湘宁，等，译. 北京：中国电力出版社，2012.

［47］何学农. 现代电能质量测量技术. 北京：中国电力出版社，2016.

［48］肖湘宁，等. 电力系统次同步振荡及其抑制方法. 北京：机械工业出版社，2014.

［49］汤涌，等. 电力系统电压稳定性分析. 北京：科学出版社，2011.

［50］Pierluigi Caramia，等. 开放市场下的电能质量指标. 肖湘宁，陶顺，汪建，徐永海，译. 北京：中国电力出版社，2011.

［51］林海雪. No. 3 电力系统的间谐波及其国家标准. 供用电，2015，32（12）：32-38+15.

［52］DL/T 1412—2015：优质电力园区供电技术规范.

［53］DIN EN 61000—4—15—2011，电磁兼容性（EMC）. 第 4-15 部分：试验和测量技术. 闪烁计的功能和设计规范（IEC 61000—4—15—2010）；德文版本 EN 61000—4—15—2011.

［54］IEC 61000—4—30—2010. Electromagnetic compatibility（EMC）- Part 4-15：Testing and measurement techniques. Flickermeter，Functional and design specifications.

［55］Poblador M L A，Lopez G A R. Power calculations in nonlinear and unbalanced conditions according to IEEE Std 1459-2010. Power Electronics and Power Quality Applications（PEPQA），2013 Workshop on. IEEE，2013.

［56］IEC TS 62749—2015. Assessment of power quality - Characteristics of electricity supplied by public networks.

［57］Hingorani N. G. Introduction custom power. IEEE Spectrum，1995，32（6）：41-48.

［58］肖湘宁，徐永海. 电能质量问题剖析. 电网技术，2001（3）：66-69.

[59] 林海雪. 论电能质量标准. 中国电力，1997，30（3）：7-10.

[60] 林海雪. 从 IEC 电磁兼容标准看电网谐波国家标准. 电网技术，1999，23（5）.

[61] 曲涛，吴竞昌，吕润余. 关于澄清电网谐波与电磁兼容的若干问题. 中国电力，2001，34（3）：29-32.

[62] 陈警众. 电能质量讲座第二讲——20 世纪末对电能质量要求的新发展. 供用电，2000，17（4）：52-55.

[63] 韩民晓，肖湘宁，徐永海. 信息社会的电力供应——柔性化供电技术. 电力系统自动化，2002（4）：1-5.

[64] 王育飞，徐兴，薛花. 基于不对称参数补偿的同塔六回输电线路不平衡问题抑制. 电力系统自动化，2015，39（11）：160-165.

[65] 赵晓琳. 不同接线牵引变压器负序特性及补偿方案研究. 北京交通大学，2014.

[66] 周胜军，于坤山，冯满盈，等. 电气化铁路供电电能质量测试主要结果分析. 电网技术，2009，33（13）：54-57+63.

[67] 周胜军，冯满盈. 京沪电气化铁路供电电能质量现状. 全国电压电流等级和频率标准化技术委员会. 第五届电能质量研讨会论文集. 2010：5.

[68] 翁利民，陈允平，舒立平. 大型炼钢电弧炉对电网及自身的影响和抑制方案. 电网技术，2004（02）：64-67.

[69] 刘小河. 电弧炉电气系统的模型、谐波分析及电极调节系统自适应控制的研究. 西安理工大学，2000.

[70] 林海雪. 电能质量国家标准系列讲座 第 5 讲 三相电压不平衡标准. 建筑电气，2011，30（10）：25-29.

[71] 陆惠斌，徐勇，伍宇翔，等. 基于换相技术的三相不平衡治理装置研究. 电力电容器与无功补偿，2016，37（06）：64-69.

[72] 李群湛. 论新一代牵引供电系统及其关键技术. 南交通大学学报，2014，49（04）：559-568.

[73] 杨颖，陈民武，盛望群，等. 新型贯通同相供电系统建模与运行特性分析. 铁道科学与工程学报，2018，15（08）：2131-2139.

[74] 祁碧茹，肖湘宁. 用于电压波动研究的电弧炉的模型和仿真. 电工技术学报，2000.

[75] Lamoree J，Mueller D，Vinett P，Jones W，Samotyj M. Voltage Sag Analysis Case Studies. IEEE Trans. on Industry Applications，1994，30（4）：1083-1089.

[76] Masatoshi Takeda，Hiroshi Yamamoto et al. Development of a novel hybrid switch device and application to a solid-state transfer switch. Proceedings of IEEE，1998，No.10：1151-1156.

[77] L. E. Conrad，M. H. J. Bollen. Voltage sag coordination for reliable plant operation. IEEE Trans. On Industrial Application，1997，33（6）：1459-1464.

[78] Neil H. Woodley，Ashok Sundaram，T. Holden，T. C. Einarson. Field Experience with the New Platform-mounted DVR. Proceedings of POWERCON 2000 Conference Australia，2000，12：1323-1328.

[79] 林海雪. 电力系统中电压暂降和短时断电. 供用电，2002，（19）1：9-13.

[80] 肖遥，李澍森. 供电系统的电压下凹. 电网技术，2001，25（1）：73-77.

[81] 陈志业，李鹏. 电能质量研究——电压暂降及其治理. 机械工业标准化与质量，2002，5：24-26.

[82] 肖湘宁，徐永海，刘连光. 考虑相位跳变的电压凹陷动态补偿控制器研究. 中国电机工程学报，2002.

［83］ 肖湘宁，徐永海，刘昊. 电压凹陷特征量检测算法的研究. 电力自动化设备，2002，22（1）：19‐22.

［84］ Xiao Xiangning，Tao Shun，Bi Tianshu，Xu Yonghai. Study on distribution reliability considering voltage sags and acceptable indices. IEEE Trans. on Power Delivery，2007，22（2）：1003‐1008.

［85］ Yonghai Xu，Wenqing Lu，kun wang，Chenyi Li，and Waseem Aslam. Sensitivity of Low‐Voltage Variable‐Frequency Devices to Voltage Sags. IEEE Access，vol. 7，no. 1，pp. 2068‐2079，2019.

［86］ Yonghai Xu，Yapen Wu，Mengmeng Zhang，and Shaobo Xu. Sensitivity of Programmable Logic Controllers to Voltage Sags. IEEE Transactions on Power Delivery，vol. 34，no. 1，pp. 2‐10，2019.

［87］ 徐永海，兰巧倩，洪旺松. 交流接触器对电压暂降敏感度的试验研究. 电工技术学报，2015，30（21）：136‐146.

［88］ 孔祥雨，徐永海，陶顺. 基于一种电压暂降新型描述的敏感设备免疫能力评估. 电工技术学报，2015，30（3）：165‐171.

［89］ 肖先勇，李逢，邓武军. 雷击与普通短路故障引起的电压凹陷特征. 高电压技术，2009，35（02）：309‐314.

［90］ 刘书铭，吴亚盆，张博，徐永海. PC机电压暂降敏感度试验研究. 电测与仪表，2019，56（11）：32‐36＋48.

［91］ 刘颖英. 串联型电能质量复合调节装置的补偿策略研究. 华北电力大学（北京），2010.

［92］ 肖湘宁，徐永海. 电力系统谐波及其综合治理. 中国电力，1998（4）.

［93］ 肖湘宁，侯维宁. 电力系统谐波统计与测量. 华北电力学院学报，1993，3.

［94］ 张炳华，肖湘宁. 新型软开关三相高功率因数整流器的研制. 电网技术，1999，9.

［95］ 肖湘宁，徐永海. 混合型有源电力滤波器的研究. 电网技术，1997，2.

［96］ 肖湘宁，徐永海，刘昊，等. 混合型有源电力补偿技术与实验研究. 电力系统自动化，2002，26，（5）39‐44.

［97］ 周胜军，林海雪. 并联电容装置中的串联电抗选择. 供用电，2001（05）：15‐18.

［98］ 杨昌兴，华水荣. 关于串联电抗器选用疑题的剖析. 电力电容器，2001，4：15‐20.

［99］ 车权，杨洪耕. 基于稳健回归的谐波发射水平估计方法. 中国电机工程学报，2004，24（4）：84‐87.

［100］ 张巍，杨洪耕. 基于二元线性回归的谐波发射水平估计方法. 中国电机工程学报，2004，24（6）：50‐53.

［101］ 黄舜，徐永海. 基于偏最小二乘回归的系统谐波阻抗与谐波发射水平的估计方法. 中国电机工程学报，2007，27（1）：93‐97.

［102］ 王惠文. 偏最小二乘回归方法及其应用. 北京：国防大学出版社，1998.

［103］ Yang H，Porotte R，Robert A. Assessing the harmonic emission level from one particular customer. Proceedings of PQA'94.

［104］ Gallo D，Langella R，Testa A. On the effects on MV/LV component expected life of slow voltage variations and harmonic distortion Harmonics and Quality of Power，2002. 10th International Conference on Vol. 2，737‐742.

［105］ Caramia P，Carpinelli G，Verde P，et al. An approach to life estimation of An approach to life estimation of electrical plant components in the presence of harmonic distortion Harmonics and Quality of Power，2000. Proceedings Ninth International Conference on Vol. 3，887‐892.

［106］ Mazzanti G，Passarelli G，Russo A，et al. The effects of voltage waveform factors on cable life estimation using measured distorted voltages. Power Engineering Society General Meeting，2006.

IEEE Page（s）：8.

［107］Cavallini D，Fabiani G，Mazzanti G，et al. Models for degradation of self healing capacitors operating under voltage distortion and temperature. Proceedings of the 6th International Conference on Properties and Applications of Dielectric Materials June 21 - 26. 2000，Xi′an Jiaotong University，Xi′an，China.

［108］Cavallini A，Fabiani D，Mazzanti G，et al. Voltage endurance of electrical components supplied by distorted voltage waveforms Electrical Insulation，2000. Conference Record of the 2000 IEEE International Symposium on 2 - 5 April 2000，73 - 76.

［109］盛彩飞. 电力机车和动车组谐波电流的仿真研究. 北京交通大学，2009.

［110］杨少兵，吴命利. 基于实测数据的高速动车组谐波分布特性与概率模型研究. 铁道学报，2010，32（03）：33 - 38.

［111］陶顺，姚黎婷，廖坤玉，等. 光伏逆变器直流电压扰动引起的间谐波电流解析模型. 电网技术，2018，42（03）：878 - 885.

［112］肖湘宁，廖坤玉，唐松浩，等. 配电网电力电子化的发展和超高次谐波新问题. 电工技术学报，2018，33（04）：707 - 720.

［113］汪颖，罗代军，肖先勇，等. 超高次谐波问题及其研究现状与趋势. 电网技术，2018，42（02）：353 - 365.

［114］T. Tayjasanant，Wencong Wang，Chun Li，Wilsun Xu. Interharmonic - flicker curves. IEEE Transactions on Power Delivery，2005，20（2）：1017 - 1024.

［115］Heine P，Pohjanheimo P，Lehtonen M，et al. A method for estimating the frequency and cost of voltage sags. IEEE Trans. Power Systems，2002，17（2）：290 - 296.

［116］Economic framework for power quality. JWG CIGRE - CIRED C4. 107 Economic Framework for Power Quality，2010.

［117］宋云亭，张东霞，吴俊玲，等. 国内外城市配电网供电可靠性对比分析. 电网技术，2008，32（23）：13 - 18.

［118］陶顺，肖湘宁，刘晓娟. 电压暂降对配电系统可靠性影响及其评估指标的研究. 中国电机工程学报，2005（21）：66 - 72.